高等教育安全科学与工程类系列教材

安全统计学及其应用

吴超 潘伟 王婷 编著

机械工业出版社

大量安全规律都是统计意义上的规律。本书共分 16 章，系统介绍了安全统计学的基本理论及其应用，主要内容包括绪论、统计学与安全统计学概述、安全统计调查与分析、安全统计指标及安全统计指标体系、安全统计数据分布特征与安全统计指数、安全统计的抽样推断与估计、安全统计数据的回归分析与预测、安全统计数据动态序列分析与预测、安全统计数据的聚类分析和判别分析、安全信息灰色预测法、安全统计决策、灾害统计、生产事故统计、职业健康统计、安全经济统计、安全管理信息技术与软件平台和安全大数据方法等。

本书注重塑造读者的安全科学方法论，读者通过学习和掌握安全统计学的基本概念、理论、方法，能够分析、解决安全领域的各种统计实务问题并发现安全统计的规律。为方便理解与掌握相关知识点，本书适当编入了各类例题及实例，并在每章都配置了学习目标、学习方法、本章小结及思考与练习等模块。

本书主要作为安全科学与工程、防灾减灾工程、应急管理与技术与管理、统计学等相关专业的本科生或研究生教材，也可供安全技术与管理领域的科技工作者或相关领域的监管人员参阅。

图书在版编目（CIP）数据

安全统计学及其应用 / 吴超，潘伟，王婷编著. 北京 ：机械工业出版社，2024. 12. -- （高等教育安全科学与工程类系列教材）. -- ISBN 978-7-111-77572-0

Ⅰ. X915.1

中国国家版本馆CIP数据核字第2025BM0442号

机械工业出版社（北京市百万庄大街22号　邮政编码100037）

策划编辑：冷　彬　　　　责任编辑：冷　彬　舒　宜

责任校对：张爱妮　张　薇　　封面设计：张　静

责任印制：郜　敏

中煤（北京）印务有限公司印刷

2025年3月第1版第1次印刷

184mm×260mm・25印张・603千字

标准书号：ISBN 978-7-111-77572-0

定价：69.80 元

电话服务　　　　　　　　网络服务

客服电话：010-88361066　　机　工　官　网：www.cmpbook.com

010-88379833　　机　工　官　博：weibo.com/cmp1952

010-68326294　　金　　书　　网：www.golden-book.com

封底无防伪标均为盗版　　机工教育服务网：www.cmpedu.com

前言

安全科学是从人体免受外界因素（事物）危害的角度出发，并以在生产、生活、生存过程中创造保障人体安全健康条件为着眼点，对涉及安全的整个客观世界及其规律总结的基础上产生的知识体系。安全科学的研究是人们在生产和生活中，为了生命和健康得到保障，使得相关设备、财产及事物免受危害等，揭示的安全客观规律并提供的安全学科理论、应用理论和专业理论。安全问题大都属于复杂问题，大量安全科学规律都是统计意义上的规律。例如，安全科学的重要研究内容之一是各种事故预防，由于事故的发生具有随机性和突发性等特征，而统计方法正是解决随机问题的利器，因此，事故统计是安全统计学的重要内容。

实际上，在安全科学发展史中，事故统计分析方法早已运用于安全科学的研究中，例如，海因里希曾收集5000多起伤害事故，进行较为深入的研究，得出著名的海因里希法则：重大伤亡事故次数：轻微伤害事故次数：无伤害事故次数：不安全行为次数=1：29：300：∞。尽管统计分析方法应用于安全科学的研究已有大量的实践和成果，但从建立安全统计学学科分支的高度和层面来创建安全统计学，在以往的中外文献中尚未发现。基于此，近几年我们开展了以下研究：构建了安全统计学学科框架及学科理论知识体系，从行业安全、事故统计、自然灾害统计、职业健康统计、安全经济统计、安全社会统计、安全统计软件与平台和安全与大数据理论等方面进行了实践研究，进而形成了本书的基本内容。

安全统计学是运用统计分析方法，对客观事实进行大量观察，用以分析安全现象的特征和变化规律，反映安全现象发展变化规律在一定时间、地点等条件下的数量表现，揭示事件及事故的本质、相互联系、变动的规律性和发展趋势。安全统计学是安全科学和统计学的交叉学科，它为安全资料的收集、整理、分析和研究等提供统计技术手段，对所研究的对象和数据资料去伪存真、去粗取精，从而可分析与安全问题有关的各种现象之间的依存关系和潜在规律性。由上可进一步定义：安全统计学是综合利用安全科学、系统科学和统计学的原理和方法，研究人们在生产、生活领域中与安全问题有关的信息的数量表现和关系，揭示安全问题的本质与一般规律，对安全生产、生活规律进行预测和决策，并提出具体的应对措施，保障安全运行的一门综合性应用学科。

安全统计学具有综合和交叉属性。安全统计学既属于安全学与方法学的交叉学科，又属于统计学的分支，具有边缘性和交叉性。由于统计学具有以数据为研究对象的特征，因此安全统计学建立在有安全数据的学科分支的基础上。根据辩证唯物主义关于存在决定意识的原理，安全统计学依照质与量辩证统一的原理，从对大量个别事物的观察中总结出现象的总体特征。安全统计研究的指导方法还包括认识论、事物普遍联系和不断运动发展等原理。

安全统计学的基础学科包括安全科学、统计学、数理统计学、经济学、系统科学、社会学和自然科学各学科等，它们为安全统计学的实践和应用提供理论基础，同时，这些基础学科的基本原理、知识体系与方法等理论也广泛应用于安全统计学规律的研究中，满足安全统计学交叉属性对理论基础的广泛要求。

安全统计学涉及的应用学科包括安全信息工程和各种安全工程技术、防灾减灾工程、安全法律法规、安全管理工程、安全经济、系统可靠性、系统危险分析技术等，它们与安全统计学有紧密联系。

本书在系统叙述了安全统计学的基础理论的同时，从多个视角讨论了安全统计学的诸多分支，如生产事故统计、自然灾害统计、职业健康统计、安全经济统计等；注重熏陶读者的安全科学方法论思想，使读者掌握安全统计学的基本概念、理论、方法，运用“三基”去分析、认识、解决安全领域的各种问题和发现统计规律；每章都设置有学习目标、学习方法、本章小结和思考与练习模块，使读者能够很快地参与到安全统计学的创新研究和实践中。

如上所述，安全统计学是一门新兴的安全学科分支，作者深感许多内容还需要深入研究和进一步发展。虽然作者做了很大的努力，但由于水平有限，书中难免有疏漏和不妥之处，恳请大家批评指正。

本书参考引用了书中所列参考文献论著的一些相关内容，在此对参考文献的作者表示衷心感谢。此外，本书的出版得到了国家自然科学基金重点项目（编号 51534008）的资助和中南大学安全科学与工程双一流学科建设经费的资助，在此也特表感谢。

作　者

目　录

绪　论

我国有句古话："授人以鱼，不如授人以渔"。可见，2000 多年前我们的先人就以非常形象的方式表达了学习方法的重要性。人类知识的发展史也是科学方法的演化史，知识是在一定的方法上形成的，而方法又是知识发展的产物，因此知识和方法始终紧密地结合在一起。

从科学的角度来论述"方法"的内涵，方法是人们认识世界、改造世界所采用的方式、手段或遵循的途径。"方法"一词，意思是遵循某一道路，也是指为了实现一定的目的，必须按一定程序采取相应的步骤。人们在实践活动的基础上，分析研究客观世界的实际过程，掌握发展变化的科学真理。要实现这个目的，必然要进行一系列思维和实践活动，这些活动所采用的各种方式、手段、途径，统称为方法。安全科学方法主要来自于实践或间接来自于实践。安全科学方法是经验、知识、智慧的结晶，具有重要的理论和实际意义。在诸多等待解决的安全问题面前，人们最为急需的是找到正确、有效的安全科学方法。

不论是安全哲学、安全基础科学、安全技术科学，还是安全工程技术，这些知识都有方法的学问，都需要方法论的指导。此外，很多相关学科的科学方法都可以运用到安全领域。由于安全的复杂性，大量安全规律都是通过实践统计得出的，例如各种灾害和事故的统计。作为在大量安全科学方法中的最典型和最重要的方法之一，安全统计是所有安全科技工作者和管理者等必须掌握的方法，在过去相当长的时间里，大量安全科技工作者已经有过海量的安全统计工作实践，但已有各层次安全学科知识（或已有高级安全专业人才知识）中并没有安全统计学这门专门应用学科分支，因此需要从学科建设的高度来创建安全统计学和补充已有的不足。如果说"安全科学方法学"是安全方法的百科，则"安全统计学"是安全方法的明珠。

统计学是一门研究随机现象、以推断为特征的方法论科学。由部分推及全体的思想贯穿于统计学的始终，它是研究如何收集、整理、分析反映事物总体信息的数字资料，并以此为依据，对总体特征进行推断的原理和方法。统计学方法在安全分析领域得到广泛应用并显示了它的优越性，统计学方法与安全科学的发展和研究有着密不可分的联系，统计学能从大量数据资料提取主要的有用信息，从而发现科学的发展规律。所以，将安全科学和统计学的研究结合起来研究安全统计学，既能充实统计学的研究，又能补充完善安全科学发展体系，对于深入了解、科学认识安全科学具有重要意义，安全科学与统计学交叉就成为一种必然趋势。

1. 安全统计学的定义和研究对象

安全统计学以安全科学为基础，是安全科学和统计学的交叉学科，它以收集与安全有关的资料进行整理、分析和研究等统计技术为手段，对所研究的对象和数据资料去伪存真、去粗取精，从而分析出与安全问题有关的各种现象之间的依存关系，找到其中的规律。基于统计学理论与安全科学学的原理，安全统计学定义为利用统计学原理和方法研究人们在生活、生产、生存领域与安全问题有关数据的数量表现和数量关系，揭示安全问题的本质特征与一般规律，对安全生产规律进行预测和决策，并提出具体的应对策略的一门方法论学科。

安全统计学不同于其他安全学科的以统计为研究手段，研究安全及事故现象和过程的数量表现、数量关系等问题，这种数量关系既包括安全生产领域的安全现象，也包括社会、经济领域中的安全现象，以及各种安全现象与社会、经济相互影响的数量关系，研究范围几乎涉及安全科学体系中的各门学科，从大安全观出发，从社会各领域相互联系的角度入手，对社会存在的安全问题进行全方位的观察、描述、分析和评价。这些数量方面的标志主要有：

1）以横断面的统计资料反映同一时间的安全现象总体的规模和结构分布情况。将统计资料按照一定的标志进行分组整理，按一定的标志和顺序编制成统计表，把复杂现象总体清楚地划分为不同性质的部分，直观地反映统计指标的分布特征，可以有效地实现各类现象的管理和比较。

2）以时间序列的统计资料反映同一安全现象总体在不同时间的发展速度和变动趋势。安全问题是随着时间的推移而变化的，要掌握事故发生、发展的变化规律，预测事故和防止事故的发生，不仅要从静态上揭示研究对象在具体时间、地点条件下的数量特征和数量关系，还要从动态上反映它的发展变化的规律，从数量方面来研究安全生产发展变化的方向和速度。研究各个发展阶段的特点，预见发展的趋势，这就需要进一步研究分析安全生产中事故和障碍的动态变化。

3）通过比较统计资料，发现和揭示新的安全科学现象。统计研究的一个重要内容就是要分析现象之间存在的关系，初步整理事实材料进行比较，然后对事实进行定性和定量的分析，在比较的基础上给事实分类。经过这样的初步整理，一大堆观察数据就变成清晰的有条理的事实，这就为提出和构造理论做了准备；在辨认和整理事实的过程中，可以把收集到的材料同已知安全科学事实做比较，从而有可能发现新的安全科学事实。有时运用比较方法，还可以发现和揭示不易直接观察到的运动和变化。

4）以历史的和现状的统计资料来预测安全科学在未来可能达到的规模和水平。任何现象的发生、发展过程都有延续性，因此可以通过对历史和现状的统计资料的分析，预测安全的发展趋势。准确的预测可以为决策提供依据，是决策科学化的基础。安全统计学的研究对象可以表述为人们在生活、生产、生存领域的与安全有关的数据资料的收集、整理、分析的原理和方法。安全统计学研究安全规律，从数据入手，以安全科学的理论为指导，为安全科学的快速发展提供有效的研究手段。

2. 安全统计学的知识体系

（1）安全统计学学科基础

安全统计学是一门综合性的新兴交叉学科，广泛运用统计分析的方法，通过对客观事实的大量观察来分析事故特征和变化规律，是在实现总目标前提下的多学科理论和技术有机结合而形成的知识综合体，与安全科学、社会科学、统计学等密切相关，既有定性表述的基础理论，又有数量表达的知识。基于安全学的理论体系及它与相关学科的关系，安全统计学的学科基础大致划分为以下三部分：

1）安全统计学的指导科学。辩证唯物主义是人类认识世界最一般的方法论科学，它为一切科学提供方法论基础，安全统计学当然也不例外，哲学是科学研究和学科建设的根本，为科学研究与学科建设提供指导思想与哲学方法，所以它理所当然成为安全统计学的指导科学。辩证唯物主义是安全统计学的指导思想，处于安全统计学体系的最高层次。根据辩证唯物主义关于存在决定意识的原理，安全统计学必须坚持实践第一的观点，从实际出发、实事求是，如实反映情况，反对弄虚作假。哲学中质和量辩证统一的原理又要求我们在质和量的密切联系中去认识事物的本质和规律。哲学还告诉我们，任何对事物的认识过程都是从个别到一般，从现象到本质。安全统计学正是依照这个原理，从对大量个别事物的观察中，总结出现象的总体特征。此外，哲学关于认识论及事物普遍联系和不断运动发展的原理，都是指导安全统计学认识事物的方法。

2）安全统计学的基础理论学科。安全统计学的基础理论学科是由一些安全科学和统计学的基础学科所构成的，它们是安全统计学的基础体系。这些学科包括统计学、数理统计学、政治经济学、安全科学、系统科学、科学方法学、社会学等。它们为安全统计学实践应用提供理论基础，并将这些基础学科的基本原理、知识体系与方法等理论广泛应用于安全统计学自身特殊活动与规律研究中，满足安全统计学的交叉与综合学科属性对理论基础的广泛要求。

3）安全统计学的工程技术理论学科。工程技术理论学科着重研究应用的基本理论、原理与方法，是指导生产技术的直接理论基础，同时又是联系基础科学和工程技术的纽带。这些学科包括安全信息工程、安全社会工程、职业卫生工程、行业安全工程、安全技术工程、安全法学、安全管理、安全经济、系统可靠性、安全系统工程等，均是安全统计学必须与之紧密协同的学科。

（2）安全统计学的主要内容

一门学科的构成及研究内容都是由它的研究对象决定的，安全统计主要是对安全生产领域和社会、经济领域中大量安全及事故现象的数量表现进行收集、整理、描述、分析和开发利用，就是对安全现象（包括事故现象）的数量表现的一种调查研究活动或认识活动。安全统计学研究的是与安全有关的统计问题，运用到统计学原理与方法、安全学原理与方法、经济学原理与方法等。在综合运用多学科理论与方法的基础上把安全统计学的研究内容分为基础理论与应用理论两大部分。

1）基础理论部分。安全统计学的基础理论是安全统计学研究的重要内容。一是安全统计学的理论基础，如数理统计学理论、统计物理学理论、信息论、灰色预测理论等；二是安全统计学的方法理论，如统计调查方法、统计分析方法、趋势预测方法等；三是安全统计学的体系理论，如体系结构、指标设置、相互衔接理论等。它们作为安全统计学的基础理论，是使安全统计学成为一门科学的理论与方法的基本保证。

2）应用理论部分。一是安全统计工作的程序与操作规则，如统计时间要求、安全统计报表的填报、安全统计法规制度的制定与执行、安全统计数据的获取与发布等；二是计算方式，如各统计指标的计算公式等就是安全统计学应用理论的重要构成部分；三是安全损失评估方法，它主要用于对各种具体灾害的危害后果进行价值评价与估算。

3. 安全统计学方法

现代科学技术发展的一个重要特征，就是学科的高度分化与学科之间的高度综合。学科的综合化主要表现为在自然科学和社会科学相互交叉地带生长出一系列新生学科，从而形成多种类、多层次的交叉学科群。其中有一类是由一门科学的研究方法与另一门科学的研究内容相结合而生成的交叉学科，安全统计学就属于此类。它是用统计学的理论和方法研究与安全有关问题的一门交叉科学，它的特点是研究方法属于统计学。

4. 安全统计学课程

由于安全问题大都是复杂性问题，安全科学的很多规律都是由统计总结出来的，因此安全统计学对安全科技工作者和管理者非常重要。安全统计学课程主要是高等院校安全科学与工程类专业的具体方法课程，也适用于公共安全、公共卫生、防灾减灾、应急管理、公共管理及统计学等学科专业的学生选修。

（1）教学主要目的

学生通过本课程的学习，掌握安全统计学的基本理论和主要方法及计算技能，能够针对各行各业、不同领域和不同对象的安全问题开展统计研究，具备综合分析和处理安全统计数据的基本能力，并具备一定的安全统计方法创新与较强的安全统计实践能力。

（2）课程主要内容

安全统计学课程是综合利用安全科学、系统科学和统计学的原理与方法，研究生产、生活等领域中与安全问题有关的信息的数量表现和关系，揭示安全问题的本质与一般规律，对安全生产、生活规律进行预测和决策，并提出具体的应对措施，保障安全运行的一门综合性应用课程。本课程主要讲授：安全统计调查与分析、安全统计指标体系、安全统计数据的分布特征与安全统计指数、安全统计的抽样推断与估计、安全数据的回归分析与预测、安全数据动态序列分析与预测、安全数据的聚类分析和判别分析、安全统计决策，并讲授事故统计、灾害统计、职业健康统计、安全经济统计和相关应用软件及安全大数据方法等。

（3）教学基本要求

本课程要求学习者具有一定的统计学基础，对生产、生活等各个领域的安全问题有较好的了解，要很好地理论联系实际，以国家相关机构发布的安全统计数据和已有的大量安全统计案例为研究基础，并能够撰写出有较高质量的安全统计分析报告，能够将所学知识应用到安全统计学的创新研究和实践中。

（4）课程特点

本课程注重培养学习者的统计思维，使学习者掌握安全统计学的基本概念、理论、方法，去分析、认识、解决安全领域的各种问题和统计规律；从多视角介绍安全统计学的诸多分支，如生产事故统计、灾害统计、职业健康统计、安全经济统计、安全社会统计等；教学适合采用启发式、讨论式等，以及理论与实践相结合的教学方法。

安全统计学具有深刻的内涵和广阔的外延，是一门统计学和安全科学交叉的应用学科分支，它利用统计学原理和方法研究人们在生活、生产、生存领域的安全问题，并进行统计调查、分析、整理各种安全现象本质和规律。安全统计学为安全科学发展提供了定量的分析方法，促进了安全科学的定性研究与定量研究的结合与统一。安全统计学的重要地位和作用随着安全生产工作的日益重要而不断加强，随着全社会对安全生产关注程度的不断提升，显得越来越重要，已成为安全工作的重要信息支持和决策依据。开展安全统计学研究必将成为安全科学发展的重要推动力。

最后说明几点：

1）安全统计学在安全科学中的地位说明。安全科学是关于安全现象及其内在联系和本质规律的知识体系：安全统计学是一门研究可观察得到的安全现象及其涉及因素数量关系的学科，而研究安全现象内在本质规律的学科是安全原理学，安全原理学是安全科学的核心理论，由此可以看出安全统计学也是安全科学的重要分支，与安全原理学相互补充和相互支撑。

2）有关安全统计学的定义和“安全”的说明。本书在多语境中给出安全统计学的多视角定义，并不拘泥于使定义在字面上完全相同。本书在一些统计学的通用方法或术语前面加上“安全”两字，主要用意是指该统计方法或术语在安全方面的应用，而不代表有这类专门的统计方法或专用术语，这是许多应用科学借鉴和发展基础科学的惯用表达方式。

3）安全现象的定义及其内涵的说明。安全现象是本书经常出现的一个主题词，安全现象是安全统计学的主要研究对象，是可观测得到的安全状态表象或与安全有关的事件，包括过去、现在和未来的安全状态表象或事件，正面的事件和负面的事件，如：安全样本、安全行动、安全措施、安全秩序、安全涌现、卫生、事故、损失、伤亡、灾害、地震、洪涝、台风、干旱、虫灾、泥石流、极端天气、火灾、爆炸、触电、坠落、坍塌、污染、中毒、噪声、粉尘、辐射、病毒、舆情、侵犯、犯法、警情等。由于安全研究多数情况是为了防止负面事件，因此本书提到的安全现象更多的是负面的，特别是事故。

4）关于无意（意外）安全现象与有意（故意）安全现象的统计适用性说明，即 Safety 与 Security 的适用性问题。从人因引发的安全现象分类，可分为无意安全现象和有意安全现象。从安全现象统计的视角，本书介绍的安全统计方法都适用于所有无意安全现象与有意安全现象及其综合的问题，只是分析和侧重点有所差异。由于本书适用的专业和读者大都关注的是无意安全问题，因此本书给出的例子基本都是无意安全现象或事件。

5）关于本书涉及复杂计算的说明。本书许多章节涉及一些复杂公式和运算，对此请读者不必产生顾虑。因为使用计算机及相关软件，都能快速地完成这些计算工作并将结果可视化。本书之所以要介绍这部分内容并布置少量的手工计算练习题，主要目的是让读者理解各种安全统计的计算原理，以便学习以后达到知其然和知其所以然的效果，并能够正确运用计算机软件输入需要统计的安全案例及其初始条件，还能判断计算机运算结果中可能存在的问题并选择优化方法，甚至能够对使用的相关软件做二次开发和开展应用研究等。

6）关于本书选用例题的说明。为了使读者学习有关统计方法，本书选择了一些由安全管理部门或机构统计的安全数据作为例题开展演算，其主要作用在于方便读者模仿计算过程和比较容易地掌握计算方法，读者不必在意这些数据的新旧。如果读者有兴趣开展类似的统计分析研究，可以通过浏览相关官方网站或查阅年鉴档案等途径获得需要的基础数据。

第1章 统计学与安全统计学概述

本章学习目标

了解统计学的发展简史、统计学的定义、安全统计学的定义；明确安全统计研究的对象和范围，认识安全统计学的分支体系及各分支体系的主要研究内容等，理解安全统计学的重要意义。

本章学习方法

以了解、理解和分析为主，用跨学科的视角理解统计学与安全学科的交叉和彼此的关系，同时积极思考和审视安全领域需要开展统计研究的各种问题。

1.1 统计与统计学

1.1.1 统计的含义与统计学定义

统计的实践活动先于统计学理论产生，早在原始社会，人类就已经通过各种形式来统计他们所需记录的事物。然而真正形成统计学理论是近300年时间的事，17世纪英国经济学家、古典经济学和统计学的创始人威廉·配第（Willian Petty，1623—1687）在《政治算术》中首创了运用大量数据来阐述和对比分析社会现象，并配以朴素的图表来表现，提出了一种崭新的方法来分析数据、事物；比利时统计学家和数学家阿道夫·凯特勒（Adolphe Quetelet，1796—1874）在数理统计学中把自然科学的研究精神和研究方法，如试验法、归纳法，带到社会现象的研究中，并利用概率论原理分析人类各种知识中具有数量变化性的各种现象，概括出了统计学的研究范围。

随着时代的发展，统计学作为一门方法论学科的性质已得到各界的认可，它的理论、方法已广泛运用到各个学科领域，世界各国也都设有专业的统计机构。例如，联合国设有统计署；美国设有普查局、交通统计局、劳工统计局、国家农业统计署等；我国最高的统计研究机构和统计数据信息发布机构是国家统计局，以及各级地方政府都设有专业的统计工作机构，基层单位设有专职的统计工作人员。

“统计”这个词一般包含三个方面的内容，即统计工作、统计资料和统计学。这三者之间存在着密切的联系：统计资料是统计工作的成果，统计工作是统计资料和统计学的基础，统计学既是统计工作经验的理论概况，又是指导统计工作的原理、原则和方法。

1. 统计工作

统计工作就是统计实践，是指在一定的理论指导下，对某种特定现象的数量方面进行收集、整理、分析和研究的全部活动过程，是一种调查研究活动。统计工作的基本要求是准确、及时、完整地提供统计资料，是统计的基础。

2. 统计资料

统计资料是指通过统计工作所取得的、用来反映各种社会和经济现象的状况、过程的统计数字和文字分析说明，即统计信息。统计资料包括原始的调查资料及经过加工处理的综合统计资料等。

统计资料是统计工作的成果，包括各种调查数据、调查表格，根据调查数据绘制的各种图表及对社会经济现象进行的定性分析和定量分析等。统计资料是反映社会某种现象发展变化规律的重要数据资料，对于描述现象发展的现状和发展规律、进行发展趋势的预测、开展科学研究等有着重要作用。数据或图表是现代统计资料的主要表现形式，借助于计算机技术和统计分析软件，可对统计资料进行深入的分析，并撰写统计分析报告等。

3. 统计学

统计学是指系统地论述统计的理论、原则和方法的一门独立的社会科学，是统计实践的科学总结，它来源于实践，又是指导实践的原则和方法。统计学是统计实践活动的经验概括，是从统计工作中提炼出来的，对正确进行统计工作具有指导作用，是“统计”的最高层次含义，与统计工作是理论与实践的关系。

现代社会生活中，统计学已经成为一门重要的方法论科学，没有统计学提供的数据收集方法、数据分析方法和分析技术，我们就无法深刻了解社会现象发展的现状，无法进行社会现象发展趋势的预测，因而也不利于做出科学的决策。

目前，统计学的研究对象是客观现象总体的数量特征和数量关系（包括数量概念、数量界限、数量关系和数量分析方法等），以及通过这些数量反映出来的客观现象发展变化的规律性。通过对某种特定现象在一定时间、地点和条件下的数量方面的研究，可揭示该现象的规模、水平、结构、速度、趋势、各种比例关系和依存关系，达到对该现象的本质特征和规律性的认识。

随着统计学的逐渐完善及学科与学科间的相互渗透、结合，统计学已不再局限于经济、医学、生物等学科的应用，自然学科、社会学科和综合学科（包括安全学科）逐渐开始重视统计学在自已学科领域内所起的作用。因此，统计学是适用于所有学科领域的通用数据分析方法，是一种通用的数据分析语言的学科，几乎只要有数据的地方就会用到统计方法。

1.1.2　统计学的作用

统计学是对人类社会统计实践活动的高度概括，目的在于指导人们更好地进行各种社会实践活动。统计是一门古老的科学，统计的社会实践活动最早产生于还没有文字的原始社会，然而统计学作为一门学科仅有近300年的历史。统计学的概念在不同的使用情况下具有不同的含义，它的定义也各不相同。例如，1768—1771年撰写出版的《大英百科全书》认为，统计学是一种收集和分析数据的科学和艺术；已故的国际著名数理统计学家、中国科学院院士陈希孺认为，统计学是有关收集和分析带有随机性误差的数据的科学和艺术；一般说来，统计学是一门根据数据的统计分析结果推断规律性的具有方法论特征的复合性、综合性学科。

统计学研究有很广泛的作用，在安全领域的作用主要体现在以下三方面：

1）统计能提供一个准确的数量概念，能够探求事物变化的数量界限，描述客观事物之间的数量关系，在质与量的联系中，观察并研究客观事物现象的数量方面的特征。例如，1919年英国的格林伍德和伍兹收集了许多工厂里的事故资料，通过泊松分布、偏倚分布和非均等分布的统计方法，发现了工人中更易发生事故的人群。

2）统计是监督和管理的重要手段。人们认识世界的目的在于能动地改造世界，统计既然是人们认识社会的有力武器，就必然成为人们监督、管理、改造社会的手段。例如，在社会经济发展上，若没有标准的统计，就没有科学的决策，经济建设就难以顺利进行。在安全生产领域中更需要科学的统计，借此来有效预测生产安全事故，为安全决策提供有力支持，从而保障人身安全、企业安全和社会安全。

3）统计是科学研究的有效工具。通过统计，可以反映事物的现状，揭示事物的内部构成和相互关系，掌握事物运动的规律，比较事物的优劣，挖掘事物的发展潜力，预测事物发展的前景。安全生产中要求“预防为主”，利用统计的方法，分析已有的数据资料，预测未来的安全发展趋势，进而判断安全生产趋势，预测事故发展过程，对安全工作的开展具有重要的指导作用。

1.1.3 统计学的发展简史

人类的统计实践源于人类的计数活动，随人类社会的进步和国家管理的需要而发展。回顾统计科学的渊源及它的发展过程，对我们了解统计学的研究对象和性质、学习统计学的理论和方法、提高我们的统计实践和理论水平，都是十分必要的。

从统计学的产生和发展过程来看，大致可以划分为三个时期：统计学的萌芽期、统计学的近代期和统计学的现代期。

1. 统计学的萌芽期

统计学初创于17世纪中叶—18世纪，主要分为国势学派和政治算术学派。

（1）国势学派

国势学派又称记述学派，产生于17世纪的德国。由于该学派主要以文字记述国家的显著事项，故称记述学派。该学派的主要代表人物是康令（H. Conring，1606—1681）、阿亨瓦尔（G. Achenwall，1719—1772），代表作品是《近代欧洲各国国情学概论》，他们在大学中开设了一门新课程，最初称作“国势学”，所做的工作主要是对国家重要事项的记录，但这些记录偏重事件的叙述，而忽视量的分析。严格地说，这一学派的研究对象和研究方法都不符合统计学的要求，只是登记了一些记述型材料，借以说明管理国家的方法。

国势学派对统计学的创立和发展做出了巨大的贡献：首先，国势学派为统计学这门新兴的学科起了一个至今仍为世界公认的名字“统计学”（statistics），并提出了至今仍为统计学者所采用的一些术语，如“统计数字资料”“数字对比”等；其次，国势学派在研究各国的显著事项时，主要是系统地运用对比的方法来研究各国实力的强弱，统计图表实际上也是“对比”思想的形象化的产物。

（2）政治算术学派

该学派起源于17世纪的英国，当时在英国，从事统计研究的人被称为政治算术学派。政治算术学派与国势学派研究的区别在于国势学派主要采用文字记述的方法，政治算术学派主要采用数量分析的方法。因此，严格说来，政治算术学派作为统计学的开端更为合适。该学派的主要代表人物是威廉·配第和约翰·格朗特（J. Graunt，1620—1674）。

政治算术学派在统计发展史上有着重要的地位。首先，它并不仅满足于社会经济现象的数量登记、列表、汇总、记述等过程，还要求把这些统计经验加以全面、系统的总结，并从中提炼出某些理论原则。在收集资料方面，较明确地提出了大量观察法、典型调查、定期调查等思想；在处理资料方面，较为广泛地运用了分类、制表及各种指标来浓缩与显现数量资料的内涵信息。其次，政治算术学派第一次运用可度量的方法，力求把自己的论证建立在具体的、有说服力的数字上面，依靠数字来解释与说明社会经济生活。然而，政治算术学派毕竟还处于统计发展的初创阶段，它只是用简单的、粗略的算术方法对社会经济现象进行计量和比较。

2. 统计学的近代期

统计学的近代期是18世纪末—19世纪末，这时期的统计学主要有数理统计学派和社会统计学派。

（1）数理统计学派

最初的统计方法是随着社会政治和经济的需要而初步得到发展的，直到概率论被引进之后，才逐渐成为一门成熟的科学，在这方面，法国天文学家、数学家、统计学家拉普拉斯（Pierre-Simon Laplace，1749—1827）做出了重大的贡献，阐明了统计学的大数法则，并进行了大样本推断的尝试；比利时统计学家和数学家阿道夫·凯特勒（Adolphe Quetelet，1796—1874）完成了统计学和概率论的结合。从此，统计学进入更为丰富的发展新阶段。

（2）社会统计学派

自阿道夫·凯特勒后，统计学的发展变得丰富而复杂起来。由于在社会领域和自然领域统计学被运用的对象不同，统计学的发展呈现出不同的方向和特色。19世纪后半叶，德国兴起了与数理统计学派不同的社会统计学派。由于它在理论上比政治算术学派更加完善，在时间上比数理统计学派提前成熟，因而对国际统计学界影响较大，流传较广。1850年，德国的统计学家克尼斯（K. G. A. Knies）发表了题为《独立科学的统计学》的论文，提出统计学是一门独立的社会科学，是一门对社会经济现象进行数量对比分析的科学。这一学派的主要代表人物还有恩格尔（C. L. E. Engel，1821—1889）和梅尔（G. V. Mayr，1841—1925），他们认为，统计学的研究对象是社会现象，目的在于明确社会现象内部的联系和相互关系；统计应当包括资料的收集、整理及对数据的分析研究。他们还认为，在社会统计中，全面调查包括人口普查和工农业调查，且它们居于重要地位；以概率论为理论基础的抽样调查在一定的范围内具有实际意义和作用。

3. 统计学的现代期

统计学的现代期主要是指自20世纪初到现在的数理统计时期，数理统计学发展的主流从描述统计学转向推断统计学。19世纪末和20世纪初的统计学主要是关于描述统计学中的一些基本概念，以及资料的收集、整理、图示和分析等，后来逐步增加概率论和推断统计的内容。直到20世纪30年代，费希尔（Ronald Aylmer Fisher，1890—1962）的推断统计学才促使数理统计进入现代范畴。

现在，数理统计学的丰富程度完全可以独立成为一门学科，但它也不可能完全代替一般统计方法论。传统的统计方法虽然比较简单，但在实际统计工作中运用仍然极广，正如四则运算与高等数学的关系一样。不仅如此，数理统计学主要涉及资料的分析和推断方面，而统计学还包括各种统计调查、统计工作制度和核算体系的方法理论、统计学与各专业相结合的一般方法理论等。由于统计学比数理统计学在内容上更为广泛，因此数理统计学相对于统计学来说不是一门并列的学科，而是统计学的重要组成部分。

从世界范围看，20世纪60年代以后，统计学的发展有几个明显的趋势：第一，随着数学的发展，统计学依赖和吸收的数学方法越来越多；第二，向其他学科领域渗透，或者说以统计学为基础的边缘学科不断形成；第三，随着统计学应用日益广泛和深入，特别是借助电子计算机后，统计学所发挥的功效日益增强；第四，统计学的作用与功能已从描述事物现状、反映事物规律，向抽样推断、预测未来变化方向发展。它已从一门实质性的社会与自然性学科，发展成为方法论的综合性学科。

1.1.4 统计学在我国的发展

我国统计活动起步早，可追溯到春秋战国时期，但统计理论发展较晚，在清末时期才从国外引进系统的数理统计研究理论。新中国成立后，统计学受到各界学者的关注，但当时我国主要沿用苏联的社会经济统计学理论；经过较长时期的探索，我国的统计学理论和方法的研究取得了很大的进步，也将统计学正式作为一门学科在众多高校建立：1992年颁布的《学科分类与代码》（GB/T 13745—1992）中将统计学设定为一级学科，划分了12个二级学科、36个三级学科；1998年教育部进行的专业调整也将统计学设定为一级学科，正式确立了统计学一级学科的地位；2009年颁布的《学科分类与代码》（GB/T 13745—2009）在1992年的基础上，将统计学调整为10个二级学科、36个三级学科，内容更充实、完整。

统计学是一门综合性很强的边缘科学，它既不是数学，也不是经济学。统计学是研究如何对事物随机现象总体数量（包括人文与社会、自然等广泛的领域）进行收集、加工、整理及推断、分析、预测和决策的科学。由于统计学的边缘性，最初我国将统计学划分为社会经济统计学和数理统计学，严重阻碍了统计学的发展。随着对统计学的正确认识，1993年提出了“大统计”的观点，社会经济统计学和数理统计学不再是两门独立的学科，而是与统计学结合的综合性学科，统计学作为一门独立的学科也得到所有学者的认可。

1.2 统计学与安全统计学的内涵

1.2.1 统计学的内涵

统计学是研究如何测定、收集、处理、分析、解释数据并从数据中得出结论的方法论科学。在进行安全统计之前，应先了解统计学的特点与统计的工作过程，这不仅是统计学的基本学习内容，也是安全统计工作者应该掌握的内容。

1. 统计学的特点

统计学的研究对象是指统计研究所要认识的客体。只有明确了研究对象，才能根据研究对象的性质、特点使用相应的研究方法，从而达到认识对象客体规律性的目的。统计认识事物是通过调查研究进行的，具有数量性、总体性、具体性和变异性四个相互联系的特点。

（1）数量性

数字是统计的语言，数据资料是统计的原料，因此数量性是统计学研究对象的基本特点。一切客观事物都有质和量两个方面，统计学是用规模、水平、速度、结构和比例关系等，去描述和分析研究对象的数量表现、数量关系和数量变化，用以揭示事物的本质，反映事物发展的规律，推断事物发展的前景，因此事物的质与量总是密切联系、共同规定着事物的性质。

正确认识数量性的特点，须注意以下三点：第一，统计研究的数据资料是大量的，而不是个别的或少量的，因为个别的或少量的数据带有偶然性、随机性。统计是通过对许多个别事物所组成的大量实际数字资料进行综合研究，来反映现象在一定时间、地点条件下的状况、趋势和规律。第二，统计对客观现象总体数量方面的认识，必须以定性认识为基础，即要密切联系现象的质来研究它的量。因为客观现象的质和量是不可分的，对客观现象的认识最重要的是把质和量统一起来。第三，统计研究的数量与某特定行业反映的数量是有区别的，因此在统计中，必须要以全面统计为基础。

（2）总体性

统计的认识对象是客观现象的总体数量方面，即统计是对现象总体中各单位普遍存在的客观事实进行大量观察和综合分析，形成反映现象总体的数量特征。

社会现象是各种社会规律相互交错作用的结果，不与总体密切联系的量与不从个体过渡到总体的量，都不具有体现事物质的特性的普遍性。一般个别现象通常具有偶然性和特殊性，而总体现象往往具有相对稳定性和普遍性，表现出某种基本的、共同的倾向，有规律可循。因此，认识现象总体的数量特征，有利于反映现象的本质和规律性。

然而需要注意的有两点：第一，统计研究现象总体的数量特征，并不意味着可以撇开个别具体的事实去研究总体，相反，对现象总体的认识需要建立在调查个别单位的事实的基础上。统计就是从对个体的观察过渡到对总体数量表现的认识，即“从个体到总体”。第二，统计认识对象的总体性，并不排斥对个别典型单位的深入研究，因为“从个体到总体”的研究不可避免地要使总体的数量特征趋于抽象化、一般化，因而有选择地抽取个别代表性典型单位，进行具体深入的调查研究，更有利于掌握现象总体的规律性。

（3）具体性

统计的认识对象是客观事物的具体数量方面，不是抽象的量。统计研究的数量是客观事物在具体时间、空间等条件相互作用下的表现。任何客观现象都是质与量的辩证统一：一定的“质”规定了一定的“量”，一定的“量”表现了一定的“质”。数学是完全撇开研究对象的具体内容和质的特征而认识抽象事物所体现的数量关系，但是统计所研究的内容就不是一个纯粹的、抽象的量，而是研究在一定质的规定下的数量方面的内在体现，因此对客观现象质的规定性有了正确认识后才能统计它的数量。

（4）变异性

统计所研究的客观现象的总体是由某些性质上相同的许多个体所组成的。这些个体在其他方面表现出一定的差别或变异，而这种差别或变异是普遍存在的。统计研究现象总体的数量特征的前提就是总体各单位的特征表现存在着差别或变异，并且这种差别或变异不能由某种确定性原因事先给定。

统计上把总体各单位由于随机因素引起的某一标志表现的差别称为变异。变异可表现在数量方面，也可表现在非数量方面。非数量方面的变异只有在最终量化为数量方面的变异的前提下，才能成为统计研究的内容，因此变异是统计的前提。

2. 统计工作的过程

统计工作的过程主要分为四个阶段，分别为统计设计、统计调查、统计整理和统计分析。

（1）统计设计

统计设计是根据研究对象、研究目的来对研究对象的内容和工作各个环节做全面系统的考虑，选择合适的统计方法和统计指标体系，制定出各种可行方案，指导实践活动。统计任务的确定和统计对象、方法、指标的选择是开展统计工作的基础，它与统计工作各阶段内容密切联系，对后续工作的开展具有重要指导意义。

在安全科学中，统计的研究对象多是安全系统或安全子系统。从系统的整体出发，有利于掌握安全系统的整体状况；从子系统逐个研究，目的在于提高系统整体的安全性。

（2）统计调查

统计调查是统计工作全过程获取真实数据的重要环节。它是根据统计设计方案有组织、有计划地收集统计资料的全过程；它是统计工作的基础，是保证统计工作质量的首要环节。

（3）统计整理

统计整理是对统计调查所取得的表面的、个别的原始资料进行加工处理，使它们系统的工作过程。它是从对安全现象中个别的观察到对安全系统现象总体认识的连接点，在整个统计工作中起着承上启下的作用。

（4）统计分析

在统计分析这个环节中运用统计学的分析方法来揭示安全系统中研究现象的数量关系和规律性，以便于深入地研究客观的安全事物，是统计工作最重要的环节之一。

1.2.2 统计学的分类与学科体系

1. 统计学的分类

一般而言，统计学可分为两大类：一类是以抽象的数量为研究对象，研究一般的收集、整理和分析数据方法的理论统计学；另一类是以各个不同领域的具体数量为研究对象的应用统计学。

（1）理论统计学

理论统计学是抽象地研究统计学的一般理论和方法。按照研究方法的不同，可将理论统计学分为描述统计学和推断统计学。

1）描述统计学是研究如何取得所反映现象的数据，通过统计图表的形式对收集的数据进行加工、整理，进而利用综合性指标，如总量指标、相对指标、平均指标、标志变异指标等来描述所研究现象的数量关系和数量特征。在安全统计学的应用中，描述统计学只对安全现象数量方面的资料做系统描述，并不对这种安全现象目前状况或未来的发展做进一步的推断和结论。

2）推断统计学是研究如何根据样本资料去推论总体数量特征的方法，是以归纳的方法来研究随机变量的一般规律，如参数估计与假设检验理论、回归分析、时间序列分析等。在众多的安全课题研究过程中，由于研究经费、时间、精力等各种主客观因素的限制，以及调查总体本身的原因，研究者不可能去收集相关安全课题研究的全部数据，只能得到样本资料，运用描述统计研究所得到的仅是安全现象的数量方面的客观信息，因此需要使用推断统计学的方法，根据样本的数据对安全信息量方面进行判断、估计和检验，进而得出数据的内在信息。

随着安全科学的发展，推断统计学的地位和作用越来越重要，但描述统计学仍是整个统计学的基础。进行推断统计时，必须先进行描述统计，如果没有描述统计提供可靠的样本数据，推断统计则无法得到总体数量特征的准确结论。

（2）应用统计学

应用统计学是将理论统计学的基本原理应用于各个领域的具体问题，以探索各个领域内在的数量关系和规律。应用统计学与理论统计学虽因研究的侧重点不同而有所区别，但在统计学的发展过程中，二者却是密切联系、互相促进的。理论统计学的研究成果为应用统计学提供了数量分析的方法，而应用统计学对理论统计方法的使用反过来又促进着理论统计学的发展。

安全科学技术是一门以实践应用为主的综合学科，安全统计学的性质更倾向于应用统计学，因为创建安全统计学的主要目的是将统计学的理论和方法运用到实际的工程、项目中，用数学的方法发现潜在的安全规律，来改善研究对象的安全现状，为保障人身安全、财产安全和社会安全提供精准支撑。

2. 统计学的学科体系建设情况

统计学在300多年的发展过程中，已成为横跨社会科学和自然科学领域的综合性学科。统计学应用于不同的学科中就可形成一门新的学科。横向看，统计学方法应用于各种实质性科学，同它们相结合，产生了一系列专门领域的统计学；纵向看，各种统计学都具有统计学共同的特点，因此可形成一个“统计学科群”。参考《学科分类与代码》（GB/T 13745—2009）可归纳出与统计学相关的一些学科列于表 1-1。

表 1-1　GB/T 13745—2009 中的统计学科体系

门类		相关一级学科	相关二级、三级学科
统计学	A. 自然科学	数学	数理统计学、应用统计数学
		力学	统计力学
		物理学	统计物理学
	B. 农业科学	林学	森林统计学
	C. 生物与医学科学	生物学	生物统计学
		基础医学	医学统计学
		卫生学	卫生统计学
	D. 工程与技术科学	科学技术统计学	—
		环境科学技术	环境统计学
		资源科学技术	资源统计学
		生态学	生态统计学
		安全科学技术	安全经济统计学、安全统计学（正在建设）
	E. 人文与社会科学	经济学、社会学	经济统计学、社会统计学
		人口学	人口统计学
		教育学	教育统计学
		统计学史	—

1.2.3　安全统计学的定义

安全统计学是运用统计分析方法，对大量客观事实进行观察，进而分析安全现象的特征和变化规律，反映安全现象的变化规律在一定时间、地点等条件下的数量表现，以揭示事件及事故的本质、相互联系、变动规律和发展趋势。

安全统计学是安全科学和统计学的交叉学科，它为安全资料的收集、整理、分析和研究等提供统计技术支持，对所研究的对象和数据资料去伪存真、去粗取精，从而分析与安全有关的各种现象之间的依存关系和潜在规律。

由上述内容可进一步定义：安全统计学是综合利用安全科学、系统科学和统计学的原理和方法，研究人们在生产、生活领域中与安全问题有关的信息的数量表现和关系，揭示安全问题的本质与一般规律，对安全生产、生活规律进行预测和决策，并提出具体的应对措施，保障安全运行的一门综合性应用学科。

安全统计学具有综合性和交叉性两种属性。安全统计学的目的是统计研究安全系统中的安全现象事故，借助数据的直观表现分析它们的内在联系和发生规律，预测未来可能出现的安全问题，制定合理的预防控制措施。

1.2.4 安全统计学的性质

安全科学是从安全目标出发，研究安全本质及运动规律、人-机-环-管等之间相互作用的科学，运用现代科学技术，追求人类生产实践和生活活动安全的科学知识体系。

安全科学的重要研究内容之一是各种各样的事故，由于事故发生具有随机性和突发性等特征，统计方法正是解决随机问题最有效的工具，因此，事故统计方法就成为安全科学的核心方法之一，安全统计学也由此成为安全科学的重要分支。实际上，在安全科学发展史中，事故统计分析方法早已运用于安全科学的研究中，例如，1931 年，美国海因里希（W. H. Heinrich）在《工业事故预防》（*Industrial Accident Prevention*）一书中介绍，他收集了 5000 多起伤害事故，通过深入研究，得出著名的海因里希法则：重大伤亡事故次数：轻微伤害事故次数：无伤害事故次数：不安全行为次数 = 1：29：300：∞。

由本书 1.2.2 节中可知，统计学从统计的性质和特点可分为理论统计学和应用统计学。由于安全科学是一门应用科学，因此安全统计学也是一门应用统计学。安全统计学运用统计方法描述安全现象，预测可能出现安全问题的数量及特征，具有描述统计学和推断统计学的属性；由于安全统计学是一门发展中的学科，正在形成相对独立的理论，因此也有理论统计学的内容。

1.3 安全统计学的学科基础与分类

1.3.1 安全统计学的学科基础

安全统计学既属于安全学与方法学的交叉学科，又属于统计学的分支，具有边缘性和交叉性。由于统计学具有以数据为研究对象的特征，安全统计学是建立在有安全数据的学科分支的基础上。

1）根据辩证唯物主义关于存在决定意识的原理，安全统计学依照质与量辩证统一的原理，从对大量个别事物的观察中，总结出现象的总体特征。安全统计研究的指导方法还包括认识论、事物普遍联系和不断运动发展等原理。

2）安全统计学的基础学科包括安全科学、统计学、数理统计学、经济学、系统科学、社会学和自然科学各学科，它们为安全统计学实践和应用提供理论基础，并将这些基础学科的基本原理、知识体系与方法等理论广泛应用于安全统计学规律的研究中，满足安全统计学交叉属性对理论基础的广泛要求。

3）安全统计学的工程技术理论学科基础包括安全信息工程和各种安全工程技术、防灾减灾工程、安全法律法规、安全管理工程、安全经济、系统可靠性、系统危险分析技术等，它们与安全统计学有着紧密的联系。

1.3.2 安全统计学的学科分类

根据安全统计学的研究领域及安全统计学与安全科学技术的交叉分类，安全统计学学科分支可按统计研究的侧重点、安全系统统计范围、具体行业安全统计、具体统计对象、安全特征统计指标等来分类（图 1-1）。根据图 1-1 中底层的各个安全统计学分支，还可进一步细分出更多的安全统计学子分支出来。不同的统计视角可以得到不同的分类方法。

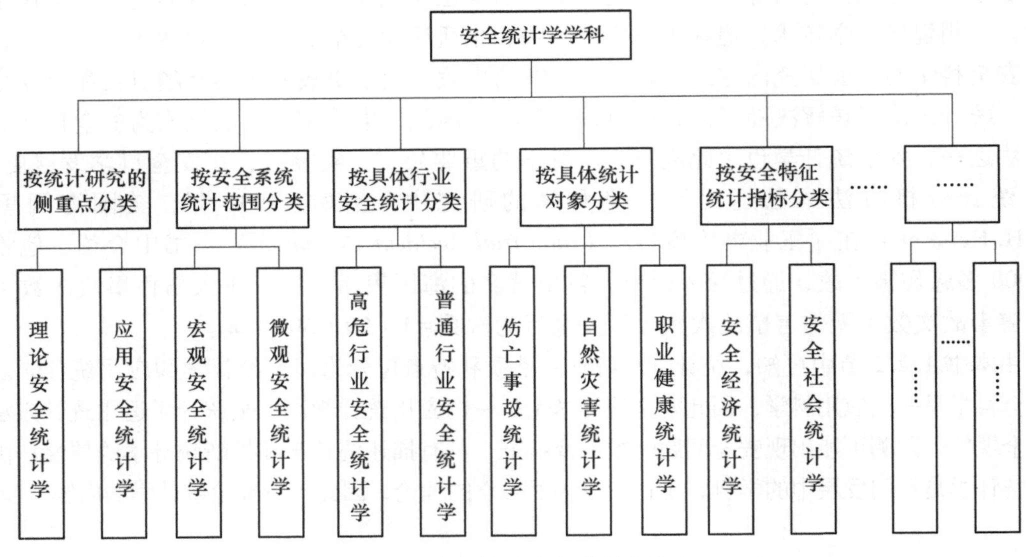

图 1-1　安全统计学学科分支分类

1.3.3　安全统计学的学科分支研究

1. 按统计研究的侧重点来建立的安全统计学学科分支

根据安全统计学的理论与应用程度，安全统计学可分为理论安全统计学和应用安全统计学两类。

1）理论安全统计学的主要研究内容包括：①安全统计学的理论基础，如数理统计学理论、统计物理学理论、信息论、灰色预测理论等；②安全统计学的方法理论，如统计调查方法、统计分析方法、趋势预测方法等；③安全统计学的体系理论，如体系结构、指标设置、相互衔接理论等。

2）应用安全统计学的主要研究内容包括：①安全统计工作的程序与操作规则，如统计时间要求、安全统计报表的填报、安全统计法规制度的制定与执行、安全统计数据的获取与发布等；②计算方式，如各种统计指标的计算公式等；③安全损失评估方法，这些方法主要用于对各种具体灾害的危害后果进行价值评价与估算等。

2. 按安全系统统计范围来建立的安全统计学学科分支

安全统计学按安全系统的大小可分为宏观安全统计学和微观安全统计学。宏观安全统计学主要是统计研究一个较大区域内安全生产与经济发展的关系、事故对社会经济的影响规律、事故的损失和安全活动的经济效益，为安全科学管理和安全决策的最优化等提供科学统计方法。微观安全统计学主要是统计研究一个小区域，如一个企业（单位）的事故和隐患规律，有关事故数据的产生、收集、描述、分析、综合和解释，并为推断事故的对策等提供科学统计方法。

3. 按统计的具体行业安全来建立的安全统计学学科分支

行业安全统计学是通过对不同行业安全问题数据的收集、描述、分析、处理和存储，研究行业事故的规律，为开展安全风险等的预测预报提供科学统计方法。根据《国民经济行业分类和代码表》和《高危行业安全生产费用财务管理暂行办法》，基于安全理论的角度将行业分为高危行业和普通行业。行业安全统计学的子学科分支及统计实例见表 1-2。

表 1-2 行业安全统计学的子学科分支及统计实例

行业分类例子		统计实例
高危行业安全统计学	采矿业安全统计	调查采矿业在特定时期、区域的事故，按事故类型（如透水、瓦斯爆炸、坍塌等）和事故等级（特重大、重大、较大和一般）分类统计，分析该行业事故的规律性等
	危险化学品业安全统计	调查危险化学品行业在特定时期、区域的事故，按事故类型（如火灾、爆炸、中毒和窒息等）和事故等级分类统计，分析事故的规律性等
	建筑业安全统计	调查建筑业在特定时期、区域的事故，按照事故类型（如高处坠落、物体打击、机械伤害等）和事故等级统计，分析事故的规律性等
	交通业安全统计	调查交通行业的事故情况，按事故类型（如追尾、弯道事故等）和发生环境（如城市公路、山区公路和干线公路）分类统计，分析事故的规律性等
	民用爆破业安全统计	调查民用爆破业的事故情况，按事故类型（如爆炸、火灾、中毒等）和事故等级分类统计，分析事故的规律性等
普通行业安全统计学	能源行业安全统计	该行业包括电力、石油、天然气、水、核和清洁能源等技术行业，调查该行业的事故情况，按 20 种事故类型和 4 类事故等级分类统计，同时需记录未发生的事故和潜在的隐患，分析事故间和事故—隐患的规律性等
	社会服务业安全统计	调查该行业在特定时期、区域的事故情况，按事故类型、伤亡人群的区别和事故等级进行分类统计，分析事故原因的规律性，预测对社会的影响等
	制造业安全统计	包括食品、医药和金属等加工制造行业，按事故类型（如机械伤害、触电、火灾等）和事故等级分类统计，分析不同的制造业的事故规律性，预测事故的发展趋势等
	其他行业安全统计	包括房地产业、文化教育及广电业和科学研究综合技术服务业，调查不同行业的事故情况，按 20 种事故类型和 4 类事故等级分类统计，分析不同行业的事故规律性等

4. 按具体统计对象来建立的安全统计学学科分支

安全统计学的研究对象很多。可通过伤亡事故、自然灾害、职业健康等方面的数量统计特征和数量关系等来建立它的学科分支。

1）在伤亡事故现象和过程的研究方面，通过收集生产过程中的事故数据，分析其数据特征，直观反映出该领域或企业的安全生产、安全管理现状，提出安全措施，防止事故发生，保证生产顺利进行，并形成伤亡事故统计学学科分支。该学科分支的研究内容非常广泛，例如，通过研究安全生产领域、社会领域、经济领域等各种事故现象与社会、经济互相影响的数量关系，并从大安全观和社会各领域互相联系的角度入手对事故现象进行全方位的观察、描述、分析和评价。伤亡事故统计学的子学科分支及其研究实例见表 1-3。

表 1-3 伤亡事故统计学的子学科分支及其研究实例

伤亡事故统计学分类	研究实例
事故原因统计	按人为原因、物与技术原因、管理原因引起的事故等统计
事故伤害性质统计	按 15 类物理伤害，5 类化学伤害，5 类生物伤害，6 类生理、心理伤害，5 类行为伤害和 4 类其他伤害引起的事故等统计
事故类型统计	按物体打击、车辆伤害等 20 类伤亡事故类型统计
事故等级统计	按事故伤亡人数划分等级（特别重大、重大、较大、一般）和按经济损失程度划分等级（特别重大、重大、较大、一般）的事故等统计
其他事故统计	按照事故伤害部位、事故致因物引起事故等统计

2）在自然灾害现象的研究方面，例如，对于非人为的自然灾害，通过对不同时期、区域、种类的自然灾害的数量特征、数量关系进行分析和比较，揭示不同的自然灾害与时期、区域的关系，描述灾害对社会、经济的影响，从而建立自然灾害统计学学科分支。它的子学科分支及其研究实例见表 1-4。

表 1-4 自然灾害统计学的子学科分支及其研究实例

自然灾害统计学分类	研究实例
生物灾害统计	按灾害类型（如虫害、鼠害、赤潮）和发生地域（森林、农田、牧场等）分类统计，比较分析灾害的原因与种类间的数量关系与规律性等
气象灾害统计	按灾害类型（如台风、暴雨、寒潮等）进行统计，比较分析灾害频率与强度的关系和规律性等
洪涝灾害统计	结合灾害类型（如洪水、雨涝等）与发生时间、地域进行统计，比较分析灾害强度与时间、地域的内在关系和规律性等
海洋灾害统计	按灾害类型（如风暴潮、海啸等）统计，比较七大洋和不同国家的灾害发生情况，分析灾害次数、强度和环境的内在关系和规律性等
地震灾害统计	按地震的成因（构造地震和火山地震）、震级和震源深度分类统计，比较不同板块、震级的地震的危害程度，分析震因、震级和震源深度的内在关系和规律性等
地质灾害统计	按 12 类灾害（如地壳活动灾害、地面变形灾害等）、动力成因（自然和人为）和灾害发展进程（渐变性和突发性）分类统计，比较不同地质特点的灾害情况，分析三者的内在关系和规律性等
森林灾害统计	按灾害类型（火灾、病虫害和气象灾害）统计，比较不同物种属性（防护林、用材林、经济林等）的灾害情况，分析灾害的规律性等
农业灾害统计	按灾害类型（如蝗灾、雹灾、霜雪等）和发生时期、地域进行分类统计，比较不同地区、时期的灾害情况，分析其内在关系和规律性等
其他灾害统计	根据不同地域和时期的山地灾害、沙漠灾害、草原灾害、环境灾害与城市灾害分类统计，分析不同灾害类型的内在关系和规律性等

3）在职业健康现象研究方面，通过统计研究不同类型有毒物质的致病毒理，预防控制

与治疗效果，不同企业、行业、工种和不同接触毒物时间与发病周期的关系，有毒有害物质检测数据统计分析等，揭示职业病与行业、工作环境的关系，提出行业卫生调整措施，建立职业健康统计学。职业健康统计学研究内容包括职业病和危害、有害因素，其中，职业病共有 10 类 132 种，危险、有害因素有 7 类。职业健康统计学的子学科分支及其研究实例见表 1-5。

表 1-5　职业健康统计学的子学科分支及其研究实例

职业健康统计学分类	研究实例
职业病患病统计	统计不同时期、行业、种类的职业病的患病人数和患病程度，分析它们内在的关系、规律性和影响因素，从而提出改进该行业的卫生措施
职业病治疗统计	统计患某职业病的伤患在治疗期的治愈率、病死率等，分析它们与发病率、死亡率的关系
职业病死亡统计	统计特定时期不同类型职业病的死亡人数，分析死亡率与职业病发病率的关系
危险、有害因素统计	统计引发职业病的不同类型的危险、有害因素，分析其与职业病之间的内在关系

5. 按安全特征统计指标来建立的安全统计学学科分支

1）在安全经济现象的研究方面，研究安全经济问题，定量反映安全经济水平、安全经济分配、安全投入与安全经济效益等内容。通过对安全生产领域中经济现象的数量表现、数量关系、数量界限的分析和比较，揭示安全生产和社会发展的关系，预测安全经济的发展方向和趋势，建立安全经济统计学的子分支。安全经济统计学的子学科分支及其研究实例见表 1-6。

表 1-6　安全经济统计学的子学科分支及其研究实例

安全经济统计学分类	研究实例
生产安全事故统计	按事故起数、死亡人数、职业病、直接经济损失等内容统计
安全投入统计	按人力资源投入和资金投入，如安全技术人员、安全培训等活劳动投入量，安全防护资源、个体防护设施、作业环境改善等安全资源的配置统计
安全效益统计	按安全经济贡献率、危险整改率、安全投资收益等统计

2）在安全社会现象的研究方面，研究社会运行过程中的安全管理、安全法规、安全教育等安全问题的发生规律和影响因素及其预测预报等问题。社会统计学研究内容是除经济统计学之外的所有内容，如劳动统计、生活质量统计等；安全社会学是将安全科学和社会学结合起来，研究社会运行过程中所出现的安全问题，通过研究社会运行中不同区域、类型的安全问题的数量特征，揭示安全问题和社会发展的关系。安全社会统计学的子学科分支及其研究实例见表 1-7。

表 1-7　安全社会统计学的子学科分支及其研究实例

安全社会统计学分类	研究实例
安全社会统计	统计不同时期的国家安全问题、社会安全问题、自然环境安全问题和宏观上的经济安全问题，分析它们内在的数量关系和规律性，预测可能发生的安全问题数量

（续）

安全社会统计学分类	研究实例
安全法统计	统计我国在不同时代制定的安全法律，不同国家同时期的安全法律，一定时期由于生产、使用引起的财产安全和人身安全的审判活动资料，分析内在的数量关系
安全管理统计	统计大量安全管理活动中获得的数据，研究它们的数量特征、数量关系和数量变化，力求通过对安全管理活动中数据的观察，分析其中的规律，为安全管理过程的计划、监督、预测和决策提供有力依据
安全教育统计	统计安全教育现象的数量表现和数量关系，以此比较不同时期、区域的安全教育结果，分析安全教育的优劣，为改进安全教育提供依据

1.4 安全统计学的应用

安全统计学是一门交叉学科，具有交叉学科的属性，主要是为统计系统运行过程中的安全问题，分析它们的内在联系和外在联系，为得出直观结果提供方法。在安全统计学提出之前，无论是国内还是国外，都只在事故分析和安全经济分析时使用统计方法；安全科学包括安全基础科学、安全技术科学和安全工程技术等学科，均会涉及统计分析的内容，可以运用统计的方法来整理、分析相关安全问题，使其成为有规律的整体。

1.4.1 行业安全统计学的应用

不同行业安全问题的数量、类型均不同。统计不同行业的安全问题，对鉴别行业安全等级与高危行业的类型，分析行业安全与社会影响、经济损失的关系有重要作用，从而可以制定安全措施，以减少事故风险。

例如，使用聚类分析方法确定行业事故风险等级，可提高突发事件的应对能力，为安全生产监督管理部门、企业和保险收费率提供决策依据；通过对交通、采矿等行业安全问题统计，分析同行业的人-机-环之间关系与影响因素的变化；根据不同年限的行业安全统计，研究行业安全发展趋势。

1.4.2 事故统计学的应用

事故统计分析是运用数理统计来研究事故发生的规律，既可把事故的发生作为因变量，采用统计分析方法，寻找发生原因，确定该因素对事故发生的影响程度，又可把事故的发生作为自变量，根据事故统计分析，研究事故发展变化趋势，分析该事故可能导致的后果及严重程度。

例如，早在1948年召开的国际劳工组织会议就将伤亡事故频率和伤害严重率作为事故统计指标。《企业伤亡事故分类》（GB 6441—1986）规定由千人死亡率、千人重伤率和伤害频率来计算伤亡事故频率；由伤害严重率、伤害平均率和由产品产量确定死亡率来计算事故严重率。

事故统计学需要不断完善，首先需改进事故统计指标体系，结合定量指标和定性指标、静态指标和动态指标，确定事故统计指标体系等；其次是完善事故分析，如根据事故统计数据分析事故对社会与经济的影响，为预测事故的发生趋势提供数据依据；再次是加强事故预测，预测理论有可知性、连续性和可类推性等作用，预测方法有回归预测法、时间序列预测法、马尔可夫预测法和灰色预测法等。

1.4.3 自然灾害统计学的应用

自然灾害常会破坏人类生产、生活的正常秩序，是安全科学研究的一个重要部分。因自然灾害的严重性、不可避免性和难预测性，统计灾害情况，分析对社会、经济造成的损失和预测灾情具有重要作用。

自然灾害统计学主要分三阶段。第一阶段是研究灾害的自然属性，统计自然灾变事件、灾变强度、频次，研究灾变的空间分布与发展规律，进行灾变时、空、强的预测研究；第二阶段是研究自然灾度，在第二阶段加强灾变对社会的影响研究，如人口伤亡、经济损失等；第三阶段是研究社会承灾体受灾程度和承灾能力。

自然灾害统计在我国起步早，但仍存在灾种界定不清、统计内容不规范等问题，因此亟须完善灾害统计指标等内容，在灾害统计基础上进行时间序列建模，分析对社会经济的影响，构建灾害损失评估体系。

1.4.4 职业健康统计学的应用

职业健康与职业医学是预防医学的学科分支，是识别、评价、预测和控制不良劳动条件对职业人群健康的影响。卫生统计学研究居民健康状况，侧重于医学方面的研究；职业健康统计学研究职业人群在工作环境、生产过程、劳动过程中健康遭受的危害，以及劳动条件中的有害因素，侧重于安全方面的研究。

职业健康统计学的研究内容首先是制定系统的统计指标，由于职业病和有害因素种类繁多，规划合理的统计指标系统可为后续工作节约大量资源；其次是量与度的结合，如职业病人数等计数资料、患病程度和有害因素浓度等级资料，统计分析应注意量与度的结合；再次是分析方法的运用，如用线性回归分析指标间的关联性，用时间序列分析职业健康与社会的关系。

职业健康统计学具有战略统计、科学统计和灵活统计三大类型。由于我国职业健康起步比较晚，在统计应用上仍存在大量问题，如缺乏及时性、准确性、全面性和规范性，需借鉴芬兰、瑞典等先进国家的职业健康统计的经验，以完善国内职业健康统计体系。

1.4.5 安全经济统计学的应用

安全经济统计学运用安全经济学和统计学的理论来解决安全经济问题，用以分析企业的安全生产状况、影响安全的各种经济因素，找出对安全状态影响较大的因素，评估安全投资效益，优选安全经济方案，预测未来可达到的规模和安全水平。

例如，万木生等编著《安全经济统计学》一书着眼于统计理论和安全经济理论的交叉应用，以安全经济研究的核心问题为落脚点，以安全经济分析的方法论体系为主线，详解了统计方法在安全经济学的应用。它的主要内容有：安全经济统计对象和方法，安全经济统计指标体系，用多元回归方法和时间序列法分析安全生产与经济社会的发展，用抽样等方法计算生产安全事故造成的直接经济损失等内容。

此外，用统计安全投资指标来计算安全投资的“增值产出”和“减损产出”，用“差值法”和“比较法”计算安全投资经济效益；陈万金等人对安全投入指标进行统计探讨，将它分为7个方面、34个指标，还给出计量单位和计算方法。

1.4.6 安全社会统计学的应用

安全社会统计学的研究内容甚广，从家庭安全、人身安全到国家安全、经济安全均在内。在这里，安全社会统计学的主要研究内容是安全社会统计、安全法统计、安全管理统计和安全教育统计。

安全社会统计学包含多方面内容。安全社会统计侧重于国家安全、社会公共安全和经济安全的问题统计；安全法统计侧重于司法过程中涉及生产安全、人身安全、财产安全的法律纠纷事件，统计案件的具体情况和结论，为制定安全法律提供现实依据；安全管理统计是统计生产中因有效安全管理措施取得的安全效益与不恰当措施引发事故的管理措施；安全教育统计主要统计学员安全教育结果，了解学员对安全常识的掌握情况，对安全教育进行改进。

1.5 安全统计学的展望

20世纪以来，统计学进入了快速发展时期，由单一的记述型统计学科逐渐扩展为多分支的推断型统计学科。在预测和决策基础上，结合信息论、控制论和系统论的基本方法，运用计算机技术，促使统计学的理论和实践不断深化，发展为多学科的通用方法学理论，尤其是在现代化国家管理、企业管理和社会生活中，起着愈加重要的作用。安全统计学正是建立在不断发展的安全科学和统计学基础上，虽然安全工作者早已将安全科学与统计学的方法结合使用，但将安全统计学作为一门独立的学科来建立并发展，这还是很新颖的事，因此还有诸多方面亟待完善，而目前首先要完善的有以下内容。

1. 安全统计学理论体系的完善

任何应用学科都需要理论的支撑，才能保证应用技术的发展。安全统计学是一门应用型学科，主要是运用统计理论和方法研究、分析安全系统运行过程中出现的安全问题。安全统计学理论的研究可为统计学在安全领域的运用提供指导方法。因此，为统计学能更好地应用于安全科学，首要任务是完善安全统计学理论体系。

2. 传统安全管理与统计方法的结合

传统安全管理技术是通过事故统计分析安全系统，采取相应的管理措施。随着安全科学的发展，从被动的“事后处理”进入主动的“事前预防”是安全管理进步的体现，因此现代安全管理需通过预测方法，推断可能发生的安全问题，制定相应的技术措施，预防事故发生。

3. 现代技术手段在安全统计学中的应用

信息论、控制论和系统论在许多基本概念、思想和方法等方面有共同点，安全统计学结合三者的理论方法，从不同角度提出解决相同问题的方法和原则，可丰富安全统计学的理论内容与应用技术方法。将计算机技术如 SPSS、Excel 和 Matlab 等软件运用于安全统计学研究中，可简化各类安全问题的收集、整理等步骤；建立合理的安全系统数据库，便于数据分享、处理，可降低安全统计分析的盲目性，完善安全信息学的研究内容。

本章小结

（1）统计是人们认识客观世界总体数量变动关系和变动规律的活动的总体，具有数量性、总体性、具体性和变异性的特点，统计学主要分为理论统计学和应用统计学两类。

（2）安全统计学是一门结合安全科学和统计学的原理与方法的综合性应用学科，根据目前的状况，具有理论统计学和应用统计学的特征。

（3）安全统计学的分支学科体系主要包括行业安全统计学、伤亡事故统计学、自然灾害统计学、职业健康安全统计学、安全经济统计学和安全社会统计学。

（4）从安全统计学理论的建立、传统安全管理与统计学的结合，及现代计算机技术在安全统计学的应用三方面对安全统计学进行展望，来讨论安全统计学的研究及应用前景。

思考与练习

1. 统计学和安全统计学的定义是什么？这两门学科之间的关系如何？

2. 理论统计学可分为描述统计与推断统计两大类，它们各有什么特点？存在什么联系？

3. 统计工作的具体工作步骤有哪些？在实际的安全工作中，如何将统计的工作步骤运用到安全统计工作中？

4. 安全统计学创建的目的与意义是什么？对于完善安全科学技术学科体系有什么具体的作用？

5. 本章中安全统计学的学科分支体系建立的依据是什么？在这个基础上，你是否有新的分类方法？

第2章 安全统计调查与分析

本章学习目标

了解安全统计学的研究对象，掌握安全统计学的主要研究方法和工作基本流程，并具有一定的理论联系实际和开展安全统计调查与分析的实践能力。

本章学习方法

在分析、理解的基础上，可将有关安全统计学研究方法归纳成具体的步骤或程式，注意各方法的要素及各方法间的不同点和共同点，并学会组合多种方法和联合使用多种方法，学习过程应理论联系实际。

2.1 安全统计的研究对象

统计学的研究对象是社会、经济等事物现象的数量方面，通过相应的统计方法研究这些数量表现，以此来揭示这些事物现象在一定条件下的潜在特性、变化规律和发展趋势。

安全统计学的研究对象是安全系统中一些特定的安全现象（包括隐患、已发生的事故等安全现象）和安全生产过程中所体现出来的数量表现、数量关系等问题，这种数量关系既包括安全生产领域内的事故现象，又包括发生在社会、经济领域中的安全现象，以及各种安全现象与社会、经济相互影响的数量关系，从大安全的角度和社会各领域相互联系的角度入手，对社会中存在的安全问题进行全方位的观察、描述、分析和评价。

海因里希法则明确指出，在一次重大事故发生前的一段时间内会出现多次轻微事故，因此安全统计学的研究对象应该更多地关注特定范围内的轻微事故及存在的隐患，分析它的数量表现，预测未来可能出现的事故类型及严重程度。安全系统是一个动态发展的系统，随着安全管理水平的提高、安全技术的发展，许多隐患在未发展为事故前就已经得到治理。因此，安全统计学的目的之一是收集并分析安全系统中事故的数量表现，借助数据的直观表现分析其内在联系、发生规律，预测未来可能出现的安全问题，制定合理的预防控制措施，而非为了证明统计分析的正确性，使隐患自由发展，以致酿成无可挽回的灾难。因此，安全统计预测的结果可能会和实际结果大相径庭，但为了保障人员健康、财产安全和社会稳定，仍需采用统计方法来预测安全系统的未来发展趋势，以此及时地对实际工作、生产做出安全调整，最大限度地降低事故的发生率和后果的严重度。

在安全评价中，往往以危险度作为衡量指标，用来客观描述系统的危险程度。通常将危险度定义为事故发生概率与事故后果严重度的乘积，即：

$$D=PC \tag{2-1}$$

式中　D——系统的危险程度，即危险度；

P——给定时间、范围内系统事故发生的概率；

C——事故后果的严重程度，即严重度，可以用经济损失金额、反映人员伤害严重程度的损失工作日数及伤亡人数来表示。

由式（2-1）可知，危险度通常由事故发生的概率与事故后果严重度共同确定。安全统计学的研究对象中的事故主要由量与度构成，量即指某种事故类型所发生的次数，度是指某种事故类型的后果严重程度，一般可按事故等级（特重大、重大、较大和一般）进行分类统计、分析预测。

安全统计研究需用科学的方法去收集、整理、分析安全问题数据，并通过科学的统计研究方法来分析安全现象的规模、水平、速度和比例等，用以反映安全现象在一定时间、地点和条件下的具体规律性。这些数据的数量方面标志主要有：

1）在横断层面上统计反映同一时期的安全现象的规模和结构分布情况。将统计资料按一定标志、顺序进行分组整理、编制，把复杂现象总体清楚地划分为不同性质的部分，直观反映统计指标的分布特征，可有效实现各类安全现象的管理和比较。

2）从时间序列统计反映同种安全现象在不同时间的发展速度和变动趋势。安全现象随时间推移而变化，研究安全现象，不仅要从静态上揭示研究对象在具体时间、地点和条件下的数量特征和数量关系，还要从动态上反映它发展变化的规律性，从数量方面来研究安全生产发展变化的方向和速度。

3）通过统计资料比较发现和揭示新的安全科学规律。初步整理事实材料进行比较，然后对事实进行定性和定量的分析，在比较的基础上对事实进行分类。如此整理过后，一大堆观察素材就可能变成清晰和有条理的事实，为提出和构造安全科学理论做了准备；在整理和辨识事实的过程中，把收集到的材料同已知的安全科学事实做比较，从而可能发现新的安全科学规律。

4）以历史和现状统计资料来预测安全工作的未来可能达到的目标和水平。任何现象的发生、发展过程都有延续性，因此，可通过对历史和现状的统计资料的分析，预测安全水平的变化趋势，为相关决策提供科学依据。

2.2 安全统计的研究分析方法

2.2.1 安全统计的研究方法

认识事物的方法是有层次性的。哲学的思想和方法是适用于各个领域的根本指导方法，用以提供基本的指导原则，是所有领域认识方法的最高层次，具有普遍意义。由于不同学科具有自己特定的研究对象和研究目的，便产生了与之相适应的研究方法。安全统计学是将统计学的理论、方法运用到安全科学之中，因此，安全统计的研究方法是安全科学的理论与统计学的基本方法相结合产生的研究方法。

1. 大量观察法

大量观察法就是观察和研究大量同种客观的安全现象，去认识安全现象的本质特征和发展变化规律。大量观察法是安全统计研究的基本方法之一，是人们认识安全事物总体的数量特征的基本途径。一种安全现象往往与多个领域、多种学科有关联，因此一个安全问题一般需要通过大量的安全现象来反映，如果只观察总体中的小部分对象的数量特征，就不足以代表总体的一般数量特征，要找出研究总体潜在的数量规律，最基本的做法是观察大量的、同类型的安全现象。

一般而言，社会客体中的客观现象多遵循统计规律，安全科学领域也不例外，要发现某种系统的安全现象发展规律需要观察该系统大量安全现象的变化。通常采用统计方法的目的是研究特定系统的大量现象，但并不排斥对单个现象的观察和认识，因为研究大量现象是以观察和认识大量个体事物为出发点，进而概括出该系统的数量特征和运行规律。

在安全统计工作中，大量观察法主要是对同类安全现象进行调查和综合分析。安全统计调查有许多方法，如安全统计台账、安全统计报表、安全普查、抽样调查、重点调查等方法，都可有目的性地获得大量调查数据。

2. 统计分组法

统计分组法是根据事物内在的特点和统计研究的任务，按一定的统计标志把安全总体划分为不同类型、不同性质的组或类的方法。统计总体的变异性是统计分组的前提条件。安全现象通常具有多层次性和多种类性，通过统计分组，可将收集到的安全现象按某个性质进行分类，为后续的安全统计分析做好准备工作。

统计分组是安全统计整理的基础工作，做好安全统计分组的工作，可为进一步研究安全事物总体的数量特征起到承前启后的作用。正确运用统计分组法，有利于揭示样本与样本之间的差异，进而为准确认识安全统计总体的潜在特征、对安全总体进行科学划分、为安全统计研究获得正确的结论提供依据。

3. 综合分析法

综合分析法是指用各种综合指标的计算和对比的结论，对被研究的事物总体进行从个别到一般、从个性到共性的综合分析的方法。综合处理和分析安全统计资料，不仅能用定量的方式反映安全现象在水平、结构、相关性等方面的状况，还能用定性的方式全面、综合地阐述安全现象间的联系。综合分析法最大的优点就是在安全统计分析过程中，能避免人为的主观性和片面性，用科学的方法分析出普遍、主要、必然的因素所产生的作用，进而达到正确认识安全现象本质的目的。

4. 试验法

从广义上讲，试验法应包括假设检验和试验设计两方面的内容。所谓假设检验就是事先对总体参数或总体分布形式做出一个假设，然后利用样本信息来判断原假设是否合理，即判断样本信息与原假设是否有显著差异，从而决定应接受或否定原假设。所以，假设检验也称为显著性检验。

试验设计是安全统计学的重要内容，它研究的是如何设计安全试验步骤及试验后的数据怎样分析等问题。在实践中，应用较为广泛的试验设计是正交设计法，它是通过正交表，将试验中应考查的多种因素及其可能的多种水平相互均匀搭配，这种方法既能考查各因素的作用，又能尽可能地减少试验次数，也就能减少安全工作者的工作量，节约安全项目资金，同时提供分析试验的信息也比较丰富，能计算出试验误差估计。

另外，统计推断法和动态测定法也是经常使用的安全统计研究方法。

将以上列举的方法与常用统计研究方法的特征、优缺点归纳，得到安全统计学的典型研究方法及其特点，见表 2-1。在实际的安全统计研究中，只运用一种研究方法是不能达到研究目的的，要根据具体的研究对象，综合利用多种适应的研究方法才能达到研究目的。

表 2-1 安全统计学的典型研究方法及其特点

研究方法	特征	优点	缺点
大量观察法	大量性变异性	样本数量足够多，接近整体情况	数据多需耗费大量人力、物力；数据少则结论不具有代表性
统计分组法	相似性差异性	保持组内的同质性和组间的差异性；可从不同的角度分析和研究问题	分组不同，结果存在差异；易忽略组与组间相邻 2 个数的关联性
综合分析法	整体性	能对现象间的联系进行综合分析；可描述总体的数量特征和变动趋势	易忽略个别特殊的数据；不易观察现象的偶然性
试验法	随机性	能利用已有信息判断样本与样本、样本与总体之间的差异来源；可在减少试验次数的基础上提高试验精度	试验设计具有随机性，易忽略个别因素；不同的样本信息得到不同的结果
统计推断法	归纳性推断性 可控性	可以利用一种样本资料，应用到安全统计研究的多个领域	建立在数据基础上，错误的数据易导致错误的推断结论
动态测定法	动态性变异性	既可反映数据的时间顺序变化情况，也可反映单位数据内各个时间标志值的变化情况	指标范围、内容及各时期的时期数列长短对结果影响较大

此外，研究方法还包括方差分析、非参数检验等特有的安全统计方法。当面对不同的研究对象时，要根据具体情况选择合理的方法，而且在大多数研究过程中都需要多种方法结合才能得出正确的结论。

2.2.2 安全统计的分析方法

统计资料通常分为定量资料和定性资料。定量资料是指对每个观察样本用特定的计量方法测量某项指标所获得的数值；定性资料是指记录每个观察样本的某一方面的特征和性质。在对安全现象的统计资料进行统计分析时，需要运用到数理统计的相关理论和方法进行分析整理。目前，基于数理统计理论的安全统计分析方法有空间自相关方法、聚类分析法、灰色统计法、试验数据统计方法等。

1. 空间自相关方法

空间自相关方法是研究空间中某空间单元与其周围空间单元就某种特征值，进行空间自相关性程度的计算，以分析这些空间单元在空间上分现象的特征的统计分析方法。

该方法的研究对象是两个或多个属性变量的相互关系及关联程度，以及同一属性值在不同空间位置上的相关关系及关联程度。将此方法运用于安全统计分析中，可得出所分析的安全问题在研究的安全领域中的扩散效应，以及统计出该安全问题的发生概率、普遍程度，进而分析出易发生的环境，以方便安全工作者及时做出防治或控制措施。

空间自相关方法的优点是可同时满足独立性和大样本两个假设，可以用图形示意区域集聚事故的类型，还可用一些量化指标，揭示研究区域内事故发生的空间格局。

2. 聚类分析法

聚类分析法是研究分类问题的一种多元统计分析方法。具体做法是输入一组未分类的数据，在事先不知道要分成几类的情况下，通过分析数据，确定每个记录所属的类别，把相似性大的对象聚集为一个类。聚类的标准是使类内的样本相似度尽可能大、类与类间的相似度尽可能小。

在安全统计分析中，聚类分析法主要用于安全统计数据或样本的分类，进而便于将某领域或某安全系统可能出现的安全现象分类，做事故分析，并定量阐述各类安全问题间的关联性。按照原理划分，传统上可将聚类方法分为层次聚类法和非层次聚类法两类；按照分类的目的，可分为指标聚类（R 型）和样本聚类（Q 型）。

聚类分析法是在没有“先验”知识的情况下进行分类的，具有客观性、科学性等优点；但也具有如下缺点：第一，如果数据量偏少，会影响归纳的精确性；第二，不能确定到底该分成几类比较合适，中间需介入主观因素，凭借经验来确定合理的类别数；第三，聚类分析法是对指标进行单一归类，不能使同一指标在不同类中体现出来，不能确定各个影响要素在事故发生中的贡献度及要素之间的组合规律。

3. 灰色统计法

灰色统计法实质上是一种白数的灰化处理方法，以灰数的白化函数生成为基础，将一些具体安全统计数据按某种灰数所描述的类别进行归纳整理，判断安全统计指标所属的灰类。灰色统计法是以“小样本”“贫信息”“不确定性”的安全数据为研究对象，主要用于鉴别安全系统内各因素之间发展趋势的相似或相异程度，并通过对原始安全统计数据的生成处理，建立相应的微分方程模型，寻求安全系统变动的规律，探讨系统的安全状况的发展趋势。

灰色统计法具有可操作性强、分辨率高等优点，通过建立影响事故发生的安全统计核心指标，来对事故进行安全统计分析。

4. 试验数据统计方法

试验数据统计方法是一种基于完全样本的安全统计方法。选用试验数据统计方法处理产品寿命数据时，要检验产品寿命数据属于何种类型，然后采用相应的安全统计方法进行数据处理，做基于特征值的可靠性统计并归一化处理。

试验数据统计方法通常包含正态分布、三参数威布尔（Weibull）分布、两参数威布尔分布、极小值分布、极大值分布、指数分布等方法；数据处理有图解法（如威布尔概率值等）和解析法（如最大似然估计等）。试验数据统计方法的安全统计数据大多是基于完全样本的情况下得到的，处理有删减或丢失的寿命数据将很难得到正确的结果。

2.2.3 安全统计问题中因变量与自变量的关系

在实际问题中，定性资料和定量资料经常同时出现，即使在只有定性资料的情况下，也可以将定性资料量化后，全部作为定量资料来统一处理。然而，由于将定性资料数量化方法很多，这就使人们产生了将定性资料数量化后所得结论是否与选取的方法有关的疑虑。因此，选取合适的量化方法对于安全统计分析就显得十分重要。

如果把实际问题的范围略加一些限制，问题的分类就比较清楚。通常都是从资料来分析变量之间的关系，例如讨论两个量之间是否独立，不独立时有什么形式的函数关系，如何进一步去估计函数的形式和函数中的参数等。为了便于说明，把一部分变量称为自变量，另一部分随自变量变化而变化的变量称为因变量，于是按照变量是定性或定量的情况来大致分类，得到统计问题中因变量与自变量的关系，见表 2-2。

表 2-2 统计问题中因变量与自变量的关系

因变量	自变量	统计问题归类
定量	定量	回归（或线性模型）
	定性	方差分析
	定性、定量	协方差分析（或线性模型）
定性	定性	列联表
	定量	判别分析、聚类分析
	定性、定量	对数线性模型等
定性、定量	定性、定量	—

事故的发生是以一种状态存在的，表现形式多种多样，涉及的因素繁多，因此通常描述事故的资料和指标是定性的；我们也知道，事故是由某些因素（如人的因素、机的因素、环境的因素和管理的因素）的综合影响导致发生，并会随不同的影响因素产生不同程度的后果。对事故做安全统计分析时，一方面，可以把事故的发生作为因变量，在对历史的、现在的事故资料做出系统、全面分析后，总结出事故规律性的统计数据，希望通过统计分析寻找事故发生的根本原因，并确定该因素对事故后果影响程度的大小；另一方面，可将事故的发生作为自变量，根据历史的、现在的事故统计资料，研究事故发展变化的趋势，分析出该事故可能导致的后果及严重程度。因此，表 2-2 中的统计模型可应用于安全统计研究领域中，进行事故的统计分析。

2.3 安全统计的基本流程

安全统计是一项数据零散而又高度集约的工作。进行统计工作时必须成立相应的组织机构，在统计机关统一领导下，协调组织各统计单位、部门密切协作，相互配合，共同完成。

在本书 1.2 节中已简单介绍了安全统计工作的流程，而本节中主要是指出统计流程工作中的具体事项。

1. 安全统计任务的确定

确定安全统计任务是安全统计工作的首要前提，只有确定了安全统计任务，后面的统计工作才能有条不紊地进行下去。安全统计工作应根据社会的发展、安全系统的变化、不同时期的国民经济对安全管理工作提出的新要求，以及安全科学发展中不断出现的新难题，做出相应调整。确定安全统计任务后，根据任务要求收集所需要研究的安全系统的基本数据，揭示这些数据传达的安全信息，归结为明确的安全统计指标和指标体系。

2. 安全统计设计

安全统计设计是对安全统计工作的各个方面、各个环节做出整体考虑与安排。安全统计设计的结果应是设计方案的形成，如指标体系、分类目录、调查方案、整理方案及数据保管和提供制度等，制定出各种可行方案，用来指导实际活动。

总体设计是一项很重要的工作。安全统计是一项复杂的系统工程，不论对象范围、指标口径、分类标准等，都需要统一认识、统一制度、统一执行，避免指标缺口、重复、不配套、不衔接、不统一等问题所引起的浪费和损失，从而影响安全统计设计的总体方案。

统计任务的确定和统计对象、方法、指标的选择是开展统计工作的基础，它与统计工作各阶段内容密切联系，对开展后续工作具有重要的指导意义。

3. 安全统计调查

在确定了安全统计任务、完成了统计设计工作后，可根据统计方案的要求，有计划地开展安全调查，收集安全材料。

安全统计调查的任务就是根据事先制定的调查纲要，收集被研究的安全现象有关的、可靠的资料，获得丰富的感性知识，所以这一阶段是认识安全现象的起点，也是整理和分析安全资料的基础环节。

4. 安全统计资料整理

通过安全统计调查获得的统计资料是分散的、零乱的，将这些零散的资料经过加工整理，可使它们从个体状态过渡到总体形式，从局部过渡到整体。

统计整理是对安全资料运用统计方法的要求进行一系列的整理工作。在整理过程中需做一些必要的检查，如时间性、准确性；具体的统计整理工作一般包含安全资料的数据化、分类（可根据生产设备类型、环境条件、人对安全系统的作用等进行安全数据分类）和安全资料的录入。

但是这些加工整理的统计资料只能说明安全现象的状况，并不能说明安全现象的本质及其规律性，为了更深刻地认识安全现象的内在特性，安全工作者需要用安全统计分析方法对统计资料进行分析。

5. 安全统计资料分析

统计分析是安全统计工作最重要的环节，这阶段的任务是利用已整理的统计资料计算各项安全分析指标，通过对系统化的统计资料运用统计学理论方法来揭示生产领域内安全现象的数量关系和规律性，提出被研究的安全现象所隐含的比例关系和发展趋势，阐明安全现象的特征和规律，并以此得出科学的结论。

这一阶段是理性认识阶段，是安全统计研究的决定性环节。通过统计分析，可以了解安全生产状况，预测安全生产发展形势，为企业和管理部门制定决策提供依据。

2.4 安全统计工作的主要环节

2.4.1 安全统计资料的调查方案

安全统计资料按不同的来源可分为第一手资料和第二手资料。其中，第一手资料是通过安全调查或试验，直接向调查对象收集反映调查单位的统计资料，又称为原始资料；第二手资料是指直接利用他人调查或试验所得到的数据。安全统计调查是指对原始资料的收集，本节内容主要阐述安全统计调查的方法和步骤。

收集安全统计资料是一项复杂的工作，必须有目的、有计划、有组织地进行。在着手开展统计调查之前，必须事先设计一个周密的调查方案。调查方案主要包括如下几项内容。

1. 确定调查目的和调查任务

确定调查目的就是明确为什么要进行安全统计调查，与要解决什么样的安全问题。调查的目的不同，调查的内容和范围也就有所区别。

安全统计调查与人口普查、第三产业调查、进出口贸易调查有许多共同的地方，可以借鉴这些调查成熟的经验，但安全调查与这些调查工作又存在明显的差异，在调查工作中需要特别注意这些不同的地方：第一，安全统计调查过程中更需要注意“等级”一词，例如危险等级、事故等级、风险等级等，不是同一等级的安全问题不能混为一谈；第二，安全统计调查的目的不同，调查的内容也有所区别，如安全经济损失统计、伤亡事故统计、安全教育统计等；第三，安全统计调查和其他类型的调查一样，有时有人为了隐瞒严峻的安全生产现状，存在故意谎报事故的数量或事故严重程度的现象，在调查时需要特别注意。

2. 确定调查对象和调查单位

有了明确的调查目的，可据此确定调查对象和调查单位。调查对象是指需要调查的对象总体，该总体是由许多性质相同的调查单位组成的；调查单位是指所要调查的具体单位，是进行调查登记的标志的承担者。

明确调查单位，必须把它和报告单位区别开。报告单位也称填报单位，是负责向上级报告调查内容、提交统计资料的单位。不同的调查目的，调查单位与报告单位有时一致、有时不一致。例如，在调查某行业的职业病情况时，调查单位是某行业中患上职业病的职工，而报告单位是该行业的工业企业；又如，调查某行业的安全经济状况时，调查单位和报告单位是一致的。

3. 确定调查项目和调查表

调查项目就是所要调查的具体内容，是由一系列特征标志和数量标志构成的，即所要登记的调查单位的特征，也就是调查单位的基本标志。

将各个调查项目按一定的顺序排列在一定的表格上，就构成了调查表。利用调查表可使调查登记资料更加标准化、规范化，还有利于调查后的资料整理和汇总。例如，表 2-3 是某年度1—6月不同事故发生起数调查样例，这样的样例仅供数量分析和比较之用。

表2-3　某年度1—6月不同事故发生起数调查样例

月份	矿业事故（起）	交通事故（起）	爆炸事故（起）	毒物泄漏与中毒（起）	火灾（起）	其他（起）	总计（起）
1	2	69	2	1	4	2	80
2	9	49	4	3	1	10	76
3	7	44	5	3	5	20	84
4	7	53	3	3	5	17	88
5	9	49	5	5	2	16	86
6	9	57	4	3	3	9	85
总计（起）	43	321	23	18	20	74	499

注：表中数据来源于《安全与环境学报》。

4. 确定调查时间和调查期限

调查时间是指调查安全资料所需的时间，又称客观时间。在统计调查中，若调查的是时期现象，就要明确规定安全资料所反映的调查对象是从何时起到何时止的资料，表2-3中每一栏都是一个特定时期的不同事故类型的事故起数；若调查的是时点现象，调查时间就是规定的统一标准时点，如调查某年安全经济状况就是以某一个时间点的安全经济相关指标为统计标准。

调查期限是进行调查工作的时限，包括收集资料和报送资料的工作所需的时间，又称主观时间。

安全统计资料具有很强的时效性，快速而准确地获取统计数据资料是安全统计工作的关键。

5. 确定调查的组织实施计划

要保障安全统计调查的顺利进行，必须制订严密、细致的实施计划。调查组织工作包括确定调查机构、组织和培训调查人员、落实调查经费的来源和开支方法、确定调查资料的报送方法和公布调查结果的时间等。

2.4.2　安全统计资料的收集方法和调查方式

1. 统计资料的收集方法

统计数据是利用统计方法来分析的数据，离开了统计数据，安全统计方法就无用武之地。任何一种安全调查都必须采用一定的调查方法去收集原始的安全统计资料，即使调查的组织形式相同，调查方法也可以是不同的，应根据调查目的与被调查对象的具体特点，选择合适的调查方法。安全统计调查常用的方法有直接观察法、报告法、试验设计调查法等。

（1）直接观察法

直接观察法是指由安全调查人员到现场对调查对象进行直接查看、测量和计量。这种方法的最大优点是它的直观性和可靠性，能够客观地收集第一手资料，直接记录调查的事实和被访者的现象行为，安全调查结果更接近于实际的安全状况，如安全人机工程中作业疲劳测定试验等，测试人员可直接到现场观察职工的作业情况。

直接观察法简便、易行、灵活性强，可随时随地进行调查。然而这种方法存在如下缺点：第一，观察不够深入、具体，只能说明安全问题发生的直接原因，而不能说明安全问题发生的根本原因；第二，经常需要调查人员到现场做长时间的观察，调查时间越长，调查次数越多，调查结果越容易受调查人员的主观思想影响；第三，这种方法在实施过程中，容易受到时间和空间的限制，可能导致结果存在偏差。

（2）报告法（报表法）

报告法是基础单位根据上级的要求，以各种原始记录与核算资料为基础，收集各种资料，逐级上报给有关部门。现行的统计报表制度就是采用这种方法来收集资料的。

（3）试验设计调查法

试验设计调查法是用于收集测试某类新产品、新方法或新设备的使用效果情况的方法。对于可通过科学试验取得资料的，通常采用试验设计调查法，而对于无法通过科学试验取得资料的，如安全社会现象，则需要应用大量观察法。

随着现代信息技术的发展，计算机、网络、光电技术、卫星遥感、地理信息系统等高新技术正在被广泛地引入统计调查领域中，从而产生了一些新的调查方法。例如，将上述三种方法与现代网络技术相结合，形成网络调查，进而广泛地运用到安全统计调查工作中。

2. 统计资料的调查方式

统计调查方式是指组织收集调查数据的形式和方法，常用的安全统计调查方式主要有以下几种：

（1）普查

普查是专门组织的一种全面调查，主要是用以收集某些不能或不宜用定期报表收集的安全统计资料。

普查主要有两种组织形式：一种是通过相应组织的普查机构，配备一定数量的安全普查人员，对调查单位直接进行登记；另一种是利用调查单位的原始记录和核算资料，结合清库盘点，由调查单位自行填报调查表格。通过普查得到的数据一般比较准确，规范化程度较高，可为抽样调查或其他调查提供基本依据；但普查的使用范围较窄，只能调查一些最基本的、特定的安全现象，如调查我国安全活动领域中安全科技人员对安全生产的贡献率，调查各类型企业中安全技术人员的人数和素质等普查活动。

（2）抽样调查

抽样调查是一种非全面调查，是按随机原则从调查对象中抽取一部分单位作为样本进行观察，用以推算总体数量特征的一种调查方式。

这种方法的使用范围主要有：第一，在一些不可能或不必要进行全面调查的安全调查中，可采用抽样调查，如可靠性试验中灯泡的耐用时数、轮胎的里程试验等；第二，在对普查资料进行必要的修正时可采用抽样调查，由于普查涉及面广、工作量大、容易产生登记误差（即重复登记或遗漏）。一般情况下，可以普查开始后进行一次小规模的抽样调查，将抽样调查的结果同原来的普查资料进行核对，计算出差错（重复或遗漏）比率，然后以此作为修订系数，对普查资料进行必要的修正。

同时，抽样调查时必须遵循随机原则和最大抽样效果原则，只有这样才能在最大限度上保证结果的准确率。

（3）重点调查

重点调查是专门组织的一种非全面调查，它是在安全总体中选择个别的或部分重点单位进行调查，借此了解安全总体的基本情况。这些重点单位虽然数量不大，但它们调查的标志值在总体中占有支配性地位，通过对这些单位的调查，能初步掌握总体的基本情况。当调查目的只是掌握调查对象的基本情况，而在总体中确实存在部分单位能较集中地反映所要研究的问题时，进行重点调查是比较适宜的。

根据调查目的和内容，重点调查可以是经常性调查，也可以是一次性调查。通常情况下，可以将重点调查与统计报表制度相结合，根据统计报表的提示，快速、准确地调查到所需要的资料。

（4）典型调查

典型调查是一种专门组织的非全面调查，是根据调查的目的，在对所研究的对象进行初步分析的基础上，有意识地选取若干具有代表性的单位进行调查和研究，借以认识事物发展变化的规律。

典型调查的主要作用是通过深入研究实际的安全状况，对所研究的安全现象进行具体、细致的调查研究，详细观察安全现象的发展过程，深入分析安全现象发生的根本原因，并掌握安全现象各个方面的联系。例如，通过调查，可区别出事故频发的行业和安全稳定性高的行业，总结它们的经验教训，开展安全对策研究、落实具体安全工作，促进安全生产形式的转化与发展。

（5）统计报表制度

统计报表制度是依照国家有关规定，自上而下地统一布置，以一定的原始记录为依据，按照统一的表式、指标项目、报送时间和报送程序，自下而上逐级、定期地提供资料的一种调查方式。

统计报表主要用于全面收集基本情况，此外，也常为重点调查等非全面调查形式采用。统计报表制度是一个庞大的组织系统，它不仅要求各基础单位有完善的原始记录、台账和内部报表等良好的基础，而且还需要一支熟悉业务的专业队伍。

我国现已形成比较完善的伤亡事故统计报告制度，如劳动部、国家统计局于1992年制定了《企业职工伤亡事故统计报表制度》，及应急管理部于2020年印发的《生产安全事故统计调查制度》等，进一步规范了安全生产统计工作，成为国家和地区进行安全形势分析的主要数据来源。

2.4.3 安全统计资料的整理

按照安全统计研究的要求，对调查所收集到的原始资料进行分组、汇总，使其条理化、系统化的工作过程，就是安全统计资料的整理。

统计资料整理就是人们对安全现象从感性认识上升到理性认识的过渡阶段，既是统计调查阶段的继续和深入，又是统计分析阶段的基础，起着承前启后的作用。如果直接将统计调查所获得的安全资料用于统计分析工作中，这对统计分析来讲，将是个庞大的“工程”；在分析工作之前整理零散的统计资料，使其条理化，不仅能大大减少安全统计的后续工作量，也容易得到准确的结论。

安全统计资料整理的内容主要有以下四个方面：

1）安全统计资料的审核。在整理之前，必须对安全数据进行认真的审核，检查原始数据的完整性与准确性。

2）安全统计资料的分组与汇总。对全部调查数据资料，按其性质和特点进行分组归类，综合汇总成各项安全统计指标。统计分组和统计指标是安全资料整理工作的核心。

3）编制安全统计表或绘制安全统计图，描述整理的结果。

4）安全统计资料的积累、保管和公布。

安全统计资料整理的具体内容有许多，但安全资料的分组与数据汇总在整个整理过程中是至关重要的，下面主要讲述这两个方面的内容。

1. 统计分组

根据统计研究的目的和安全现象的内在特点，按某个标志（或几个标志）把被研究的总体划分为若干个不同性质的组，称为统计分组。统计分组的关键在于分组标志的选择。任何安全系统总体内部的各单位之间都是既存在共性又存在差异性的，分组便是以这种共性和差异性的对立统一为基础来进行的。

在进行统计分组时，要遵循两个原则：穷尽原则和互斥原则。穷尽原则就是使统计总体中的每一个单位都应有组可归属，也就是不能遗漏参与分组的统计总体中所有的单位；互斥原则就是在特定的分组标志下，统计总体中的任何一个单位只能归属于某一组，而不能同时或可能归属于几个组。安全统计工作者之所以会将安全资料做统计分组，是因为分组具有如下作用：

（1）可以划分安全现象的类型

例如，根据生产安全事故造成的人员伤亡或直接经济损失，事故类型一般可分为特别重大事故、重大事故、较大事故和一般事故。

（2）可研究安全现象总体的结构

在划分安全现象类型的基础上，计算各种类型在安全现象总体中的比重，说明安全现象总体的结构和基本性质。例如，按照百万人死亡率将各地区的安全状况进行分组，可比较说明各个地区安全生产的情况。

（3）研究安全现象之间的依存关系

在分组基础上，计算有关指标，观察指标与指标之间存在什么样的联系。例如，煤矿行业中按照生产能力可分成不同的组，计算它们的产量和事故率等指标，用以比较在不同规模和所有制体系下，煤矿企业事故发生率与煤炭产量的潜在关系。

不同的统计资料有不同的分组方法，目前，运用最广泛的是品质分组法和数量分组法。

品质分组法是指按照品质标志进行分组的方法，如按事故等级、事故类型等分组；数量分组法是指按照数量标志分组，也称为变量分组，如按安全经济状况等分组。

在安全生产领域中，由于安全统计资料的范围较广，大多数时候采用的是数量分组法，一方面是利于记录，另一方面是方便查找差异。数量分组法主要有单项分组、组距分组（间断组距和连续组距）、等级分组和异距分组等。

在安全统计中，必须注意到：无论是事故、隐患，还是职业卫生，都已经划分出等级，即存在品质标志，然而在涉及安全经济增长与损失时，又有数量标志，因此分组时应先分清调查的目的和任务，然后进行分组，而非盲目分组。若有需要，可同时采用两种方法。

2. 数据汇总

在将统计数据按照一定的方式分组后，需要将其记录在特定的图、表中，利于直观、形象地反映事故发生的情况，这就是数据汇总。数据汇总的方法主要有安全统计表和安全统计图两种形式。

（1）安全统计表

广义的安全统计表包括安全统计工作各个阶段中所用的一切表格；狭义的安全统计表特指分析表和容纳各种安全统计资料的表格，也就是通常所说的安全统计表，它能清楚、有条理地显示统计资料，直观地反映统计分布特征，是统计分析的一种重要工具。

安全统计表的结构可从表式和内容两方面来认识。

从表式上看，统计表是由纵横交叉的线条组成的一种表格，包括总标题、横行标题、纵行标题和指标数值四个部分。

1）总标题是表的名称，它扼要地说明该表的基本内容，并指明时间和范围，置于统计表格的正上方。

2）横行标题是横行的名称，一般放在表格的左方；纵行标题是纵行的名称，一般放在表格的上方。横行标题和纵行标题共同说明填入表格中的统计数字所指的内容。

3）指标数值是列在横行和纵行的交叉处，用来说明总体及其组成部分的数量特征。

安全统计表设计样例如图 2-1 所示。

总标题

表×-×2011年11—12月生产安全事故类型分布

事故类型	事故		死亡		受伤	
	数量(起)	所占比例（%）	数量(起)	所占比例（%）	数量(起)	所占比例（%）
矿业	16	7.73	124	13.11	72	6.63
交通	114	55.07	510	53.91	594	54.70
爆炸	13	6.28	46	4.86	249	22.93
毒物泄漏与中毒	10	4.83	42	4.44	60	5.52
火灾	16	7.73	68	7.19	20	1.86
其他	38	18.36	156	16.49	91	8.38
总计	207	100	946	100	1086	100

纵行标题

横行标题

指标数值

注：数据来源于《安全与环保学报》。

图 2-1 安全统计表设计样例

（2）安全统计图

用于数据汇总的安全统计图主要有主次图、事故趋势图和控制图三种。

1）主次图。主次图又称为主次因素排列图，它是寻找安全系统中主要问题的一种有效的、以图的形式描述的分析方法。

主次图是直方图和折（曲）线图的结合。直方图可用来表示属于某项目中各分类的工伤频数（人次数），而折线点则表示各分类的相对频数。主次因素排列图可直观地使管理人员看出主、次因素，便于抓住首要问题，有步骤、有次序地采取措施，加以解决。做主次图分析法具有下列步骤：①收集事故数据；②确定分析内容，如事故类别分析、事故原因分析、事故场所分析、事故严重度分析和事故工种分析等；③统计事故指标的绝对值和相对频数；④绘制图形，纵坐标表示事故次（人）数和相对频率，横坐标表示分析的内容，根据统计数据可画出直方图和折线图；⑤根据图形进行定性分析，判断主要矛盾所在，制定措施，加以解决。

2）事故趋势图。事故趋势图又称为事故动态图，它是按照系统内事故发生的情况，按照时间顺序，对比不同时期的事故指标，评价各个时期内的安全状况，分析事故发展趋势的一种图形分析法。它可分析以往某个时期的安全状况，也可根据历史数据进行外推，预测未来事故发展状况，根据预测结果及时采取防范措施。外推法是建立在系统安全状况处于一个稳定状态的基础上的，否则，历史的发展规律就不能作为推测未来事故发展趋势的依据。

3）控制图。控制图分析法是一种通过对安全指标进行定期检测，分析安全指标变化趋势，用以发现安全指标异常变化的统计分析方法。

控制图就是用来监视控制指标随时间推移而波动情况的图表。应用控制图法进行企业生产安全的统计分析，可以对系统安全状态是否有明显好转或恶化展开评价，用以检验安全管理及技术措施是否有效。以工伤事故为例，利用控制图分析法对其进行统计分析，在计算一定时期内统计指标平均值 γ（或认为制定一个合理的目标值）的基础上，再分别计算出控制上限 U 和控制下限 L：

$$U=\gamma+\Delta\gamma \tag{2-2}$$

$$L=\gamma-\Delta\gamma \tag{2-3}$$

式中　$\Delta\gamma$ 为允许的上下波动值。

当统计指标值总是围绕一个平均值（目标值）上下波动且总是处于控制上限和控制下限之间时，说明指标值的波动主要是由随机因素引起的，情况并未发生实质性的变化，即处于控制上限和控制下限之间的围绕平均值波动的数据点可看作是等价的。

例如，对于通常采用的各种反映行业工伤事故状态的指标，当出现以下四种情况之一时则可认为该行业安全状况发生了显著恶化，且这种恶化不是随机出现的，而是某种新的不安全因素造成的，需及时查明原因并改正：①个别数据点超出控制上限；②连续数据点在目标值以上；③多个数据点连续上升；④大多数数据点在目标值以上。

本 章 小 结

（1）安全统计学的研究对象是安全系统中的安全现象及其演化过程中所体现出来的数量表现、数量关系等问题。

（2）安全统计的研究方法主要有大量观察法、统计分组法、综合分析法和试验法等；分析方法主要有空间自相关法、聚类分析法、灰色统计法和试验数据统计法等。

（3）安全统计的基本流程是统计任务的确定、统计设计、统计调查、资料整理

（包括统计分组和数据汇总等内容）和资料分析。

（4）安全统计调查要制定详细的调查方案，方案内容包括调查目的、任务、对象、单位、项目、时间等。

（5）安全统计资料的收集方式有直接观察法、报告法和试验设计调查法；调查方式有普查、抽样调查、重点调查和典型调查。

思考与练习

1. 安全统计学的研究对象与统计学的研究对象的区别在哪？
2. 分析方法中的聚类分析法和灰色统计法的使用条件各是什么？有什么差别？
3. 安全统计中统计资料有定性与定量两种形式，如何确定资料中变量间的关系？
4. 试做出两个安全统计报表实例并运用合适的统计图加以直观表达。

第3章 安全统计指标及安全统计指标体系

本章学习目标

掌握安全统计指标的定义和各领域的安全统计指标体系，熟悉不同领域事故的统计方法和习惯表达方式及其计算公式。

本章学习方法

联系实际理解安全统计指标和安全统计指标体系的具体含义及其表达的性质，思考安全统计相对指标与绝对指标、静态指标与动态指标的区别和应用条件，并适当地记住一些常用的安全统计指标和统计数据。

3.1 概述

指标是客观定量描述事物状态或属性的参数，基本作用是利用数据来反映某一现象总体的规律或性质，它通常可作为工作计划中规定达到的目标，或作为评价某事物状态的参考条件。人们认识某一项事物需要通过研究大量的指标信息，例如评价一个企业的经营状况是否良好，需掌握该企业大量的统计指标，如员工人数、总产值、利润额等，采用相应的统计方法对这些指标做出分析评价。在安全统计中，如果要判断某行业、某企业的安全状况，需收集大量的、特定的安全统计指标，如安全经济效益、事故次数、职工安全教育程度等，并在这些指标的基础上做出分析判断。

因此，完善、科学的统计指标体系可以帮助人们快捷、更深入地认识所研究领域内的安全状况，有缺陷、非科学的安全统计指标及指标体系不仅无法使人们充分认识该系统的安全现象，甚至可能得出与现实状况完全不符的结论，导致安全工作者得出错误结论。

3.1.1 安全统计指标

安全统计指标是用来客观描述安全状况的综合定量参数。每项安全统计指标均反映了一个特定的安全现象，因此，安全统计指标及它所表现出的数据值，是认识安全生产状态、安全系统的发展规律及企业安全现状的重要依据。

一般而言，统计指标具有定性、定量表现的特点。定性表现是以现象的相关属性为基础，归纳出现象指标的概念、内涵、外延的相互联系；定量表现是指通过现象指标的数量、数据体现，推断出现象内部与现象之间的数量关系。

因此，根据统计指标的定性、定量表现，安全统计指标可简单分为定性指标与定量指标。定性指标是抽象地描述安全统计对象的特征，满足分组或分析的要求，或者利用非定量的等级标准描述对象的特征。表 3-1 是用定性指标表达事故后果严重程度的例子，由于事故导致的后果不同，可以用定性的不同危险程度来表达，并对其危险进行分级。

表 3-1　用定性指标表达事故后果严重程度的例子

可能导致的后果	危险程度	级别
不会导致伤害或疾病，系统无损失，可以忽略	安全的	1 级
处于事故的边缘状态，暂时还不会造成人员伤亡或系统的损坏，但应予排除或控制	临界的	2 级
会造成人员伤亡和系统损坏，要立即采取措施控制	危险的	3 级
破坏性的，会造成死亡或系统报废，必须设法消除	破坏性的	4 级

定量指标是指用数据来表现安全现象特征的指标。目前，在安全统计研究中，多是制定定量指标来收集相应的安全数据，借以来描述目前的安全状况，然而通过安全数据来预测安全状况的发展趋势的应用则较少。例如，调查人均安全投入、企业安全投入比例、人均安全措施（简称安措）投入等定量指标的数据资料，从量的角度来描述安全经济的总体现状、趋势及其相互关系，揭示安全总体状态在一定条件下的数量关系和特征。

安全统计指标既包含了定性指标，又包含定量指标。定性指标是用来描述某一特定时期内的安全现象的特征；定量指标是从数据的角度分析该时期的安全状况，可结合这两种指标来推测未来时期的安全系统的发展状况。

3.1.2　安全统计指标体系概述

安全统计指标体系是指由若干个反映安全状况数量特征的相互独立又相互联系的统计指标所组成的整体。

目前，安全统计指标体系的形成一般有两种类型。一种是数学式联系的指标体系，如千人死亡率$=\dfrac{\text{死亡人数}}{\text{平均职工人数}}\times10^3$，或百万元产值经济损失率$=\dfrac{\text{总损失值}}{\text{总产值数}}\times10^6$；另一种是框架式联系的指标体系，样例见表 3-2。新的相关统计方式读者可以通过国家相关网站查阅。

由于安全现象的相互联系的多样性和人们认识问题的多视角，反映安全现象总体的统计指标体系可从不同的层面上分类。

1）按应用范围分类。按应用范围分类可将安全统计指标体系分为以下两类：

第一，用于设计的、反映系统安全性的指标，是根据系统性能确定的，如机电系统的可靠性指标、安全仪表和仪器的性能指标、安全装置或系统的安全性指标。

第二，用于安全管理的指标体系，称为安全管理指标体系。一般可分为职工健康保障指标和其他安全管理指标。职工健康保障指标是指用于保障职工人身安全的绝对量和相对量，如人均安全投入，人均安措投入，人均劳保投入及企业安全管理者比例等；其他安全管理指标是指投入生产机械、环境的指标，如企业安全投入比例、职工生产环境（包括空气、湿度、稳定等条件）改善状况、安全生产设备投入比例等。

表 3-2　煤炭生产安全事故情况统计表

填表单位（签章）　　　　　　　　　　　年　　月

	较大事故					重大事故					特别重大事故				
	总数（起）	死亡（人）	重伤（人）	急性工业中毒（人）	直接经济损失（万元）	总数（起）	死亡（人）	重伤（人）	急性工业中毒（人）	直接经济损失（万元）	总数（起）	死亡（人）	重伤（人）	急性工业中毒（人）	直接经济损失（万元）
甲	1	2	3	4	5	6	7	8	9	10	11	12	13	14	15
顶板															
瓦斯															
机电															
运输															
放炮															
水害															
火灾															
其他															
总计															

单位负责人：　　　统计负责人：　　　填表人：　　　联系电话：　　　报出日期：　年　月　日

注：该表样例可参考《生产安全事故统计制度》。

2）按事故发生过程分类。根据事故发生过程，可将安全生产统计指标划分为事故发生指标和事故预防指标。其中，事故预防指标又称事故指标体系及安全生产发展指标体系。图 3-1 为一种安全生产统计指标体系的例子。

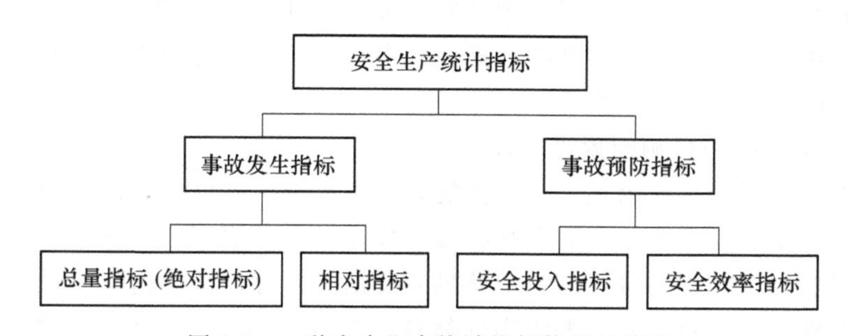

图 3-1　一种安全生产统计指标体系的例子

事故发生指标为记录生产安全事故情况的各种绝对量和相对量，如死亡人数、事故起数、千人死亡率、百万工时伤害频率等；事故预防指标是指反映预防事故措施方面的水平指标，如安全生产达标率、安全投资比例、安全生产专业人员配备率等。

过去人们较少考虑到安全生产的发展指标，但是为了对安全生产发展和事故预防工作进行科学、定量的管理，需要建立安全生产发展指标体系。根据保障生产安全的“3E”对策原理，将安全生产发展统计指标体系分为3个方面：安全科学技术发展指标、安全管理发展指标、安全文化发展指标等，表3-3为一种描述安全生产发展的统计指标体系。

表3-3 一种描述安全生产发展的统计指标体系

序号	指标名称	指标内容
1	安全科技发展指标	安全科技项目鉴定数、安全与评价通过率、“三同时”审核率、重大隐患整改率、安全投入增长率、中介（检测）机构数等
2	安全管理发展指标	新颁布法规数、OHSMS认证数、重大危险源检查率、重大事故结案率、安全监察机构建设率、事故漏报率等
3	安全文化发展指标	负责人安全培训率、员工安全培训率、特种作业人员复训率、安全监管人员配备率、安全专职人员配备率、注册安全工程师数等

3.1.3 安全统计指标的设计要求与设计原则

设计系统的安全统计指标是安全统计的重要内容，指标的设计需满足一定的要求，既要有明确的指标含义、指标内容的计算范围，还必须有科学的计算方法，才能保证统计资料的质量。

1. 设计要求

设计安全统计指标首先应确定指标体系的核心指标。核心指标是指在安全统计指标体系中以它为主的指标。以某个具体指标作为核心指标，需取决于多个因素，如安全统计对象的性质、安全统计总体范围、安全统计的研究目的等。核心指标不是固定不变的，它可以随客观情况改变。当确定核心指标后，应当围绕它从不同的角度设计相互依存、相互联系的安全统计指标。这些角度就是安全指标的设计要求。

（1）根据安全现象之间相互联系的情况进行设计

例如，将工伤事故严重率指标作为伤亡事故分析指标体系的核心指标，因为伤亡事故的严重程度与事故类型、行业安全状况、地区安全发展水平、应急管理等相关因素均有联系，根据这些联系就可以制定全面的安全统计指标，设计出科学、合理的事故分析指标体系，对影响伤亡事故的因素进行综合观察。

（2）根据安全系统的影响因素进行设计

例如，将安全等级指标作为某工业企业的安全生产现状评价指标体系的核心指标，因为安全等级取决于该企业对安全生产的重视程度、安全设施设备的完善程度、安全管理水平、职工的安全素质、安全知识的普及与安全信息的反馈等内容，根据这些联系就可以设计相应的指标，制定合理的工业企业安全等级指标体系，综合观察安全生产的各因素，得出科学、客观的结论。

（3）根据安全系统的构成进行设计

例如，将安全投入与安全产出作为安全生产效益统计指标体系的核心指标，其中，安全投入主要包括政府补贴、企业投入、社会投入、其他资金等，安全产出主要包括事故频率的降低、因事故导致的经济损失减少、劳动生产率的提高等，根据这些联系就可以设计各种指标，制定科学的安全生产效益的统计指标体系，综合观察安全投入、产出的各组成部分，得出科学的结论。

安全统计指标体系内的各个指标应该与安全系统总体范围保持一致，在指标口径上应互相联系。安全统计指标体系的口径范围应根据核心指标的口径范围来确定。

2. 设计原则

在安全统计指标体系设计过程中，除了要考虑设计的要求外，也要遵循六项原则，在选择安全统计指标时，也需遵循这些原则。

（1）目的性原则

任何系统都是为完成某种任务或实现某种目的而发挥功能的。安全统计指标及其指标体系的设计都是为了满足安全统计工作的需要，更有效地揭示安全现象的潜在信息。根据统计研究的要求，有目的地设计相应的安全统计指标，可科学、动态地反映我国的安全生产状况，满足宏观管理和微观决策的需要。

（2）科学性原则

安全统计指标及统计指标体系的设计必须以安全科学、系统科学、统计学等学科理论为基础，使安全指标更有实际使用意义。安全指标的设计与取舍、指标体系的拟定及公式的推导都需要科学的依据。只有坚持科学性原则，获取的安全统计信息才具有客观性与可信性；换言之，获取的安全统计信息只有坚持科学性原则，设计的安全指标才具有可靠性。

（3）可操作性原则

事物的出现与发展都是由于事物本身具有价值，如果事物的价值消失，事物也将会随之消失，因此，价值是所有事物存在所必需的共同点。

安全统计指标的可操作性主要体现在以下三点：

1）设计安全统计指标及指标体系时必须考虑其安全系统自身的实际使用价值，若没有实际的使用价值，那么该统计指标是毫无意义的。

2）设计安全统计指标及指标体系时必须考虑指标在统计工作中实施的难易程度，如统计机械伤害中未遂事件时，由于该指标界定的模糊性，为统计工作增加了难度。

3）指标的设计要求概念明确、定义清楚，便于收集安全数据与实际情况，也要考虑目前的技术水平，在实施的过程中利于做出改进，同时，指标的内容不应太繁太细、庞杂冗长，否则将会违背设计的初衷和意义。

（4）时效性原则

安全统计指标及指标体系的设计必须考虑安全统计对象所处的时间、空间等客观因素。因为在不同的客观条件下，同一种安全现象往往有不同的表现形式、不同的计量标准和计算方法。安全统计指标不仅要反映一定时期的安全系统的发展情况，还要“跟踪”它的变化情况，找出变化规律，及时发现问题，提出调整措施。此外，安全统计指标及指标体系还应根据具体的国家条令、当代的社会价值观、具体的行业安全管理水平不断地做出调整，否则，可能会因为指标的滞后性导致推断出错误的结论、做出错误的决策。

（5）可比性原则

比较是认识事物的最好的方法之一，因此认识安全现象可通过比较方法来实现。当需要认识同种现象在不同时间、不同条件下的区别时，要比较两个或两个以上的统计指标，要求指标所观测的安全现象性质是完全一致的，例如比较不同年限的交通事故发生情况；当需要认识两种现象在一定时间、空间等条件下的联系时，要比较两个或两个以上的统计指标，要求指标所观测的安全现象的性质有必然联系。

此外，安全统计指标体系中同一层次的指标也应满足可比性原则，即具有相同的计量范围、计算口径和计量方法，这既使得指标能反映实际情况，又便于比较安全状况的优劣，方便查找出安全系统的薄弱环节。

（6）定性与定量指标相结合原则

在实际的安全统计指标及统计指标体系的设计过程中，应将定性指标与定量指标有机地结合起来。脱离定性的研究来定量分析，那将只是一个数字游戏，无法充分说明安全统计对象体现出来的本质问题；换言之，只注意对定性指标的设计，而忽略定量指标的重要性，只能用文字来描述安全现象，无法用数据来支撑定性得出结论，这将是个不能令大部分人信服的结论。

3.2 安全统计指标体系

安全现象是一个复杂、多方面的集合体，仅依靠少量的安全统计指标无法充分说明安全现象总体，而全面、科学地研究统计对象才是构建安全统计指标体系的根本目的。为了全面地研究安全现象，掌握安全现象的普遍联系，必须建立系统的安全统计指标体系。

安全统计指标体系是由若干个反映安全状况数量特征、相互独立又相互联系的统计指标所组成的整体，它必须能够系统地反映安全的任务、安全的状态、安全的效果等许多安全现象上的质量和数量特征的指标总和；它应对安全生产活动既有质的规定，又有量的要求，并且包含了反映安全生产活动与相应的社会活动相结合的综合性指标。

安全系统是一个连续的动态变化系统，通常采用静态指标和动态指标的分类方式来设计安全统计指标，用以说明安全系统的现状与变化趋势。本书3.1.2节中已从两个层面上简单介绍安全统计指标体系的内容，但还没有介绍系统的安全统计指标体系。本节在3.1.2节提出的统计体系的基础上，总结目前已有的安全统计指标，根据安全系统的状态特征（静态与动态）来建立安全统计指标体系。

3.2.1 安全统计的静态指标

在统计学中，静态指标包括绝对指标（总量指标）、相对指标和平均指标，而安全统计学研究的与之有所不同，安全统计的静态指标主要包括绝对指标（总量指标）和相对指标两类。这些指标不是彼此孤立的，而是相互联系的：相对指标是由绝对指标派生出来的，所以绝对指标是静态指标体系中的基本指标。通过这些指标可以看出安全生产水平、安全生产中存在的薄弱环节及安全生产系统中可能存在的隐患。

1. 绝对指标

用于反映安全现象总规模、总水平或总水平量的指标，及反映安全生产系统中各种统计对象的发展规模和水平的指标，在安全统计中称为绝对指标。由于这些指标反映的是安全现象总量，因此也称为总量指标。例如，目前安全统计中的绝对指标主要由人员损失与经济损失两类组成（表 3-4）。

表 3-4 安全统计中运用绝对指标描述的例子

	人员损失（数）	经济损失（量）
绝对指标	事故总起数（隐患、征候等） 重特大事故起数 死亡人数 重、轻伤人数 损失工（时）数	直接经济损失 间接经济损失 经济损失严重等级

注：1. 表中损失工（时）数是指被伤者失能的工作时间。
2. 经济损失（量）是指职工在劳动生产中发生事故所引起的一切经济损失。

绝对指标有总体数量和总体单位总量。总体单位总量表明总体中单位数的多少，如某行业的企业数量、职工人数、安全投资比例等，总体中各单位标志值的总和即为总体标志总量。

2. 相对指标

相对指标是用以表明安全现象的相对水平或工作质量的统计指标。统计学中，相对指标又称为统计相对数，它是两个有相互联系的安全现象数量的比率，用来反映安全现象的发展程度、强度、结构、普遍程度或比率关系；相对指标是把两个具体数值抽象化，使人们对安全现象之间的本质联系有更深刻的认识。

安全统计中，相对指标表示与事故伤亡、安全经济损失等情况有关的数值与基准总量的比例，从质量、效益、强度和效率等方面来揭示安全现象，反映安全现象的本质与现象之间的固有关系；此外，相对指标能清晰地表明绝对指标所不能表明的隐性特征，表明安全现象的结构性质、发展程度和比例关系。

表 3-5 为安全统计研究中运用相对指标描述的例子。

表 3-5 安全统计研究中运用相对指标描述的例子

序号	相对指标	
1	相对人员	千人伤亡率、10 万人死亡率、人均损失工日、人均损失等
2	相对劳动量	百万工日伤害频率
3	相对产值	亿元 GDP 事故率、损失直间比
4	相对产量	煤矿：百万吨事故率等 交通综合：客公里、吨公里等 道路：万车伤害率；万车死亡率等 民航：百万次、万时率（征候）等 铁路：百万车次、万时事故率等
5	其他	重特大事故率、特种设备万台死亡率、万人火灾死亡率等

根据不同的研究目的和任务及表达习惯，相对指标有不同的计算方法，存在不同的相对

模式，通常具有如下模式：

（1）人/人模式

伤亡人数相对人员（职工）数，如千人（万人）死亡（重伤、轻伤）率等，具体表达内容如下。

1）千人死亡率表示某时期内，平均每千名职工因伤亡事故造成的死亡人数：

$$千人死亡率=\frac{死亡人数}{平均职工数}\times 10^3 \tag{3-1}$$

2）千人重伤率表示某时期内，平均每千名职工因工伤事故造成的重伤人数：

$$千人重伤率=\frac{重伤人数}{平均职工数}\times 10^3 \tag{3-2}$$

（2）人/产值模式

伤亡人数相对于生产产值（GDP），如亿元 GDP（产值）死亡（重伤、轻伤）率等，具体表达内容如下。

1）亿元 GDP 死亡率表示某时期（年、季、月）内，平均创造 1 亿元 GDP 因工伤事故造成的死亡人数：

$$亿元\ GDP\ 死亡率=\frac{死亡人数}{国内生产总值(元)}\times 10^8 \tag{3-3}$$

2）亿元 GDP 重伤率表示某时期（年、季、月）内，平均创造 1 亿元 GDP 因工伤事故造成的重伤人数：

$$亿元\ GDP\ 重伤率=\frac{重伤人数}{国内生产总值(元)}\times 10^8 \tag{3-4}$$

（3）人/产量模式

伤亡人数相对于生产产量，如矿业百万吨（煤、矿石）、道路交通万车、航运万艘（船）、万立方米木材死亡（重伤、轻伤）率等，具体表达式如下：

$$百万吨死亡率=\frac{死亡人数}{实际产量(t)}\times 10^6 \tag{3-5}$$

$$万立方米木材死亡率=\frac{死亡人数}{木材产量(m^3)}\times 10^4 \tag{3-6}$$

（4）损失日/人模式

事故损失工日相对于人员、劳动投入量（工日），如百万工日（时）伤害频率、人均损失工日等，具体表达内容如下。

1）百万工时伤害率是指某时期内平均每百万工时，因事故造成伤害的人数，其中伤害人数是指轻伤、重伤、死亡人数之和：

$$百万工时伤害率=\frac{伤害人数}{实际总工时}\times 10^6 \tag{3-7}$$

2）伤害严重率是指某时期内，每百万工时的事故造成的损失工作日数：

$$伤害严重率=\frac{总损失工作日数}{实际总工时}\times 10^6 \tag{3-8}$$

3）伤害平均严重率表示每人次受伤害的平均损失工作日数：

$$伤害平均严重率=\frac{总损失工作日数}{伤害人数} \tag{3-9}$$

（5）经济损失/人模式

事故经济损失相对于人员（职工）数，如万人（千人）经济损失率等。其中，千人经济损失率是指一定时期内平均每千名职工的伤亡事故的经济损失：

$$千人经济损失率=\frac{生产事故的经济损失}{平均职工人数}\times 10^3 \tag{3-10}$$

（6）经济损失/产值模式

事故经济损失相对于生产产值（GDP），如亿元GDP（产值）经济损失率等。其中，百万元产值经济损失率是指一定时期内平均创造百万元产值伴随的伤亡事故经济损失：

$$百万元产值经济损失率=\frac{生产事故的经济损失}{实际百万产值}\times 10^6 \tag{3-11}$$

（7）经济损失/产量模式

事故经济损失相对于生产产量，如矿业百万吨（煤、矿石）、道路交通万车（万时）经济损失率等，具体表达内容如下。

1）百万吨经济损失率是指某时期内某地区平均产量每百万吨中，因事故所造成的经济损失，这种指标适用于以 t 为产量计算单位的企业、部门：

$$百万吨经济损失率=\frac{生产事故的经济损失}{实际产量(t)}\times 10^6 \tag{3-12}$$

2）万车经济损失率是指某时期内某地区平均每万辆机动车中，因事故所造成的经济损失：

$$万车经济损失率=\frac{机动车交通事故的经济损失}{机动车数}\times 10^4 \tag{3-13}$$

（8）其他模式

1）重大/特别重大事故率：某时期内重大/特别重大事故发生次数占总事故次数的比率。

$$重大/特别重大事故率=\frac{重大/特别重大事故发生次数}{事故总次数}\times 100\% \tag{3-14}$$

2）亿客公里死亡率是指某时期内，一个客运单位平均每运送1亿旅客行走1km，造成的死亡人数：

$$亿客公里死亡率=\frac{死亡人数}{运送旅客人数\times运营公里总数}\times 10^8 \tag{3-15}$$

3）重大事故万时率是指一个飞行单位平均每飞行1万公里发生的重大飞行事故次数：

$$重大事故万时率=\frac{事故次数}{飞行总小时数}\times 10^4 \tag{3-16}$$

3.2.2　安全统计的动态指标

安全统计的动态指标较多用于表达伤亡事故统计指标。当用伤亡事故统计衡量一个系统的安全状况时，为了便于比较、分析，需要规定一些表明伤亡事故发生状况的指标。1948

年 8 月，在加拿大蒙特利尔市由国际劳工组织（ILO）主持召开的第六次国际劳动统计会议上，通过了统一的安全统计指标，主要包含两个方面：伤亡频率和伤亡严重率。

众所周知，任意一起生产安全事故都会带来或多或少，或大或小的经济损失和人员伤害，具有一定的，甚至相当大的破坏力，严重时会对社会经济和国家政治造成影响。目前而言，划分生产安全事故的等级，是直观反映事故严重程度和影响范围的重要方法。例如，1986 年我国颁布的《企业职工伤亡事故经济损失统计标准》（GB 6721—1986）中指出，可按照伤害程度和伤害严重度对事故进行分类，按一次事故死亡人数可分为：轻伤事故（是指只有轻伤的事故）、重伤事故（是指有重伤无死亡的事故）、重大伤亡事故（每次死亡 1~2 人）和特大事故（每次死亡 3 人及以上的事故）。根据事故造成不同的经济损失可分为：一般损失事故（经济损失<1 万元）、较大损失事故（1 万元≤经济损失<10 万元）、重大损失事故（10 万元≤经济损失<100 万元）和特大损失事故（经济损失≥100 万元）。显然，上述分类不能完全适应现在的形势，特别是在经济损失方面的分类，这也说明了安全统计指标的动态性。

随着社会经济的迅猛发展，企业生产规模日益扩大，各部门行业的管理范围差别日益增大，生产事故造成的严重程度也越来越大。2007 年，我国在已有的划分标准（GB 6721—1986）的基础上，考虑当代的社会发展状况，结合各行业标准和目前事故处理及管理情况，制定了《安全生产法》，它从死亡人数、事故经济损失程度的角度出发，将事故各分为 6 个等级，事故分级情况见表 3-6。2021 年修订的《安全生产法》略去这方面的具体内容。

表 3-6　事故分级情况

事故等级	死亡人数	事故等级	直接经济损失（万元）
特别重大事故	死亡 30 人及以上的事故	特别重大经济损失事故	≥10000
重大事故	死亡 10~29 人的事故	特大经济损失事故	1000~<10000
较大事故	死亡 3~9 人的事故	重大经济损失事故	100~<1000
死亡事故	死亡 1~2 人的事故	一般经济损失事故	10~<100
重伤事故	有重伤无死亡的事故	较小经济损失事故	<10
轻伤事故	只有轻伤的事故	险兆事件	<0.1

2007 年 6 月 1 日开始实施的《生产安全事故报告和调查处理条例》统一规定了事故等级的划分标准，以人员伤亡的数量、直接经济损失和社会影响三个要素作为事故分级的标准。

（1）人员伤亡的数量（人身要素）

安全生产要以人为本，最大限度地保护从业人员的生命健康。由于人员伤亡是事故危害的最严重后果，因此人员伤亡应作为事故分级的第一要素。

（2）直接经济损失（经济要素）

严重的事故不仅会造成人员伤亡，而且会造成直接经济损失，要保护国家、企业和人民群众的财产，应根据造成的经济损失来划分事故等级。

（3）社会影响（社会要素）

虽然有些事故造成的伤亡人数和经济损失达不到法定标准，但是具有恶劣的社会影响、政治影响，甚至是国际影响，因此必须作为特殊事故进行调查处理，这是维护社会稳定的需要。

根据以上准则，依据伤亡人数和事故损失划分事故等级标准见表 3-7。

表 3-7 依据伤亡人数和事故损失划分事故等级标准

事故等级	判断标准
特别重大事故	一次死亡 30 人以上，或者 100 人以上重伤（包括急性工业中毒，下同），或者 1 亿元以上直接经济损失的事故
重大事故	一次死亡 10 人以上、30 人以下，或者 50 人以上、100 人以下重伤，或者 5000 万元以上、1 亿元以下直接经济损失的事故
较大事故	一次死亡 3 人以上、10 人以下，或者 10 人以上、50 人以下重伤，或者 1000 万元以上、5000 万元以下直接经济损失的事故
一般事故	一次死亡 3 人以下死亡，或者 3 人以上、10 人以下重伤，或者 1000 万元以下直接经济损失的事故

注：表中的“以上”含本数，“以下”不含本数。

可以肯定，上述依据伤亡人数和事故损失划分事故等级的方法和指标将随着社会的发展而不断改变，政府有关部门也会不断地开展修订工作和颁布更新的指标体系。

1. 行业的事故统计指标

虽然国家已制定事故等级标准，但是不同行业的性质和习惯不同，因此存在巨大的区别，实际上用同种标准来规范所有行业的安全状况是不合理的。不同行业为了方便管理和控制，根据各自行业的特点，制定了更符合自己行业的事故严重程度分级。

（1）道路交通的事故统计指标

例如，道路交通事故分为轻微事故、一般事故、重大事故、特大事故四类。道路交通事故等级划分的统计指标见表 3-8。更新的参考资料可查阅公安部的有关文件。

表 3-8 道路交通事故等级划分的统计指标

轻微事故	一般事故	重大事故	特大事故
一次造成轻伤 1～2 人；或者财产损失：机动车事故不足 1000 元，非机动车事故不足 200 元的事故	一次造成重伤 1～2 人或者轻伤 3 人以上；或者财产损失不足 3 万元的事故	一次造成死亡 1～2 人或者重伤 3 人以上 10 人以下；或者财产损失 3 万元以上，不足 6 万元的事故	一次造成死亡 3 人以上或者重伤 11 人以上；或者死亡 1 人，同时重伤 8 人以上；或者死亡 2 人，同时重伤 5 人以上；或者财产损失 6 万元以上

（2）水上交通的事故统计指标

例如，2021 年，交通运输部发布了《水上交通事故统计办法（2021 修正）》（交通运输部令 2021 年第 23 号），将水上交通事故按照人员伤亡和直接经济损失情况分为一般事故、较大事故、重大事故和特别重大事故（表 3-9）。

表 3-9 水上交通事故等级划分的统计指标

事故等级	判断标准	
	按照人员伤亡、直接经济损失	按照船舶溢油数量、直接经济损失
特别重大事故	造成30人以上死亡（含失踪）的，或者100人以上重伤的，或者1亿元以上直接经济损失的事故	船舶溢油1000t以上致水域环境污染的，或者在海上造成2亿元以上、在内河造成1亿元以上直接经济损失的事故
重大事故	造成10人以上30人以下死亡（含失踪）的，或者50人以上100人以下重伤的，或者5000万元以上1亿元以下直接经济损失的事故	船舶溢油500t以上1000t以下致水域环境污染的，或者在海上造成1亿元以上2亿元以下、在内河造成5000万元以上1亿元以下直接经济损失的事故
较大事故	造成3人以上10人以下死亡（含失踪）的，或者10人以上50人以下重伤的，或者1000万元以上5000万元以下直接经济损失的事故	船舶溢油100t以上500t以下致水域环境污染的，或者在海上造成5000万元以上1亿元以下、在内河造成1000万元以上5000万元以下直接经济损失的事故
一般事故	造成1人以上3人以下死亡（含失踪）的，或者1人以上10人以下重伤的，或者1000万元以下直接经济损失的事故	船舶溢油100t以下致水域环境污染的，或者在海上造成5000万元以下、在内河造成1000万元以下直接经济损失的事故

（3）航空事故统计指标

例如，《民用航空器飞行事故应急反应和家属援助规定》（CCAR-399）规定，航空飞行事故可分为特别重大飞行事故、重大飞行事故、一般飞行事故。航空事故等级划分的统计指标见表3-10。

表 3-10 航空事故等级划分的统计指标

事故类型	判断标准
一般飞行事故	人员重伤，重伤人数在3人及以下者 最大起飞质量在2250kg以下的航空器严重损坏或迫降在无法运出的地方 最大起飞质量在2250~50000kg的航空器一般损坏，其修复费用超过事故当时同类型或同类可比新航空器价格的10%者 最大起飞质量在50000kg以上的航空器一般损坏，其修复费用超过事故当时同类型或同类可比新航空器价格的5%者
重大飞行事故	人员伤亡，死亡人数在39人及以下者 航空器严重损坏或迫降在无法运出的地方（最大起飞质量在2250kg以下的航空器除外） 航空器失踪，机上人员在39人及以上者
特别重大飞行事故	人员死亡，死亡人数在40人及以上者 航空器失踪，机上人员在40人及以上者

（4）火灾事故统计指标

例如，1996年，公安部、劳动和社会保障部、国家统计局联合颁布的《火灾统计管理规定》，将火灾事故分为特大火灾、重大火灾和一般火灾。火灾事故等级划分的统计指标见表3-11。

表 3-11　火灾事故等级划分的统计指标

火灾类型	判断标准
特大火灾	死亡 10 人以上（含，下同）；重伤 21 人以上；死亡、重伤 71 人以上；受灾 51 户以上；直接财产损失 100 万元以上
重大火灾	死亡 3 人以上；重伤 10 人以上；死亡、重伤 11 人以上；受灾 30 户以上；直接财产损失 31 万元以上
一般火灾	不具有特大、重大火灾情形的燃烧事故为一般火灾

2. 伤亡事故频率指标

安全生产过程中，发生事故的次数是参加生产的人数、经历的时间及作业条件的函数：

$$A=f(a,N,T) \tag{3-17}$$

式中　A——发生事故的次数；

N——工作人数；

T——经历的时间间隔；

a——工伤事故频率。

当人数和时间一定时，事故发生的次数仅取决于生产作业条件。一般有：

$$a=\frac{A}{NT} \tag{3-18}$$

通常将式（3-18）的计算结果作为表征生产作业安全状况的指标，称为工伤事故频率。

目前世界各国对工伤事故频率进行统计的方法很不一致，主要有以下四种方法。

（1）按在册职工人数计算千人负伤率

我国劳动部门规定的工伤事故频率计算式如下：

$$\text{工伤事故频率}=\frac{\text{本时期内工伤事故人次}}{\text{本时期内在册职工人数}}\times 10^{3} \tag{3-19}$$

工伤事故频率表示在一定时期内，平均每 1000 名职工中发生伤亡事故的人次，习惯上称为千人负伤率。

除我国外，俄罗斯、罗马尼亚、加拿大、英国、法国、墨西哥、埃及、印度、约旦、奥地利、肯尼亚、利比亚、赞比亚、巴拿马、韩国及斯里兰卡等许多国家也都采用这种指标。

（2）按工人数计算千人负伤率

巴基斯坦、捷克、芬兰、匈牙利、新西兰、叙利亚、坦桑尼亚、摩洛哥、挪威等国是按工人数而不是按在册职工数来计算千人负伤率。此计算公式如下：

$$\text{工伤事故频率}=\frac{\text{本时期内工伤事故人次}}{\text{本时期内工人数}}\times 10^{3} \tag{3-20}$$

（3）按 300 个工作日为 1 个工人数计算的千人负伤率

德国、意大利、瑞士、荷兰等国采用这一指标。

（4）按百万工时计算伤亡率

1962 年第十届国际劳工组织统计会议提出，用统计期间发生的事故数乘以 10^6，再除以同一时期处于危险作业环境中工作的人-时总数计算伤亡率，表达式如下：

$$工伤事故频率=\frac{工伤次数}{出勤人\text{-}时总数}\times 10^6 \tag{3-21}$$

工伤事故频率有时简称为 AFR（Accident Frequency Rate）。

美国、日本、瑞典、新加坡等许多国家都采用这种指标。美国国家标准学会制定的 Z-16.1 标准规定用这一指标作为安全工作的标准测定指标；美国劳工统计局的 BLS-OSHA 安全保健测定法规定 200000 工时为基本计算单位来计算工伤和职业病的发生频率。其中，200000 工时相当于 100 名工人每周工作 40h，每年工作 50 周的工时数。

3. 伤亡事故严重率指标

伤亡事故严重率是描述在工伤事故中，人身遭受伤亡严重程度的指标。在伤亡事故统计中，通常以受伤害而丧失劳动能力的情况来衡量伤害的严重程度，丧失劳动能力的情况按因伤不能工作而损失劳动日数计算。

1）我国规定的工伤事故严重率按式（3-22）计算：

$$工伤事故严重率=\frac{本时期内因工伤事故歇工日数}{本时期内工伤事故人数} \tag{3-22}$$

2）第六届国际劳工组织统计会议规定工伤事故严重率按式（3-23）计算：

$$工伤事故严重率=\frac{损失工作日数}{实际总工时数}\times 10^3 \tag{3-23}$$

上式是指每千工时内因工伤事故造成的损失工作日数。日本等国就是采用这种指标。

3）美国国家标准学会规定，以百万工时内因工伤事故造成的损失工作日数来计算工伤事故严重率：

$$工伤事故严重率=\frac{损失工作日数}{实际总工时}\times 10^6 \tag{3-24}$$

在按式（3-22）~式（3-24）计算工伤事故严重率时，需要考虑因死亡和致残而永久丧失劳动能力的情况。第六届国际劳工组织统计会议规定，造成死亡或永久性全部丧失劳动能力的每起事故相对于损失了 7500 个工作日，这个数据的依据是假设因事故死亡者的平均年龄为 33 岁，死亡后丧失了 25 年劳动时间，若每年劳动天数为 300 天，则损失的工作日数应为（300×25）= 7500 天。对终身丧失部分劳动能力的致残事故，一些国家也做了相应的规定。表 3-12 为日本身体残疾等级与损失工作日数对应表。

表 3-12　日本身体残疾等级与损失工作日数对应表

身体残疾等级	4	5	6	7	8	9	10	11	12	13	14
损失工作日数	5500	4000	3000	2200	1500	1000	600	400	200	100	50

美国 Z-16.1 标准规定，死亡和永久性全部丧失劳动力相当于损失 6000 个工作日，许多国家都采用了这个数据；美国 BLS-OSHA 测定法中并未对死亡事故规定时间损失，而是需要根据实际情况来决定。第十届国际劳工组织统计会议考虑到对致死或永久丧失劳动能力折算损失工作日数方面缺乏一致的见解，决定在国际上关于计算工伤事故严重率的方法得到改进之前，还要进行许多研究工作。

除了上述的以伤亡事故总数为计算单位和以实际工作人-时数为计算单位计算损失工作日数作为工伤严重率指标外，还有许多计算伤亡事故严重率的指标，如采用在一定数量的实物生产中发生的死亡事故人数计算出平均死亡率。常用的有百万吨煤死亡率、万吨钢死亡率、万辆汽车肇事死亡率等。一般表达式如下：

$$死亡率=\frac{年工伤事故死亡人数}{年生产的实物量} \tag{3-25}$$

英国克莱兹（T. A. Kletz）提出以 10^8 作业小时中发生的事故死亡人数作为死亡事故频率指标，称为死亡事故频率（Fatal Accident Frequency Rate，FAFR），它相当于把每日工作时间规定为 8h，每月 25d，每人工作约 40a。每 1 个 FAFR 相当于每年 4000 人中有 1 人死亡。

俄罗斯等国家采用九项千人伤亡指标来衡量企业间或企业内各分厂、各车间之间工伤事故频率和严重率及事故的物质后果与经济损失。这些指标一般以一年为统计期间，以千人为计算单位。这九项指标介绍如下：

1）重大事故指标 $Л_{u1}$，它的具体表达式如下：

$$Л_{u1}=\frac{T_1\times1000}{P} \tag{3-26}$$

式中　T_1——丧失劳动能力 4d 或 4d 以上及死亡事故的受难人数；

P——统计期间（一年）内平均在册职工数。

2）轻伤（损失 1~3 个工作日）事故指标 $Л_{u2}$，它的具体表达式如下：

$$Л_{u2}=\frac{T_2\times1000}{P} \tag{3-27}$$

式中　T_2——损失 1~3 个工作日的受伤人数。

3）微伤指标 $Л_{u3}$，它的具体表达式如下：

$$Л_{u3}=\frac{T_3\times1000}{P} \tag{3-28}$$

式中　T_3——损失工作日在 1d 之内的受伤人数。

4）千人伤亡率 $Л_{u0}$，它的具体表达式如下：

$$Л_{u0}=\frac{T_0\times1000}{P} \tag{3-29}$$

式中　T_0——受伤害的总人数，且 $T_0=T_1+T_2+T_3$。

5）千人死亡率 $Л_{\pi}$，它的具体表达式如下：

$$Л_{\pi}=\frac{T_{\pi}\times1000}{P} \tag{3-30}$$

式中　T_{π}——死亡人数。

6）无劳动能力指标 $Л_{H}$，它的具体表达式如下：

$$Л_{H}=\frac{Л\times1000}{P} \tag{3-31}$$

式中　$Л$——受伤人员损失的工作日数。

7）每次事故平均严重率 $Л_{\mu}$，它的具体表达式如下：

$$Л_{\mu}=Л/T \tag{3-32}$$

式中 T——统计期间内伤亡事故总数。

8）事故造成的物质后果指数 $Л_{M}$，它的具体表达式如下：

$$Л_{M}=\frac{M_{N}\times 1000}{P} \tag{3-33}$$

式中 M_{N}——统计期间内因工伤事故造成的物质损失（以卢布计算）。

9）预防事故重演的经费指标 $Л_{Z}$，它的具体表达式如下：

$$Л_{Z}=\frac{Z\times 1000}{P} \tag{3-34}$$

式中 Z——补救措施经费（以卢布计算）。

3.3 安全特征统计指标体系

安全统计静态指标体系与动态指标（伤亡事故统计指标）体系是目前比较完善的安全统计研究指标。随着安全科学研究范围的延伸和安全学科体系的完善，安全科学的研究内容不应该再局限于生产安全、事故、隐患等传统的安全研究对象，更应该涵盖社会安全、安全文化、安全经济、职业健康等领域的安全现象。

根据本书1.3节中安全统计学的学科分类，结合安全系统的特征，安全特征统计指标体系应从行业安全特征统计、自然灾害特征统计、职业健康特征统计、安全经济特征统计与社会安全特征统计这五个方面来制定。

3.3.1 行业安全特征统计指标

在安全科学研究中，行业安全主要是研究不同行业的事故现象和安全状况，行业安全特征统计是通过收集不同行业的安全问题资料，用相应的统计方法做出定性描述和定性分析，根据分析结果研究行业事故的规律，预测未来的行业安全状况。按照不同行业所发生的事故频率与事故严重程度，从安全的角度可将行业分为高危行业和普通行业，具体分类见本书1.3节中的表1-2，在此不做重复介绍。

行业安全特征统计指标可从行业安全的宏观统计与微观统计两个方面来制定。

行业安全宏观统计是将不同行业的生产事故用一张表综合统计，不同行业的生产安全事故统计表的设计例子见表3-13，该表的好处是能比较清晰地观察统计行业的安全状况，比较不同行业间的安全现状差异。

行业安全微观统计是以不同行业最容易出现的生产安全事故为依据，有侧重点地制定行业安全统计指标。例如：建筑业容易发生高处坠落、起重伤害等事故；化工业容易发生火灾、爆炸、中毒窒息等事故；非金属矿山容易发生瓦斯爆炸、坍塌、冒顶片帮等事故等。不同行业容易发生的事故类型不同，发生频率与事故后果严重程度也有所不同，因此，从安全统计学的微观上研究，可建立不同的行业安全特征统计指标。

表 3-13 不同行业的生产安全事故统计表的设计例子

	较大事故				重大事故				特别重大事故			
	总数（起）	死亡（人）	重伤（人）	直接经济损失（万元）	总数（起）	死亡（人）	重伤（人）	直接经济损失（万元）	总数（起）	死亡（人）	重伤（人）	直接经济损失（万元）
序号	1	2	3	4	5	6	7	8	9	10	11	12
一、工矿商贸												
1. 煤矿												
2. 金属矿												
3. 非金属矿												
4. 建筑施工												
5. 危化品												
6. 烟花爆竹												
7. 其他工商贸												
二、火灾												
三、道路交通												
四、水上交通												
五、铁路运输												
六、民航飞行												
七、农业机械												
八、渔业船舶												
九、其他												
总计												

注：摘自《生产安全事故统计报表制度》（部分）。

（1）工矿企业（煤矿、金属与非金属企业、工商企业）安全特征统计指标

具体包括：（绝对指标）伤亡事故起数、死亡事故起数、死亡人数、重伤人数、轻伤人数、直接经济损失、损失工作日、重大事故起数、重大事故死亡人数、特大事故起数、特大事故死亡人数、特别重大事故起数、特别重大事故死亡人数、百万吨死亡率；（相对指标）千人死亡率、千人重伤率、百万工时死亡率、亿元 GDP 死亡率、重特大事故率。

（2）交通（道路、水上、铁路）安全统计指标

具体包括：（绝对指标）事故起数、死亡人数、受伤人数、直接财产损失、重大事故起数、重大事故死亡人数、特大事故起数、特大事故死亡人数、特别重大事故起数、特别重大事故死亡人数。

其中，道路交通增加了 7 项相对指标：死亡事故起数、万车死亡率、10 万人死亡率、生产性事故起数、生产性事故死亡人数、重大事故率、特大事故率。

水上交通增加了 6 项相对指标：沉船艘数、死亡事故起数、千艘船事故率、亿客公里死

亡率、重大事故率、特大事故率。

铁路交通增加了4项相对指标：死亡事故起数、百万机车总走行公里死亡率、重大事故率、特大事故率。

(3) 民航飞行安全统计指标

具体包括：飞行事故起数、死亡人数、受伤人数、死亡事故起数、重大事故万时率、亿客公里死亡率。

(4) 农业机械安全统计指标

具体包括：(绝对指标) 伤亡事故起数、死亡人数、重伤人数、轻伤人数、直接经济损失、重大事故起数、重大事故死亡人数、特大事故起数、特大事故死亡人数、特别重大事故起数、特别重大事故死亡人数；(相对指标) 万台死亡率、重大事故率、特大事故率。

(5) 渔业船舶安全统计指标

具体包括：(绝对指标) 事故起数、伤亡事故起数、死亡和失踪人数、受伤人数、直接经济损失、重大事故起数、重大事故死亡人数、特大事故起数、特大事故死亡人数、特别重大事故起数、特别重大事故死亡人数；(相对指标) 千艘船事故率、重大事故率、特大事故率。

(6) 消防火灾统计指标

具体包括：(绝对指标) 事故起数、死亡人数、受伤人数、直接财产损失、重大事故起数、重大事故死亡人数、特大事故起数、特大事故死亡人数、特别重大事故起数，特别重大事故死亡人数、死亡事故起数；(相对指标) 百万人火灾发生率、百万人火灾死亡率、生产性事故起数、生产性事故死亡人数、重大事故率、特大事故率。

3.3.2 自然灾害特征统计指标

安全科学研究不仅是研究"人""物"两个方面的安全，也非常关注自然灾害。在此将自然灾害特征统计列入安全统计研究中，一方面说明自然灾害研究在安全科学研究中具有很重要的地位，另一方面说明自然灾害严重影响生产安全并会造成巨大的经济损失。

我国现行的自然灾害灾情统计工作主要由行政部门及其相关业务部门完成，分别由民政部、国家防汛抗旱总指挥部（应急管理部）、农业农村部、气象局、自然资源部、统计局等多部门同时进行。由于各部门对灾情管理的侧重点存在差异，因此自然灾害的统计指标没有得到统一。在本节中，基于安全统计的目的，从以下五个方面来设计自然灾害特征统计指标：

(1) 基本指标

具体包括：灾害种类、发生时间、持续时间、受灾区域等。

(2) 人口受灾指标

具体包括：受灾地区数、受灾户数、受灾人口数、成灾人口数、被困人口数、转移安置人口数、无家可归人口数、饮水困难人口数、因灾死亡人口数、因灾失踪人口数，因灾伤病人口数、重伤人数、轻伤人数、死亡人数。

(3) 农作物受灾指标

具体包括：受灾面积、成灾面积、绝收面积、毁坏耕地面积、因灾不能播种面积、因灾未出苗面积、缺水面积、断垄面积、减产粮食量、饮水困难大牲畜数、因灾死亡大牲畜数。

（4）建筑物及其他工程结构受灾指标

具体包括：房屋损坏量、生命线工程损坏量、工业构建物损坏量、水工结构损坏量、土木结构损坏量、地下结构损坏量、重大工程设施损坏量。

（5）经济损失指标

具体包括：倒塌房屋间数、倒塌居民住房户数、损坏房屋间数、经济损失。其中，经济损失包括农业损失、工矿企业损失、基础设施损失、公益设施损失、家庭财产损失。

3.3.3　职业健康特征统计指标

职业健康特征统计是安全统计研究的一个重要方面，主要工作是统计不同行业、企业、工种中职业病的患病人次与患病程度，揭示职业病的发病率与行业、工作环境的关系。卫生统计隶属于医学统计学，已发展成熟，职业健康统计应隶属于安全统计学，正处于发展的初始阶段。卫生统计与职业健康统计有相同点也有差异：共同点是统计对象都是“人”及“患病的人群”；差异在于卫生统计的对象是所统计的普通群众，职业健康统计的统计对象是在工作过程中因工作性质或工作环境而患病的职工。

在关注一次事故中的死亡人数的基础上，结合具体的个体伤害状况，来建立一套系统的职业健康特征统计指标。

（1）病亡人数（Number of Fatal Occupational Injuries，FOI）

病亡人数是指因职业病死亡的人数。

（2）病亡率（Rate of Fatal Occupational Injuries，RFOI）

病亡率主要有以下两种表达方式：

1）10 万员工病亡率是指每 10 万员工中因职业病死亡的比率：

$$\mathrm{RFOI}=\frac{\mathrm{FOI}}{\text{员工总数}}\times 10^{5} \tag{3-35}$$

2）2 亿工时病亡率是指每 2 亿工时因职业病死亡的比率：

$$\mathrm{RFOI}=\frac{\mathrm{FOI}}{\text{工时总数}}\times 2\times 10^{8} \tag{3-36}$$

式中，工时总数是指所有员工完成的工时总数，2 亿工时正好是 10 万职工工作一年完成的工时数（即每周工作 40h，每年工作 50 周）。

（3）20 万工时事故率（Total Recordable Incidence Rate，TRIR）

20 万工时事故率是指员工平均每完成 20 万个工时中所发生的工伤或者罹患职业病（但没有引起死亡）的员工的次数，即：

$$\mathrm{TRIR}=\frac{\text{职工患职业病的总数}}{\text{所完成的工时总数}}\times 2\times 10^{5} \tag{3-37}$$

式中，20 万工时是指 100 名员工工作一年所完成的工时数（即每周工作 40h，每年工作 50 周）。

（4）损工日数

损工日数是指因受到的伤害而离开工作岗位的时间。参考数据见表 3-12。

以上（1）~（3）是美国职业安全健康统计中主要使用的指标，将这些指标做部分调整后，可引入我国的职业健康统计研究中。

3.3.4 安全经济特征统计指标

安全经济状况一般是用安全投入与安全经济效益来衡量，安全经济特征统计指标的设计应以这两点为基础。

1. 安全投入特征统计指标

安全生产投入是安全投入的一部分，是指企业在生产经营活动的全过程中，为控制危险因素、消除事故隐患或危险源、提高作业安全系数所投入的人力、物力、财力和时间等各种资源的总和。从安全的角度来看，为保证正常开展生产经营活动，所提供的投资都应当视为安全投资，如提高企业系统的安全性、预防各种事故的发生、防止职业病事故、消除事故隐患、改善作业环境等全部费用。

安全投资有多种分类方法：第一，根据投资在生产经营活动中的作用，可分为基础性安全投资和提高性安全投资；第二，根据所起作用的不同，可分为主动性投入（又称预防性投入）和被动性投入（又称控制性投入）；第三，根据投入内容的性质，可分为人力投入、物力投入和时间投入；第四，根据安全投资的功能，可分为安全技术措施、工业卫生措施、安全教育费用、劳动保护费用、日常安全管理费用和事故投入；第五，按照时间序列可分为事前投入、事中投入和事后投入。

安全投入可按照绝对量和相对量来划分，并以此建立安全经济统计分析指标体系。

（1）安全投入的绝对量

安全投入的绝对量是指在生产过程中，国家、企业或行业为了满足一定的安全生产目的而进行的资金投入，按照资金的投入功能可从实物、人力、技术和组织几个方面来实现，由此可以从这几个方面来制定安全投入的绝对指标体系。图 3-2 为安全投入的绝对指标体系的例子。

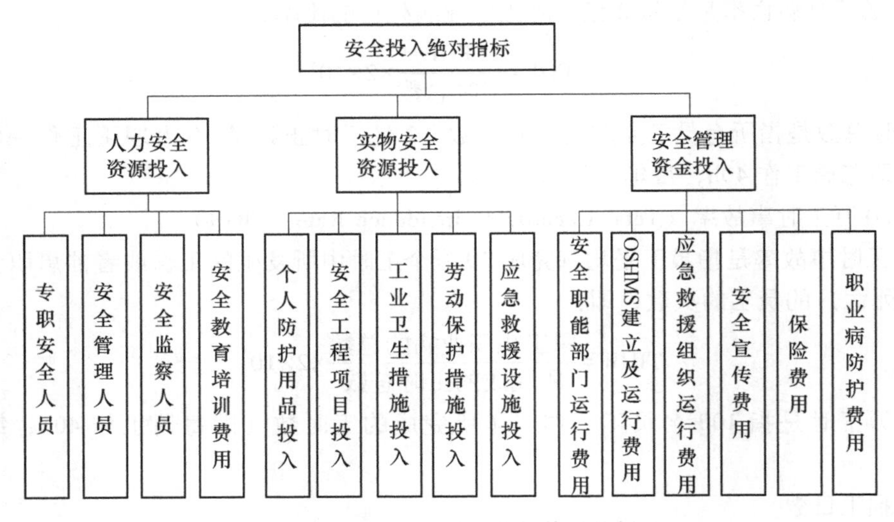

图 3-2 安全投入的绝对指标体系的例子

（2）安全投入的相对量

安全投入的绝对量是强调安全投入的强度，表现了政府、企业在一定时间和条件下安全投资的数量总额。但是绝对量只能在特定的情况下进行比较，对于不同行业、不同地区、不同风险程度的企业，直接对绝对量做出比较在实际的统计研究中是不可行的，无法合理分析安全投资的比例、趋势和结构。

安全投入的相对量是安全投入效果评价的主要指标，在一个设定的前提下来考察安全经济绝对指标的特征量，往往更具有可比性和客观性。安全投入相对量适用于宏观的对比分析和绝对支持，在实际工作中常用相对指标来分析和说明问题。安全投入的相对指标体系的例子见表 3-14。

表 3-14 安全投入的相对指标体系的例子

序号	相对指标	指标内容
1	相对生产规模的货币投入量	更新或改造费安措投资比例；国民总收入安全投资指标；安措费增长率；百万产值安全工程项目资金；应急救援设施占固定资产比例
2	相对生产规模的人力投入量	安全技术人员配备率；安全技术人员配备合格率；亿元产值安全技术人员配备率
3	相对人员的安全资源投入量	人均安措费；人均劳保用品费；人均职业病诊治费；人均安全教育费

1）百万产值安全工程项目资金，是指创造一百万元产值所要花费的安全成本：

$$\text{安全工程项目资金} = \frac{n\text{ 年内安全工程项目资金}}{\sum_{i=1}^{n} \text{第 } i \text{ 年产值}}(\text{万元} / \text{百万元}) \tag{3-38}$$

2）人均劳保用品费，是指每个职工单位时间内的人均劳保用品费，它反映出不同国家、地区或行业的人均劳保用品费负担或消耗费：

$$\text{人均劳保用品费} = \frac{n\text{ 年内劳保用品费}}{\sum_{i=1}^{n} \text{第 } i \text{ 年职工人数}}[\text{元} /(\text{人} \cdot \text{年})] \tag{3-39}$$

3）生产设备更新改造率，是指单位生产设备更新改造投入比，即投入生产设备更新改造资金与生产设备原值的比值：

$$\text{生产设备更新改造率} = \frac{\text{生产设备更新改造资金}}{\text{生产设备原值}} \times 100\% \tag{3-40}$$

2. 安全经济效益特征统计指标

安全效益是安全条件实现的结果，对社会、国家、企业以及个人所产生的效果和利益，是安全效益与安全投入的比较，即“投入-产出”的关系，是产出量大于投入量所带来的效果或利益，它反映了安全产出与安全投入的关系，是安全经济决策所依据的重要指标之一。

安全经济效益是安全效益的重要组成部分。安全效益是指通过安全投资实现的安全条件，在生产过程中保障技术、环境及人员的能力和功能，为企业发展、社会经济发展带来的利益。

为了反映安全经济的效益，需要从安全经济的不同侧面和角度来建立指标和指标体系。

从根本上说，安全经济效益特征统计指标的设计要以安全经济学和经济统计学的原理为基础，考虑安全与经济的交叉性和复合性，综合反映安全投资在改善安全条件中的作用力，体现安全投资的经济效果。安全经济效益特征统计指标体系的例子见表3-15。

表3-15　安全经济效益特征统计指标体系的例子

序号	指标	指标内容	
1	宏观指标	安全劳动生产率；安全投资合格率；安全投资效果系数；危险源整改率；生产设备更新改造率；伤亡（损失）达标率；环境污染达标率；工伤保险覆盖率；安全教育普及率	
2	微观指标	安全生产代价率	百万产值损失（伤亡）率；单位产值损失（伤亡）率；百万利税损失（伤亡）率
		安全代价降低率	事故伤亡减少率；事故损失降低率；安全成本下降率；安全负担下降率
		安全项目投资效率	安全项目投资回收期；安全项目投资收益率；安全项目经济效果系数

其中，部分安全效益微观指标需要用到的比例公式介绍如下：

1）百万产值损失率，是指单位时间内事故损失相对生产产值的比例，反映创造百万元产值所付出的无效益经济代价水平：

$$百万产值损失率=\frac{总损失数}{总产值数}(元/百万元) \tag{3-41}$$

2）百万产值伤亡率，是指单位时间内事故伤亡相对生产产值的比例，反映创造百万元产值所付出的伤亡代价水平：

$$百万产值伤亡率=\frac{总伤亡数}{总产值数}(人/百万元) \tag{3-42}$$

3）单位产量损失率，是指单位时间内事故损失相对生产产量的比例，反映创造一定量的产品所付出的无效益经济代价水平：

$$单位产量损失率=\frac{总损失数}{总产量}(万元/单位产量) \tag{3-43}$$

4）单位产量伤亡率，是指单位时间内事故伤亡相对生产产量的比例，反映创造一定量的产品所付出的无效益伤亡代价水平：

$$单位产量伤亡率=\frac{总伤亡数}{总产量}(人/单位产量) \tag{3-44}$$

5）百万利税损失率，是指单位时间内事故损失相对生产纯利的比例，反映创造一定量的纯利所付出的无效益经济代价水平：

$$百万利税损失率=\frac{总损失数}{总利税}(元/百万元) \tag{3-45}$$

6）百万利税伤亡率，是指单位时间内事故伤亡相对生产纯利的比例，反映创造一定量的纯利所付出的无效益伤亡代价水平：

$$百万利税伤亡率=\frac{总伤亡数}{总利税}(人/百万元) \tag{3-46}$$

7）事故伤亡减少率，是指后一时期事故伤亡减少量与前一时期事故伤亡量的比值，反映事故伤亡的增减变化状况，是安全投入效益的动态变化指标之一：

$$事故伤亡减少率=\frac{后一时期事故伤亡量-前一时期事故伤亡量}{前一时期事故伤亡量}\times 100\% \tag{3-47}$$

8）事故损失降低率，是指后一时期事故损失降低量与前一时期事故损失量的比值，反映事故损失的增减变化状况，是安全投入效益的动态变化指标之一：

$$事故损失降低率=\frac{后一时期事故损失量-前一时期事故损失量}{前一时期事故损失量}\times 100\% \tag{3-48}$$

9）安全成本下降率，是指后一时期安全成本的降低量与前一时期安全成本量的比值，反映安全成本下降变化状况，是安全投入效益的动态变化指标之一：

$$安全成本下降率=\frac{后一时期安全成本量-前一时期安全成本量}{前一时期安全成本量}\times 100\% \tag{3-49}$$

10）安全负担下降率，是指后一时期安全负担的降低量与前一时期安全负担量的比值，反映安全负担变化状况，是安全投入效益的动态变化指标之一：

$$安全负担下降率=\frac{后一时期安全负担量-前一时期安全负担量}{前一时期安全负担量}\times 100\% \tag{3-50}$$

11）安全项目投资回收期，是指一项安全工程项目投入的劳动消耗与项目年有用效果之比，反映安全项目投资的回收期限：

$$安全项目投资回收期=\frac{K}{J}(年) \tag{3-51}$$

式中　K——安全工程项目劳动消耗（元）；

　　　J——安全工程有用效果（元/年）。

12）安全项目投资收益率，是指安全工程项目年有用效果与劳动消耗之比，反映单位安全投资的年获得收益：

$$安全项目投资收益率=\frac{J}{K}(年) \tag{3-52}$$

13）安全项目经济效果系数，是指安全项目有效期内获得的总效果与所需投资之比，表示安全项目单位投资在有效期内可获得的总节约：

$$安全项目经济效果系数=\sum_{i=1}^{t}\frac{J_i}{K} \tag{3-53}$$

式中　J_i——项目第 i 年有用效果（元/年）；

　　　t——安全工程项目有效期。

3.3.5　社会安全特征统计指标

在 1.3 节中已简要概述社会安全统计学主要是研究安全社会、安全法、安全管理和安全教育方面的安全现象，社会安全统计应侧重于社会安全的安全现象的统计研究。由于社会稳定、社会治安等不太适合生产安全工作者研究，因此，这里的社会安全特征统计指标主要包括公共场所安全指标、食品安全指标、减灾防灾指标和能源安全指标。社会安全特征统计指标体系的例子见表3-16。

表3-16　社会安全特征统计指标体系的例子

序号	指标名称	指标内容
1	公共场所安全指标	火灾10万人死亡率；火灾经济损失率；公共场所安全监控率；公共安全事件应急达标率
2	食品安全指标	食品卫生合格率；10万人食物中毒率
3	减灾防灾指标	防灾工程完好率；灾害预报准确率；受灾人口比例；受灾经济损失率
4	能源安全指标	人均能源水平；能源储备指数

目前我国已有的社会安全特征统计指标具体计算方法介绍如下。

1）火灾经济损失率，是指某地区每亿元GDP因火灾造成的经济损失比例：

$$\text{火灾经济损失率}=\frac{\text{因火灾造成的经济损失额(亿元单位)}}{\text{某地区的亿元 GDP 额}}\times 100\% \tag{3-54}$$

2）公共场所安全监控率，是指某地区公共场所内视频可监控的地域面积与公共场所总面积的比例：

$$\text{公共场所安全监控率}=\frac{\text{视频可监控的地域面积}}{\text{公共场所总面积}}\times 100\% \tag{3-55}$$

3）公共安全事件应急达标率，是指某地区成功治理公共事件数量与公共事件的发生总量的比例：

$$\text{公共安全事件应急达标率}=\frac{\text{成功治理公共事件数量}}{\text{公共事件的发生总量}}\times 100\% \tag{3-56}$$

4）10万人食物中毒率，是指每10万人中发生食物中毒的人次的比率：

$$\text{10 万人食物中毒率}=\frac{\text{食物中毒的人次}}{\text{每 10 万人数额}} \tag{3-57}$$

本章小结

(1) 安全统计指标是客观描述安全状况的综合定量参数；安全统计指标体系是指由若干个反映安全状况数量特征的相互独立又相互联系的统计指标所组成的整体。

(2) 设计系统的安全统计指标是安全统计的重要内容。设计时应首先确定指标体系的核心指标；其次是考虑三点要求：根据安全现象之间相互联系的情况、安全系统的影响因素和安全系统的构成进行设计；第三是需遵循六项原则：目的性原则、科学性原则、可操作性原则、时效性原则、可比性原则和定性与定量指标相结合原则。

(3) 因为安全系统是一个连续的动态变化系统，通常从静态指标和动态指标这两类来设计安全统计指标，从而说明安全系统的现状与变化趋势。其中，动态指标特指伤亡事故统计指标。随着社会的发展和事故的变化，安全统计的指标体系及由此制定的分级标准等是在不断变化和需要不断更新的。

(4) 安全统计学中，静态指标主要包括绝对指标（总量指标）和相对指标两类。

绝对指标是反映安全现象总规模、总水平或总水平量，及安全生产系统中各种统计对象的发展规模和水平的指标；相对指标是用以表明安全现象的相对水平或工作质量的统计指标。

（5）安全特征统计指标体系是结合安全系统的特征，从行业安全特征统计指标、自然灾害特征统计指标、职业健康特征统计指标、安全经济特征统计指标与社会安全特征统计指标这五方面来制定。

思考与练习

1. 安全统计指标与安全统计指标体系有什么联系？
2. 安全统计指标体系中，每个指标为什么都要与安全系统总体范围保持一致？
3. 考虑安全指标的可比性还应考虑什么具体问题？如果不考虑安全指标的可比性，会给安全评价等级划分结果带来什么影响？
4. 安全统计的绝对指标与相对指标有什么区别？两者分别适用于什么场合？
5. 安全投入都包括哪些内容？请你对某个熟悉的企业设计一套安全投入统计指标体系。
6. 减灾防灾与自然灾害的统计指标中两者的侧重点是什么？

第4章 安全统计数据分布特征与安全统计指数

本章学习目标

熟悉安全统计数据的分布特征情况，能用数据平均值和位置代表值来反映安全统计数据分布的集中趋势，能用变异指标来衡量安全统计数据分布的离散程度，能测定安全统计数据分布形态；能用安全统计指数和综合指数分析安全现象在数量上的变动情况。

本章学习方法

可参考一些数理统计的相关书籍，首先明确理解概念，然后记住公式，选择一组数据做练习；掌握平均数、标准差和方差三者的使用方法与适用范围及其变异系数的实际意义。

4.1 安全统计数据分布的集中趋势

其实安全数据统计的统计方法和程序与别的数据统计没有绝对的区别，只是安全数据统计的数据来自安全问题，并且统计的目的是确保安全。

从计算方式上看，测定数据集中趋势的指标可分为数值平均值和位置代表值。数值平均值是根据所需要的统计数据得出的相应代表值，如算术平均数、几何平均数、调和平均数和幂平均数；位置代表值是通过统计数据所处的位置，直接观察或根据特定位置有关的部分数据来确定的代表值，如众数、中位数。

集中趋势指标的作用主要体现在以下四个方面。

（1）反映安全现象数据分布的基本情况与有价值的信息

在同质总体中，各个单位都有标明其属性和特征的标志，但这些标志在各单位的表现往往是有区别的。如计算平均值，可在描述数据时剔除异常值的影响，用一个数值表明该安全现象在特定时期的一般水平。例如，通过计算出近5年内某企业的事故平均数，可推断出这5年该企业的安全总体情况。

（2）可用来比较分析同种安全现象在不同时期的发展变化趋势和状况

安全生产系统中，安全现象易受偶然因素（如人的因素、环境的因素、机的因素和管理因素）的影响，而集中趋势指标可消除这些偶然因素的影响，将安全现象总体各单位数量标志的差异抽象化，体现安全现象总体的一般情况。

（3）能比较安全同质现象在不同空间上的发展水平

由于安全同质现象在同时间内，会因为所处的空间、场合不同，出现不同的发展趋势，因此可以利用集中趋势指标比较同类安全现象在同一时间内，不同地区、不同的企业安全管理制度等条件下表现出来的不同安全状况，来评价各企业单位的安全质量。

（4）可分析安全现象之间的依存关系

安全现象与安全现象之间存在依存关系，然而依存关系的形式和程度是各不相同的，如海因里希法则中的 1∶29∶300，表示 1 起重大事故发生前必发生了 29 起轻微事故、存在 300 个潜在隐患。然而对于不同的行业和部门，甚至是同一个单位的不同时期，1、29、300 在安全生产过程中并不是固定的数值，只是表明了一种重大事故与轻微事故之间的关系，因此用集中趋势指标可分析安全现象之间的依存关系。

4.1.1　算术平均数

算术平均数是日常生产、工作中使用“平均数”这一概念时最常用的平均数，它表明了安全总体的平均水平和集中趋势。具体算法如下：

$$\text{算术平均数}(\bar{x})=\frac{\text{总体标志总和}}{\text{总体单位数}}=\frac{\sum x}{n} \tag{4-1}$$

式中　$\sum x$——样本中所有个体的总和；

n——样本个体的数量。

1. 算术平均数的表现形式

算术平均数主要有两种表现形式：简单算术平均数和加权算术平均数。

（1）简单算术平均数

适用于未分组的资料，计算公式如下：

$$\bar{x}=\frac{x_1+x_2+\cdots+x_n}{n}=\frac{\sum_{i=1}^{n}x_i}{n} \tag{4-2}$$

式中　$\bar{x}$——算术平均数；

x_i——各单位标志值。

（2）加权算术平均数

适用于已将原始资料进行分组，并计算出频数分布数列的情况。

加权算术平均数是将所有个体与相应的频数或权数的积相加，再除以频数之和。当数列为组距式分组数列时，要先计算各组的组中值来代表各组的标志值。

加权算术平均数的计算公式如下：

$$\bar{x}=\frac{x_1f_1+x_2f_2+\cdots+x_nf_n}{f_1+f_2+\cdots+f_n}=\frac{\sum_{i=1}^{n}x_if_i}{\sum_{i=1}^{n}f_i} \tag{4-3}$$

或用频率公式表达如下：

$$\bar{x} = \sum_{i=1}^{n} x_i \frac{f_i}{\sum_{i=1}^{n} f_i} \tag{4-4}$$

式中 f_i——各组标志值出现的次数，也称频数；

$\frac{f_i}{\sum_{i=1}^{n} f_i}$——频率。

由于次数 f_i 对平均数有权衡轻重的作用，因此称为权数。

例 4-1 现列举 1995—2004 年火灾发生情况，见表 4-1，以特大火灾为例分别计算出简单算术平均数和加权算术平均数。

表 4-1 用算术平均数统计火灾的例子（1995—2004 年火灾发生情况）

年份	按事故发生程度划分（起）			合计（起）
	特大	重大	一般	
1995	18	133	977	1128
1996	19	127	941	1087
1997	6	29	3432	2467
1998	5	32	2871	2908
1999	6	28	2837	2871
2000	5	19	3416	3440
2001	1	19	3959	3979
2002	3	18	5019	5040
2003	2	16	6203	6221
2004	1	5	3756	3762

注：表中数据来源于《中国统计年鉴 2005》。

1）简单算术平均数：对未分组的原始资料（是指这 10 年间的特大火灾）简单相加。

$$\bar{x} = \frac{\sum_{i=1}^{10} x_i}{10} = \frac{18+19+6+5+6+5+1+3+2+1}{10}\text{起/a} = 6.6\text{起/a}$$

2）加权算术平均数：先将表 4-1 中安全数据进行分组（表 4-2），然后计算加权算术平均数。

表 4-2 安全数据分组的例子（1995—2004 年特大火灾发生情况）

组号	分组	组中值x_i	频数f_i（起）	比重 $\frac{f_i}{\sum_{i=1}^{n} f_i}$（%）	$x_i f_i$	$x_i \frac{f_i}{\sum_{i=1}^{n} f_i}$
1	[0, 4]	2	4	40	8	0.8
2	[4, 8]	6	4	40	24	2.4

（续）

组号	分组	组中值x_i	频数f_i（起）	比重 $\frac{f_i}{\sum_{i=1}^{n} f_i}$（%）	$x_i f_i$	$x_i \frac{f_i}{\sum_{i=1}^{n} f_i}$
3	[8, 12]	10	0	0	0	0
4	[12, 16]	14	0	0	0	0
5	[16, 20]	18	2	20	36	3.6
合计			10	100	68	6.8

由此可得：

$$\bar{x} = \frac{\sum_{i=1}^{5} x_i f_i}{\sum_{i=1}^{5} f_i} = \frac{68}{10} \text{起}/\text{a} = 6.8 \text{起}/\text{a} \quad 或 \quad \bar{x} = \sum_{i=1}^{5} x_i \frac{f_i}{\sum_{i=1}^{5} f_i} = 6.8 \text{起}/\text{a}$$

对比简单算术平均数与加权算术平均数这两种计算形式，结果是不相同的，因为加权算术平均数是用于组距式分组的资料，以组中值代替了各组标志值来计算，尤其是在组内数值分布不均匀时，与简单算术平均数的结果相差更大。

运用加权算术平均数时，组内各标志值应分布均匀，在表 4-2 中，虽然有两组组内没有标志值，但是其余各组的标志值分布均匀，因此两种计算形式的结果相差不大。在分组时应考虑组距大小，避免两种平均数的结果差异较大。若两种平均数的计算结果差异较大时，应以简单算术平均数计算结果为准确值。

2. 确定权数

由例 4-1 的计算结果可知，加权算术平均数不仅取决于各组的标志值，而且也取决于标志值出现的次数：样本中，出现次数越多的标志值对加权算术平均数的影响越大，同理，出现次数越少，影响越小。次数 f_i 对加权算术平均数起着权衡的作用，所以称为权数，各组权数对平均数的作用是通过各组次数占总次数的比重大小来产生的，也就是说各组频数是通过频率对平均数发生作用的。

权数要有意义，必须同时具备两个前提：

1）各组标志值必须存在差异。如果各组的标志值没有差异，标志值就成为常数，权数就不起任何作用。

2）各组次数的数量必须不同。如果各组次数都相同，就意味着各组权数相等，权数同样也不会起作用，加权算术平均数就相当于简单算术平均数，即$f_1 = f_2 = \cdots = f_n = y$，加权算术平均数的计算公式就变为

$$\bar{x} = \frac{x_1 f_1 + x_2 f_2 + \cdots + x_n f_n}{f_1 + f_2 + \cdots + f_n} = \frac{y \sum_{i=1}^{n} x_i}{ny} = \frac{\sum_{i=1}^{n} x_i}{n}$$

3. 算术平均数的性质

算术平均数主要具有以下五个性质：

1）算术平均数与总体单位数的乘积等于所有标志值的总和。

简单算术平均数：$n\bar{x}=\sum_{i=1}^{n}x_i$；加权算术平均数：$\bar{x}\sum_{i=1}^{n}f_i=\sum_{i=1}^{n}x_if_i$

2）每个标志值与算术平均数的离差之和等于0。

简单算术平均数：$\sum_{i=1}^{n}(x_i-\bar{x})=\sum_{i=1}^{n}x_i-n\bar{x}=0$

加权算术平均数：$\sum_{i=1}^{n}(x_i-\bar{x})f_i=\sum_{i=1}^{n}x_if_i-\bar{x}\sum_{i=1}^{n}f_i=0$

3）每个标志值与算术平均数的离差的平方和最小。

即：$\sum_{i=1}^{n}(x_i-\bar{x})^2=$ 最小值，或 $\sum_{i=1}^{n}(x_i-\bar{x})^2f_i=$ 最小值。

证明：设x_0为任意常数，且$x_0\neq\bar{x}$。

对于简单算术平均数有：

$$
\begin{aligned}
\sum_{i=1}^{n}(x_i-x_0)^2&=\sum_{i=1}^{n}(x_i-\bar{x}+\bar{x}-x_0)^2=\sum_{i=1}^{n}[(x_i-\bar{x})+(\bar{x}-x_0)]^2\\
&=\sum_{i=1}^{n}[(x_i-\bar{x})^2+2(x_i-\bar{x})(\bar{x}-x_0)+(\bar{x}-x_0)^2]\\
&=\sum_{i=1}^{n}(x_i-\bar{x})^2+n(\bar{x}-x_0)^2
\end{aligned}
$$

因为$n(\bar{x}-x_0)^2>0$，所以

$$\sum_{i=1}^{n}(x_i-x_0)^2\geqslant\sum_{i=1}^{n}(x_i-\bar{x})^2$$

所以，$\sum_{i=1}^{n}(x_i-\bar{x})^2$ 为最小。

对于加权算术平均数有：

$$
\begin{aligned}
\sum_{i=1}^{n}(x_i-x_0)^2f_i&=\sum_{i=1}^{n}(x_i-\bar{x}+\bar{x}-x_0)^2f_i=\sum_{i=1}^{n}[(x_i-\bar{x})+(\bar{x}-x_0)]^2f_i\\
&=\sum_{i=1}^{n}[(x_i-\bar{x})^2+2(x_i-\bar{x})(\bar{x}-x_0)+(\bar{x}-x_0)^2]f_i\\
&=\sum_{i=1}^{n}[(x_i-\bar{x})^2+(\bar{x}-x_0)^2]f_i
\end{aligned}
$$

因为 $(\bar{x}-x_0)^2\sum_{i=1}^{n}f_i>0$，所以 $\sum_{i=1}^{n}(x_i-x_0)^2f_i\geqslant\sum_{i=1}^{n}(x_i-\bar{x})^2f_i$

所以，$\sum_{i=1}^{n}(x_i-\bar{x})^2f_i$ 为最小。

4）对变量实施线性变换后，新变量的算术平均数等于对原变量的算术平均数施以同样的线性变换的结果。

若 $y=a+bx$，则 $\bar{y}=a+b\bar{x}$

5）n个独立总体中各变量代数和的平均数等于各总体变量平均数的代数和。若 $x_1,x_2,x_3,\cdots,x_n$为独立总体变量，$y=x_1+x_2+\cdots+x_n$，则 $\bar{y}=\bar{x}_1+\bar{x}_2+\cdots+\bar{x}_n$。如果只有两个独立变量，

$y=x_1+x_2$，则 $\overline{y}=\overline{x}_1+\overline{x}_2$。

4.1.2 调和平均数

调和平均数用来描述平均变化率，如安全经济平均增长率是总体各单位标志值倒数的算术平均数的倒数，故又称为倒数平均数。它可分为简单调和平均数和加权调和平均数。

（1）简单调和平均数

表达式如下：

$$H=\frac{1}{\dfrac{\dfrac{1}{x_1}+\dfrac{1}{x_2}+\cdots+\dfrac{1}{x_n}}{n}}=\frac{n}{\dfrac{1}{x_1}+\dfrac{1}{x_2}+\cdots+\dfrac{1}{x_n}}=\frac{n}{\sum_{i=1}^{n}\dfrac{1}{x_i}} \tag{4-5}$$

式中 H——调和平均数。

（2）加权调和平均数

表达式如下：

$$H=\frac{m_1+m_1+\cdots+m_n}{\dfrac{m_1}{x_1}+\dfrac{m_2}{x_2}+\cdots+\dfrac{m_n}{x_n}}=\frac{\sum_{i=1}^{n}m_i}{\sum_{i=1}^{n}\dfrac{m_i}{x_i}} \tag{4-6}$$

式中 m——权数，表示各组的标志值所对应的标志总量。

在实际统计分析中，调和平均数主要应用于两个方面：第一，在分组数列中，当已知各组的标志值和标志总量时，要用调和平均数计算平均数；第二，在计算相对指标的平均数时，如果已知相对指标的分子指标时，则以分子指标作为权数 m，用调和平均数计算平均数。

例 4-2 采用例 4-1 中的 1995—2004 年一般火灾的数据，用两种方式计算调和平均数。

（1）一般火灾的简单调和平均数：

$$H=\frac{10}{\sum_{i=1}^{10}\dfrac{1}{x_i}}=\frac{10}{\dfrac{1}{977}+\dfrac{1}{941}+\cdots+\dfrac{1}{3756}}\text{起/年}=\frac{10}{0.00425}\text{起/年}=2352.7\text{起/年}$$

（2）一般火灾的加权调和平均数：先将数据分为 7 组（表 4-3），再计算平均数。

表 4-3 用加权调和平均数统计安全数据的例子（1995—2004 年一般火灾的数据分组统计）

组号	分组	组中值x_i	频数	发生总数m_i（起）	$\dfrac{m_i}{x_i}$
1	[850，1650]	1250	2	2500	2
2	[1650，2450]	2050	0	0	0
3	[2450，3250]	2850	2	5700	2

（续）

组号	分组	组中值x_i	频数	发生总数m_i（起）	$\frac{m_i}{x_i}$
4	[3250，4050]	3650	4	14600	4
5	[4050，4850]	4450	0	0	0
6	[4850，5650]	5250	1	5250	1
7	[5650，6450]	6050	1	6050	1
合计			10	34100	10

$$H=\frac{\sum_{i=1}^{7}m_i}{\sum_{i=1}^{7}\frac{m_i}{x_i}}=\frac{2500+0+5700+14600+0+5250+6050}{\frac{2500}{1250}+\frac{5700}{2850}+\frac{14600}{3650}+\frac{5250}{5250}+\frac{6050}{6050}}\text{起/年}=\frac{34100}{10}\text{起/年}=3410\text{起/年}$$

比较简单调和平均数与加权调和平均数的计算结果，两者相差较大，已知一般火灾的算术平均数$\bar{x}=3341.1$起，加权调和平均数的结果更接近算术平均数。在简单调和平均数与加权调和平均数同时存在的情况下，应采用加权调和平均数的结果。

4.1.3 几何平均数

几何平均数是n项标志值连乘积的n次方根，有简单几何平均数和加权几何平均数两种形式。

（1）简单几何平均数

表达式如下：

$$G=\sqrt[n]{x_1x_2\cdots x_n}=\sqrt[n]{\prod_{i=1}^{n}x_i} \tag{4-7}$$

式中　G——几何平均数。

（2）加权几何平均数

表达式如下：

$$G=\sqrt[f_1+f_2+\cdots+f_n]{x_1^{f_1}x_2^{f_2}\cdots x_n^{f_n}}=\sqrt[\sum_{i=1}^{n}f_i]{\prod_{i=1}^{n}x_i^{f_i}} \tag{4-8}$$

与算术平均数和调和平均数相比，几何平均数多是应用于标志值总量等于各标志值的连乘积的场合。例如，许多安全现象变化的总比率（或总速度）常常是各项比率（或各项速度）的连乘积，这时更多采用几何平均数来计算平均比率（或平均速度）。

例 4-3　对某批电子产品进行寿命试验，检验结果如下：当工作到 100h 时，失效率为 5%；当工作到 150h 时，失效率为 8%；当工作到 200h 时，失效率是 12%。试计算产品工作到 200h 时的平均可靠概率。

解：计算电子产品可靠概率的简单几何平均数：

$$G=\sqrt[3]{x_1x_2x_3}=\sqrt[3]{(1-5\%)\times(1-8\%)\times(1-12\%)}=\sqrt[3]{0.76912}=0.916$$

则这批电子产品工作到 200h 时的平均可靠概率为 0.916。

4.1.4　幂平均数

幂平均数是指样本中所有标志值 k 次方和的平均值，通常用 $\bar{x}_k$ 来表示。设有一组变量取值为 x_1，x_2，…，x_n，各变量值 k 次方的和为

$$x_1^k+x_1^k+\cdots+x_n^k=\sum_{i=1}^{n}x_i^k$$

因为平均数是各变量值一般水平的代表值，以幂平均数 $\bar{x}_k$ 替换各具体变量值，等式依旧成立，有：

$$\sum_{i=1}^{n}(\bar{x}_k)^k=n(\bar{x}_k)^k=\sum_{i=1}^{n}x_i^k$$

则：

$$\bar{x}_k=\left(\frac{\sum_{i=1}^{n}x_i^k}{n}\right)^{\frac{1}{k}} \tag{4-9}$$

式（4-9）为幂平均数的计算式。其中，$\bar{x}_k$ 为 k 阶幂平均数，它是变量 x 的 k 次方的算术平均数的 k 次方根的结果。当 k 取不同的整数值时，幂平均数就有不同的计算公式：

1）当 $k=1$ 时，$\bar{x}_k=\dfrac{\sum_{i=1}^{n}x_i}{n}=\bar{x}$，幂平均数等于算术平均数。

2）当 $k=-1$ 时，$\bar{x}_k=\dfrac{n}{\sum_{i=1}^{n}\dfrac{1}{x_i}}=H$，幂平均数等于调和平均数。

3）当 $k\to0$ 时，$\lim\limits_{k\to0}\bar{x}_k\approx\sqrt[n]{x_1x_2\cdots x_n}=G$，幂平均数等于几何平均数。

除了上述三个性质，幂平均数还具有一个性质，即幂平均数 $\bar{x}_k=\left(\dfrac{\sum_{i=1}^{n}x_i^k}{n}\right)^{\frac{1}{k}}$ 是关于参数 k 的递增函数，所以当 $k_1<k_2$ 时，有 $\left(\dfrac{\sum_{i=1}^{n}x_i^{k_1}}{n}\right)^{\frac{1}{k_1}}<\left(\dfrac{\sum_{i=1}^{n}x_i^{k_2}}{n}\right)^{\frac{1}{k_2}}$。

4.1.5　中位数

中位数是统计总体中的变量按标志值的大小顺序依次排列，处于中点位置的标志值，一般可用 M_e 表示。中位数的概念和特殊性表明了数列中一半变量的标志值小于中位数，一半变量的标志值大于中位数，此外，中位数根据位置确定，不容易受到极端数值的影响，稳定性较好，可用来反映安全现象的一般水平。

安全数据的资料不同，中位数确定的方法也会不同，目前而言，主要有下列三种不同的情况。

1. 未分组的安全数据资料

如果是未分组的原始安全数据资料，首先要将样本中标志值按大小顺序排列，再分为两种情况：

1）当安全现象总体的单位数 n 为奇数时，第$\frac{n+1}{2}$个标志值是中位数。

2）当安全现象总体的单位数 n 为偶数时，需将第$\frac{n}{2}$个和第$\frac{n}{2}+1$个标志值的算术平均数作为中位数。

2. 单项式分组数列

如果是单项式分组数列，因为变量值已序列化，有两种方法来确定中位数：

1）当 $\sum f$ 为奇数时，第$\frac{\sum f+1}{2}$个标志值是中位数。

2）当 $\sum f$ 为偶数时，需将第$\frac{\sum f}{2}$个和第$\frac{\sum f}{2}+1$个标志值的算术平均数作为中位数。

3. 组距式分组数列

如果是组距式分组数列，首先要确定中位数所在组，然后按照公式推算出中位数。具体过程如下：

1）对变量数列计算向上累计频数 $\sum f$，按$\frac{\sum f}{2}$确定中位数所在的组。

2）假设中位数所在组内的各单位标志值均匀分布，可利用上限、下限公式计算出中位数的近似值。

① 下限计算公式如下：

$$M_e = L_{M_e} + \frac{\frac{\sum f}{2} - S_{M_e-1}}{f_{M_e}} d_{M_e} \tag{4-10}$$

② 上限计算公式如下：

$$M_e = U_{M_e} - \frac{S_{M_e} - \frac{\sum f}{2}}{f_{M_e}} d_{M_e} \tag{4-11}$$

式中　M_e——中位数；

L_{M_e}，U_{M_e}——中位数所在组的下限、上限；

S_{M_e-1}，S_{M_e}——累计到中位数所在组的前一组向上累计频数、中位数所在组的向上累计频数；

f_{M_e}——中位数所在组的频数；

d_{M_e}——中位数所在组的组距。

例 4-4　以1999—2006年自然灾害的损失情况为例子（表4-4），试计算死亡人数的中位数。

表 4-4 中位数计算例子（1999—2006 年自然灾害损失情况）

年份	死亡人口（人）	农作物受灾面积/khm^2	直接经济损失（亿元）
1999	2966	49980.0	1962.4
2000	3014	54690.0	2045.3
2001	2538	52150.0	1942.2
2002	2384	45214.0	1637.2
2003	2259	54386.3	1884.2
2004	2250	37106.0	1602.3
2005	2475	38818.2	2042.1
2006	3186	41091.3	2528.1
总计	21072	373435.8	15643.8

注：表中数据来源于《安全与环境学报》。

解：首先，将表 4-4 中死亡人数栏目的所有数据进行分组（表 4-5）。

表 4-5 数据分组例子（1999—2006 年自然灾害死亡人数）

组号	按死亡人数分组（人）	发生次数（起）	向上累计频数（起）
1	[2150，2350]	2	2
2	[2350，2550]	3	5
3	[2550，2750]	0	5
4	[2750，2950]	0	5
5	[2950，3150]	2	7
6	3150 以上	1	8
总计		8	—

然后，确定中位数所在组：$\frac{\Sigma f}{2}=\frac{8}{2}=4$，中位数应位于［2300，2500］所在组，即第 2 组。

最后，根据上、下限公式计算中位数的近似值：

$$M_e = L_{M_e} + \frac{\frac{\Sigma f}{2} - S_{M_e-1}}{f_{M_e}} d_{M_e} = \left(2350 + \frac{4-2}{3} \times 200\right) 人 = 2483.3 人$$

或

$$M_e = U_{M_e} - \frac{S_{M_e} - \frac{\Sigma f}{2}}{f_{M_e}} d_{M_e} = \left(2550 - \frac{5-4}{3} \times 200\right) 人 = 2483.3 人$$

中位数具有稳定性较好、不容易受到极端数值的影响、能够反映安全现象总体的一般水平等的优点，但中位数也具有一些无法克服的缺点：

1）中位数位置的确定易受到其他数据的影响，但这些数据的数值对中位数的数值不会产生影响，当数据分布不规律时，中位数的代表性就不强，不能反映安全现象总体的一般状况。

2）在连续型分组序列中，中位数仅是在假设其所在组为均匀分布的条件下得出的，如果组内数据分布不均匀，中位数的代表性就不强。

3）中位数乘以数据总个数不等于所有数据的值的和，由于中位数不能推断其他数据的取值，因此对下一步计算没有意义。

4.1.6 众数

众数是一个安全现象总体或分布数列中出现次数最多的标志值，一般用M_o表示。由于众数出现的次数最多，在安全现象总体各标志值中，具有非常直观的代表性，通常可用来反映安全现象总体某一标志表现的一般水平。在实际的统计工作中，有时可将众数代替算术平均数，来说明安全现象的一般水平。例如，调查某个时期内建筑行业的安全状况，最简单的方法是调查发生次数最多的事故类型来代表建筑业的基本安全状况。

确定众数，必须要先整理安全统计资料，编制分配数列。分组数列有单项式分组数列和组距分组数列两种形式，在不同的资料条件下，可采用不同的众数确定方法。

（1）单项式分组数列　由单项式分组资料来确定众数，只需观察出现次数最多的标志值即可。

（2）组距分组数列　如果是组距分组数列，首先需要确定众数组，在等距分组条件下，众数组就是次数最多的那一组；在不等距分组的条件下，众数组则是频数密度或频率密度最高的那一组。然后按前后相邻两组分布次数之差所占的比重来推算众数的近似值，推算的前提是假定众数所在组的各单位标志值是均匀的。

和中位数确定方式相似，有上、下限两种计算公式，具体如下。

1）下限计算公式：

$$M_o = L_{M_o} + \frac{f_{M_o} - f_{M_{o-1}}}{(f_{M_o} - f_{M_{o-1}}) + (f_{M_o} - f_{M_{o+1}})} d_{M_o} \tag{4-12}$$

2）上限计算公式：

$$M_o = U_{M_o} - \frac{f_{M_o} - f_{M_{o+1}}}{(f_{M_o} - f_{M_{o-1}}) + (f_{M_o} - f_{M_{o+1}})} d_{M_o} \tag{4-13}$$

式中　L_{M_o}，U_{M_o}——众数所在组的下限、上限；

f_{M_o}，$f_{M_{o-1}}$，$f_{M_{o+1}}$——众数组的次数、众数组前一组的次数、众数组后一组的次数；

d_{M_o}——众数组的组距。

例 4-5　2004 年不同地区的交通事故发生次数（单位：起）如下：

8536　5485　15095　17206　9889　12985　9955　8532　27136　31431　50039

18006　24274　10531　39815　26540　13584　16116　68423　13263　2041　11109
28484　3395　11421　1097　13348　6361　1212　4216　8364

试对这些数据进行等距分组。

解： 将上面所有数据进行分组统计，具体分组见表 4-6。

表 4-6　分组统计例子（2004 年不同地区的交通事故统计）

组号	按发生次数分组	频数 f_i
1	[950，9950]	11
2	[9950，18950]	12
3	[18950，27950]	3
4	[27950，36950]	2
5	[369550，45950]	1
6	45950 以上	2
总计		31

注：表中数据来源于《中国统计年鉴 2005》。

确定众数所在组为频数最大（12）的［9950，18950］组内，即第 2 组；根据上、下限计算公式确定众数的近似值：

$$M_o = L_{M_o} + \frac{f_{M_o} - f_{M_{o-1}}}{(f_{M_o} - f_{M_{o-1}}) + (f_{M_o} - f_{M_{o+1}})} d_{M_o}$$

$$= \left[9950 + \frac{12-11}{(12-11)+(12-3)} \times 9000\right] 起 = 10850 起$$

或

$$M_o = U_{M_o} - \frac{f_{M_o} - f_{M_{o+1}}}{(f_{M_o} - f_{M_{o-1}}) + (f_{M_o} - f_{M_{o+1}})} d_{M_o}$$

$$= \left[18950 - \frac{12-3}{(12-11)+(12-3)} \times 9000\right] 起 = 10850 起$$

上面两个众数计算公式和例 4-5 都是针对等距分组，若是异距分组，为避免产生错误，需将原公式中的频数换成相应的频数密度。

4.1.7　平均指标间的关系

平均数、中位数和众数是描述安全数据水平的主要统计量，对于同组安全数据资料，可分别计算出这五种反映数据集中趋势的统计指标，即算术平均数、调和平均数、几何平均数、中位数和众数，并且这五种指标存在特定关系。

1. 算术平均数（$\bar{x}$）、调和平均数（H）与几何平均数（G）的关系

对于同一个安全现象总体单位的数量标志值，一般数量关系为：

$$H \leqslant G \leqslant \bar{x}$$

此式成立的前提是在相同的安全统计资料情况下计算各种平均数；若所计算的安全统计资料不同，得到的结果就不能用这个结论。

当各单位的标志值相等时，$H=G=\bar{x}$（可用归纳法证明，此处省略，有兴趣的读者可自行证明）。

2. 算术平均数（$\bar{x}$）、中位数（M_e）与众数（M_o）的关系

算术平均数（$\bar{x}$）、中位数（M_e）与众数（M_o）这三者的数量关系主要决定于统计数据频数分布的对称情况或偏斜程度。

1）当统计数据为正态分布（或对称分布）时，标志值的分布以算术平均数为中心，形成完全对称的钟形分布。此时的算术平均数（$\bar{x}$）既是总体单位中间位置的标志值，又是分布次数最多的标志值，所以 $\bar{x}=M_e=M_o$，如图 4-1a 所示。

2）当统计数据为右偏（正偏）分布时，算术平均数（$\bar{x}$）受较多的大标志值影响，所以 $\bar{x}>M_e>M_o$，如图 4-1b 所示。

3）当统计数据为左偏（负偏）分布时，算术平均数（$\bar{x}$）受较多的小标志值影响，所以 $\bar{x}<M_e<M_o$，如图 4-1c 所示。

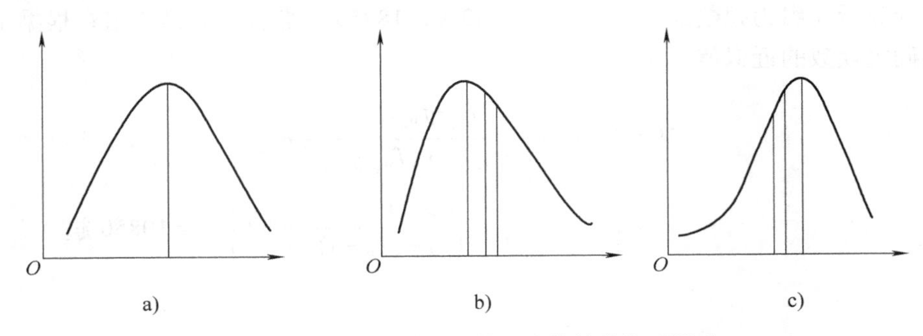

图 4-1 算术平均数、众数、中位数的关系图示

a）$M_o=M_e=\bar{x}$，对称分布 b）$M_o<M_e<\bar{x}$，右（正）偏分布 c）$\bar{x}<M_e<M_o$，左（负）偏分布

从分布情况可以推断出算术平均数、众数、中位数的关系，反之，也可从这三个平均指标推出图形的分布形状，英国统计学家卡尔·皮尔逊研究得出一些经验规则：

1）当 $\bar{x}=M_o$，此时分布为正态分布（或对称分布）。

2）当 $\bar{x}>M_o$，此时分布为右偏分布。

3）当 $\bar{x}<M_o$，此时分布为左偏分布。

其中，$\bar{x}$ 越大，说明分布的偏态越严重；$\bar{x}$越小，分布的偏态越轻微。

在钟形分布只存在轻微偏斜的情况下，算术平均数（$\bar{x}$）、中位数 M_e与众数 M_o存在这样的关系，即 $\bar{x}-M_o=3(\bar{x}-M_e)$，又称为皮尔逊规则。

利用皮尔逊规则可判别分布的偏斜方向，还能够从已知的两个平均指标来推算另一个平均指标的近似值。

4.2 安全统计数据分布的离散程度

平均指标能够消除个体单位在数量上的差异，反映总体的一般水平，却无法说明总体中各个单位之间的数量差异。然而个体差异是客观存在的，不会随主观意识消失，为了说明这种差异程度，需要从另一个角度来分析总体特征，这就需要用到变异指标。

变异指标是度量频率分布离散程度的统计指标，能够综合反映安全现象总体中各单位标志值之间的差异程度或标志值分布的差异情况，以补充平均指标的不足。变异指标具有三个作用：

（1）可以衡量平均指标的代表性程度

平均指标的代表性因为不同的标志值变异程度而有很大区别：若安全现象总体单位的差异程度越大，则标志变异越大，平均数的代表性就越小；若安全现象总体单位的差异程度越小，则标志变异越小，平均数的代表性就越大。因此，变异指标与平均指标的代表性是反向变化关系。将变异指标与平均指标结合使用，才能使安全统计分析更完整，内容更充实，认识安全系统更深刻。

（2）可以说明安全状态变动的均匀性和稳定程度

安全状态的发展变化受到许多因素的影响，发展结果通常带有一定的波动性、偶然性，计算相应的变异指标，可以反映出这种波动性的大小，说明安全状态发展变化的均匀性和稳定性：变异指标值越大，则波动性越大，发展变化越不稳定；变异指标值越小，则波动性越小，发展变化越均衡和稳定。

（3）可以用来研究安全现象总体中标志值分布的离中趋势

安全现象总体中的各单位标志值总是围绕平均值来变动，一般情况下，用平均值表示总体单位的集中趋势，用变异指标表示总体单位的离散程度（或标志值的离中趋势）。标志值分布越分散，则变异指标值越大，频数分布形状越平坦，总体的同质性越差；相反，标志值分布越集中，则变异指标值越小，频数分布形状越陡峭，总体的同质性越好。

4.2.1　极差

极差又称为全差，是总体各单位标志值中的最大值与最小值之差，是描述安全统计数据离散程度最常用、最直观的统计指标，一般用 R 表示。

$$R = x_{\max} - x_{\min} \tag{4-14}$$

如果资料为组距数列，则可用最大组的上限与最小组的下限来计算极差的近似值：

$$R \approx U_{\max} - L_{\min} \tag{4-15}$$

式中　$U_{\max}$——最大组的上限；

$L_{\min}$——最小组的下限。

例 4-5 中的极差为 $R = x_{\max} - x_{\min} = (68423 - 1097)$ 起 $= 67326$ 起。

例 4-2 中的极差为 $R \approx U_{\max} - L_{\min} = (6450 - 850)$ 起 $= 5600$ 起。

极差具有计算方便、意义明确的优点，例如用于电子产品可靠性检测时，如果极差越大，则说明产品质量越不稳定，需采取相应的技术措施，这点与众数有相同之处，均能简单说明安全统计对象的现状。

但极差只取决于极端标准值，某些程度上具有一定的偶然性，并且只能说明极端标志值之间的差异，不受中间标志值的影响，更与变量数列的次数分布状况无关，因此极差无法全面反映各单位标志值的变异程度，更不能评价平均指标的代表性程度。在具体分析过程中，还需要适当地结合其他变异指标。

4.2.2 四分位差

用极差说明总体单位的数值差异程度是非常粗略的，极差的计算只用到所有数据中的两个数值，即最大值与最小值，忽略了数列中大部分数据的有用信息。

分位差是对极差指标的一种改进，从变量数列中剔除一部分极端值后重新计算的类似于极差的指标。常用的分位差有四分位差、八分位差、十分位差、十六分位差及百分位差等，分位程度越高，分位差所排除的极端值比例越小。

四分位差（Quartile Deviation，QD）是将所有数据进行排序，划分四等分。剔除最大和最小的四分之一数据后，对剩余中间的50%数据进行极差计算。这个极差实际上就是3/4位次与1/4位次的标志值的差，为四分位间距，即：

$$QD=\frac{Q_3-Q_1}{2} \tag{4-16}$$

式中　QD——四分位差；

Q_1——1/4位次的标志值；

Q_3——3/4位次的标志值。

例4-6　采用例4-5中2004年不同地区的交通事故数据，试计算它的四分位差。

解：整理例4-5中的数据，将所有数据按照大小进行顺序排列，如下：

1097　1212　2041　3395　4216　5485　6361　8364　8532　8536　9889　9955
10531　11109　11421　12985　13263　13348　13584　15095　16116　17206　18006
24274　26540　27136　28484　31431　39815　50039　68423

已知 $n=31$，第一个四分位点在 $\frac{n}{4}=7.75$ 处，即 Q_1 位于第7个数与第8个数的0.75处，则

$$Q_1=[6361+0.75\times(8364-6361)]起=7863.25起$$

第三个四分位点在 $\frac{3n}{4}=23.25$ 处，即 Q_3 位于第23个数与第24个数的0.25处，则

$$Q_3=[18006+0.25\times(24274-18006)]起=19573起$$

所以

$$QD=\frac{Q_3-Q_1}{2}=\frac{19573-7863.25}{2}起=5854.86起$$

4.2.3　平均差

极差（R）只涉及了标志值的极大值与极小值，没有考虑到中间的标志值，而四分位差（QD）只考虑了中间50%的数据。这两种计算方法都没有利用全部数据，致使计算结果存在一定的误差。因此，需要引用平均差的概念，利用全部标志值来准确地反映标志值的变异程度。

平均差（Average Deviation，AD）是分配数列中各单位标志值与算术平均数的离差的绝对值的算术平均数。它能反映出总体数量标志值的差异程度，即平均差越大，分布数列中各标志值的离散程度越大；反之，离散程度越小。

随着安全统计数据处理情况不同，平均差的计算方法也不同。

1）若安全统计数据未分组，即是简单平均差，用如下方法计算：

$$AD=\frac{\sum|x-\bar{x}|}{n} \tag{4-17}$$

式中　x——总体各单位标志值；

$\bar{x}$——算术平均数；

n——总体单位个数。

2）若安全统计已分组，即为加权平均差，用如下方法计算：

$$AD=\frac{\sum|x-\bar{x}|f}{\sum f} \tag{4-18}$$

式中　x——标志值或组中值；

f——各组的权数。

例 4-7　采用表 4-1 中 1995—2004 年一般火灾的数据，试用两种方法计算平均差。

解：（1）简单平均差：将表 4-1 中一般火灾的数据按大小顺序排列如下：

941　977　2837　2871　3416　3432　3756　3959　5019　6203

$$\bar{x}=\frac{\sum_{i=1}^{n}x_i}{n}=\frac{941+977+\cdots+6203}{10}\text{起}=\frac{33411}{10}\text{起}=3341.1\text{起}$$

$$AD=\frac{\sum|x-\bar{x}|}{n}=\frac{|941-3341.1|+|977-3341.1|+\cdots+|6203-3341.1|}{10}\text{起}$$

$$=\frac{11476.8}{10}\text{起}=1147.68\text{起}$$

（2）加权平均差：将表 4-1 中一般火灾的发生情况数据分组统计（表 4-7）。

表 4-7　数据分组统计的加权平均差例子（1995—2004 年一般火灾的发生情况）

组号	按发生次数分组	组中值 x	发生次数 f	$\|x-\bar{x}\|$	$\|x-\bar{x}\|f$
1	[850，1850]	1350	2	1991.1	3982.2
2	[1850，2850]	2350	1	991.1	991.1
3	[2850，3850]	3350	4	8.9	35.6

（续）

组号	按发生次数分组	组中值 x	发生次数 f	$\|x-\bar{x}\|$	$\|x-\bar{x}\|f$
4	[3850，4850]	4350	1	1008.9	1008.9
5	[4850，5850]	5350	1	2008.9	2008.9
6	[5850，6850]	6350	1	3008.9	3008.9
总计			10	—	11035.6

应用加权平均差公式计算平均差：

$$\mathrm{AD}=\frac{\sum |x-\bar{x}|f}{\sum f}=\frac{11035.6}{10}\text{起}=1103.56\text{起}$$

4.2.4 标准差和方差

如果要考虑每个数据与平均数之间的差异，以此作为数据差异水平的度量，结果就会比极差、四分位差和平均差更为准确、全面。标准差和方差是测定标志值变异程度最常用的指标。

总体各单位的标志值与算术平均数离差的平方的算术平均数称为方差，用 σ^2 表示；标准差是方差的平方根，又称均方差，用 σ 表示。它们与平均差的意义相同，都是反映各单位标志值的平均差异程度，但它们采用离差平方来消除正、负离差影响，在统计处理上比平均差更合理。

在标准差和方差分析中，经常会出现“总体”和“样本”，需要注意这两者之间的区别。总体是指全部要分析的安全数据，样本是在总体数据太多、全部计算不方便的情况下，按照某种抽样方式从总体中抽取的部分数据，样本是总体的一部分。

1. 计算方法

要分析的安全统计数据处理情况不同，标准差和方差的计算方法也不同。

1）若安全统计数据资料未分组，可用如下方法计算：

总体方差：

$$\sigma^2=\frac{\sum(x-\bar{x})^2}{n} \tag{4-19}$$

总体标准差：

$$\sigma=\sqrt{\frac{\sum(x-\bar{x})^2}{n}} \tag{4-20}$$

样本方差：

$$\sigma^2=\frac{\sum(x-\bar{x})^2}{n-1} \tag{4-21}$$

样本标准差：

$$\sigma=\sqrt{\frac{\sum(x-\bar{x})^2}{n-1}} \tag{4-22}$$

2）若安全统计数据资料已分组，可用如下方法计算：

总体方差：

$$\sigma^2=\frac{\sum(x-\bar{x})^2 f}{\sum f} \tag{4-23}$$

总体标准差：

$$\sigma=\sqrt{\frac{\sum(x-\bar{x})^2 f}{\sum f}} \tag{4-24}$$

样本方差：

$$\sigma^2=\frac{\sum(x-\bar{x})^2 f}{\sum f-1} \tag{4-25}$$

样本标准差：

$$\sigma=\sqrt{\frac{\sum(x-\bar{x})^2 f}{\sum f-1}} \tag{4-26}$$

方差与标准差都利用了$\sum(x-\bar{x})^2=\min$的数学性质，使指标更灵敏，更能体现样本与样本之间的差异。

2. 数学性质

方差和标准差具有如下数学性质：

1）变量的方差等于变量平方的平均数减去变量平均数的平方，即：

$$\sigma^2=\frac{\sum_{i=1}^{n} x_i^2}{n}-\left(\frac{\sum_{i=1}^{n} x_i}{n}\right)^2=\overline{x^2}-(\bar{x})^2$$

可由变量的数值直接计算出方差和标准差，此处证明省略。

2）变量对算术平均数的方差小于对任意常数的方差。

由于变量与算术平均数离差平方和最小，所以当$\bar{x}\neq x_0$（当x_0为任意常数）时，有

$$\frac{\sum_{i=1}^{n}(x_i-\bar{x})^2}{n}\leqslant\frac{\sum_{i=1}^{n}(x_i-x_0)^2}{n}$$

3）变量线性变换的方差等于变量的方差乘以变量系数的平方。

例如，设$y=a+bx$，则$\sigma_y^2=b^2\sigma_x^2$。

4）n个独立总体变量和的方差等于各变量方差之和。

例如，设$y=x_1+x_2+\cdots+x_n$，则$\sigma_y^2=\sigma_1^2+\sigma_2^2+\cdots+\sigma_n^2$。

5）对于同变量分布，它的标准差永远不会小于平均差，即：

$$AD_x\leqslant\sigma_x$$

通常将变量的平均差与标准差的比值称为“基利比（Gear's Ratio）”，即：

$$r_G=\frac{AD}{\sigma}$$

当总体服从正态分布时，有：

$$r_G=\frac{AD}{\sigma}=\sqrt{\frac{2}{\pi}}\rightarrow AD=\sqrt{\frac{2}{\pi}}\sigma\approx0.798\sigma$$

例 4-8 已知 1989—2008 年受灾面积数据如下（单位：khm^2），试说明所有标准值之间的差异。

46991 38474 55472 51332 48827 55046 45824 46991 53427 50145

49980 54688 52215 46946 54506 37106 38818 41091 48992 39990

解：计算算术平均数：

$$\bar{x}=\frac{\sum_{i=1}^{n}x_i}{n}=\frac{46991+38474+\cdots+39990}{20}khm^2=\frac{956861}{20}khm^2=47843.05khm^2$$

（1）在数据资料未分组情况下，有以下结果：

1）总体方差：

$$\sigma^2=\frac{\sum(x-\bar{x})^2}{n}$$

$$=\frac{(46991-47843.05)^2+(38474-47843.05)^2+\cdots+(39990-47843.05)^2}{20}$$

$$=\frac{674061281}{20}=33703064.05$$

2）总体标准差：$\sigma=\sqrt{\frac{\sum(x-\bar{x})^2}{n}}=\sqrt{33703064.05}\,khm^2=5805.43khm^2$

（2）在数据资料分组情况下，应先将数据统计分组（表 4-8）。

表 4-8 数据统计分组和标准值的差异统计例子（1989—2008 年受灾面积情况）

组号	按受灾面积分组	组中值 x	发生次数 f	$(x-\bar{x})$	$(x-\bar{x})^2$	$(x-\bar{x})^2f$
1	[36500，40500]	38500	4	-9343.05	87292583.3	349170333.2
2	[40500，44500]	44500	1	-3343.05	11175983.3	11175983.3
3	[44500，48500]	46500	4	-1343.05	1803783.303	7215133.21
4	[48500，52500]	50500	6	2656.95	7059383.302	42356299.81
5	[52500，56500]	54500	5	6656.95	44314983.3	221574916.5
总计			20	—	—	631492666.1

总体方差：$$\sigma^2=\frac{\sum(x-\bar{x})^2f}{\sum f}=\frac{631492666.1}{20}=31574633.31$$

总体标准差：$$\sigma=\sqrt{\frac{\sum(x-\bar{x})^2f}{\sum f}}=\sqrt{31574633.31}\,khm^2=5619.13khm^2$$

4.2.5 变异系数

各种变异指标，如极差、平均差、标准差等与平均指标有相同的单位，都是反映总体单位标志值变异的绝对指标。这些变异指标的大小不仅取决于总体的变异程度，还与标志值绝对水平高低、计量单位不同有关。当变动指标值相同、计量单位不同时，无法直接判断和比较数据的离散程度及差异程度，对此，要消除标志变动指标的计量单位，以相对指标来反映标志变异程度，这个相对指标就是变异系数。

变异系数也称为离散系数，是标志变动指标与相应的平均指标值之比，以反映分配数列中标志值离散的相对水平。常用的变异系数有极差系数、平均差系数和标准差系数。

（1）极差系数

$$V_R = \frac{R}{\bar{x}} \times 100\% \tag{4-27}$$

（2）平均差系数

$$V_{\mathrm{AD}} = \frac{\mathrm{AD}}{\bar{x}} \times 100\% \tag{4-28}$$

（3）标准差系数

$$V_\sigma = \frac{\sigma}{\bar{x}} \times 100\% \tag{4-29}$$

例 4-9　引用例 4-1 中 1995—2004 年全国的重大火灾和一般火灾的数据资料，比较说明哪类火灾发生状况更需要引起相关部门的注意。读者可以通过国家相关网站查阅最新数据和开展统计分析。

解： 计算重大火灾与一般火灾的变异指标数值（表 4-9）。

表 4-9　变异指标统计例子（1995—2004 年重大火灾与一般火灾的变异指标统计）

火灾类型	平均发生次数 $\bar{x}$（起）	标准差 σ	标准差系数 V_σ	平均差 AD	平均差系数 V_{AD}	极差 R	极差系数 V_R
重大火灾	42.6	44.32	1.04	34.96	0.82	128	3.00
一般火灾	3341.1	1529.65	0.46	1147.68	0.34	5262	1.57

从表 4-9 中数据可以看出，重大火灾无论是平均发生次数，还是标准差、平均差、极差这些变异指标数值都远远低于一般火灾，似乎更需要预防一般火灾。但从标准差系数、平均差系数与极差系数可看出，重大火灾的变异系数大于一般火灾，所以重大火灾发生的离散程度大于一般火灾。因此，在分析火灾事故过程中更需要注意重大火灾的事故原因。

4.3 安全统计数据分布的偏度和峰度

平均指标和变异指标只是反映了安全现象总体分布的集中趋势和离散趋势，若要评价某个安全现象，仅掌握上述两类特征指标是远远不够的，必须通过其他统计指标来进一步体现安全现象总体分布的形态特征，偏度和峰度就是从分布图形形态的角度来测定安全现象总体的变异情况。

4.3.1 偏度

偏度是用于衡量总体分布的不对称程度或偏斜程度的指标，用 α 表示，分为正偏和负偏。可通过多种方式来测定偏度，较为简单的两种方法是偏度系数法和矩法。

1. 偏度系数法

在图 4-1a 中所示的对称分布，算术平均数、中位数、众数是重合的；但在非对称分布中，三个指标是彼此分离的，算术平均数与众数分别位居于中位数两侧，如图 4-1b、c 所示。用算术平均数与众数之间的距离可近似测定偏度的大小和方向，即：

$$偏度绝对量=\bar{x}-M_o$$

由于偏度绝对量具有原数列的计量单位，即使是相同计量单位也会因标志值水平的差异而影响可比性，故不便于直接比较不同计量单位的分布数列，通常用偏度系数 α 来测定偏度：

$$\alpha=\frac{\bar{x}-M_o}{\sigma} \tag{4-30}$$

当 $\bar{x}>M_o$，偏度系数 α 为正，表示正偏；当 $\bar{x}<M_o$，偏度系数 α 为负，表示负偏。

2. 矩法（统计动差）

1）矩也称为动差，变量 x 对常数 a 的 k 阶动差 w_k：

$$w_k=\frac{\sum(x_i-a)^k}{n} \text{ 或 } w_k=\frac{\sum(x_i-a)^k f_i}{\sum f_i} \tag{4-31}$$

① 当取 $a=0$ 时，变量 x 对原点的 k 阶矩，又称 k 阶原点矩，通常用 μ_k 表示，即：

$$\mu_k=\frac{\sum x_i^k}{n} \text{ 或 } \mu_k=\frac{\sum x_i^k f_i}{\sum f_i}$$

当 $k=1$ 时，即一阶原点动差就是变量的算术平均数；当 $k=2$ 时，二阶原点动差就是变量平方的平均数。

② 当 $a=\bar{x}$ 时，可得到变量 x 对于均值 $\bar{x}$ 的 k 阶矩，称为 k 阶中心矩，通常用 v_k 表示，即：

$$v_k=\frac{\sum(x_i-\bar{x})^k}{n} \text{ 或 } v_k=\frac{\sum(x_i-\bar{x})^k f_i}{\sum f_i}$$

当 $k=1$ 时，即一阶中心动差等于 0；当 $k=2$ 时，二阶中心动差就是变量的方差。

2）用矩法测定偏度。由于偶数阶中心距不能抵消正负离差，也不能用来测定总体分布的非对称程度，所以需运用奇数阶中心矩来判定分布的偏斜情况。由于任意分布的一阶中心矩恒为 0，故采用三阶中心矩来测定分布的偏度是合理的。表达式如下：

$$\alpha=\frac{v_3}{\sigma^3}=\frac{\sum(x_i-\bar{x})^3}{n\sigma^3} \text{ 或 } \alpha=\frac{v_3}{\sigma^3}=\frac{\sum(x_i-\bar{x})^3 f_i}{n\sigma^3\sum f_i} \tag{4-32}$$

从上式可以看出，由于三阶中心动差是一个有名数，将受到计量单位的影响，除以 σ^3 就能消除计量单位的影响。

偏度图形如图 4-2 所示，偏度系数与三阶中心动差具有如下性质：

① 当 $\alpha=0$ 时，变量的频数为正态分布，三阶中心动差 $v_3=0$。

② 当 $\alpha>0$ 时，分布正偏斜，三阶中心动差 $v_3\neq0$，α 值越大，正偏程度越大。

③ 当 $\alpha<0$ 时，分布负偏斜，三阶中心动差 $v_3\neq0$，α 值越小，负偏程度越大。

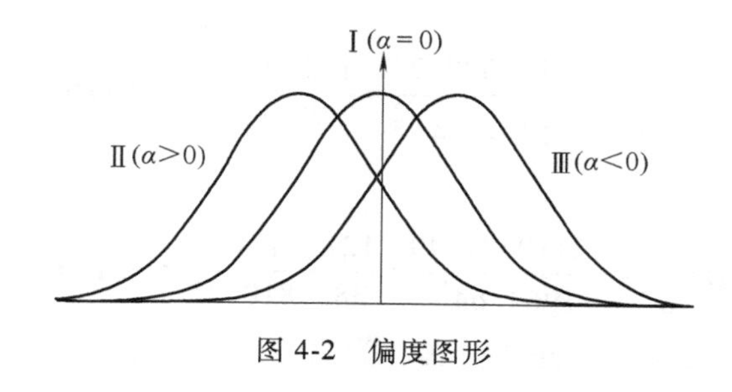

图 4-2　偏度图形

4.3.2　峰度

峰度是用来描述总体数据分布曲线的尖峭程度或峰凸程度的指标。当分布数列的次数趋于众数的位置，则分布图形较为陡峭；当分布数列的次数在众数周围的集中程度较低，则分布图形较为平坦。

分布图形的尖峭程度与偶数阶中心矩的数值大小有关，一般来讲，偶数阶中心矩数值越小，分布图形越尖峭，所以用变量的四阶中心动差除以标准差的 4 次方来衡量峰度的高低，测定公式如下：

$$\beta=\frac{v_4}{\sigma^4} \tag{4-33}$$

设正态分布的 β 值为 3，所以可将实测的 β 值与 3 做比较来反映峰度的高低，峰度图形如图 4-3 所示。

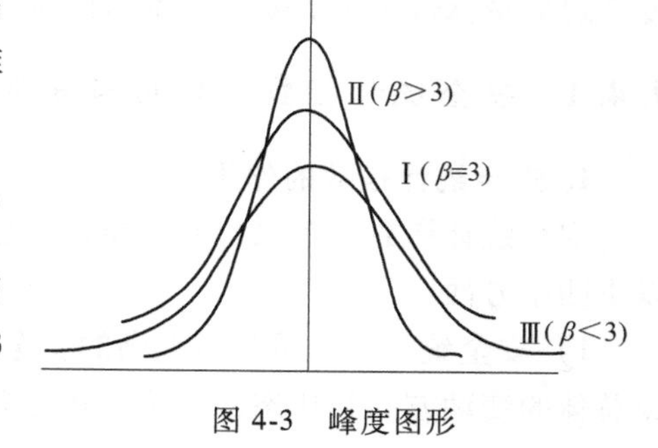

图 4-3　峰度图形

从图 4-3 可得到如下结论：

1）当 $\beta=3$ 时，总体分布为正态峰度。

2）当 $\beta>3$ 时，总体分布为高峰度（尖顶峰度）。

3）当 $\beta<3$ 时，总体分布为低峰度（平顶峰度）。

例 4-10　试计算例 4-1 中的 1995—2004 年全国重大火灾的偏度与峰度。

解： 算术平均数：$\bar{x}=42.6$ 起

方差：

$$\sigma^2=\frac{\sum(x_i-\bar{x})^2}{n}=\frac{(133-42.6)^2+(127-42.6)^2+\cdots+(5-42.6)^2}{10}=1964.64$$

三阶中心距：

$$v_3=\frac{\sum(x_i-\bar{x})^3}{n}=\frac{(133-42.6)^3+(127-42.6)^3+\cdots+(5-42.6)^3}{10}=\frac{1220002}{10}=122000.2$$

四阶中心距：

$$v_4=\frac{\sum(x_i-\bar{x})^4}{n}=\frac{(133-42.6)^4+(127-42.6)^4+\cdots+(5-42.6)^4}{10}=\frac{121104714.9}{10}=12110471.49$$

偏度：

$$\alpha=\frac{v_3}{\sigma^3}=\frac{122000.2}{(1964.64)^{\frac{3}{2}}}=\frac{122000.2}{87081.2}=1.40>0$$

峰度：

$$\beta=\frac{v_4}{\sigma^4}=\frac{12110471.49}{1964.64^2}=\frac{12110471.49}{3859810.33}=3.13>3$$

因此，分布正偏，峰度略高于正态分布，为高峰度。

4.4 安全统计指数

安全统计指数是对安全现象数量变动的分析。从广义上讲，安全统计指数是对安全统计对象进行比较分析的一种相对比率；从狭义上讲，安全统计指数是一种特殊的指数，仅反映安全现象总体数量上的变动。本节仅讨论狭义的安全统计指数的编制与应用。

4.4.1 安全统计指数的作用与分类

1. 安全统计指数的作用

安全统计指数具有独特的功能，能够在安全科学领域内广泛应用，它的作用主要体现在以下四个方面：

1）安全统计指数可分析复杂的安全现象的变动状态。它以相对数的形式来表现安全现象总体的变动方向和状态，如从横向与纵向上来比较安全生产指数数值，可反映出企业、地区、国家的安全生产状况的相对水平和发展水平；编制灾害统计指数，可反映出某时期内自然灾害的发生状况。

2）安全统计指数可分析和测定安全现象总体中各个因素变动的影响程度。安全现象总体总量指标和平均指标的变动会受各个因素变动影响，通过分析总量指标和平均指标，可以分析和测定各因素变动对安全现象总体变动的影响。

3）安全统计指数可对复杂的安全现象总体进行长期发展变化趋势分析。通过连续编制的动态指数形成的指数数列，可反映出安全现象的长期变化趋势；同理，比较两个相互联系的指数数列，能更深刻地认识安全现象总体之间在数量上的变动关系。

4）安全统计指数可综合评估多指标的安全现象。随着对安全生产的重视与安全研究的深入，许多安全现象需要用指数进行综合评估才更有意义，如对事故严重程度、安全经济水平的综合评价研究等。

2. 安全统计指数的分类

根据不同的统计分析方法，安全统计指数存在多种不同的表现形式。

1）按安全统计指数所反映的对象范围不同，可分为个体指数和总指数。个体指数是反映个别安全现象数量上变动的相对数，是在简单的安全现象总体条件下存在的，如死亡人数相对数、重大事故相对数等；总指数是综合表明全部安全现象总体数量上变动的相对数，它的编制需要在复杂安全现象总体的条件下进行，计算形式主要包括综合指数和平均指数，如事故综合当量指数、安全生产总指数等。

2）按安全统计指数所表明的标志性质不同，可分为数量指标指数和质量指标指数。数量指标指数是反映所研究的安全现象总体的总规模变动程度，如重大火灾发生指数等；质量指标指数是指安全生产、安全效益所取得的进步，用来说明安全生产的提高程度，如事故严重程度指数等。

3）按安全统计指数的基础不同，可分为定基指数和环比指数。定基指数是指各个时期的指数都是采用同一固定时期为基期来计算；环比指数是分别以前一时期为基期来计算的指数。由于定基指数和环比指数是各个时期的指数按时间顺序加以排列，因此也称为指数数列。在我国的《中国统计年鉴》中经常会用到定基指数和环比指数，方便读者观察我国的发展情况。

4.4.2　安全统计的综合指数

综合指数是总指数的一种计算形式，是两个总量指标对比形成的指数，在总量指标中包含两个或两个以上的因素，将其中被研究因素以外的一个或一个以上的因素固定下来，仅观察被研究因素的变动。

综合指数的任务是综合测定由不同度量单位的安全问题与安全现象所组成的复杂总体在数量方面上的总动态。它的编制方法是先综合后对比，因此，首先要解决的是度量单位不同的问题，使不能直接加总的不同安全现象总体，变为能够进行对比的两个时期的安全现象总量。

1. 编制特点

1）从安全现象的关系分析来确定所研究的安全现象（指数化指标）相联系的因素，加入同度量因素，使它们变为同度量指数。这个特点表明了指数化指标不是孤立的，而是在同其他指标相互联系中被观察、研究的；所谓的同度量因素是指数化指标乘以同它有关的指标，能从不同度量单位的安全现象总体转化为数量上可以加总的安全现象总体，并客观上体现它在实际安全现象中的份额或比重。因此，与指数化指标相联系的同度量因素又称为指数权数，而权数乘以指数化指标的过程也称为加权。

2）把复杂的安全现象总体中所包括因素中的一个因素，运用同度量因素或权数来加以固定，以此消除其变化，来测定所研究的那个因素，即为指数化指标的变动。

2. 质量指标综合指数与数量指标综合指数

编制综合指数是对安全现象总体所包含的两个变动因素，把其中一个因素固定下来，以测定另一个因素的变动影响。这个被固定的因素究竟是要固定在哪个时期上，即同度量所属时期的选择，是一个需要重视的问题。

选择不同时期的同度量因素进行计算，综合指数的结果是有差别的。由于质量指标指数与数量指标指数关注的内容不同，因此确定权数也会有所区别。质量指标指数要以计算期作为权数，而数量指标指数要以基期作为权数。基本公式如下：

（1）质量指标综合指数基本公式

$$I_q=\frac{\sum p_1q_1}{\sum p_0q_1} \tag{4-34}$$

（2）数量指标综合指数基本公式

$$I_p=\frac{\sum p_1q_0}{\sum p_0q_0} \tag{4-35}$$

式中 q——质量因素；

p——数量因素；

下标 0——所分配的时期为基期；

下标 1——计算期。

例 4-11 某小企业正在做一项关于“安全资金投入与事故发生关系”的统计研究。已知该企业每半年都会投入一笔资金作为安全资金，主要分为两部分：一部分作为事故前的安全投入，另一部分作为事故后的处理资金，每次投入的资金会随着上半年事故的发生率做出相应的调整，3 年后，该企业的安全资金发生变化，安全资金事前投入与事后投入的变动情况见表 4-10，试说明事前投入与事后投入的关系。

表 4-10 安全资金事前投入与事后投入的变动情况

投入方式	基期资金投入（万元）	投入时间（半年）	计算期资金投入（万元）	计算期投入时间（半年）
事前投入	8	3	13	3
事后投入	30	2	5	3

解：先将表 4-10 进行综合整理（表 4-11）。

表 4-11 事前投入与事后投入资金整理表（1）

方式	计量单位	投入时间（半年）		资金投入（万元/半年）		资金总投入（万元）			
		基期q_0	计算期q_1	基期p_0	计算期p_1	基期q_0p_0	计算期q_1p_1	以基期投入的计算期总投入 q_1p_0	以计算期投入的基期总投入 q_0p_1
		1	2	3	4	5＝1×3	6＝2×4	7＝2×3	8＝1×4
事前投入	万元	3	3	8	13	24	39	24	39
事后投入	万元	2	3	30	5	60	15	90	10
总计	—	—	—	—	—	84	54	114	49

下面分别计算质量指标综合指数和数量指标综合指数。

（1）质量指标综合指数

$$I_q=\frac{\sum q_1p_1}{\sum q_1p_0}=\frac{54}{114}=0.474 \text{ 或 } 47.4\%$$

$$\sum q_1p_1-\sum q_1p_0=(54-114)\text{万元}=-60\text{ 万元}$$

（2）数量指标综合指数

$$I_p=\frac{\sum p_1q_0}{\sum p_0q_0}=\frac{114}{84}=1.357\text{ 或 }135.7\%$$

$$\sum q_1p_0-\sum q_0p_0=(114-84)\text{万元}=30\text{ 万元}$$

结果证明：无论是用质量指标或是数量指标，都显示了随着安全资金的投入可有效地控制事故的发生，降低事故发生后的处理资金。质量指标综合指数的计算结果表明，若均在相同的投入时间内（计算期），以计算期的安全资金数额投入企业的安全生产中，企业可节约52.6%的资金用于安全生产，节省资金 60 万元；数量指标综合指数的计算结果表明，若均在相同的资金投入范围内（基期），企业在计算期的投入时间的费用将比基期投入时间内多35.7%的资金用于安全生产中，多 30 万元用于事故处理。

3. 综合指数因素分析内容

因素分析借助于指数体系来分析安全现象变动中各种因素变动发生作用的影响程度。

因素分析内容包括相对数分析和绝对数分析。相对数分析是把相互联系的指数组成乘积关系的体系，从指数计算结果本身指出安全现象总体的总量指标或评价指标变动是由哪些因素变动作用的结果。绝对数分析是由指标体系中各个直属分子与分母指标之差所形成的绝对值上的因果关系，即原因指标指数中分子与分母之差的总和等于指标指数分子和分母之差，绝对数分析通常的用词是“影响绝对值”。

4.4.3 安全统计的平均指数

平均指数是以指数化因素的个体指数为基础，通过对个体指数的加权平均而计算的一种总指数，可综合反映许多复杂的安全现象总体动态，主要是采用平均形式的总指数。编制平均指数时，首先要计算安全现象总体中的各项目的个体指数，然后以个体指数为变量，给定权数，用加权平均的方法求出总指数。

1. 平均指数的计算形式

平均指数的计算形式分为算术平均指数与调和平均指数。

1）算术平均指数是在形式上像算术平均数的总指数，它是对各种安全现象的数量指标或质量指标的个体指数按加权算术平均法加以计算，以基期总值指标为权数是算术平均数指数比较常用的形式，一般用 K 表示指标的个体指数，即 $K=q_1:q_0$，则有：

$$\overline{X}=\frac{\sum Kq_0p_0}{\sum q_0p_0} \tag{4-36}$$

2）调和平均指数是在形式上像调和平均数的总指数，它是在数量指标或质量指标的个体指数基础上，用加权调和平均法进行综合平均计算的总指数。调和平均指数多以计算期总值指标为权数，即 $K=p_1:p_0$，基本公式如下：

$$H=\frac{\sum q_1p_1}{\sum \frac{1}{K}q_1p_1} \tag{4-37}$$

2. 平均指数的应用

例 4-12 使用例 4-11 的数据，试用算术平均指数与调和平均指数来说明事前投入与事后投入的关系。

解：（1）计算算术平均指数，将表 4-10 进行综合整理（表 4-12）。

表 4-12 事前投入与事后投入资金整理表（2）

方式	计量单位	投入时间（半年）			资金总投入（万元）	
		基期 q_0	计算期 q_1	个体指数 K（%）	基期 q_0p_0	以基期投入的计算期总投入 q_1p_0
		1	2	3=2÷1	4	5=3×4
事前投入	万元	3	3	1	24	24
事后投入	万元	2	3	1.5	60	90
总计	—	—	—	—	84	114

$$\overline{X}=\frac{\sum K q_0p_0}{\sum q_0p_0}=\frac{\sum q_1p_0}{\sum q_0p_0}=\frac{114}{84}=1.357 \text{ 或 } 135.7\%$$

（2）计算调和平均指数，将表 4-10 进行综合整理（表 4-13）。

表 4-13 事前投入与事后投入资金整理表（3）

方式	计量单位	资金投入（万元/0.5a）			资金总投入（万元）	
		基期 p_0	计算期 p_1	个体指数 K（%）	计算期 q_1p_1	以基期投入的计算期总投入 q_1p_0
		1	2	3=2÷1	4	5=4÷3
事前投入	万元	8	13	1.625	39	24
事后投入	万元	30	5	0.167	15	90
总计	—	—	—	—	54	114

$$H=\frac{\sum q_1p_1}{\sum \frac{1}{K}q_1p_1}=\frac{\sum q_1p_1}{\sum q_1p_0}=\frac{54}{114}=0.474 \text{ 或 } 47.4\%$$

结果显示：算术平均指数、调和平均指数的计算结果与质量指标综合指数、数量指标综合指数的计算结果一样，都证明了随着安全资金投入的增加，可有效降低事故处理资金的数额。

本章小结

（1）测定数据集中趋势的指标有数值平均值和位置代表值两种形式。数值平均值是根据所需要的统计数据得出的相应代表值，如算术平均数、几何平均数、调和平均数和幂平均数；位置代表值是通过统计数据所处的位置，直接观察或根据特定位置有关的部分数据来确定的代表值，如众数、中位数。

（2）变异指标是度量频率分布离散程度的统计指标，能够综合反映安全现象总体中各单位标志值之间的差异程度或标志值分布的差异情况。变异指标包括极差、四分位差、平均差、标准差、方差和变异系数。

（3）从分布图形形态的角度来测定安全现象总体的变异情况可用偏度和峰度两种指标。偏度是用于衡量安全现象总体分布不对称程度或偏斜程度的指标，峰度是用来描述安全现象总体数据分布曲线的尖峭程度或峰凸程度的指标。

（4）安全统计指数是分析安全现象在数量上的变动情况，能在安全科学领域内广泛应用。安全统计指数有综合指数和平均指数两种形式，综合指数分为质量指标综合指数与数量指标综合指数，平均指数的计算形式分为算术平均指数与调和平均指数。

思考与练习

1. 要描述一组安全统计数据的分布特征，可以从哪几个方面来进行描述？

2. 在计算平均指标时，算术平均数、调和平均数和几何平均数分别适用于统计什么样的安全数据？

3. 描述一组安全统计数据的离散程度，极差和四分位差分别具有什么样的特点？

4. 表 4-14 是某年度上半年安全重大事故的数据调查表，试对四种类型的事故的分布特征进行综合分析。

表 4-14　某年度上半年安全重大事故的数据调查表

月份	类型			
	矿业事故（起）	交通事故（起）	爆炸事故（起）	火灾（起）
1	2	69	2	4
2	9	49	4	1
3	7	44	5	5
4	7	53	3	5
5	9	49	5	2
6	9	57	4	3

注：表中数据来源于《安全与环境学报》。

5. 试计算表 4-14 中的四种事故类型的标准差与方差，比较四种事故类型的离散程度，试解释哪种类型的事故更值得关注。

6. 安全统计指数中，综合指数和平均指数分别适用于什么类型的安全统计资料？

5

第5章 安全统计的抽样推断与估计

本章学习目标

了解安全统计数据抽样的意义、作用、要求和方法，重点掌握抽样的基本概念、重复抽样法、不重复抽样法、随机抽样方法；能够分析抽样产生的各种误差，并能够估计抽样的精度和置信度及具体的估计方法等。

本章学习方法

可参考一些概率论与数理统计的相关书籍，首先明确理解有关概念和方法；在开展抽样分析时要理论联系实际，要结合安全数据来自哪些具体安全领域的背景来讨论问题；在理解的基础上，掌握抽样误差的计算方法和抽样精度与置信度的估计方法。

5.1 抽样概述

5.1.1 抽样的基本概念

繁多的安全数据将会增加安全统计分析工作量。假若在分析某个行业的安全状况时，需要分析大量的安全统计数据，并且数据分类较多，如事故数、伤亡人数、安全投入等。因此适当的抽取部分具有代表性的安全样本，可研究安全总体状况。抽样中的若干概念是研究抽样推断的基础，例如总体和样本、参数和统计量等，在学习如何抽样之前，需要学习这些基本概念，以避免抽样分析过程中概念模糊。

1. 总体和样本

总体也称为全及总体，是指需要认识的全体安全现象，是由所研究范围内具有某种共同性质的全体单位所组成的集合体。总体的单位数一般可用字母 N 表示。

总体内的标志值通常是非常多的，因此总体具有数量多的特征；同时，总体是由标志值所决定的，也具有确定的、唯一的特点。由于总体的这些特点，在统计分析中，如果要分析总体的全部标志值，那将会是一项烦琐、耗时耗力的计算量，因此，抽样是统计分析中一种方便、高效的方法。在组织抽样调查时，首先要弄清楚总体的范围、单位、可实施的条件、采取形式等内容。

如果总体内的标志值非常多，就不会用到全部标志值，样本在抽样中就起到了举足轻重的作用。

样本又称为子样，是全及总体中的一部分，是代表总体的子单位所组成的集合体。相对总体而言，样本的单位数量是有限的，样本的单位数一般可用字母 n 表示。

总体是大量的、确定的、唯一的，但是作为观察对象的样本却不具有这样的特点。一个总体可以抽取多个样本，随着抽样的方法、抽样的人员不同，样本也不可能相同，因此，样本具有不确定、可变的特点。样本的这些特点对于抽样推断是至关重要的。

2. 总体参数和样本统计量

全及指标是根据总体中各单位的标志值或标志属性来计算，用以反映总体数量特征的综合指标。全及指标是总体变量的函数，其数值是通过总体中各单位的标志值或标志属性来决定的，即由总体计算出来的若干稳定的常数，用以介绍总体的特性。这些全及指标的指标值是确定、唯一的，因此也称为参数。

常见的参数主要有以下四类：①用以测定总体的集中趋势：算术平均数、众数、中位数等；②用以测定总体的分散度：方差、标准差等；③用以测定总体曲线的偏度：偏度系数、动差等；④用以测定总体曲线的峰度：β 值的比较。

以上四类参数的计算方法在第 4 章已经全部讲解。

（1） 总体参数

若总体为数量标志，常用的总体参数有总体平均数 $\overline{X}$ 和总体方差 σ^2（或总体标准差 σ）。

设总体变量 X 有 X_1，X_2，…，X_N，则有：

总体平均数：$\overline{X}=\dfrac{\sum X}{N}$　或　$\overline{X}=\dfrac{\sum XF}{\sum F}$

总体方差：$\sigma^2=\dfrac{\sum(X-\overline{X})^2}{N}$　或　$\sigma^2=\dfrac{\sum(X-\overline{X})^2F}{\sum F}$

若总体为品质标志，各单位标志不能用数量来表示，因此总体参数常用成数指标 P 来表示总体中具有“是”性质的单位数在总体全部单位数中所占的比重，用成数指标 Q 来表示总体中具有“非”性质的单位数的比重。

设总体 N 个单位中，有 N_1 个单位是具有“是”的性质，标志为“1”，N_0 个单位具有“非”的性质，标志为“0”，其中，$N_1+N_0=N$，则：

$$P=\frac{N_1}{N}$$

$$Q=\frac{N_0}{N}=\frac{N-N_1}{N}=1-P$$

总体成数：$\overline{X}_P=\dfrac{0\times N_0+1\times N_1}{N}=\dfrac{N_1}{N}=P$

总体成数方差：$\sigma_P^2=\dfrac{(0-P)^2\times N_0+(1-P)^2\times N_1}{N}=\dfrac{P^2N_0+Q^2N_1}{N}=P^2Q+Q^2P=PQ$

（2） 样本统计量

根据样本中各单位的标志值或标志属性来计算的综合指数就是统计量。统计量是样本变量的函数，取值随样本的改变而变化，因此统计量是一种随机变量。

在抽样推断中，统计量通常用来估计总体参数，与常用的总体参数相对应，有样本平均数、样本方差和样本成数等。

设样本变量 x 为 x_1，x_2，…，x_n，则有：

样本平均数：$\bar{x}=\frac{\sum x}{n}$ 或 $\bar{x}=\frac{\sum xf}{\sum f}$

样本方差：$\sigma_x^2=\frac{\sum(x-\bar{x})^2}{n-1}$ 或 $\sigma_x^2=\frac{\sum(x-\bar{x})^2 f}{\sum f-1}$

样本成数：$\bar{x}_P=\frac{n_1}{n}=p$

样本成数方差：$\sigma_p^2=p(1-p)$

样本统计量的计算方法是确定的，但由于样本的标志值随不同的样本、不同的样本变量而发生变化，所以统计量也是随机变量。将样本统计量作为总体参数的估计值，肯定会存在误差，但误差时大时小，有时是正误差，有时又是负误差，这都根据样本的情况而定。

3. 样本容量和样本个数

（1）样本容量

样本容量是指一个样本中所包含的单位数的数量，一般可用 n 表示。在抽样设计时需要认真考虑一个样本中应该包含多少单位最合适，必须结合调查任务的要求与总体标志值的变异情况来仔细斟酌：样本容量大，则样本误差较小，但调查任务就会比较重；反之，样本容量过小，又将导致抽样误差增大，那么抽样推断将会失去调查的价值。因此，样本容量的大小不仅关系到抽样推断的效果，也将影响抽样方法的应用。

通常将样本容量大于 30 的样本称为大样本，容量不及 30 的称为小样本。

（2）样本个数

样本个数又称为样本可能数目，是指从一个总体中可能抽取到多少个样本。究竟能从一个总体中抽取出多少个样本，这与样本容量、抽样方法等因素都有关系。一个总体中样本有多少个，则样本统计量的取值就有多少种，从而就形成了该统计量的分析。同时统计量的分布又是抽样推断的基础，虽然在具体的实践过程中只抽取了总体中个别或少数的样本，但选取可能的样本就必须联系到全部可能样本数目所形成的分布。

5.1.2 重复抽样和不重复抽样

简单的随机抽样方法包括重复抽样和不重复抽样两种，两种抽样方法的具体实施过程与最后结果都不同，需要根据不同的条件选取适当的抽样方法。

1. 重复抽样

重复抽样又称为回置抽样。假设要从 N 个总体中重复抽样 n 个样本，具体过程是：将从总体中每抽取的一个样本单位都看作一次试验，记录标志值后将其放回总体中重新参加下一轮的抽选，反复抽取直到抽完所需要的样本单位为止。

重复抽样具有以下特点：①n 个单位的样本是由 n 次试验的结果构成；②每次试验是独

立的，即本次试验的结果与前一次、后一次的结果无关；③每次试验都是在相同条件下进行及完成的，每个单位在试验过程中的概率都应该是相等的。

在重复抽样中，如果考虑抽取的顺序，那么样本可能的个数为N^n；如果不考虑抽取的顺序，则样本可能的个数为$\frac{(N+n-1)!}{(N-1)!n!}$。

2. 不重复抽样

不重复抽样又称为不回置抽样，与重复抽样的方法不同。假设要从 N 个总体中抽取容量为 n 的样本，具体过程是：每次从总体抽取一个单位，登记后不放回总体，剩余的单位继续参加下一轮的抽取，直到抽完所需要的样本单位为止。

不重复抽样具有以下特点：

1）n 个单位的样本是由 n 次试验的结果构成的，但由于每次抽样不重复，所以实质上相当于从总体中一次性抽取 n 个样本单位。

2）每次试验都不是独立的，即本次抽取的结果会影响下一次抽取的情况。

3）每个单位在多次试验过程中被抽取的机会是不相同的。

在不重复抽样中，如果考虑抽取的顺序，那么样本可能的个数为$\frac{N!}{(N-n)!}$；如果不考虑抽取的顺序，样本可能的个数为$\frac{N!}{(N-n)!n!}$。

实际抽样过程中，在相同的样本容量的要求下，重复抽样的样本数量总是大于不重复抽样的样本数量。

总体参数与样本统计量在重复抽样与不重复抽样中的关系见表 5-1。

表 5-1　总体参数与样本统计量在重复抽样与不重复抽样中的关系

关系情况		重复抽样	不重复抽样
样本平均数与总体平均数的关系		$\overline{x}=\overline{X}=\mu$	$\overline{x}=\overline{X}=\mu$
样本方差与总体方差的关系		$\sigma_{\bar{x}}^2=\frac{\sigma^2}{n}$	$\sigma_{\bar{x}}^2=\frac{\sigma^2}{n}\frac{N-n}{N-1}$
成数抽样分布	样本平均数与总体平均数的关系	$\overline{x}_P=\overline{X}_P=p$	$\overline{x}_P=\overline{X}_P=p$
	样本方差与总体方差的关系	$\sigma_p^2=\frac{p(1-p)}{n}$	$\sigma_p^2=\frac{p(1-p)}{n}\left(1-\frac{n}{N}\right)$

从表 5-1 中可看出，在重复抽样和不重复抽样的条件下，样本方差和总体方差的两个关系式仅相差系数$\frac{N-n}{N-1}$，该系数通常被称为有限总体修正系数。实际运用中，这个系数常常被忽略不计，这是因为对于无限总体进行不重复抽样时，由于 N 未知，样本均值的标准差仍按重复抽样中样本方差和总体方差的关系式计算，对于有限总体，当 N 很大而抽样比例$\frac{n}{N}$

很小时，修正系数$\frac{N-n}{N-1}=1-\frac{n-1}{N-1}\approx 1$，通常在样本容量$n$小于总体容量$N$的5%时，有限总体修正系数就可以忽略不计。因此，常将重复抽样中样本方差和总体方差的关系式作为样本均值方差的计算公式。

5.1.3 抽样推断的特点与作用

实际安全统计工作中，如果要调查全部个体单位，那将是一件耗时耗力的工程。例如，检验某个产品的可靠性，不可能选取全部个体进行试验，原因如下：

（1）方法不合理

可靠性是建立在使用的基础上，试验完后，产品就不能再使用，全部个体进行试验对企业来讲是不现实的。

（2）耗费的资源较多

由于试验全部产品需要较多的人力、物力及资源，这样的试验将会耗费大量的时间与资源。

（3）结果可能不准确

由于投入的资源较多，因此需要增加大量的统计人员，可能导致统计人员的水平不齐、统计数据有纰漏等状况的产生，致使结果不准确，甚至可能会得出相反的结论。

抽样调查是从总体中选取部分具有代表性的单位进行调查的重要方法；抽样推断是建立在抽样调查的基础上，利用样本的实际资料来计算样本指标，进而推算总体的相应数量特征的一种统计分析方法。

1. 抽样推断的特点

抽样调查是一种科学的资料收集方法，抽样推断也是一种科学的推断和估计方法。与其他统计推断方法相比，抽样推断具有一些属于自己的特点。

（1）由部分推算总体的认识方法

抽样调查是一种非全面调查，但调查的目的不在于了解所调查部分的情况，而在于通过调查的个体去认识总体的数量特征。抽样调查所得的资料如果不用于抽样推断，就会失去资料自身的价值，因此抽样存在认识手段与目的之间的矛盾、局部与整体之间的矛盾。例如，要判定一个行业内职工患职业病的情况，可抽样几个相关企业，检测抽样企业内职工患职业病的情况，根据检测结果推断该行业的职工患职业病情况等。因此，抽样推断的作用就是科学地论证样本指标与相应的总体参数之间的内在联系。

（2）建立在随机抽样的基础上

抽样调查可以是概率抽样，也可以是非概率抽样，但抽样推断的基础必须是概率抽样，按随机原则来抽取样本单位，是抽样推断的前提。随机原则是指在总体中选取样本单位不会受到主观因素的影响，确保每个样本单位被选取的概率相等。遵循随机原则的抽样调查，才能使抽取的样本与总体有相似的结构或相似的分布，估计出样本指标与总体指标间的抽样误差，并保证抽样误差不会超过一定范围的概率保证程度。

（3）抽样推断运用了概率估计的方法

从原则上讲，抽样推断是把由样本观察值所决定的样本指标看作随机变量。运用不确定的概率估计法，可以利用样本指标来估计总体参数。概率估计要解决问题时，在实际安全统计过程中抽取一个样本，计算样本统计量，将统计量作为相应总体指标的估计值，接着需要研究的问题便是使用这样的样本指标值来代表相应的总体指标值的可靠程度。

（4）抽样推断的误差可以计算并加以控制

以样本指标估计相应的总体指标虽然会存在一定的误差，但与其他统计估算法仍有区别：抽样误差范围可以事先通过有关资料加以计算得出，并且可采取必要的组织措施来控制这个误差的范围，以保证抽样推断的结果在可靠程度范围内。这是其他统计估计方法不具有的特点。

2. 抽样推断的作用

（1）如果总体的数量较大，抽样推测的效果会更好

在总体单位数无限或有限却难以全面调查情况下，运用抽样调查的效果会更好。例如，要检查某个地区的空气污染程度、检测某个地区的企业安全文化情况等，全面调查将会耗费大量的资源，也不一定能获得理想的结果，采用抽样调查的方法收集安全统计数据，可运用抽样推断方法推测出安全总体状况。

（2）可用于有破坏性的调查或推断

很多安全试验或安全调查往往具有破坏性，抽样调查可在降低试验破坏性的基础上获得需要的安全试验数据。在工业生产检验某些产品的可靠性时，某些试验往往具有破坏性，如轮胎的里程检验、电子产品的寿命检验、食品的卫生调查等，采取抽样的方法，运用抽样推断都能达到估计总体的效果。

（3）可提高调查效果

抽样调查能以较少的人力、物力和财力的投入，用较快的速度获得较为精确、可靠的信息。例如，调查某个行业的安全状况，由于调查范围是一个地区，甚至是整个国家，所涉及的企业单位众多，全面调查可能造成信息遗漏、片面等缺陷，若对抽样的单位进行深入的调查，抽样调查的结果可能会比全面调查更理想。

5.2 抽样误差与抽样设计

5.2.1 抽样误差

1. 抽样误差概述

（1）抽样误差的概念

抽样误差是由于随机抽样的偶然因素使得样本各单位的结构不足以代表总体各单位的结构，而引起抽样指标和总体指标之间的绝对离差。例如，抽样平均数与总体平均数的绝对离差，抽样成数与总体成数间的绝对离差等。

抽样误差是由抽样方法本身所引起的误差，用于评价抽样指标是否能估计总体指标。抽样误差大小则是表明抽样效果的好坏，如果抽样误差超过了允许限度，抽样推断也就失去了作用。

（2）抽样误差与其他抽样推断误差的区别

抽样推断误差包括登记误差和代表性误差，抽样误差与抽样推断误差不同。

登记误差是在调查过程中由于安全统计人员在观察、测量、登记、计算上出现的差错所引起的误差，是所有的安全统计调查都可能发生的，并且可以避免；抽样误差不是由调查失误引起的，而是随机抽样中所特有的误差，无法避免。

代表性误差有两种，一种是系统误差，是指违反了抽样调查的随机原则，统计人员有意识地抽选较好或较差的样本单位进行调查，这种由系统性原因造成的样本代表性不足所引起的误差称为系统误差；另一种是偶然误差，是指在抽样过程中虽遵循了随机原则，但可能因为抽到各种不同的样本而产生的误差，这种误差是必然会产生的，但可以计算出误差的大小，并设法加以控制，因此偶然误差又称为抽样误差。

登记误差和系统误差都属于思想、作风、技术问题，可以防止和避免；而抽样误差则是不可避免、难以消除的，只能加以控制。

（3）抽样误差的影响因素

为了计算和控制平均误差，需要分析抽样平均误差的影响因素。影响抽样平均误差大小的因素主要有以下四个：

1）总体中各单位标志值的变异程度。总体标志变异程度越大，抽样误差越大；反之，抽样误差越小，两者成正比关系。

2）抽样单位的数量。在其他条件相同的情况下，样本单位数越多，抽样误差就越小；样本单位数越少，抽样平均误差就越大，两者成反比关系。因为抽样单位的数量越多，样本分布就越接近总体分布，代表性就越高。

3）抽样方法的影响。选择不同的抽样方法，抽样误差会不同，一般情况下，重复抽样的误差比不重复抽样的误差大。

4）抽样组织方式的影响。不同组织形式有不同的抽样误差，即使是同种组织形式，其合理程度也会影响抽样误差，这将在后面的内容具体讲解。

2. 抽样平均误差

平均误差是抽样误差的平均数，即一系列抽样指标的抽样平均数或抽样成数的标准差。它反映了样本统计量与相应总体参数的平均误差程度，也表示用样本统计量推断总体的精准程度。

通常用抽样平均数的标准差或抽样成数的标准差作为衡量抽样误差一般水平的尺度。按照标准差的一般意义，抽样平均数（或成数）的标准差是按抽样平均数（或成数）与其平均数的离差平方和计算的；但由于抽样平均数（或成数）等于总体平均数（或成数），抽样指标的标准差恰好反映了抽样指标和总体指标的平均离差程度。

由于事先并不知道总体平均数和总体成数，也无法计算出全部样本的抽样指标值，所以从实际意义上讲，无法用上述两个公式来计算抽样平均误差。因此，在实际应用中可以通过其他方法加以推算。

（1）抽样平均数的平均误差

抽样平均数的平均误差可分为重复抽样的抽样平均误差和不重复抽样的抽样平均误差两种。

1）在重复抽样的条件下，设μ_x为抽样平均数的平均误差，误差大小与总体标准差成正比关系，与样本容量的平方根成反比关系，具体关系式如下：

$$\mu_x=\frac{\sigma}{\sqrt{n}} \tag{5-1}$$

2）在不重复抽样的条件下，误差大小不但与总体标准差、样本容量有关，也与总体容量有关。具体关系式如下：

$$\mu_x=\sqrt{\frac{\sigma^2(N-n)}{n(N-1)}} \tag{5-2}$$

式中　N——总体容量；

n——样本单位数。

当总体容量 N 很大时，修正因子$\frac{N-n}{N-1}$趋近于 1，十分接近重复抽样的平均误差，因此不重复抽样平均误差的近似公式可表示为式（5-3）：

$$\mu_x=\sqrt{\frac{\sigma^2}{n}\left(1-\frac{n}{N}\right)} \tag{5-3}$$

以上计算过程中，若不知道总体方差时，可用样本方差代替。

（2）抽样成数的平均误差

抽样成数的平均误差表示了样本成数和总体成数绝对离差的一般水平。从抽样平均数的抽样误差和总体标准差的关系中可推出抽样成数平均误差的计算公式。

1）在重复抽样的条件下，设μ_p表示抽样成数的平均误差，表达式如下：

$$\mu_p=\sqrt{\frac{p(1-p)}{n}} \tag{5-4}$$

式中　p——总体成数。

在无法得到总体成数的资料时，可用实际样本的抽样成数代替。

2）在不重复抽样的条件下，抽样成数的平均误差表达式如下：

$$\mu_p=\sqrt{\frac{p(1-p)}{n}\frac{N-n}{N-1}} \tag{5-5}$$

在总体容量 N 很大的情况下，μ_p可近似用下式表达：

$$\mu_p=\sqrt{\frac{p(1-p)}{n}\left(1-\frac{n}{N}\right)} \tag{5-6}$$

3. 抽样极限误差

抽样极限误差是从另一个角度来考虑抽样误差的，只是衡量误差指标与总体指标之间可能发生误差的一种尺度，并不是抽样指标与总体指标间的真实误差。样本指标与总体指标之间存在一个误差范围，即为变动的抽样指标与确定的总体指标离差的可能范围，根据概率论思想，以一定的可靠程度保证抽样误差不超过给定的范围，这个抽样误差范围就是抽样极限误差，也称为置信区间。

设 $\Delta\bar{x}$、Δp 分别表示抽样平均数与抽样成数的抽样极限误差，则有抽样极限误差表达式如下：

抽样平均数的抽样极限误差： $\Delta\bar{x}=|\bar{x}-\bar{X}|$ (5-7)

抽样成数的抽样极限误差： $\Delta p=|p-P|$ (5-8)

将上式变换，可得到下列不等式关系：

$$\bar{x}-\Delta\bar{x}\leqslant\bar{X}\leqslant\bar{x}+\Delta\bar{x}$$

$$p-\Delta p\leqslant P\leqslant p+\Delta p$$

上面两式表示被估计的总体平均数是以抽样平均数$\bar{x}$为中心，在 $\bar{x}-\Delta\bar{x}$与 $\bar{x}+\Delta\bar{x}$之间变动，因此区间（$\bar{x}-\Delta\bar{x}$，$\bar{x}+\Delta\bar{x}$）就为抽样平均数的估计区间（或置信区间），区间长度为 $2\Delta\bar{x}$，在这个区间内，样本平均数和总体平均数之间的绝对离差不超过 $\Delta\bar{x}$。

同理，总体成数以抽样成数 p 为中心，区间（$p-\Delta p$，$p+\Delta p$）为成数的估计区间（或置信区间），区间长度为 $2\Delta p$，在这个区间内，样本成数和总体成数间的绝对离差不超过 Δp。

4. 抽样误差的概率度

抽样指标是一个随机变量，总体指标不是一定会落在某个区间内，它的可靠程度不可能完全相同，因此需要研究估计的可靠度。由于目前抽样误差可靠度在安全统计学中进行研究的意义不是特别重要，很多时候可用概率度来代替。

t 是测量估计可靠程度的一个参数，称为抽样误差的概率度。计算方法如下：

$$t=\frac{\Delta\bar{x}}{\mu_x}=\frac{|\bar{x}-\bar{X}|}{\mu_x} \tag{5-9}$$

$$t=\frac{\Delta p}{\mu_p}=\frac{|p-P|}{\mu_p} \tag{5-10}$$

式（5-9）和式（5-10）中把极限误差 $\Delta\bar{x}$或 Δp 分别除以 μ_x或 μ_p，得相对数 t，表示误差范围为抽样平均误差的 t 倍。

例 5-1 采用重复抽样的方法随机抽取例 4-1 中部分指标值如：18，5，2，3，6。要求允许误差范围 $\Delta\bar{x}=1$ 起，试描述 1995—2004 年的特大火灾情况，并计算抽样结果误差。读者可以通过国家相关网站查阅最新数据和开展统计分析。

解：（1）计算样本平均数。

$$\bar{x}=\frac{x_1+x_2+x_3+x_4+x_5}{5}=\frac{18+5+2+3+6}{5}\text{起}=6.8\text{ 起}$$

样本方差：$$\sigma_x^2=\frac{\sum(x-\bar{x})^2}{n-1}=\frac{(18-6.8)^2+(5-6.8)^2+\cdots+(6-6.8)^2}{5-1}=\frac{166.8}{4}=41.7$$

样本标准差：$\sigma_x=\sqrt{\sigma_x^2}=\sqrt{41.7}=6.46$

（2）计算抽样平均数的平均误差。

由总体标准差 $\sigma=6.22$，得：

$$\mu_x=\frac{\sigma}{\sqrt{n}}=\frac{6.22}{\sqrt{5}}\text{起}=2.78\text{ 起}$$

（3）抽样误差的概率度：

$$t=\frac{|\bar{x}-\bar{X}|}{\mu_x}=\frac{\Delta\bar{x}}{\mu_x}=\frac{1}{2.78}=0.36$$

由上面计算结果可知：2. 78 起是抽样结果的平均误差，$2\Delta\bar{x}=2$ 起是极限误差范围大小，允许的误差范围为抽样平均误差的 0. 36 倍，则 1995—2004 年平均每年的特大火灾情况在（6. 8±2. 78）起。已知 1995—2004 年平均每年的特大火灾为 6. 6 起，正好落在抽样所获得的结果范围内。

例 5-2　观察某家具制造企业内机加工车间的不安全行为表现，运用行为抽样法分 5 次对生产现场的工人的不安全行为做抽查，其中错误操作比率（错误操作次数在总不安全行为次数的比率）结果如下：35. 7%，33. 4%，29. 6%，28. 1%，30. 4%。要求允许误差范围 $\Delta p=2\%$，试计算抽样结果误差。

解：（1）计算样本成数。

$$p=\frac{p_1+p_2+p_3+p_4+p_5}{5}=\frac{35.7\%+33.4\%+\cdots+30.4\%}{5}=31.44\%$$

样本方差：$\sigma_p^2=p(1-p)=31.44\%\times(1-31.44\%)=21.56\%$

样本标准差：$\sigma_p=\sqrt{\sigma_p^2}=\sqrt{21.56\%}=46.43\%$

（2）计算抽样成数的平均误差。

$$\mu_p=\sqrt{\frac{p(1-p)}{n}}=\sqrt{\frac{21.56\%}{5}}=20.77\%$$

（3）计算抽样误差的概率度。

$$t=\frac{|p-P|}{\mu_p}=\frac{\Delta p}{\mu_p}=\frac{2\%}{20.77\%}=0.096$$

由上面计算结果可知：20. 77%是抽样结果的平均误差，$2\Delta p=4\%$是极限误差范围大小，允许的误差范围为抽样平均误差的 0. 096 倍，则错误操作次数占全部不安全行为次数的比率在（31. 44%±20. 77%）内。

5. 2. 2　抽样组织类型

在组织进行抽样调查时，应根据安全统计对象的特点来采取不同形式的抽样调查方式。设计抽样组织形式是以总体信息的不同利用程度为基本点，因此不同的抽样组织形式获得的抽样效果存在较大的差异。

随机抽样的方式是直接从总体中随机抽取样本单位，是最基本的抽样组织形式，但却没有有效地利用已得到的信息，下面将介绍其他几种抽样组织形式。

1. 类型抽样

类型抽样又称为分层抽样，是在对安全现象总体有一定认识的基础上完成。主要方法是将与安全调查目的有关的主要标志对安全现象总体中各个单位进行分类，然后分别从每类中按随机原则抽取一定数量的单位来构成样本。在某些情况下，分类的过程中可以使用聚类的方法，具体的聚类分析方法将在第 8 章中讲述。

类型抽样充分利用了安全现象总体中的有用信息，使抽取的样本与安全现象总体尽可能保持较高的相似性，这样不仅能提高样本的代表性，还会减小抽样误差。具体过程如下：

第一步，若某个总体由 N 个单位构成，根据调查对象的某个特性将其分为 k 组，则：

$$N=N_1+N_2+\cdots+N_k$$

第二步，从每组分类中按随机方式，分别从各组中抽取 n_1，n_2，…，n_k个单位来组成样本，样本容量 n 应满足关系：

$$n=n_1+n_2+\cdots+n_k$$

第三步，从各组中抽取的 n_1，n_2，…，n_k个单位样本需与每组的单位总量保持合适的比例，即：

$$\frac{N_1}{n_1}=\frac{N_2}{n_2}=\cdots=\frac{N_k}{n_k}=\frac{N}{n}$$

因此，每组的样本单位数量应为

$$n_i=\frac{nN_i}{N}(i=1,2,\cdots,k)$$

第四步，计算样本统计量。

类型抽样的样本统计量计算方法如下：

1）计算各组平均数 $\bar{x}_i$。

2）计算样本平均数 $\bar{x}=\dfrac{\sum n_i\bar{x}_i}{n}$。

3）在重复抽样条件下，样本方差确定如下：

$$\sigma_x^2=\frac{\sum n_i\sigma_i^2}{n}$$

样本平均数的标准差确定如下：

$$\mu_x=\sqrt{\frac{\sigma_x^2}{n}}=\sqrt{\frac{\sum n_i\sigma_i^2}{n^2}}$$

4）不重复抽样条件下，样本方差确定如下：

$$\sigma_x^2=\frac{\sum n_i\sigma_i^2}{n}\left(1-\frac{n}{N}\right)$$

样本平均数的标准差确定如下：

$$\mu_x=\sqrt{\frac{\sigma_x^2}{n}}=\sqrt{\frac{\sum n_i\sigma_i^2}{n^2}\left(1-\frac{n}{N}\right)}$$

式中　σ_i^2——第 i 组的组内方差。

2. 等距抽样

等距抽样又称为机械抽样或系统抽样，是将总体中各个单位按某个标志进行排序，然后按固定的间隔来抽取样本单位的抽样组织形式。

排列总体中各个单位的标志既可以是无关标志，也可以是有关标志。

1）无关标志是和单位标志值的大小无关或不起主要影响作用的标志。例如，可按事故发生的时间顺序选取标志值，按产品的位置取样，按无关标志抽样的具体步骤如下：

第一步，确定等距抽样的间隔大小，即 $k=\frac{N}{n}$。

第二步，从排序后顺序是 1，2，…，k 的第一部分中随机抽出第 i 个单位；在顺序是 $k+1$，$k+2$，…，$2k$ 的第二部分中取出第 $k+i$ 个单位，最后从顺序是 $(n-1)k+1$，$(n-1)k+2$，…，nk 的第 n 部分抽取第 $(n-1)k+i$ 个单位，一共 n 个单位构成样本。这样共可抽取 k 种样本。

2）有关标志是指作为排队顺序的标志和与单位标志值大小有密切关系的标志，是在对总体各个单位的变异情况有所了解的情况下进行的，有利于提高样本的代表性。例如，可将每年事故按发生量进行排序，然后按照特定的顺序抽取。

按有关标志取样有两种方法：

① 半距中点取样。即取每组中间位置的单位，如第一组 k 个标志值中第$\frac{k}{2}$个单位，以此类推，直至取出 n 个单位。这样抽样的原因是在有关标志的队列中，各组的顺序都是一定的，抽取中间位置的单位最能代表每组的一般水平；但该方法取样的随机性比较差，而且只能抽取一种样本。

② 对称等距取样。是从排序后的第一组抽取第 i 个单位，再取第二组的倒数第 i 个单位，如此反复进行，使取出的标志值保持对称等距，直至取出 n 个单位。利用对称等距抽取样本的原因在于选取一个偏小的标志值后，接着可选取一个偏大的标志值，这样既能实现随机原则，又能避免系统误差。

3）等距抽样的样本统计量计算方法如下：

① 计算样本平均数$\bar{x}=\frac{\sum x_i}{n}$。

② 样本方差确定如下：

$$\sigma_x^2=\frac{\sum n_i(x_i-\bar{x})^2}{n}\left(1-\frac{n}{N}\right)$$

③ 样本平均数的标准差确定如下：

$$\mu_x=\sqrt{\frac{\sigma_x^2}{n}}=\sqrt{\frac{\sum n_i(x_i-\bar{x})^2}{n^2}\left(1-\frac{n}{N}\right)}$$

值得注意的是，等距抽样一般都是不重复抽样。

3. 整群抽样

整群抽样是指将安全现象总体中的所有单位随机分成若干群，然后从中随机抽取出部分群，对中选群的所有单位进行全面调查的抽样组织方式。因此，整群抽样又称为集团抽样。

当安全现象总体单位数量很大，又没有安全现象总体全部单位的原始资料时，如果直接从安全现象总体中抽取部分单位进行调查，有时候是一件很困难的事。例如，在没有原始安全资料的前提下，要了解某个地区煤矿业的职工患职业病情况，如果直接将全部职工作为一个安全总体，然后从安全总体中抽取部分职工进行身体检测，这将是一项非常麻烦的安全调查工作，原因在于需要先调查了全部煤矿企业的全部职工情况后才能进行抽样，深入抽样调查工作又比较分散，这样的安全调查既增加了调查工作量，又不利于安全调查资料的汇总与整理。因此，可以采取整群抽样的方式，以企业为单位，先从该地区所有的煤矿业抽取部分企业进行全面调查，从调查情况来推测整个煤矿业的职工患病情况。

具体做法是：假设安全总体中的全部单位（共 N 个）被划分为 R 个群，每群含有 M 个单位；从安全总体中随机抽出 r 个群组成样本，对中选群内的所有单位进行全面调查。

整群抽样的样本统计量计算方法如下：

1）计算各组的平均数 $\bar{x}_i$。

2）计算样本平均数$\bar{x}=\frac{\sum \bar{x}_i}{r}$。

3）整群抽样实质上就是一种以群代替安全总体，以群平均数代替安全总体单位标志值的简单随机抽样，样本群间方差确定如下：

$$\delta^2=\frac{\sum(\bar{x}_i-\bar{x})^2}{r}$$

4）由于整群抽样都采用不重复抽样的方法，因此样本平均数的标准差确定如下：

$$\mu_x=\sqrt{\frac{\delta^2}{r}\frac{R-r}{R-1}}$$

5.2.3 不同抽样组织设计的比较

抽样实施前，进行抽样组织设计的目的在于提高样本的代表性。在不了解安全总体的有关信息时，简单抽样是最基本的组织形式，也是人们一般采用的抽样方法，但在掌握了安全总体的有关信息后，抽样设计就应充分考虑相关信息，以提高抽样的效果。

1. 简单随机抽样是基本的抽样组织方式

抽样推断的效果依赖于样本的质量，而样本的质量则取决于样本对安全总体的代表性。样本分布和总体分布之间存在着密切的联系和相似性，因此由代表性高的样本能推断出更多的安全总体信息。要想取得代表性高的样本，首要条件就是避免抽样人员“主观”影响，克服由此产生的“偏见”，使抽样过程满足“随机性”。

例如，在类型抽样中，先将安全总体划分成不同类，再从每个分类中随机抽取一些单位来组成样本。由于需要从每类中进行抽样，虽然安全总体的划分过程不存在随机性，但从每个类中取样时，必须遵循随机原则。同理，整群抽样也是如此，在对抽中的群进行全面调查时不存在随机性要求，但是群则是通过简单随机抽样抽取出来的，因此抽中的群必须满足随机原则。

任何概率推断在抽样设计时都要考虑在某个阶段或某个环节上应遵循随机原则，否则所抽取样本的代表性就不高，抽样推断的结果就无实际意义。

2. 类型抽样与整群抽样的比较

类型抽样中样本平均数的标准差与组间方差无关，取决于组内方差的平均水平；整群抽样中样本平均数的标准差与组内方差无关，取决于组间方差的大小。已知总体方差等于组间方差与组内方差平均数的和，由此可得出减小类型抽样和整群抽样中样本平均数标准差的具体方法。

1）减小类型抽样中样本平均数标准差的方法：提高组间方差和降低组内方差。使各组的内部单位差异尽可能小，不同类型间的差异尽可能大，这样可降低类型抽样中样本平均数标准差。如果组间方差接近于总体方差，说明组内方差接近于 0，这时组内单位基本上没有差异，类型抽样中样本平均数标准差接近于 0，这是一种极端情况，几乎不会出现。

2）减小整群抽样的样本平均数标准差的方法：设法降低群间方差。通过提高群内方差方法，以达到降低群间方差的目的，可减小整群抽样的样本平均数标准差。与类型抽样相比，整群抽样对安全总体进行分组的要求刚好相反：类型抽样要尽量提高组间方差降低组内方差，整群抽样应尽量提高组内方差降低组间方差。

因此，采取类型抽样时，尽量使各组内的单位差异减小，各组间的单位差异增大；采取整群抽样时刚好相反，要设法尽量降低群间方差。

比较关于减小类型抽样与整群抽样的样本平均数标准差的方法，可得出如下结论：

① 类型抽样的前提是对安全总体的分布事先有一定认识。要充分利用安全总体的已有信息，这种信息与所研究的安全问题存在密切关系，可作为分类的依据，通过分类把安全总体中调查标志差异比较接近的单位归为一组，以减少组内差异，再从各组中抽出样本。这样抽取的样本具有较高的代表性。

② 整群抽样可以对抽中的群进行集中调查，是一种较为方便、有效的抽样组织方式。在没有安全总体单位的原始资料可供利用时，整群抽样有利于提高抽样的效率。但是由于整群抽样的抽样单位较集中，限制了样本在总体中分配的均匀性，因此某些时候，整群抽样的代表性不是很理想，抽样误差较大。

在实际抽样中，通常要适当增加一些样本单位，以缩小抽样误差，来提高抽样推断的准确性。

5.3 抽样推断在火灾损失评价中的应用

5.3.1 火灾指标体系

火灾的发生起数、死亡人数、受伤人数和造成的直接经济损失是评价火灾的基本指标，通过这四项指标可评价一个企业、地区，甚至是国家的公共安全状况。这些指标既可单独分析，也可综合分析。

1）火灾发生起数：火灾发生数量对社会稳定、社会安全环境的发展起着至关重要的作用，火灾发生起数是对火灾发生状况的一个基本评价指标，也是衡量一个国家经济发展程度、消防工作、政府决策好坏的指标之一。

2）死亡人数和受伤人数。死亡人数和受伤人数是对火灾严重状况的一个重要评价指标，通过这两个指标能够反映一个国家的经济水平、安全管理现状及消防工作是否完善等情况。

3）火灾直接经济损失。火灾事故在造成重大人员伤亡的同时，也会给社会带来巨大的经济损失。与火灾事故的数量和伤亡人数总量相对应，由火灾引起的直接经济损失也是反映社会安全状况的一项重要评价指标。

5.3.2 火灾直接经济损失的指标体系

根据《火灾统计管理规定》，火灾损失主要分为直接财产损失和间接财产损失；《火灾损失统计方法》将直接财产损失定义为财产直接被烧毁、烧损、烟熏、辐射和在灭火中破拆、碰撞、水渍及因火灾引起的污染等造成的损失。

根据《火灾损失统计方法》中相关指标，及深入分析火灾损失核定中的相关问题，火灾的直接财产损失指标体系可由直接财产损失指标、人员伤亡支付费用指标和灭火抢险费用指标组成。

1. 直接财产损失指标

（1）房屋、构建物的财产损失计算

1）在用房屋、构建物财产损失计算方法。

$$\text{损失额(元)} = \text{重置价值(元)} \times [1 - \text{已使用时间(年)}/\text{折旧年限(年)}] \times \text{烧损率(\%)} \tag{5-11}$$

式中，重置价值、折旧年限、烧损率按《火灾损失统计方法》附录 A、B、C 确定（由于内容较多，在此不详细列出）。

2）在建房屋、构建物财产损失计算方法。

$$\text{损失额(元)} = \text{在建工程造价(元/m}^2\text{)} \times \text{受灾房屋、构筑物建筑面积(m}^2\text{)} \times \text{烧损率(\%)} \tag{5-12}$$

式中，在建工程造价依据在建工程受灾时已投入的资金确定。

3）房屋装修财产损失计算方法。

$$\text{损失额(元)} = \text{重置价值(元)} \times [1 - \text{已使用时间(年)}/\text{折旧年限(年)}] \tag{5-13}$$

式中，烧损后能够修复的，按实际修复费计算；烧损后不能够修复的，按全部烧损计算。

（2）设备财产损失

设备（含房屋、构筑物内配套设备及施工设备）财产损失计算公式为

$$\text{损失额(元)} = \text{重置价值(元)} \times [1 - \text{已使用时间(年)}/\text{折旧年限(年)}] \times \text{烧损率(\%)} \tag{5-14}$$

（3）文物建筑财产损失

文物建筑是不可再得的历史遗存，当发生火灾时，其损失无法估量，因此需要一个经济损失的计算方法：

$$H_S = CXS = CS(X_B + X_{BT}) \tag{5-15}$$

式中 H_S——文物建筑火灾直接经济损失（万元）；

C——文物建筑的重建费（万元）；

S——烧损率；

X_B——文物建筑保护级别系数；

X_{BT}——文物建筑保护级别调节系数；

X——系数，X_B与X_{BT}的总称。

（4）其他财产损失

1）城乡居民财产损失计算。

① 家电、家具、文体用品等财产按当地、当时的重置价值，以折旧年限 10 年计算：

$$损失额(元)=重置价值(元)\times[1-已使用时间(年)/10(年)] \tag{5-16}$$

其中，使用时间达到或超过 8 年，但仍有使用价值的，其财产损失按重置价值的 20%计算。

② 衣物、日常生活用品等财产损失按烧损前财产总量价值的 30%计算。

③ 银饰品等财产损失按当地、当时的加工费计算。

2）商品、原材料、燃料财产损失按烧损前购进价格加上税金、运输、仓储等费用扣除残值计算；产品、半成品、成品、协作产品财产损失按成本价格扣除残值计算。

3）其他财产损失，如低值易耗品财产损失，图书资料财产损失，可移动文物财产损失，农、林、禽、畜等副业财产损失，城市园林财产损失，草原财产损失和重点保护珍稀动物财产损失。

2. 人员伤亡支付费用指标

1）医疗费用：用于伤亡人员急救、治疗和护理等直接的医、药费用。

2）丧葬抚恤费、补助费及伤残津贴：用于补助死亡人员的丧葬费、对伤亡人员直系亲属的抚恤费用和一次性的伤残赔偿费用。

3）民事赔偿费：用于因火灾引发的民事纠纷进行赔偿的费用。

4）停产歇工费：用于因火灾造成的停工、停产、停业的经济损失，计算方法如下：

$$A=a_1+a_2+a_3+a_4 \tag{5-17}$$

式中　a_1——发生火灾单位造成的“三停”经济损失；

a_2——由于使用发生火灾单位所供给的能源、原材料、中间产品等造成的相关单位“三停”经济损失；

a_3——扑救火灾所采取的停水、停电、停气（汽）及其他必要的紧急措施而直接造成有关单位的“三停”经济损失；

a_4——其他损失，主要是指由于火灾造成“三停”不能按期履行合同的罚款，及由于火灾后果造成对农田、水产养殖业等污染的损失。

3. 灭火抢险费用指标

火灾现场施救及清理火场费用的计算公式如下：

$$B=b_1+b_2+b_3+b_4+b_5 \tag{5-18}$$

式中　b_1——各种消防车、船、泵的损耗费用及燃料费用（含非消防部门），且：

$$b_1=\frac{重置完全价值(元)\times灭火(含途中行驶)工作时间(h)}{规定的总工作时间(h)} \tag{5-19}$$

b_2——燃料费用，且：

$$b_2=燃料价格(元/L)\times发动机单位时间耗油量(L/h)\times发动机工作时间(h) \tag{5-20}$$

b_3——各种类型消防器材及装备的损耗费用，以每台消防车出一个车次，所耗费用平均按 250 元计算；

b_4——各种类型灭火剂、物资的损耗费用，各种灭火剂、物资按照实际消耗数量和购进价格计算费用；灭火中耗用的水，如用城镇自来水的，按水厂成本价格计算，使用天然水则不计算费用；

b_5——清理火灾现场所需全部人力、财力、物力的损耗费用。

5.3.3 抽样方法的制定

影响火灾直接经济损失的因素众多，如火灾的严重程度、影响范围等，因此损失的大小差异显著。由于大量的轻微火灾和纯财产损失事故没有在国家事故统计掌握范围内，为保证抽样样本的完整性和代表性，并兼顾抽样调查工作量的合理性，调查火灾直接损失宜采用类型抽样的方法，再结合随机抽样和整群抽样，在省、市、县三层面进行抽样。抽样的整体思路如图 5-1 所示。

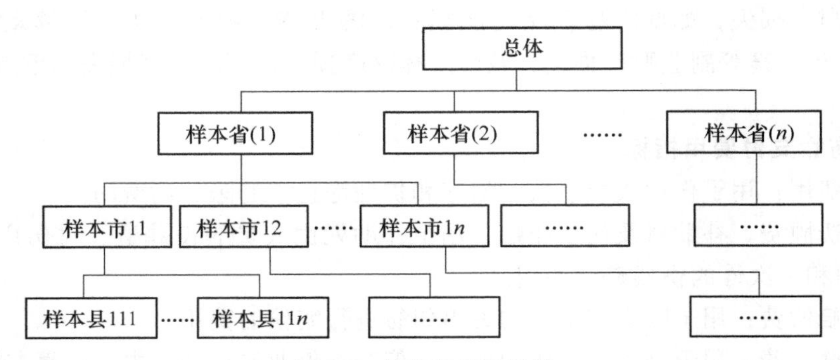

图 5-1 抽样的整体思路

1. 省级抽样

省级抽样采用类型抽样的方法，综合考虑各省经济发展水平（人均 GDP）和人口火灾发生率（10 万人火灾发生起数）两个因素，将所有省份进行聚类，从中随机抽取若干个代表省份作为抽样省份，用来反映全国火灾事故直接经济损失的特征水平。

例如，要推测 2004 年火灾情况，首先根据 2004 年人均地区生产总值和 10 万人火灾发生率将各省进行分类（表 5-2）。其中，各省人均 GDP 和 10 万人火灾发生率的数据来源于《中国统计年鉴 2005》。

表 5-2 人均地区生产总值和 10 万人火灾发生率聚类分析

人均地区生产总值（元/人）	十万人火灾发生率（1/10 万人）		
	<18	18~40	>40
>19000	（11）—	（12）广东、江苏、浙江、上海	（13）天津、北京
10000~19000	（21）湖北、河北、山东	（22）新疆、内蒙古、黑龙江、福建	（23）吉林、辽宁
<10000	（31）贵州、甘肃、云南、广西、安徽、西藏、四川、江西、湖南、山西、海南、河南	（32）陕西、青海、重庆	（33）宁夏

表 5-2 的聚类结果较好地反映出了人均地区生产总值和 10 万人火灾发生率的内在关系。各省主要聚类在表格的对角线上，客观地反映了火灾事故的分布规律：人均地区生产总值越高的地方，火灾发生事故数量越多。

根据表 5-2 的内容，并依据实际抽样调查工作量的具体情况，确定所需的样本数量。以抽取全国的 10 个样本省为例，具体做法是：低于或等于 4 个省份的抽样框各抽取 1 个指标，框（12）、（13）、（21）、（22）、（23）、（32）和（33）分别抽取一个指标；5~8 个省份的抽样框各抽取 2 个指标，表中无符合条件的抽样框；超过 8 个省份的抽样框各抽取 3 个指标，框（31）抽取 3 个指标。

2. 地市和区县抽样

样本省份的地市和区县的抽样可参照省级抽样相同的方法，其中，人均地区生产总值和 10 万人火灾发生率的划分标准应根据各地方的实际情况来确定。样本数量应根据所管辖地市的区县数量并结合调查工作量来具体确定。

5.3.4　火灾直接经济损失的推断

1. 抽样调查

按照随机抽样的原则，根据表 5-2 随机抽取部分省市，调查火灾直接经济损失情况，将调查结果汇总（表 5-3）。

表 5-3　火灾直接经济损失随机抽样例子

序号	抽取省、市	火灾直接经济损失（万元）	序号	抽取省、市	火灾直接经济损失（万元）
框（12）	浙江	14491.1	框（31）	海南	798.3
框（13）	北京	3525.9		广西	4155.4
框（21）	湖北	4399.3		安徽	4669.5
框（22）	新疆	2993.9	框（32）	重庆	3372.9
框（23）	辽宁	11637.6	框（33）	宁夏	800.8

2. 抽样推断

1）样本统计量。

样本平均数：$\bar{x}=\dfrac{\sum \bar{x}_i}{n}=\dfrac{14491.1+3525.9+\cdots+800.8}{10}$万元$=\dfrac{50844.7}{10}$万元$=5084.47$ 万元

样本方差：

$$\begin{aligned}\sigma_x^2&=\frac{\sum (x-\bar{x})^2}{n-1}\\&=\frac{(14491.1-5084.47)^2+(3525.9-5084.47)^2+\cdots+(800.8-5084.47)^2}{10-1}\\&=\frac{179383203}{9}=19931467\end{aligned}$$

上述随机抽样是不重复抽样，因此样本平均数的标准差为

$$\sigma_x=\sqrt{\frac{\sigma_x^2}{n}\left(1-\frac{n}{N}\right)}=\sqrt{\frac{19931467}{10}\times\left(1-\frac{10}{31}\right)}=1161.98$$

2）根据表 5-1 中样本统计量与总体参数的关系，可推测得：

总体平均数：$\bar{x}=\bar{X}_1=5084.47$ 万元

总体方差：$\sigma^2=\sigma_x^2 n\dfrac{N-1}{N-n}=19931467\times10\times\dfrac{31-1}{31-10}=284735242.9$

3）抽样误差。用样本方差代替总体方差，则抽样平均数的平均误差为

$$\mu_x=\sqrt{\frac{\sigma_x^2(N-n)}{n(N-1)}}=\sqrt{\frac{19931467\times(31-10)}{10\times(31-1)}}\text{万元}=1181.19\text{万元}$$

如果确定抽样极限误差 $\Delta\bar{x}=400$ 万元，则抽样误差的概率度为

$$t=\frac{|\bar{x}-\bar{X}|}{\mu_x}=\frac{\Delta\bar{x}}{\mu_x}=\frac{400}{1181.19}=0.339$$

由上面计算结果可知：1181.19 万元是抽样结果的平均误差，$2\Delta\bar{x}=800$ 万元起是极限误差范围大小，允许的误差范围为抽样平均误差的 0.339 倍，则 2004 年各地区火灾的平均直接经济损失在 5084.47 万元～1181.19 万元，实际火灾的平均直接经济损失为 5393.36 万元，落在抽样结果的这个区域内。

5.4 抽样估计及其应用实例

5.4.1 抽样估计概述

1. 抽样估计的理论基础

抽样估计类似抽样推断，又称为参数估计。它是在抽样调查的基础上所进行的数据推测，是对总体进行描述的一种重要方法。抽样估计建立在概率论的大数定律（又称为大数法则）基础上，为抽样估计提供了数学依据。

大数定律的意义：当人们观察个别事物时，是连同一切“个别的特性”来观察的。个别安全现象受到偶然因素的影响，会出现各自不同的表现，但对安全总体在大量观察后进行平均，就能使一些偶然因素的影响相互抵消，消除由个别偶然因素引起的极端性影响，从而使总体平均数稳定下来，反映出安全事物变化的一般规律。

大数定律：有一组两两互相独立的随机变量 X_1，X_2，…，X_n，…，服从同一分布，设它们的平均数为μ，方差为σ^2，即数学期望$E(X_i)=\bar{X}$，$\sigma^2(X_i)=\sigma^2$（$i=1$，2，…），则对任意小的正数ε，有：

$$\lim_{n\to\infty}\left\{\left|\frac{1}{n}\sum X_i-\mu\right|<\varepsilon\right\}=1$$

大数定律说明了当 n 充分大时，服从同一分布的一系列随机变量的算术平均数与期望值间的偏差，很大程度上可控制在给定的范围之内。从总体中抽出的样本是独立的，与总体保

持同一分布，因此当样本容量 n 足够大时，样本平均数与总体平均数间的误差几乎能控制在规定范围之内，这就是用样本平均数来估计总体平均数的理论依据。

成数指标是一个特殊的平均数，大数定理对成数指标也成立：设 m 为 n 次试验中事件 1 发生的次数，ρ 是事件 1 发生的概率，对任意小的正数 ε，有：

$$\lim_{n\to\infty} p\left\{\left|\frac{m}{n}-\rho\right|<\varepsilon\right\}=1$$

当 n 充分大时，事件 1 发生的频率接近（或收敛于）事件 1 发生的概率，这反映出了频率在大量重复试验过程中的稳定性。该定理称为伯努里大数定理，为抽样估计提供了用频率代替概率的理论依据。

2. 抽样估计的优良标准

抽样推断是在抽样调查的基础上，利用样本的实际资料来计算样本指标，并根据样本指标推断总体相应数量特征。用样本指标估计总体指标时，需满足三个标准可认为是优良的估计。

（1）无偏性

以样本指标估计总体指标时，要求样本指标的平均数等于被估计总体指标的平均数。从另一个层面来讲，虽然每次的抽样指标值和总体指标值间都可能存在误差，但经过多次反复估计，各个抽样值的平均数应该等于所估计的总体指标值本身，即平均说来抽样指标的估计是没有偏差的。

因此，抽样平均数的平均数应等于总体平均数，即$\bar{x}=\bar{X}=\mu$；抽样成数的平均数等于总体成数，即$\bar{x}_p=\bar{X}_P=p$。这说明了将抽样平均数的平均数作为总体平均数的估计量，将抽样成数的平均数作为总体成数的估计量，是符合无偏性原则的。

数理统计证明得出，样本方差$s_x^2=\dfrac{\sum(x_i-\bar{x})^2}{n}$不是总体方差 σ^2 的无偏估计，而修正的样本方差 $\sigma_x^2=\dfrac{\sum(x_i-\bar{x})^2}{n-1}$才是总体方差 σ^2 的无偏估计。当样本容量 n 不大时，用 σ_x^2来估计 σ^2 更为准确；当 n 很大时，由于 $n-1\approx n$，也可用 s_x^2来估计 σ^2。

（2）一致性

用抽样指标估计总体指标，要求样本的单位数充分大，这样抽样指标也能更靠近总体指标。当样本容量 n 无限增加时，抽样指标和未知的总体指标之间差的绝对值会小于任意小的数，它的可能性也趋近于必然性。

已知抽样平均数（或抽样数）的抽样平均误差和样本单位数的平方根成反比关系，即样本单位数越多，抽样平均误差越小，当样本单位数接近总体单位数时，抽样平均误差也就趋近于 0；因此抽样平均数（或抽样成数）作为总体平均数（或总体成数）的估计量是符合一致性原则的。

（3）有效性

有效性要求每个估计值与待估参数之间的偏差尽可能地小，用抽样指标来估计总体指标时，要求作为优良估计量的方差应该比其他估计量的方差小。例如，用抽样平均数或总体中某一变量值来估计总体平均数，虽然两个值都是无偏的，且每次估计中，两种估计量和总体平均数都可能存在离差，但抽样平均数更靠近总体平均数，离差也比较小。相对而言，抽样平均数是更有效的估计量。

5.4.2 抽样估计的精度和置信度

1. 估计精度

用实际获得的调查资料计算样本指标具体数值来估计相应的总体指标，几乎无法达到误差为零的情况，因此在进行抽样估计时先要提出估计精度的要求，以此作为评价估计优劣的标准。

实际上，5.2节中的抽样极限误差即为允许的抽样误差范围 $\Delta\bar{x}$，就已经给定了评价标准。但应该提出的是，允许的抽样误差范围 $\Delta\bar{x}$ 是指抽样平均数和总体平均数离差的绝对值，同一数值对不同的安全现象的意义可能不同。

在确定估计精度前，应该先提出误差率。误差率是在考虑可允许的相对误差范围的基础上，以样本平均数为基数，具体表达式如下：

$$误差率=\frac{\Delta\bar{x}}{\bar{x}}=\frac{|\bar{x}-\bar{X}|}{\bar{x}} \tag{5-21}$$

估计精度是根据误差率来计算的，具体表达式为

$$估计精度=1-误差率=1-\frac{\Delta\bar{x}}{\bar{x}}=1-\frac{|\bar{x}-\bar{X}|}{\bar{x}} \tag{5-22}$$

例如，事先给定估计精度不小于95%，则：

$$1-\frac{|\bar{x}-\bar{X}|}{\bar{x}}\geqslant 95\%\Rightarrow -5\%\leqslant\frac{\bar{x}-\bar{X}}{\bar{x}}\leqslant 5\%\Rightarrow 95\%\leqslant\frac{\bar{X}}{\bar{x}}\leqslant 105\%$$

从上述推论可知，当相对误差率不大于5%时，总体平均数与样本平均数之间的比率应保持在95%~105%。

2. 抽样估计的置信度

从主观上来讲，希望每次的抽样调查的结果、抽样指标的估计值都能落在允许的误差范围内；从客观上来讲，这样的希望并非全部都能实现。抽样指标值本身就是随机变量，随样本的变动而变动，因此抽样指标和总体指标之间的误差也是随机变量，并不能保证抽样全部的误差都不超过一定范围，只能提供一定程度的概率保证。抽样估计置信度就是抽样指标和总体指标之间的误差不超过一定范围的概率保证程度。

概率是指某一随机事件在进行大量试验中出现的可能性大小，通常可以用该种事件出现的频率来表示概率。抽样估计的概率保证程度就是指在抽样误差不超过规定范围内的概率大小，具体可表示如下：

$$P\{|\bar{x}-\bar{X}|\leqslant\Delta\bar{x}\}=p_1+p_2+\cdots+p_K$$

其中，等式左边括号内 $|\bar{x}-\bar{X}|\leqslant\Delta\bar{x}$ 表示抽样平均数与总体平均数之间的误差范围不超过 $\Delta\bar{x}$，$P\{|\bar{x}-\bar{X}|\leqslant\Delta\bar{x}\}$ 表示误差不超过这个范围的概率；等式右边表示属于这个区间范围内各

种样本平均值出现的概率之和。

当总体单位数很大时，只依靠列表来求抽样误差的置信度几乎是无法做到的。理论证明：当样本单位数足够多（$n \geqslant 30$）时，抽样平均数的分布就很接近正态分布。

正态分布具有这样的特点：抽样平均数是以总体平均数为中心，两边呈完全对称分布，抽样平均数的正误差和负误差的可能性是完全相等的；当抽样平均数越接近总体平均数，误差出现的可能性越大，概率越大；反之，抽样平均数越不靠近总体平均数，误差出现的可能性越小，概率越小，逐渐趋近于 0。正态概率分布如图 5-2 所示。

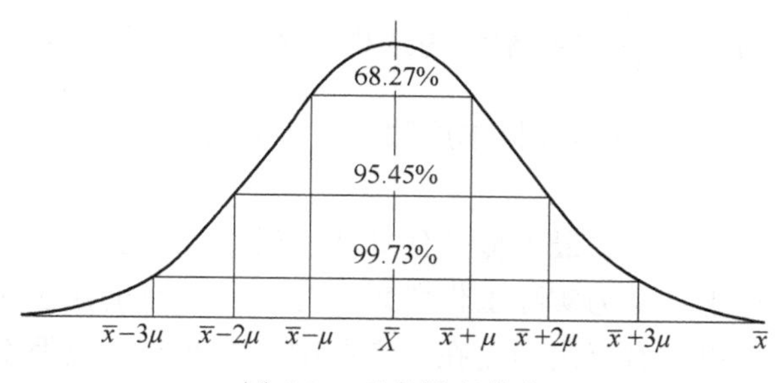

图 5-2 正态概率分布

图 5-2 中的曲线与$\bar{x}$轴所包围的面积等于 1，抽样平均数$\bar{x}$落在某一区间的概率 P 可以用曲线在这一区间所包围的面积来表示，计算结果如下：

$$P(\bar{X}-\mu \leqslant \bar{x} \leqslant \bar{X}+\mu)=P(|\bar{x}-\bar{X}| \leqslant \mu)=68.27\%$$

$$P(\bar{X}-2\mu \leqslant \bar{x} \leqslant \bar{X}+2\mu)=P(|\bar{x}-\bar{X}| \leqslant 2\mu)=95.45\%$$

$$P(\bar{X}-3\mu \leqslant \bar{x} \leqslant \bar{X}+3\mu)=P(|\bar{x}-\bar{X}| \leqslant 3\mu)=99.73\%$$

上面三式表明：抽样平均数与总体平均数误差不超过 μ 的概率为 68.27%，抽样误差不超过 2μ 的概率为 95.45%，抽样误差不超过 3μ 的概率为 99.73%。

由于概率度 $t=\dfrac{\Delta\bar{x}}{\mu_x}=\dfrac{|\bar{x}-\bar{X}|}{\mu_x}$，所以抽样误差的概率就是概率度 t 的函数，即 $P(|\bar{x}-\bar{X}| \leqslant t\mu)=F(t)$。上述关系便可表达为

$t=1$ 时，$F(t)=68.27\%$。

$t=2$ 时，$F(t)=95.45\%$。

$t=3$ 时，$F(t)=99.73\%$。

将这种对应的函数关系编成正态分布概率表（附表 A），给定 t 值，便可以直接从表中查找抽样误差的概率，即估计置信度。

5.4.3 抽样估计的方法

抽样估计是利用实际调查计算的样本指标值来估计相应的总体指标的数值，由于总体指标是表明总体数量特征的参数，抽样估计也称为参数估计。参数估计主要有点估计和区间估计两种形式。

1. 总体参数的点估计

总体参数点估计的基本特点是：根据总体指标的结构形式设计样本指标（即样本统计

量）作为总体参数的估计量，并以样本指标的实际值直接作为相应总体参数的估计值。通常是总体的某个特征值，如数学期望、方差和相关系数等。

例如，将样本平均数的实际值作为相应的总体平均数估计值，这样做是基于不知道研究的总体指标所有的具体指标值，但清楚它的指标结构形式。

设 $\hat{X}$ 表示总体平均数$\overline{X}$的估计量，$\hat{P}$ 是总体成数 P 的估计量，则有：

$$\overline{x}=\hat{X}$$

$$p=\hat{P}$$

上两式中，$\overline{x}=\dfrac{\sum x_i}{n}$与$\overline{X}=\dfrac{\sum X_i}{N}$具有相同的结构形式，$p=\dfrac{n_1}{n}$与 $P=\dfrac{N_1}{N}$也具有相同的结构形式。经过实际调查取得样本平均数$\overline{x}$或样本成数 p 的实际值，便可以作为总体平均数$\overline{X}$或总体成数 P 的估计值。

常用的点估计法有矩估计法、最大似然估计法、最小二乘法和贝叶斯估计法。总体参数点估计具有简便易行、直观、常为实际工作所采用等优点，但也存在这样的缺点：点估计没有表明抽样估计的误差，更没有指出误差在一定范围内的概率保证程度。

例如，在本书 5.3 节中，计算出抽样平均火灾直接经济损失为 $\overline{x}=5084.47$ 万元，可以抽样平均数值作为2004 年全国各地平均火灾直接经济损失的估计值 $\hat{X}$。这就是总体参数点估计的运用方法。

2. 总体参数的区间估计

点估计是根据总体中某个特征值来设计样本统计量，作为总体的估计量；区间估计是依据抽取的样本，根据一定正确度和精确度的要求，构造出适当的区间，来作为总体分布中未知参数所在范围的估计。因此，总体参数区间估计的基本特点是根据给定的估计置信度（概率保证程度）的要求，利用实际抽样资料，计算出被估计值的上限和下限，即给出总体参数可能存在的区间范围，而不是直接给出总体参数的估计值。

对于总体的被估计指标$\overline{X}$，需找出样本的两个估计量x_1和x_2，使被估计指标$\overline{X}$落在区间（x_1，x_2）内的概率为 $1-\alpha(0<\alpha<1)$ 是已知的，即事先给定 $P(x_1<\overline{X}<x_2)=1-\alpha$。其中区间（$x_1$，$x_2$）为总体指标$\overline{X}$的置信区间，$x_1$为置信下限，$x_2$为置信上限；估计置信度为 $1-\alpha$，α 为显著性水平。

总体参数的区间估计必须具备三个要素：估计值、抽样误差范围和置信度。抽样误差范围决定估计的准确性，置信度决定估计的可靠性。抽样估计时，既希望估计的准确性较高，又希望估计的可靠性增大，但这两者是互相矛盾的，如果提高了样本估计的可靠性，必然会降低它的准确性；反之亦然。因此在抽样估计时，只能对其中一个要素提出要求，以此来推求另一个要素的变动情况。例如，对估计的准确性提出要求，就要求误差范围不超过给定的标准来推算可靠性。如果所推算的另一要素无论是准确性或可靠性都不能满足实际工作的要求，就应该增加样本单位，改善抽样组织，重新进行抽样，直到符合要求为止。

总体参数的区间估计根据所给定的不同条件，有以下两种估计方法。

1）根据已经给定的抽样误差范围，求置信度。

具体步骤是：

第一步，抽取样本，计算样本指标，如样本平均数或样本成数，作为相应总体指标的估计值，并计算样本标准差以推算抽样平均误差。

第二步，根据给定的抽样极限误差范围，估计总体指标的下限和上限。

第三步，将抽样误差除以抽样平均误差求出概率度 t 值，再根据 t 值查阅正态分布概率表求出相应的置信度 $F(t)$，对总体参数做区间估计。

例 5-3 对一批某型号的电子元件进行可靠性（耐用性能）检验，这批电子元件共 5 万个，抽查结果分组列于表 5-4，要求耐用时数的允许误差范围 $\Delta\bar{x}=12\text{h}$，试估计该批电子元件的平均耐用时数。

表 5-4 抽查结果分组（某型号的电子元件耐用时数结果）

序号	耐用时数/h	组中数 x	元件数 f（个）	xf
1	<900	875	1	875
2	900～950	925	2	1850
3	950～1000	975	7	6825
4	1000～1050	1025	34	34850
5	1050～1100	1075	41	44075
6	1100～1150	1125	11	12375
7	1150～1200	1175	2	2350
8	>1200	1225	2	2450
合计		—	100	105650

解：（1）样本平均数：

$$\bar{x}=\frac{\sum_{i=1}^{n}x_i f_i}{\sum_{i=1}^{n}f_i}=\frac{875+1850+\cdots+2450}{1+2+\cdots+2}\text{h}=\frac{105650}{100}\text{h}=1056.5\text{h}$$

样本方差：$\sigma_x^2=\dfrac{\sum(x-\bar{x})^2 f}{\sum f-1}=\dfrac{298275}{99}=3012.88$

样本标准差：$\sigma_x=\sqrt{\sigma_x^2}=\sqrt{3012.88}\text{h}=54.89\text{h}$

此次为不重复抽样，且总体容量 N 很大，不知道总体方差，因此抽样平均数的平均误差为

$$\mu_x=\sqrt{\frac{\sigma_x^2}{n}\left(1-\frac{n}{N}\right)}=\sqrt{\frac{3012.88}{100}\times\left(1-\frac{100}{50000}\right)}\text{h}=5.48\text{h}$$

（2）已知给定的允许误差范围为 $\Delta\bar{x}=12\text{h}$，则总体平均数的上、下限分别为

下限：$x_1=\bar{x}-\Delta\bar{x}=(1056.5-12)\text{h}=1044.5\text{h}$

上限：$x_2=\bar{x}+\Delta\bar{x}=(1056.5+12)\text{h}=1068.5\text{h}$

（3）$t=\dfrac{\Delta\bar{x}}{\mu_x}=\dfrac{12}{5.48}=2.19$，查阅附表 A，得置信度

$$F(t)=0.9715$$

由此做出如下估计：在概率为 97.15%的保证程度下，估计该批电子元件的耐用时数在 1044.5～1068.5h。

例 5-4 按上例的资料，假设该厂产品质量规定，电子元件的耐用时数达到 1000h 以上为合格品，要求合格率估计的误差范围不超过 5%，试估计该批电子元件的合格率。

解：（1）样品合格率：$p=\dfrac{n_1}{n}=1-\dfrac{n_0}{n}=1-\dfrac{1+2+7}{100}=90\%$

抽样过程为不重复抽样，则抽样成数的平均误差为

$$\mu_p=\sqrt{\frac{p(1-p)}{n}\left(1-\frac{n}{N}\right)}=\sqrt{\frac{0.9\times(1-0.9)}{100}\times\left(1-\frac{100}{50000}\right)}=0.03$$

（2）已知给定的允许误差范围为 $\Delta p=5\%$，则总体平均数的上、下限分别为

下限：$p_1=p-\Delta p=90\%-5\%=85\%$

上限：$p_2=p+\Delta p=90\%+5\%=95\%$

（3）$t=\dfrac{\Delta p}{\mu_p}=\dfrac{5\%}{3\%}=1.67$，查阅附表 A，得置信度

$$F(t)=0.9051$$

由此做出如下估计：在概率 90.51%的保证程度下，估计该批电子元件的合格率在 85%～95%。

2）根据给定的置信度要求，来推算抽样极限误差的可能范围。

具体步骤如下：

第一步，抽取样本，计算样本指标，如样本平均数或样本成数，作为总体指标的估计值，并计算样本标准差以推算抽样平均误差。

第二步，根据给定的置信度 $F(t)$ 要求，查附表 A 求得概率度 t 值。

第三步，根据概率度 t 值和抽样平均误差推算抽样极限误差的可能范围，再根据抽样极限误差求出被估计总体指标的上、下限，对总体参数做区间估计。

例 5-5 从例 4-8 数据中采用重复抽样随机抽取 5 个指标值，如：51332，46991，38818，45824，55046（单位：khm^2）。试在 95%的置信度内估计 1989—2008 年平均每年全国受灾面积情况。

解：（1）样本平均数：

$$\bar{x}=\frac{\sum x}{n}=\frac{51332+46991+\cdots+55046}{5}\text{khm}^2=\frac{238011}{5}\text{khm}^2=47602.2\text{khm}^2$$

样本方差：

$$\sigma_x^2=\frac{\sum(x-\bar{x})^2}{\sum n-1}=\frac{(51332-47602.2)^2+\cdots+(55046-47602.2)^2}{5-1}=37504824$$

已知总体标准差：$\sigma=5805.43\text{khm}^2$

抽样平均数的平均误差：

$$\mu_x=\frac{\sigma}{\sqrt{n}}=\frac{5805.43}{\sqrt{5}}\text{khm}^2=2596.27\text{khm}^2$$

（2）根据给定的置信度 $F(t)=95\%$，查得 $t=1.96$。

（3）$\Delta\bar{x}=t\mu_x=1.96\times2596.27\text{khm}^2=5088.69\text{khm}^2$，则 1989—2008 年平均每年全国受灾面积的上、下限分别为

下限：$x_1=\bar{x}-\Delta\bar{x}=(47602.2-5088.69)\text{khm}^2=42513.51\text{khm}^2$

上限：$x_2=\bar{x}+\Delta\bar{x}=(47602.2+5088.69)\text{khm}^2=52690.89\text{khm}^2$

因此，在保证 95%的概率内，估计 1989—2008 年平均每年全国受灾面积在 42513.51～52690.89khm^2。

例 5-6　为了调查某煤炭企业接尘工人对生产性粉尘相关知识及防护性的了解，随机抽样 468 名职工对其开展了问卷调查，其中 459 人知晓正确方法，要求在 95%的概率保证下，估计该企业职工对生产性粉尘相关知识及其防护性的了解程度。

解：（1）样本成数：$p=\frac{n_1}{n}\times100\%=\frac{459}{468}\times100\%=98.1\%$

抽样成数的平均误差：

$$\mu_p=\sqrt{\frac{p(1-p)}{n}}=\sqrt{\frac{0.981\times0.019}{468}}=0.0063=0.63\%$$

（2）根据给定的置信度 $F(t)=95\%$，查得 $t=1.96$。

（3）$\Delta p=t\mu_p=1.96\times0.63\%=1.24\%$，则该企业接尘工人对生产性粉尘相关知识及防护性的了解程度上、下限分别为

下限：$p_1=p-\Delta p=98.1\%-1.24\%=96.86\%$

上限：$p_2=p+\Delta p=98.1\%+1.24\%=99.34\%$

因此，在保证 95%的概率内，估计该企业接尘工人对生产性粉尘相关知识及防护性的了解程度在 96.86%～99.34%。

本章小结

（1）抽样的三组基本概念有：总体与样本、总体参数与样本统计量、样本容量与样本个数。简单的随机抽样方法包括重复抽样和不重复抽样，这两种抽样方法的实施过程不同，得出结果也不同。

（2）抽样误差是抽样指标和总体指标之间的绝对离差，有抽样平均误差 μ_x、抽样极限误差 $\Delta\bar{x}$和抽样误差的概率度 t 三种形式，知道其中两种抽样误差的数值，可以得

出第三种抽样误差数值。

(3) 抽样方法不同，抽样误差的计算方法也不同，将三种抽样误差形式归纳于表 5-5。

表 5-5　三种抽样误差形式归纳表

<table>
<tr><th colspan="2">抽样误差</th><th>重复抽样</th><th>不重复抽样</th><th>含义</th></tr>
<tr><td rowspan="2">抽样平均误差 μ_x</td><td>抽样平均数的平均误差</td><td>$\mu_x=\frac{\sigma}{\sqrt{n}}$</td><td>$\mu_x=\sqrt{\frac{\sigma^2}{n}\left(1-\frac{n}{N}\right)}$</td><td rowspan="2">反映样本统计量与相应总体参数的平均误差程度</td></tr>
<tr><td>抽样成数的平均误差</td><td>$\mu_p=\sqrt{\frac{p(1-p)}{n}}$</td><td>$\mu_p=\sqrt{\frac{p(1-p)}{n}\left(1-\frac{n}{N}\right)}$</td></tr>
<tr><td rowspan="2">抽样极限误差 $\Delta\bar{x}$</td><td>抽样平均数的极限误差</td><td colspan="2">$\Delta\bar{x}=\mid\bar{x}-\bar{X}\mid$</td><td rowspan="2">是衡量误差指标与总体指标间可能发生误差的尺度，不是真实误差</td></tr>
<tr><td>抽样成数的极限误差</td><td colspan="2">$\Delta p=\mid p-P\mid$</td></tr>
<tr><td rowspan="2">抽样误差的概率度 t</td><td>抽样平均数的概率度</td><td colspan="2">$t=\frac{\Delta\bar{x}}{\mu_x}=\frac{\mid\bar{x}-\bar{X}\mid}{\mu_x}$</td><td rowspan="2">是研究抽样估计的可靠度</td></tr>
<tr><td>抽样成数的概率度</td><td colspan="2">$t=\frac{\Delta p}{\mu_p}=\frac{\mid p-P\mid}{\mu_p}$</td></tr>
</table>

(4) 根据安全统计对象的特点有不同的抽样组织方式：类型抽样、等距抽样和整群抽样，不同的抽样组织形式获得的抽样效果有较大的差异。

(5) 火灾的指标体系可由火灾的发生起数、死亡人数、受伤人数和造成的直接经济损失四项基本指标构成，通过这四项指标可评价一个系统的安全状况。

(6) 评价抽样估计优良的三个标准分别是无偏性、一致性和有效性；抽样误差范围决定估计的准确性，置信度决定估计的可靠性，抽样估计的精度与置信度两者互相矛盾，提高估计的可靠性，必然会降低其准确性。

(7) 抽样估计有点估计与区间估计两种方法。点估计是根据总体指标的结构形式来设计样本指标，并以样本指标的实际值直接作为相应总体参数的估计值；区间估计是根据给定的估计置信度的要求，利用实际抽样资料，计算出被估计值的上限和下限，进而给出总体参数可能存在的区间范围。

思考与练习

1. 总体参数和样本统计量两者有什么区别？

2. 使用抽样调查取得的数据来估计总体参数始终会存在误差，但为什么还是会采用抽样调查法与抽样推断？请以事故统计为例加以说明。

3. 样本平均数的标准差说明了什么？为什么样本平均数的标准差可以反映样本平均数对总体平均数的抽样误差？由此可以说明样本平均数和总体平均数之间存在什么样的内在联系？

4. 类型抽样中的分组与整群抽样中的分群有什么不同意义和要求？

5. 抽样估计的精度和置信度之间的相互关系怎样？

6. 企业需要购买一批电子元件，某商家声称该种电子元件的平均寿命达到 1500h，标准差为 120h。企业需要检验这批元件，如果随机抽取的样本的平均寿命大于 1450h，则会向商家购买第二批电子元件。试问不再从这家制造商购买电子元件的概率是多少？

7. 民用航空器事故征候是指在航空器运行阶段或在机场活动区内发生的与航空器有关的，不构成事故但影响或可能影响安全的事件，是评价航空安全的重要指标。已知 2002—2011 年我国民航事故征候数（单位：起）为 116，100，106，117，117，117，119，161，221，230，试用不重复抽样的方法随机抽取 4 个数值，推断平均每年的民航事故征候数。如果允许误差范围 $\Delta x = 10$ 起，试分析抽样结果误差。

8. 已知 2002—2011 年民航事故征候数（单位：起）为 116，100，106，117，117，117，119，161，221，230，试在 95%的置信度内估计平均每年的民航事故征候情况。

第6章 安全统计数据的回归分析与预测

本章学习目标

学习掌握几种主要的数据回归分析方法，学会充分利用安全统计数据建模和预测研究安全现象的发展趋势。

本章学习方法

尽管回归分析和建模工作现在许多软件都能够完成，但学习时还需要了解整个回归分析的过程，以便达到知其然和知其所以然的效果。同时，理解和掌握应用有关软件开展安全统计回归分析与建模也是非常需要的。

6.1 回归分析概述

6.1.1 变量的关系

研究某些实际的安全问题时往往会涉及多个变量，在这些变量中，有一个变量是研究关注的安全对象，称为因变量；其他变量则相应地看作影响因变量的因素，称为自变量。因变量与自变量之间一般存在某种关系，从统计学角度上看，变量间的关系一般可分为函数关系和相关关系两种关系。

函数关系是因变量与自变量之间的确定性关系，即 $y=f(x)$。例如，某种商品的销售总收入与该商品的销售量、销售额的关系：销售收入 y_1 随着销售量 x_1 和销售额 p 的变化而变化。

相关关系是因变量与自变量之间的不确定性关系。众多的相关关系都具有一个共同特点：当一个或几个相互联系的自变量取一定数值时，与之对应的因变量取值将会按某种规律在一定范围内变化。例如，一个国家的生产安全事故数量 y_2 与国内生产总值（GDP）x_2 存在这样的关系：生产安全事故数量 y_2 比较接近的国家，它们的国内生产总值 x_2 可能不同；国内生产总值 x_2 比较接近的国家，它们的生产安全事故数量 y_2 往往不同。一个国家的安全生产状况虽然与国内生产总值有关系，但还会受国民整体的教育水平、安全重视程度等因素影响，因此二者呈现相关关系。

6.1.2 变量的关系图

散点图是描述因变量与自变量之间关系最常用的一个工具。散点图是在二维坐标中画出两个变量 x 与 y 的 n 对数据点 (x_i, y_i)，并通过点的分布、形状及远近等特征来判断两个变量间的关系、关系强度等性质。图 6-1 所示是不同关系的散点图。

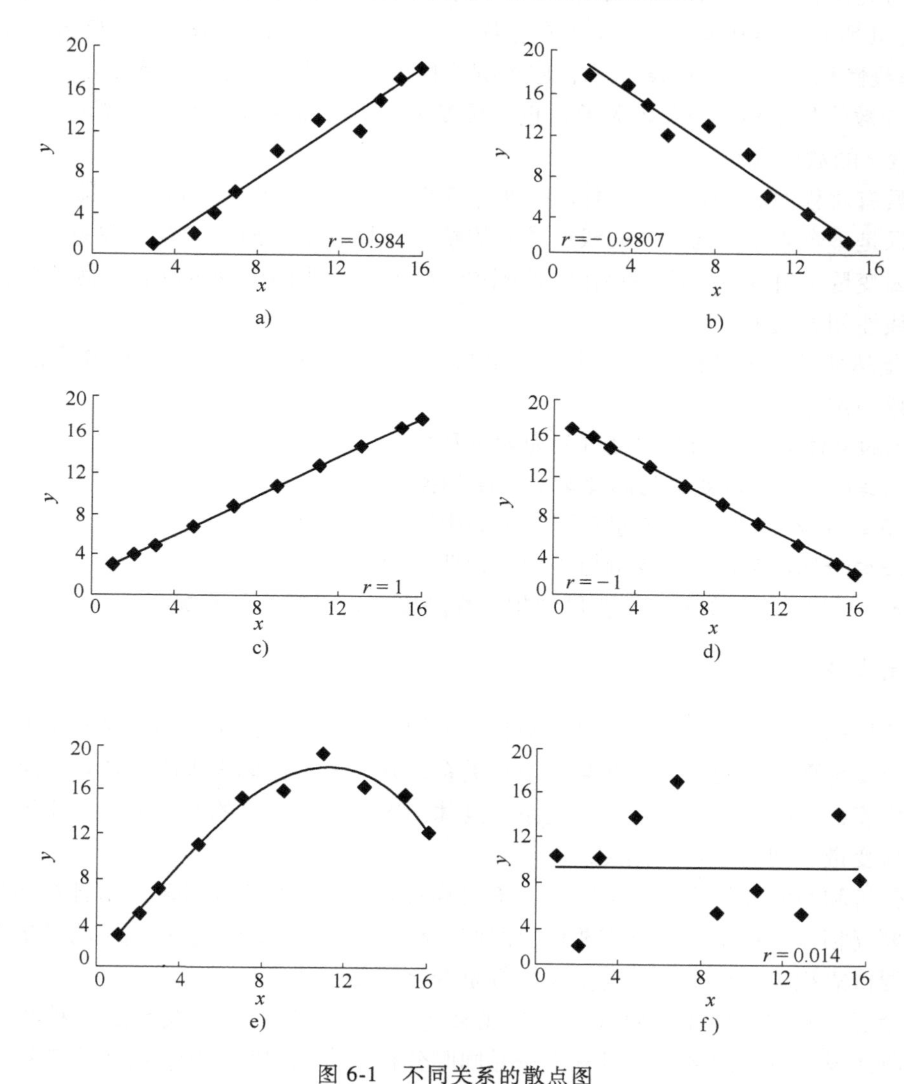

图 6-1 不同关系的散点图

a）正线性相关 b）负线性相关 c）完全线性相关 d）完全负线性相关

e）非正线性相关 f）不相关

相关表和相关图均可反映两个变量之间的相互关系及其相关方向，但无法确切地表明两个变量之间相关的程度。相关系数是一种非确定性的关系，是用来度量两个变量间线性关系密切程度的统计量，样本相关系数记为 r，计算公式如下：

$$r=\frac{\sum(x-\bar{x})(y-\bar{y})}{\sqrt{\sum(x-\bar{x})^2\sum(y-\bar{y})^2}} \tag{6-1}$$

式（6-1）中的 r 也称为皮尔逊（Pearson）相关系数，它具有如下性质：

1）$-1\leqslant r\leqslant 1$。$r>0$ 表示 x 与 y 是正线性相关的关系，如图 6-1a 所示；$r<0$ 表示 x 与 y 负线性相关的关系，如图 6-1b 所示；$|r|=1$ 表示 x 与 y 为函数关系，也称为完全相关关系，如图 6-1c、d 所示；$r=0$ 表示 x 与 y 不存在线性关系，如图 6-1f 所示；某些特殊情况下 $|r|>0$，但是非线性相关，如图 6-1e 所示；应根据具体情况来判定 x 与 y 的相关关系。

2）r 的数值与 x 和 y 的原点无关，也与尺度无关。改变 x 和 y 的数据原点或计量尺度，都不会改变 r 的数值大小。

3）r 具有对称性。x 与 y 间的相关系数 r_{xy} 等于 y 与 x 间的相关系数 r_{yx}，即 $r_{xy}=r_{yx}$。

4）r 只是一个表示 x 与 y 之间线性关系的统计指标，不能描述非线性关系。当 $r=0$ 时，只说明了因变量与自变量之间不存在线性相关，并不能说明两个变量没有任何关系，也许可能存在非线性相关关系。

5）r 虽然能够从某种程度上说明自变量与因变量之间的线性关系，但并不能说明自变量与因变量一定存在某种关系。

根据 r 的具体取值，相关程度可分为如下几种：

1）$|r|\geqslant 0.8$ 时，自变量与因变量为高度相关。

2）$0.5\leqslant|r|<0.8$ 时，自变量与因变量为中度相关。

3）$0.3\leqslant|r|<0.5$ 时，自变量与因变量为低度相关。

4）$|r|<0.3$ 时，自变量与因变量的相关程度极弱，可视为不相关。

6.1.3 回归分析

相关分析和回归分析是研究两种或两种以上的安全现象相关关系的两种基本方法。相关分析是研究安全现象之间是否存在某种依存关系，并用一个指标来表明安全现象之间相互关系的密切程度；回归分析是通过相关关系的具体形态，选择合适的数学模型，来近似地表达因变量与自变量之间的平均变化关系。

相关分析和回归分析具有密切联系，不仅具有共同的安全研究对象，而且在具体使用过程中也需要互相补充：相关分析需要依靠回归分析来表明安全现象数量相关的具体形式，回归分析需要依靠相关分析来表明安全现象数量变化的相关程度。

回归分析是确定两种或两种以上安全现象之间相互依赖的定量关系的一种统计分析方法。按照所涉及自变量的数量，可分为一元回归分析和多元回归分析；按照自变量和因变量之间的关系类型，可分为线性回归分析和非线性回归分析。如果在回归分析中，只包括一个自变量和一个因变量，且二者的关系可用一条直线近似表示，这种回归分析称为一元线性回归分析；如果回归分析中包括两个或两个以上的自变量，且因变量和自变量之间是线性关系，则称它为多元线性回归分析。

1. 一元线性回归分析

（1）总体回归函数

一元回归是指当回归中只涉及一个自变量与一个因变量，即称 y 与 x 之间的线性关系为一元线性回归。描述因变量 y 如何依赖自变量 x 和误差项 ε 的线性方程就是回归模型：

$$y=\alpha+\beta x+\varepsilon \tag{6-2}$$

式中 α，β——模型参数。

在式（6-2）中，$\alpha+\beta x$ 反映了因自变量 x 的变化而引起因变量 y 的安全现象变化情况；ε 为误差项的随机变量，是指除 x 与 y 间的线性关系外的随机因素对 y 的影响，即不能由自变量 x 和因变量 y 间的线性关系所解释的 y 的变异。

（2）样本回归函数

在实际安全问题研究过程中，所研究系统的安全总体单位数一般很多，采用总体回归函数会增加收集安全总体单位资料的难度，因此需要利用样本的信息进行估计。

利用样本数据拟合的直线就是样本回归直线。很多情况下，总体回归模型中的参数 α，β 未知，需要用样本数据去估计，可用样本统计量 $\hat{\alpha}$，$\hat{\beta}$ 去估计总体回归模型中参数 α，β，因此样本回归函数又称为估计回归方程。具体表达式如下：

$$\hat{y}=\hat{\alpha}+\hat{\beta}x \tag{6-3}$$

式中 $\hat{y}$——样本回归线上与 x 相对应的 y 值；

$\hat{\alpha}$——样本回归函数的截距系数；

$\hat{\beta}$——样本回归函数的斜率系数。

样本回归函数与总体回归函数间的区别有：

1）总体回归线是未知的，仅只有一条；样本回归线是根据样本数据拟合的，每抽取一组样本，便可拟合成一条样本回归线，样本回归线可有多条。

2）总体回归函数中的 α，β 是未知的参数，通常表现为常数；样本回归函数中的 $\hat{\alpha}$、$\hat{\beta}$ 通常是随机变量，其具体数值由所抽取的样本观测值来确定。

3）总体回归函数中的 ε 是 y 与未知的总体回归线之间的随机差异值，不可直接观测到。

（3）参数的最小二乘估计

回归分析的主要任务是采用适当的方法，充分利用样本提供的信息，使样本回归函数尽可能地接近真实的总体回归函数。可以从不同角度去确定样本回归函数的准则，也就有了估计回归模型参数的多种方法，用样本概率最大的原则来确定样本回归函数，就是最大似然估计，用估计离差平方和最小的原则来确定样本回归函数，就是最小二乘估计。

最小二乘法是使因变量的观测值 y 与估计值 $\hat{y}$ 之间的离差平方和达到最小来估计 α，β，因此也称为参数的最小二乘估计。

在此仅将最小二乘估计结果表达如下，有兴趣的读者可查阅具体计算过程：

$$\begin{cases}\hat{\alpha}=\bar{y}-\hat{\beta}\,\bar{x}\\[2mm] \hat{\beta}=\dfrac{\sum(x-\bar{x})(y-\bar{y})}{\sum(x-\bar{x})^2}\end{cases} \tag{6-4}$$

2. 多元线性回归分析

在许多实际问题中，某种安全现象的变动往往会受多个因素影响，这种涉及一个因变量与多个自变量的回归就是多元回归，即 y 与 x_1，x_2，…，x_k之间为多元线性关系。多元线性回归分析的原理与一元线性回归基本相同，但多元线性回归的计算过程相对比较复杂。

(1) 总体回归函数

设因变量为 y，k 个自变量分别为 $x_1,x_2,\cdots,x_k$，多元线性回归模型总体回归函数的一般形式如下：

$$y=\alpha+\beta_1x_1+\beta_2x_2+\cdots+\beta_kx_k+\varepsilon \tag{6-5}$$

式中 $\alpha,\beta_1,\beta_2,\cdots,\beta_k$——模型的参数；

ε——误差项。

其中，ε 反映了除 $x_1,x_2,\cdots,x_k$ 对 y 的线性关系之外的随机因素对 y 的影响，即不能由 $x_1,x_2,\cdots,x_k$ 与 y 之间的线性关系所解释的 y 的变异。

(2) 样本回归函数

样本回归函数的表达式如下：

$$\hat{y}=\hat{\alpha}+\hat{\beta}_1x_1+\hat{\beta}_2x_2+\cdots+\hat{\beta}_kx_k \tag{6-6}$$

式中 $\hat{\alpha},\hat{\beta}_1,\hat{\beta}_2,\cdots,\hat{\beta}_k$——$\alpha,\beta_1,\beta_2,\cdots,\beta_k$ 的估计值。

其中，$\hat{\beta}_1,\hat{\beta}_2,\cdots,\hat{\beta}_k$ 为偏回归系数。$\hat{\beta}_1$ 表示当 $x_2,x_3,\cdots,x_k$ 不变时，x_1 每移动一个单位值，因变量 y 的平均移动量；$\hat{\beta}_2$ 表示当 $x_1,x_3,\cdots,x_k$ 不变时，x_2 每移动一个单位值，因变量 y 的平均移动量；其余偏回归系数的含义类似。

(3) 参数的最小二乘估计

由于多元线性回归的偏回归系数估计相对比较烦琐，在此仅做简单的推算。

为了估计出参数 $\alpha,\beta_1,\beta_2,\cdots,\beta_k$，需对 $(x_0,x_1,x_2,\cdots,x_k,y)$ 做 n 次试验，其中，$n>k+1$，设 $x_{1i},x_{2i},\cdots,x_{ki},y_i$ $(i=1,2,\cdots,n)$ 是一个容量为 n 的样本，则可得到一个有限样本模型：

$$\begin{cases} y_1=\alpha+\beta_1x_{11}+\beta_2x_{21}+\cdots+\beta_kx_{k1}+\varepsilon_1 \\ y_2=\alpha+\beta_1x_{12}+\beta_2x_{22}+\cdots+\beta_kx_{k2}+\varepsilon_2 \\ \vdots \\ y_n=\alpha+\beta_1x_{1n}+\beta_2x_{2n}+\cdots+\beta_kx_{kn}+\varepsilon_n \end{cases}$$

其中，$\varepsilon_1,\varepsilon_2,\cdots,\varepsilon_n$ 相互独立且与 ε 同分布。为求解多元回归方程，用矩阵形式表达较为简单：

$$\boldsymbol{Y}=\begin{pmatrix} y_1 \\ y_2 \\ \cdots \\ y_n \end{pmatrix},\quad \boldsymbol{X}=\begin{pmatrix} 1 & x_{11} & \cdots & x_{k1} \\ 1 & x_{12} & \cdots & x_{k2} \\ \vdots & \vdots & & \vdots \\ 1 & x_{1n} & \cdots & x_{kn} \end{pmatrix},\quad \boldsymbol{U}=\begin{pmatrix} \varepsilon_1 \\ \varepsilon_2 \\ \vdots \\ \varepsilon_n \end{pmatrix}$$

$$\boldsymbol{\beta}=\begin{pmatrix} \alpha \\ \beta_1 \\ \beta_2 \\ \vdots \\ \beta_k \end{pmatrix},\quad \hat{\boldsymbol{Y}}=\begin{pmatrix} \hat{y}_1 \\ \hat{y}_2 \\ \vdots \\ \hat{y}_n \end{pmatrix},\quad \hat{\boldsymbol{\beta}}=\begin{pmatrix} \hat{\alpha} \\ \hat{\beta}_1 \\ \hat{\beta}_2 \\ \vdots \\ \hat{\beta}_k \end{pmatrix}$$

则总体回归函数可表达为

$$\boldsymbol{Y}=\boldsymbol{X\beta}+\boldsymbol{U} \tag{6-7}$$

样本回归函数可表达如下：

$$\hat{Y}=X\hat{\beta} \tag{6-8}$$

根据两式，可写为如下形式：

$$(X^{\mathrm{T}}X)\hat{\beta}=X^{\mathrm{T}}Y \Rightarrow \hat{\beta}=(X^{\mathrm{T}}X)^{-1}X^{\mathrm{T}}Y \tag{6-9}$$

上式为偏回归系数最小二乘估计的一般形式；其中，X^{T} 为 X 的转置矩阵。

6.2 安全统计数据的简单线性回归分析与预测

6.2.1 自然灾害的一元线性回归模型

有关自然灾害的详细统计工作参见本书第 11 章，此处仅作为例子的形式加以描述。

1. 自然灾害概述

自然灾害是指由于自然因素对人类的生命安全和财产构成危害或对人类生活环境造成损害的自然变异现象或极端事件。自然灾害频繁发生已经严重影响了我国的经济发展和社会安全，安全科学不仅应该研究人类社会中的人为事故，也应该关注自然灾害，并应将灾害学划入安全科学领域。根据发生特点，自然灾害可分为 7 大类 35 种，包括地震灾害、气象灾害、洪水灾害、海洋灾害、地质灾害、农业灾害和森林灾害。在本书 1.3 节中已设立了安全统计学的子学科——自然灾害统计学，具体分类与研究可参见表 1-4。

安全科学是一门综合性学科，研究对象应是自然的、社会的与人为的安全问题，因此可将安全问题分为“天灾”和“人祸”。“人祸”通常是指与人的因素有密切关系的安全问题，如产品安全、环境安全、交通事故、生产事故、公共安全等；“天灾”则是指由于自然的因素导致危害人类生存的事故，将“天灾”作为安全科学的研究对象，不仅包括地震、台风、洪水、旱灾，还应包括全球变暖、沙漠化、水资源缺乏等。

2. 自然灾害统计指标

2020 年，应急管理部发布的《自然灾害情况统计调查制度》和 2009 年国家标准化管理委员会发布的《自然灾害灾情统计第 1 部分：基本指标》（GB/T 24438.1—2009），制定了 28 条自然灾害统计基本指标，也称为绝对指标。在该制定内容的基础上，结合实际的安全统计情况，本书 3.3.2 节将其基本指标划分为 5 大类，分别为基本指标、人口受灾指标、农作物受灾指标、建筑物及其他工程结构受灾指标和经济损失指标。

在分析自然灾害绝对指标的基础上，构建出 7 个相对指标，即通过计算灾情指标的相对数值，以反映灾害的强度和灾害对社会经济的影响程度。这些相对指标如下：

$$\text{灾害影响人口比}=\frac{\text{受灾人口}}{\text{该年年末总人口}} \tag{6-10}$$

$$\text{因灾死亡人口比}=\frac{\text{因灾死亡人口}}{\text{该年受灾人口}} \tag{6-11}$$

$$\text{紧急转移安置人口比}=\frac{\text{紧急转移安置人口}}{\text{该年受灾人口}} \tag{6-12}$$

$$\text{农作物受灾比}=\frac{\text{农作物受灾面积}}{\text{当年农作物播种面积}} \tag{6-13}$$

$$农作物绝收比=\frac{农作物绝收面积}{该年农作物受灾面积} \tag{6-14}$$

$$房屋倒塌比=\frac{倒塌房屋间数}{损坏房屋总间数} \tag{6-15}$$

$$直接经济损失比=\frac{直接经济损失}{该年 GDP 或财政总收入} \tag{6-16}$$

3. 构建自然灾害一元线性回归模型

有关我国自然灾害的各种记录虽然很多，但口径一致的自然灾害损失统计资料比较有限。本节内容主要讨论所有自然灾害损失的其中 3 个变量，分别为因灾死亡人口、受灾人口和直接经济损失。

其中，直接经济损失是指受灾体在遭受自然灾害袭击后，自身价值降低或丧失所造成的损失，基本计算方法：直接经济损失=受灾体损毁前的实际价值×损毁率。直接经济损失主要包括农业损失、工矿企业损失、基本设施损失、工艺设施损失及家庭财产损失等。

例 6-1 1998—2007 年我国自然灾害损失情况见表 6-1，试建立死亡人口、受灾人口、直接经济损失与时间的一元线性回归模型。

表 6-1 用于一元线性回归模型数据实例（1998—2007 年我国自然灾害损失情况）

年份	时间顺序 x	死亡人口 y_1（人）	受灾人口 y_2（人）	直接经济损失 y_3（亿元）
1998	1	5511	35216	3007.4
1999	2	2966	35319	1962
2000	3	3014	45642.3	2045.3
2001	4	2583	37255.9	1942.2
2002	5	2840	37841.8	1717.4
2003	6	2259	49745.9	1884.2
2004	7	2250	33920.6	1602.3
2005	8	2475	40653.7	2042.1
2006	9	3186	43453.3	2528.1
2007	10	2325	39777.9	2363

注：表中数据来源于民政部门统计资料，《中国民政统计年鉴》《民政事业发展统计报告》和《中国统计年鉴》。

解：（1）数据整理。

从表 6-1 的原始的安全统计数据可看出因自然灾害所造成的各种损失是波动变化的，由于每项指标的单位较少，所以总体上看不出较为明显的变化。回归分析是为了找出隐藏在安全统计数据中的信息，发现其变化规律，因此需先改变每项指标的单位，再整理安全统计数据。安全统计数据整理汇总见表 6-2。

表 6-2 安全统计数据整理汇总

y_1(百人)	y_2(千人)	y_3(百亿元)	$(x-\bar{x})^2$	$(x-\bar{x})(y_1-\bar{y}_1)$	$(x-\bar{x})(y_2-\bar{y}_2)$	$(x-\bar{x})(y_3-\bar{y}_3)$
55.1	35.22	30.07	20.25	-115.56	20.98	-40.40
29.7	35.32	19.62	12.25	-0.98	15.97	5.15
30.1	45.64	20.45	6.25	-1.7	-14.39	1.61
25.8	37.26	19.42	2.25	5.43	3.93	2.51
28.4	37.84	17.17	0.25	0.51	1.02	1.96
22.6	49.75	18.84	0.25	-3.41	4.93	-1.13
22.5	33.92	16.02	2.25	-10.38	-8.94	-7.61
24.8	40.65	20.42	6.25	-11.55	1.92	-1.68
31.9	43.45	25.28	12.25	8.68	12.48	14.66
23.3	39.78	23.63	20.25	-27.54	-0.46	11.42
$\bar{y}_1=29.42$	$\bar{y}_2=39.88$	$\bar{y}_3=21.09$	$\sum(x-\bar{x})^2=82.5$	$\sum(x-\bar{x})(y_1-\bar{y}_1)=-156.5$	$\sum(x-\bar{x})(y_2-\bar{y}_2)=37.44$	$\sum(x-\bar{x})(y_3-\bar{y}_3)=-13.51$

（2）构建回归模型。

根据参数的最小二乘估计法求得 $\hat{\alpha}$ 与 $\hat{\beta}$。

1）死亡人口回归模型：

$$\hat{\beta}_D=\frac{\sum(x-\bar{x})(y_1-\bar{y}_1)}{\sum(x-\bar{x})^2}=\frac{-156.5}{82.5}=-1.90$$

$$\hat{\alpha}_D=\bar{y}_1-\hat{\beta}_D\bar{x}=29.42-(-1.9)\times5.5=39.87$$

则死亡人口回归函数表达式为

$$\hat{y}_D=\hat{\alpha}_D+\hat{\beta}_Dx=39.87-1.9x$$

相关系数为

$$r_D=\frac{\sum(x-\bar{x})(y_1-\bar{y}_1)}{\sqrt{\sum(x-\bar{x})^2\sum(y_1-\bar{y}_1)^2}}=\frac{-156.5}{\sqrt{82.5\times833.5}}=-0.597$$

因为 $0.5\leqslant|r_D|<0.8$，则死亡人口 y_1 与时间 x 是中度相关。

2）受灾人口回归模型：

$$\hat{\beta}_P=\frac{\sum(x-\bar{x})(y_2-\bar{y}_2)}{\sum(x-\bar{x})^2}=\frac{37.44}{82.5}=0.45$$

$$\hat{\alpha}_P=\bar{y}_2-\hat{\beta}_P\bar{x}=39.88-0.45\times5.5=37.41$$

则受灾人口回归函数表达式为

$$\hat{y}_P=\hat{\alpha}_P+\hat{\beta}_Px=37.41+0.45x$$

相关系数为

$$r_P=\frac{\sum(x-\bar{x})(y_2-\bar{y}_2)}{\sqrt{\sum(x-\bar{x})^2\sum(y_2-\bar{y}_2)^2}}=\frac{37.44}{\sqrt{82.5\times233}}=0.27$$

因为 $|r_P|<0.3$，则受灾人口 y_2 与时间 x 相关程度极弱。

3）直接经济损失回归模型：

$$\hat{\beta}_L=\frac{\sum(x-\bar{x})(y_3-\bar{y}_3)}{\sum(x-\bar{x})^2}=\frac{-13.51}{82.5}=-0.16$$

$$\hat{\alpha}_L=\bar{y}_3-\hat{\beta}_L\bar{x}=21.09-(-0.16)\times5.5=21.97$$

则直接经济损失回归函数表达式为

$$\hat{y}_L=\hat{\alpha}_L+\hat{\beta}_Lx=21.97-0.16x$$

相关系数为

$$r_L=\frac{\sum(x-\bar{x})(y_3-\bar{y}_3)}{\sqrt{\sum(x-\bar{x})^2\sum(y_3-\bar{y}_3)^2}}=\frac{-13.51}{\sqrt{82.5\times156.6}}=0.119$$

因为 $|r_L|<0.3$，则直接经济损失 y_3与时间 x 相关程度极弱。

（3）分别作 3 个因变量（死亡人口、受灾人口和直接经济损失）与时间的线性回归图，如图 6-2 所示。

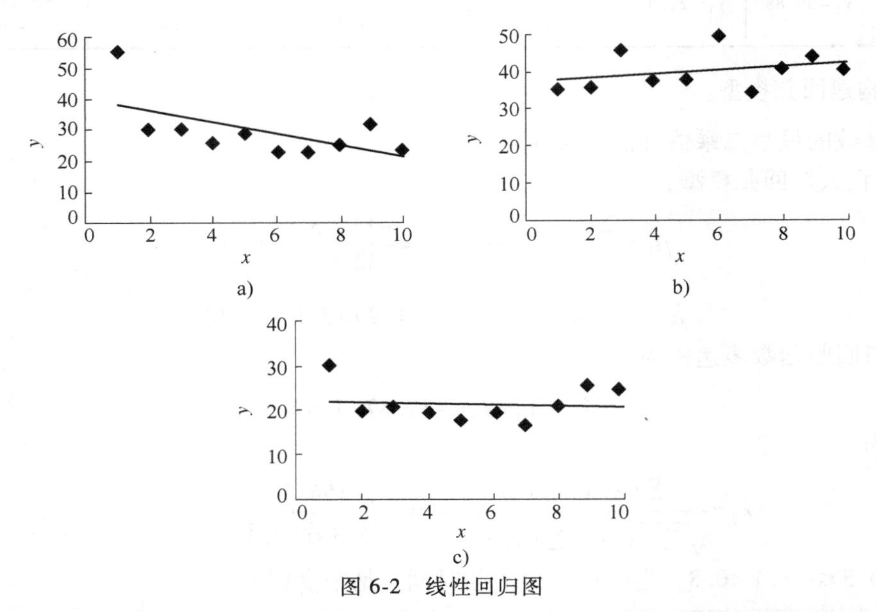

图 6-2　线性回归图

a）死亡人口与时间的直线回归　b）受灾人口与时间的直线回归　c）直接经济损失与时间的直线回归

6.2.2　一元回归直线的拟合优度及应用案例

回归直线 $\hat{y}=\hat{\alpha}+\hat{\beta}x$ 在一定程度上描述了自变量 x 和因变量 y 之间的关系，根据回归方程，可通过 x 的取值来预测 y 的取值，但预测的精度取决于回归直线对观测数据的拟合程度。各观测点围绕直线越紧密，说明直线对观测数据的拟合程度越好，反之越差。假设各观测数据的散点都落在回归直线上，那么这条直线对安全数据是完全拟合的，这条回归直线能充分代表各个观测点，此时用自变量 x 来估计因变量 y 是无误差的。

回归直线与各观测点的接近程度称为回归直线对数据的拟合程度，评价一元线性回归函数拟合优度的重要统计量就是判定系数与估计标准误差。

1. 判定系数

判定系数是对估计的回归方程拟合优度的一种度量方法。因为因变量 y 的取值是不同的，y 取值的这种波动就称为变差，产生的原因主要有两个：一个是由不同的自变量 x 取值造成的，另外一个是受到除 x 以外的其他随机变量影响。变差的数值可用实际观测值 y 与均值 $\bar{y}$ 之间的差（$y-\bar{y}$）来表示，n 次观测值的总变差可由变差的平方和表示，因此称为总平方和，又记为 SST，即：

$$\mathrm{SST}=\sum(y-\bar{y})^2 \tag{6-17}$$

可将 $\mathrm{SST}=\sum(y-\bar{y})^2$ 变形如下：

$$\sum(y-\bar{y})^2=\sum[(y-\hat{y})+(\hat{y}-\bar{y})]^2=\sum(y-\hat{y})^2+2\sum(y-\hat{y})(\hat{y}-\bar{y})+\sum(\hat{y}-\bar{y})^2$$

其中，$\sum(y-\hat{y})(\hat{y}-\bar{y})=0$，因此有：

$$\sum(y-\bar{y})^2=\sum(y-\hat{y})^2+\sum(\hat{y}-\bar{y})^2 \tag{6-18}$$

可将上式三个平方和的关系表示如下：

$$总平方和(\mathrm{SST})=回归平方和(\mathrm{SSR})+残差平方和(\mathrm{SSE}) \tag{6-19}$$

式中　回归平方和（SSR）——$\sum(\hat{y}-\bar{y})^2$，反映了 y 的总变差中由于 x 与 y 间的线性关系引起 y 的变化部分，是可以由回归直线来解释的各个 y 的变差部分；

残差平方和（SSE）——$\sum(y-\hat{y})^2$，是实际观测点与回归值之间的离差平方和，是除了 x 对 y 的线性影响之外的其他随机因素对 y 的影响，是不能由回归直线来解释的各个 y 的变差部分。

回归直线拟合的好坏取决于回归平方和（SSR）占总平方和（SST）的比例大小：各观测点越靠近回归直线，$\frac{\mathrm{SSR}}{\mathrm{SST}}$值就越大，直线拟合就越好。因此，$\frac{\mathrm{SSR}}{\mathrm{SST}}$称为判定系数，又称为决定系数，用 R^2 表示。计算公式如下：

$$R^2=\frac{\mathrm{SSR}}{\mathrm{SST}}=\frac{\sum(\hat{y}-\bar{y})^2}{\sum(y-\bar{y})^2} \tag{6-20}$$

判定系数 R^2 的取值范围在区间［0,1］内，它说明了回归直线对观测数据的拟合程度：当 $R^2=1$ 时，所有观测点都落在直线上，残差平方和 SSE=0，完全拟合；当 $R^2=0$ 时，y 的变化与 x 线性无关，即 $\hat{y}=\bar{y}$。在一元线性回归中，相关系数 r 是判定系数 R^2 的平方根。

2. 估计标准误差

估计标准误差是说明实际观测值与其估计值之间相对偏离程度的指标，主要用来衡量回归方程的拟合程度。估计标准误差是残差平方和的平方根，用 s_e 表示，计算公式为

$$s_e=\sqrt{\frac{\mathrm{SSE}}{n-2}}=\sqrt{\frac{\sum(y-\hat{y})^2}{n-2}} \tag{6-21}$$

s_e 是度量各观测点在直线周围分散程度的一个统计量，反映了实际观测值 y 与回归估计值 $\hat{y}$ 间的差异程度。s_e 也是对误差项 $\boldsymbol{\varepsilon}$ 的标准差 $\boldsymbol{\sigma}$ 的估计，可看作在排除了自变量 x 对因变量 y 的线性影响后，y 随机波动大小的一个估计量。

从实际统计意义上说，s_e 是从另一个角度来说明回归直线的拟合优度，反映用估计的回

归方程预测因变量 y 时预测误差的大小：若 s_e 越小，各观测点越靠近直线，回归直线对各观测点的代表性越好，预测也越准确；当 $s_e=0$，各观测点全部落在回归直线上，预测结果是不存在误差的。

3. 判定系数与估计标准误差的实际应用

（1）根据回归模型进行估计

根据本书 6.2.1 节中构建的死亡人口回归方程、受灾人口回归方程和直接经济损失回归方程，来估计 1998—2007 年的自然灾害损失，估计值见表 6-3。

表 6-3　1998—2007 年的自然灾害损失估计值

年份	$\hat{y}_1$(百人)	$\hat{y}_2$(千人)	$\hat{y}_3$(百亿元)	$(\hat{y}_1-\bar{y}_1)^2$	$(y_1-\hat{y}_1)^2$	$(\hat{y}_2-\bar{y}_2)^2$	$(y_2-\hat{y}_2)^2$	$(\hat{y}_3-\bar{y}_3)^2$	$(y_3-\hat{y}_3)^2$
1998	37.96	37.86	21.83	72.93	293.78	4.08	6.97	0.55	67.90
1999	36.06	38.31	21.67	44.09	40.45	2.46	8.94	0.34	4.20
2000	34.16	38.76	21.50	22.47	16.48	1.25	47.33	0.17	1.10
2001	32.27	39.21	21.34	8.12	41.86	0.45	3.80	0.06	3.69
2002	30.37	39.66	21.17	0.90	3.88	0.05	3.31	0.01	16
2003	28.47	40.11	21.01	0.90	34.46	0.05	92.93	0.01	4.71
2004	26.57	40.56	20.85	8.12	16.56	0.46	44.09	0.06	23.33
2005	24.68	41.01	20.68	22.47	0.01	1.28	0.13	0.17	0.07
2006	22.78	41.46	20.52	44.09	83.17	2.50	3.96	0.32	22.66
2007	20.88	41.91	20.36	72.93	5.86	4.12	4.54	0.53	10.69
合计				297.02	536.51	16.7	216	2.22	154.35

（2）计算判定系数与估计标准误差

1）死亡人口线性回归的拟合优度：

$$R_D^2=\frac{SSR_D}{SST_D}=\frac{\sum(\hat{y}_1-\bar{y}_1)^2}{\sum(y_1-\bar{y}_1)^2}=\frac{296.88}{833.5}=0.356$$

$$s_{eD}=\sqrt{\frac{SSE_D}{n-2}}=\sqrt{\frac{\sum(y_1-\hat{y}_1)^2}{n-2}}=\sqrt{\frac{536.51}{10-2}}=8.19$$

根据上两式的计算结果，可得出如下的结论：在自然灾害中死亡人数的总变差中，有 35.6%可以由时间变化与死亡人数的线性关系来解释，可见回归方程的拟合程度为中等；根据时间变化来预测由于自然灾害导致的死亡人数时，平均的预测误差为 819 人。

2）受灾人口的拟合优度：

$$R_P^2=\frac{SSR_P}{SST_P}=\frac{\sum(\hat{y}_2-\bar{y}_2)^2}{\sum(y_2-\bar{y}_2)^2}=\frac{16.7}{232.99}=0.072$$

$$s_{eP}=\sqrt{\frac{SSE_P}{n-2}}=\sqrt{\frac{\sum(y_2-\hat{y}_2)^2}{n-2}}=\sqrt{\frac{216}{10-2}}=5.196$$

根据上两式的计算结果，可得出如下的结论：在自然灾害中受灾人口的总变差中，有 7.3%可以由时间变化与受灾人数的线性关系来解释，可见回归方程的拟合程度不高；根据时间变化来预测由于自然灾害导致的受灾人数时，平均的预测误差为 5196 人。

3）直接经济损失的拟合优度：

$$R_L^2=\frac{SSR_L}{SST_L}=\frac{\sum(\hat{y}_3-\bar{y}_3)^2}{\sum(y_3-\bar{y}_3)^2}=\frac{2.22}{156.59}=0.014$$

$$s_{eL}=\sqrt{\frac{SSE_L}{n-2}}=\sqrt{\frac{\sum(y_3-\hat{y}_3)^2}{n-2}}=\sqrt{\frac{154.35}{10-2}}=4.392$$

根据上两式的计算结果，可得出如下的结论：在自然灾害中直接经济损失的总变差中，有 1.4%可以由时间变化与直接经济损失的线性关系来解释，可见回归方程拟合程度不高；根据时间变化来预测由于自然灾害导致的直接经济损失时，平均的预测误差为 439.2 亿元。

6.2.3　一元线性回归模型预测及应用案例

回归分析的主要目的是根据所建立的回归方程，用给定的自变量来预测因变量，主要的估计方法有两种：点估计和估计区间。点估计就是根据得到的回归方程计算因变量预测值，在本书 6.2.2 节已用到，本小节主要内容是区间估计。

区间估计有两种类型：平均值的置信区间和个别值的预测区间。

1. 平均值的置信区间

平均值的置信区间是指对自变量 x 的一个给定值 x_0，求出 y 的平均值的估计区间。如根据死亡人口回归模型：$\hat{y}_D=\hat{\alpha}_D+\hat{\beta}_D x=39.87-1.9x$，来求出第 5 年的死亡人数平均值的估计区间，这就是置信区间。

具体做法是：设 x_0是自变量 x 的一个给定值，$E(y_0)$ 是在给定 x_0时对因变量 y 的期望值，$\hat{y}_0=\hat{\alpha}+\hat{\beta}x_0$为 $E(y_0)$ 的点估计值；由于在一般情况下，$\hat{y}_0\neq E(y_0)$，因此需要用 $\hat{y}_0$来推测 $E(y_0)$ 的区间，即平均值的置信区间=点估计±估计误差，也就是：平均值的置信区间=$\hat{y}_0\pm E$。其中，E 由所要求的置信水平的分位数值和点估计量 $\hat{y}_0$的标准误差构成，可用 $s_{\hat{y}_0}$来表示 $\hat{y}_0$的标准差估计量，具体的计算公式为

$$s_{\hat{y}_0}=s_e\sqrt{\frac{1}{n}+\frac{(x_0-\bar{x})^2}{\sum_{i=1}^{n}(x_i-\bar{x})^2}} \tag{6-22}$$

因此，对于给定的 x_0，平均值 $E(y_0)$ 在 $1-\alpha$ 置信水平下的置信区间为

$$\left(\hat{y}_0\pm t_{\frac{\alpha}{2}}(n-2)\cdot s_e\sqrt{\frac{1}{n}+\frac{(x_0-\bar{x})^2}{\sum_{i=1}^{n}(x_i-\bar{x})^2}}\right)\text{（}t\text{ 分布可查附表 B:}t\text{ 分布分位数表）} \tag{6-23}$$

例 6-2　在例 6-1 的死亡人口回归模型 $\hat{y}_D=\hat{\alpha}_D+\hat{\beta}_D x=39.87-1.9x$ 中，当 $x_0=5$ 与 $x_0=10$ 时，试求出 95%置信水平下的平均值置信区间。

解：1）当 $x_0=5$ 时，在 95%置信水平下：

$$\hat{y}_0=39.87-1.9\times5=30.37$$

$$s_{\hat{y}_0}=8.19\times\sqrt{\frac{1}{10}+\frac{(5-5.5)^2}{(1-5.5)^2+(2-5.5)^2+\cdots+(10-5.5)^2}}=2.63$$

查阅附表 B：t 分布分位数表，得：

$$t_{0.025}(8)=2.3060$$

$$(\hat{y}_0 \pm t_{\frac{\alpha}{2}} s_{\hat{y}_0})=(30.37 \pm 2.3060 \times 2.63)=(30.37 \pm 6.06)$$

因此，平均值 $E(y_0)$ 的置信区间为（24.31,36.43）。

2）当 $x_0=10$ 时，在 95%置信水平下：

$$\hat{y}_0=39.87-1.9 \times 10=20.87$$

$$s_{\hat{y}_0}=8.19 \times \sqrt{\frac{1}{10}+\frac{(10-5.5)^2}{(1-5.5)^2+(2-5.5)^2+\cdots+(10-5.5)^2}}=4.81$$

查阅附表 B：t 分布分位数表，得：

$$t_{0.025}(8)=2.3060$$

$$(\hat{y}_0 \pm t_{\frac{\alpha}{2}} s_{\hat{y}_0})=(20.87 \pm 2.3060 \times 4.81)=(20.87 \pm 11.09)$$

因此，平均值 $E(y_0)$ 的置信区间为（9.78,31.96）。

由上述计算结果可得出如下结论：当 $x_0=\bar{x}$ 时，$\hat{y}_0$的标准差的估计量最小，有 $s_{\hat{y}_0}=s_e\sqrt{\frac{1}{n}}$，此时的估计值最为准确。当 x_0与 $\bar{x}$ 的差距越大，y 的平均置信区间就越宽，估计效果就越不好。

---

2. 个别值的预测区间

个别值的预测区间是估计区间的另一种类型，是通过对 x 的一个给定值 x_0，求出 y 的一个个别值的估计区间。

与平均值的置信区间相类似，y 的个别值的估计区间=点估计值±估计误差，即个别值的估计区间=$\hat{y}_0 \pm E$。其中，E 是由所要求的置信水平的分位数值和点估计量$\hat{y}_0$的标准误差构成，可用 s_{ind}表示估计 y 的一个个别值时 $\hat{y}_0$的标准差估计量，具体计算公式为

$$s_{\mathrm{ind}}=s_e\sqrt{1+\frac{1}{n}+\frac{(x_0-\bar{x})^2}{\sum_{i=1}^{n}(x_i-\bar{x})^2}} \tag{6-24}$$

因此，对于一个具体给定的 x_0，y 的一个个别值$\hat{y}_0$在 $1-\alpha$ 置信水平下的预测区间可表示如下：

$$\left(\hat{y}_0 \pm t_{\frac{\alpha}{2}} s_e\sqrt{1+\frac{1}{n}+\frac{(x_0-\bar{x})^2}{\sum_{i=1}^{n}(x_i-\bar{x})^2}}\right) \tag{6-25}$$

与平均值的置信区间相比，s_{ind}中的根号内多了一个数值 1，原因就在于即使对同一个 x_0，这两个区间的宽度是不一致的，预测区间要比置信区间宽一些。

例 6-3 对例 6-1 中的死亡人口回归模型 $\hat{y}_D=\hat{\alpha}_D+\hat{\beta}_D x=39.87-1.9x$，进行 95%的平均值的置信区间和个别值的预测区间估计。

解：已知 $t_{0.025}(8)=2.3060$

（1）当 $x_0=1$ 时，在 95%置信水平下：

$$\hat{y}_0=39.87-1.9 \times 1=37.97$$

$$s_{\hat{y}_0}=8.19\times\sqrt{\frac{1}{10}+\frac{(1-5.5)^2}{(1-5.5)^2+(2-5.5)^2+\cdots+(10-5.5)^2}}=4.81$$

$$(\hat{y}_0\pm t_{\frac{\alpha}{2}}s_{\hat{y}_0})=37.97\pm2.3060\times4.81=(37.97\pm11.09)$$

因此，平均值 $E(y_0)$ 的置信区间为（26.86,49.06）；

$$s_{\text{ind}}=8.19\times\sqrt{1+\frac{1}{10}+\frac{(1-5.5)^2}{(1-5.5)^2+(2-5.5)^2+\cdots+(10-5.5)^2}}=9.5$$

$$(\hat{y}_0\pm t_{\frac{\alpha}{2}}s_{\text{ind}})=(37.97\pm2.3060\times9.5)=(37.97\pm21.91)$$

因此，个别值的预测区间为（16.06,59.88）。

（2）运用 SPSS（该软件的简介见本章备注）对死亡人口回归模型 $\hat{y}_D=\hat{\alpha}_D+\hat{\beta}_Dx=39.87-1.9x$ 进行 95%的置信区间的预测（表 6-4）。在人为计算过程中，由于只保留到小数点后的两位有效数字，因此软件的计算结果与人为的计算结果存在部分偏差。

表 6-4　在设定置信区间的预测例子（1998—2007 年自然灾害死亡人口回归模型）

x	y_1	点估计的预测值 PRE	$s_{\hat{y}_0}$	s_{ind}	平均值的置信区间的下限 LMCI	平均值的置信区间的上限 UMCI	个别值预测区间的下限 LICI	个别值预测区间的上限 UICI
1	55.10	37.96	4.81	9.50	26.86	49.06	16.05	59.86
2	29.70	36.06	4.08	9.15	26.64	45.47	14.96	57.16
3	30.10	34.16	3.43	8.88	26.24	42.08	13.68	54.64
4	25.80	32.27	2.92	8.70	25.53	39	12.21	52.32
5	28.40	30.37	2.63	8.60	24.31	36.43	10.53	50.20
6	22.60	28.47	2.63	8.60	22.41	34.53	8.64	48.31
7	22.50	26.57	2.92	8.70	19.87	33.31	6.52	46.63
8	24.80	24.68	3.43	8.88	16.76	32.60	4.20	45.16
9	31.90	22.78	4.08	9.15	13.37	32.20	1.68	43.88
10	23.30	20.88	4.81	9.50	9.78	31.98	-1.02	42.79

由表 6-4 可以看出，预测区间比置信区间的范围宽。

6.3 安全统计数据的多元线性回归分析与预测

6.3.1 以煤矿行业安全状况为例的多元线性回归模型

1. 煤矿行业安全状况的影响因素

20 多年前，随着当时国民经济的快速发展，煤炭的需求量大幅度增加，给我国的煤矿行业提供了大量的发展机遇和广阔的发展前景；在机遇的背后，当时煤矿行业的安全问题日益突出：我国的煤炭产量居世界第一，2005 年占全世界煤产量的 37%，但在这一年内，全国共发生煤矿生产安全事故 3360 起，死亡人数达到 5938 人，分别占我国工矿商贸企业事故数和死亡人数的 26.91% 和 40.26%，百万吨死亡人数为 3.1，占全世界煤矿死亡人数的 79%，居世界之首。

煤矿安全问题是制约我国煤矿工业发展的主要原因，煤矿事故频繁发生的原因涉及多方面，既有煤层构造、地质结构等自然因素，也有国家安全管理体制、经济政策、社会传统观念等社会经济文化因素，还有煤矿企业员工素质较低、安全投入不足、开采工艺技术水平低等技术与管理原因。从影响范围上可将涉及煤矿行业安全状况的因素分为宏观原因和微观原因。

宏观原因主要是指国家经济的宏观发展水平、现代技术的发展水平、煤矿安全生产法律法规的颁布和实施情况、煤层的自然条件、煤矿企业从业人员的文化素质等方面。

微观原因主要包括安全生产投入不足（包括安全生产管理投入、安全生产设备投入和煤矿安全科研投入）、安全监控管理弱化、安全绩效管理滞后、生产环节恶劣和事故警示作用淡化等原因。

2. 煤矿行业的统计指标举例

根据事故发生率和事故的严重程度，煤矿行业属于高危行业，该行业的安全统计指标主要分为绝对指标和相对指标。在本书 3.3 节中已归纳了工矿企业（煤矿、金属与非金属企业、工商企业）安全统计指标内容。

（1）绝对指标

绝对指标包括伤亡事故起数、死亡事故起数、死亡人数、重伤人数、轻伤人数、直接经济损失、损失工作日数、重大事故起数、重大事故死亡人数、特大事故起数、特大事故死亡人数、特别重大事故起数、特别重大事故死亡人数、百万吨死亡率。

（2）相对指标

相对指标包括在绝对指标的基础上来建立相对指标，以对比两个绝对指标的方式来反映煤矿行业的安全状况，以下为 6 种相对指标的计算方法。

$$千人死亡率=\frac{死亡人数}{平均职工数}\times 10^3 \tag{6-26}$$

$$千人重伤率=\frac{重伤人数}{平均职工数}\times 10^3 \tag{6-27}$$

$$百万吨死亡率=\frac{死亡人数}{实际产量(t)}\times 10^6 \tag{6-28}$$

$$百万工时死亡率=\frac{死亡人数}{实际总工时}\times 10^6 \tag{6-29}$$

$$亿元\ GDP\ 死亡率=\frac{死亡人数}{国内生产总值(元)}\times 10^8 \tag{6-30}$$

$$重大/特别重大事故率=\frac{重大/特别重大事故发生起数}{事故总起数}\times 100\% \tag{6-31}$$

上述指标仅用作为例子加以引用，有关煤矿安全的更多统计参见本书第 12 章。

3. 构建煤矿行业安全状况的多元线性回归模型

例 6-4　选取影响我国煤矿行业安全状况的 4 个宏观指标：x_1——累计颁布煤矿安全法律法规数（统计自 1949 年以来颁布的安全法律法规数），x_2——采煤机械化程度（%），x_3——GDP 增长率（以 1978 年 100 为基数）（%），x_4——国有重点煤矿工程技术人员百分比（%），将 1999—2008 年的上述 4 个指标的原始统计数据汇总（表 6-5）。试分析煤炭百万吨死亡率与 4 个宏观指标的多元线性关系。

表 6-5　煤矿安全水平及其宏观影响指标的统计例子（1999—2008 年）

年份	时间顺序	x_1（个）	x_2（%）	x_3（%）	x_4（%）	煤炭百万吨死亡率 y（人/Mt）
1999	1	204	75.20	7.6	2.43	5.28
2000	2	210	75.05	8.4	2.46	5.86
2001	3	219	75.10	8.3	2.48	5.21
2002	4	232	77.78	9.1	2.49	5.02
2003	5	245	81.47	10.0	2.50	3.71
2004	6	260	82.72	10.1	2.52	3.08
2005	7	276	84.46	10.4	2.54	2.81
2006	8	292	85.50	11.1	2.57	2.04
2007	9	310	86.00	11.4	2.58	1.485
2008	10	327	87.00	9.6	3.00	1.182

注：表中数据来源于历年的《中国煤炭工业发展研究报告》《中国煤炭工业年鉴 2012·增刊》、应急管理部网站和国家统计局网站。

根据多元线性回归参数的最小二乘估计法，结合运用 SPSS 软件，得到累计颁布煤矿安全法律法规数 x_1（个）、采煤机械化程度 x_2（%）、GDP 增长率 x_3（%）、国有重点煤矿工程技术人员百分比 x_4（%）与煤炭百万吨死亡率 y 的多元线性回归方程为：

$$\hat{y}=18.488-0.035x_1-23.451x_2+49.81x_3+320.824x_4$$

相关系数 $r=0.993>0.8$，说明这 4 个自变量与因变量的相关程度较高。

多元线性回归函数中，各回归系数的实际意义为：

1）$\hat{\beta}_1=-0.035$ 表示在采煤机械化程度为 x_2(%)、GDP 增长率为 x_3(%) 和国有重点煤矿工程技术人员百分比为 x_4(%) 保持不变的条件下，颁布的煤矿安全法律法规数 x_1 每增加 1 条，煤炭百万吨死亡率就会降低 0.035 人/Mt。

2）$\hat{\beta}_2=-23.451$ 表示在颁布的煤矿安全法律法规数为 x_1（个）、GDP 增长率为 x_3(%) 和国有重点煤矿工程技术人员百分比为 x_4(%) 保持不变的条件下，采煤机械化程度 x_2 每提高 1%，煤炭百万吨死亡率就会降低 0.235 人/Mt。

3）$\hat{\beta}_3=49.81$ 表示在颁布的煤矿安全法律法规数为 x_1（个）、采煤机械化程度为 x_2(%) 和国有重点煤矿工程技术人员百分比为 x_4(%) 保持不变的条件下，GDP 增长率 x_3 每增加 1%，煤炭百万吨死亡率就会增加 0.498 人/Mt。

4）$\hat{\beta}_4=320.824$ 表示在颁布的煤矿安全法律法规数为 x_1（个）、采煤机械化程度为

x_2(%)和 GDP 增长率为 x_3(%)保持不变的条件下，国有重点煤矿工程技术人员百分比 x_4(%)每增加 1%，煤炭百万吨死亡率就会增加 3.208 人/Mt。

6.3.2 多元回归函数的拟合优度及其应用案例

与一元回归函数类似，多元回归函数 $\hat{y}=\hat{\alpha}+\hat{\beta}_1x_1+\hat{\beta}_2x_2+\cdots+\hat{\beta}_kx_k$ 能在一定程度上描述自变量 $x_1,x_2,\cdots,x_k$ 与因变量 y 之间的关系，可通过函数方程预测 y 的取值，但预测的精度取决于多元回归直线对观测数据的拟合程度。

评价多元回归函数拟合优度的统计量就是多重判定系数与估计标准误差。

1. 多重判定系数

在多元线性回归中，因变量的总误差平方和 SST 同样被分成两部分：回归平方和 SSR 与残差平方和 SSE。

在多元线性回归函数中，回归平方和占总平方和的比例称为多重判定系数，计算公式如下：

$$R^2=\frac{\text{SSR}}{\text{SST}} \tag{6-32}$$

在多元线性回归中，由于自变量的数量增加了，将影响到因变量中被估计回归方程所解释的变差数量：自变量增加会使预测误差变小，残差平方和 SSE 将会减小，多重判定系数 R^2 将会变大。因此，为了避免增加自变量而使 R^2 增大，统计学家提出调整的多重判定系数，记为 R_a^2，它的意义与 R^2 相同。计算公式如下：

$$R_a^2=1-(1-R^2)\frac{n-1}{n-k-1} \tag{6-33}$$

式中 n——样本量；

k——自变量的个数。

2. 估计标准误差

多元线性回归中的估计标准误差是其残差平方和的平方根，用 s_e 表示，计算公式如下：

$$s_e=\sqrt{\frac{\sum(y-\hat{y})^2}{n-k-1}}=\sqrt{\frac{\text{SSE}}{n-k-1}} \tag{6-34}$$

s_e 是预测误差的标准差的估计量，它的具体含义是根据自变量 $x_1,x_2,\cdots,x_k$ 来预测因变量 y 时的平均预测误差。

3. 多重判定系数与估计标准误差的应用

由于多元线性回归的 SST、SSR、SSE 计算较为复杂，很多情况下需要借助相关软件，如 SPSS 19。

例 6-5 试分析例 6-4 中的累计颁布煤矿安全法律法规数 x_1(个)、采煤机械化程度 x_2(%)、GDP 增长率 x_3(%)、国有重点煤矿工程技术人员百分比 x_4(%)与煤炭百万吨死亡率 y 的多元线性回归模型 $\hat{y}=18.488-0.035x_1-23.451x_2+49.81x_3+320.824x_4$ 的拟合优度。

解： 运用 SPSS 19 软件，求解出多元回归模型 $\hat{y}=18.488-0.035x_1-23.451x_2+49.81x_3+320.824x_4$ 的变差分析结果，分析结果见表 6-6 所示。

表 6-6 多元回归模型的变差分析结果

Anova②					
模型	平方和	df	均方	F	Sig.
回归	25.857	4	6.464	97.693	0.000①
残差	0.331	5	0.066		
总计	26.188	9			

① 表示预测变量：常量，x_1，x_2，x_3，x_4。
② 表示因变量：y。

（1）多重判定系数。

$$R^2=\frac{\mathrm{SSR}}{\mathrm{SST}}=\frac{25.857}{26.188}=0.987=98.7\%$$

（2）调整的多重判定系数。

$$R_a^2=1-(1-R^2)\frac{n-1}{n-k-1}=1-(1-0.987)\times\frac{10-1}{10-4-1}=0.977=97.7\%$$

因调整的多重判定系数 R_a^2 与多重判定系数 R^2 的意义相同，说明调整了样本量和模型中的自变量数量后，在煤炭百万吨死亡率 y 的总变差中，颁布的煤矿安全法律法规数 x_1（个）、采煤机械化程度 x_2（%）、GDP 增长率 x_3（%）和国有重点煤矿工程技术人员百分比 x_4（%）这 4 个自变量所能解释的比例为 97.7%。其中，多重系数 $R=\sqrt{0.987}=0.993$，表明了煤炭百万吨死亡率 y 同这 4 个自变量的总体相关程度为 99.3%，说明相关程度较高。

（3）估计标准误差。

$$s_e=\sqrt{\frac{\mathrm{SSE}}{n-k-1}}=\sqrt{\frac{0.331}{10-4-1}}=0.257$$

由上述计算结果可得出结论：根据所建立的多元回归方程，用颁布的煤矿安全法律法规数 x_1（个）、采煤机械化程度 x_2（%）、GDP 增长率 x_3（%）和国有重点煤矿工程技术人员百分比 x_4（%）来预测煤炭百万吨死亡率 y 时，平均的预测误差为 0.257 人/Mt。

6.3.3 多元线性回归模型预测

建立多元线性回归模型后，可根据给定的 k 个自变量，求出因变量 y 的平均值的置信区间和个别值的预测区间。这与一元线性回归模型中的平均值的置信区间和个别值的预测区间的计算方法一致，在此仅列出两者的计算公式。

（1）平均值的置信区间

$$\left(\hat{y}_0 \pm t_{\frac{\alpha}{2}}s_e\sqrt{\frac{1}{n}+\frac{(x_{10}-\bar{x}_1)^2}{\sum_{i=1}^{n}(x_{1i}-\bar{x})^2}+\cdots+\frac{(x_{k0}-\bar{x})^2}{\sum_{i=1}^{n}(x_{ki}-\bar{x})^2}}\right) \quad (t\text{ 分布可查表})$$

（2）个别值的预测区间

$$\left(\hat{y}_0 \pm t_{\frac{\alpha}{2}} s_e \sqrt{1+\frac{1}{n}+\frac{(x_{10}-\bar{x}_1)^2}{\sum_{i=1}^{n}(x_{1i}-\bar{x})^2}+\cdots+\frac{(x_{k0}-\bar{x})^2}{\sum_{i=1}^{n}(x_{ki}-\bar{x})^2}}\right) \quad (t\text{分布可查表})$$

例 6-6 根据例 6-4 中的多元线性回归模型 $\hat{y}=18.488-0.035x_1-23.451x_2+49.81x_3+320.824x_4$，试求出煤炭百万吨死亡率 95%的置信区间和预测区间。

解： 已知$t_{0.025}(8)=2.3060$

1）当取 $x_1=204$，$x_2=75.2\%$，$x_3=7.6\%$，$x_4=2.43\%$时，在 95%置信水平下：

$$\hat{y}=18.488-0.035\times204-23.451\times75.20\%+49.81\times7.6\%+320.824\times2.43\%=5.29$$

$$s_{\hat{y}_0}=0.257\times\sqrt{\frac{1}{10}+\frac{(204-257.5)^2}{1.653\times10^4}+\frac{(0.752-0.81)^2}{0.021}+\frac{(7.6-9.6)^2\times10^{-4}}{1.392\times10^{-3}}+\frac{(2.43-2.56)^2\times10^{-4}}{2.379\times10^{-5}}}=0.229$$

$$(\hat{y}_0\pm t_{\frac{\alpha}{2}}s_{\hat{y}_0})=(5.29\pm2.3060\times0.229)=(5.29\pm0.53)$$

因此，平均值 $E(y_0)$ 的置信区间为（4.76,5.82）。

$$s_{\text{ind}}=0.257\times\sqrt{1+\frac{1}{10}+\frac{(204-257.5)^2}{1.653\times10^4}+\cdots+\frac{(2.43-2.56)^2\times10^{-4}}{2.379\times10^{-5}}}=0.344$$

$$(\hat{y}_0\pm t_{\frac{\alpha}{2}}s_{\text{ind}})=(5.29\pm2.3060\times0.344)=(5.29\pm0.79)$$

因此，个别值的预测区间为（4.50,6.08）。

2）运用 SPSS 对多元线性回归模型 $\hat{y}=18.488-0.035x_1-23.451x_2+49.81x_3+320.824x_4$，进行 95%的置信区间和预测区间估计结果（表 6-7）。表 6-7 中，PRE_1 表示用 SPSS 软件计算煤炭百万吨死亡率的点估计预测值；LMCI_1 和 UMCI_1 分别表示平均值的置信区间的下限和上限；LICI_1 和 UICI_1 分别表示个别预测区间的下限和上限。

在人为计算过程中，由于只保留到小数点后的三位有效数字，因此软件的计算结果与人为的计算结果存在部分偏差。

表 6-7 煤炭百万吨死亡率的置信区间和预测区间的计算例子

年份	y(人/Mt)	PRE_1	LMCI_1	UMCI_1	LICI_1	UICI_1
1999	5.28	5.38055	4.77968	5.98143	4.48708	6.27403
2000	5.86	5.70301	5.28825	6.11776	4.92246	6.48356
2001	5.21	5.39446	4.96493	5.82400	4.60596	6.18297
2002	5.02	4.74706	4.43327	5.06084	4.01514	5.47898
2003	3.71	3.91260	3.42355	4.40166	3.09016	4.73505
2004	3.08	3.21481	2.88953	3.54009	2.47789	3.95173
2005	2.81	2.46716	2.07640	2.85792	1.69908	3.23523
2006	2.04	2.11498	1.77094	2.45902	1.36959	2.86037
2007	1.485	1.55689	0.99333	2.12045	0.68807	2.42571
2008	1.182	1.18547	0.52477	1.84618	0.25071	2.12023

6.3.4　多重共线性及处理

当回归模型中使用两个或两个以上的自变量时，这些自变量有时候会提供多余的信息，致使预测效果无法达到预期的要求，为了使多元线性回归模型更好地进行预测，需要处理这些多余的信息。

1. 多重共线性

当多元线性回归模型中多个自变量彼此相关时，称回归模型中存在多重共线性。在有些安全现象研究过程中，自变量与自变量之间存在相关性是一种很平常的事，如在研究企业生产安全事故中，企业的安全管理水平与员工的安全意识都是影响事故发生的因素，但安全管理水平的高低又会影响员工的安全意识，因此安全管理水平与员工的安全意识之间存在相关性。但在回归分析中存在多重共线性将会产生一些问题，例如：

1）变量之间高度相关，可能会使回归的结果造成混乱，甚至会把分析引入歧途。

2）多重共线性可能对参数估计值的正负号产生影响，特别是$\hat{\beta}_k$的正负号有可能和预期的正负号相反。例 6-4 提供的信息：$\hat{y}=18.488-0.035x_1-23.451x_2+49.81x_3+320.824x_4$中$\hat{\beta}_4=320.824$，这就意味着煤矿工程技术人员百分比的增加会使煤炭百万吨死亡率也增加，在实际情况中，这是不会发生的。因此仅就煤炭百万吨死亡率和技术人员百分比建立一元线性回归，得到估计方程为 $\hat{y}=22.55-7.424x_4$。之所以会出现这样的结果是因为变量与变量之间存在相关性。

因此，需要识别多元线性回归模型中的多重共线性，对模型进行处理，使模型能够达到人们预期所希望的效果。

2. 多重共线性的识别

识别多重共线性的方法有很多，其中最简单的一种方法是计算不同变量之间的相关系数，并进行显著性检验。如果出现下列情况，就意味着变量之间存在多重共线性：①模型中不同变量间显著相关；②当模型的 F 检验显著时，几乎所有回归系数$\hat{\beta}_k$的 t 检验却不显著；③回归系数的正负号与预期的相反。

根据例 6-4 中的数据，计算两两变量中的相关系数及其检验结果（表 6-8）。

表 6-8　4 个自变量的相关系数矩阵

显著性	变量			
	x_1	x_2	x_3	x_4
$x_1 r$ 显著性（双侧）	1	0.964 0.000	0.801 0.005	0.779 0.008
$x_2 r$ 显著性（双侧）	0.964 0.000	1	0.879 0.001	0.659 0.038
$x_3 r$ 显著性（双侧）	0.801 0.005	0.879 0.001	1	0.280 0.433
$x_4 r$ 显著性（双侧）	0.779 0.008	0.659 0.038	0.280 0.433	1

检验结果表明：这 4 个自变量两两之间都有显著的相关关系，因此例 6-4 所建立的多元

线性回归模型可能存在多重线性关系。

由表 6-8 的变量间的关系矩阵可看出，煤矿安全法律法规数 x_1 和采煤机械化程度 x_2 显著性（双侧）接近于 0。

建立煤炭百万吨死亡率 y 与煤矿安全法律法规数 x_1、采煤机械化程度 x_2 的多元线性回归模型为

$$\hat{y}=28.181-0.019x_1-18.031x_2$$

3. 处理后的多元线性回归模型预测

例 6-7 根据例 6-4 中的数据，利用处理后回归方程：$\hat{y}=28.181-0.019x_1-18.031x_2$，求出煤炭百万吨死亡率 95%的置信区间和预测区间。

解： 由于数据较多，在此省略了人工计算过程，仅使用 SPSS 软件进行预测。运用 SPSS 逐步回归得到煤炭百万吨死亡率 95%的置信区间和预测区间（表 6-9）。表 6-9 中，PRE_2 用处理后的多元线性回归函数计算煤炭百万吨死亡率的点估计预测值；LMCI_2 和 UMCI_2 分别表示平均值的置信区间的下限和上限；LICI_2 和 UICI_2 分别表示个别预测区间的下限和上限。

表 6-9 处理后的煤炭百万吨死亡率的置信区间和预测区间

年份	y/(人/Mt)	PRE_2	LMCI_2	UMCI_2	LICI_2	UICI_2
1999	5.28	5.65790	5.32923	5.98657	4.94830	6.36750
2000	5.86	5.56838	5.23520	5.90157	4.85668	6.28009
2001	5.21	5.38453	4.98975	5.77931	4.64199	6.12706
2002	5.02	4.64874	4.40158	4.89590	3.97302	5.32446
2003	3.71	3.73084	3.36991	4.09176	3.00573	4.45594
2004	3.08	3.21404	2.90798	3.52011	2.51463	3.91346
2005	2.81	2.58947	2.27071	2.90823	1.88441	3.29453
2006	2.04	2.09112	1.80512	2.37711	1.40025	2.78198
2007	1.485	1.65128	1.30454	1.99802	0.93313	2.36943
2008	1.182	1.14071	0.66850	1.61292	0.35427	1.92715

通过两种回归模型对煤炭百万吨死亡率的预测结果的对比，根据实际情况选择更合适的回归模型。

6.4 安全统计数据的非线性回归分析与预测

6.4.1 非线性回归的内涵

一元线性回归模型和多元线性回归模型，都是假定因变量与自变量之间的相关关系可以用线性方程来近似表现。然而在实际的安全现象中，非线性关系大量存在，在众多情况中，非线性的回归模型比线性回归模型更能客观反映安全现象间的互相关系。

例如，在建立某企业安全生产状况的回归函数中，多元线性回归函数实际上是在假定各因素保持不变的情况下，安全投入每增加一单位值，事故率就降低 β_1；安全技术人员每增加一名，事故率就降低 β_2。根据给出的线性函数，即使安全技术人员为 0，只要其他因素不断变化，事故率仍会降低。然而在实际情况中，如果安全技术人员很少，事故率在一定时期内会呈现出不断上升的趋势。因此，非线性回归模型比线性回归模型更适合。

进行非线性回归分析，必须要解决以下两个问题：

第一，如何确定非线性函数的具体形式。与线性回归的函数形式不同，非线性回归函数有多种表现形式，如抛物线函数、双曲线函数、幂函数等，需要根据所研究安全现象的性质，结合实际的样本观测值来选择。

第二，如何估计函数中参数。非线性回归函数中确定参数最常用的方法仍是最小二乘法，具体运用时，必须先通过变量变换，把非线性函数关系转化为线性关系，这是由于非线性回归函数的参数确定过程比较烦琐，大多通过 Excel、SPSS 等软件来求得。

6.4.2　非线性函数的形式

在对安全现象进行定量分析时，非线性回归函数具体形式的选择应遵循以下原则：

第一，非线性回归函数的形式应与有关的安全科学、系统科学、统计学等科学的基本理论相一致。

第二，非线性回归函数需有较高的拟合程度，非线性回归方程才能较好地反映安全现象的实际情况。

第三，非线性回归函数的数学形式要尽可能简单。如果几种非线性回归函数的数学形式基本都能符合上述两项要求，则应选择其中数学形式较简单的一种，因为数学形式越简单，可操作性就越强。

1. 抛物线函数

抛物线方程的具体表达形式如下：

$$y=ax^2+bx+c \tag{6-35}$$

式中　a，b，c——待定参数。

判断某种现象是否适合应用抛物线函数，可利用“差分法”，具体步骤如下：

第一步，将样本观察值按 x 的大小顺序进行排列。

第二步，按下列两式计算 x 和 y 的一阶差分 Δx_t，Δy_t及 y 的二阶差分 $\Delta^2 y_t$：

$$\Delta x_t=x_t-x_{t-1} \tag{6-36}$$

$$\Delta y_t=y_t-y_{t-1} \tag{6-37}$$

$$\Delta^2 y_t=\Delta y_t-\Delta y_{t-1} \tag{6-38}$$

当 Δx_t接近于一常数，$\Delta^2 y_t$的绝对值接近于常数时，自变量 x 与因变量 y 之间的关系可用抛物线方程来近似表达。

2. 双曲线函数

假如因变量 y 随自变量 x 的增加而增加（或减少），在最初阶段增加（或减少）的速度较快，后来逐渐趋于平缓，可选用双曲线函数来表示。双曲线函数的表达形式如下：

$$y=a+\frac{b}{x} \tag{6-39}$$

3. 幂函数

幂函数方程的表达形式如下：

$$y=ax^{b} \tag{6-40}$$

4. 指数函数

指数函数的表达形式如下：

$$y=ae^{bx} \tag{6-41}$$

式中　a，b——待定参数。

当 $a>0$，$b>0$ 时，曲线随自变量 x 值的增加而弯曲上升，因变量 y 值趋于 $+\infty$；

当 $a>0$，$b<0$ 时，曲线随自变量 x 值的增加而弯曲下降，因变量 y 值趋于 0。

5. 对数函数

对数函数的表达形式如下：

$$y=a+b\ln x \tag{6-42}$$

当 $b<0$ 时，对数函数的特点是随着自变量 x 的增加，因变量 y 反而减小。

6. S 形曲线函数

最常用的 S 形曲线是逻辑曲线，具体表达形式如下：

$$y=\frac{L}{1+ae^{bx}} \quad (L,a,b>0) \tag{6-43}$$

逻辑曲线具有这样的性质：y 是 x 的非减函数，开始阶段，y 随 x 的增加而增加，增长速度不断加快；但当 y 达到一定数值后，增长速度逐渐放慢；最后，随着 x 的不断增加，y 逐渐趋近于 L，且永远小于 L。

7. 多项式方程

多项式方程是一种比较重要的非线性回归形式，根据数学中级数展开的原理，在一定范围内，任何曲线、曲面、超曲面的问题，都能用任意多项式反映。因此，当因变量与自变量之间的关系不确定时，可采用适当的幂次多项式来近似反映。

当涉及的自变量只有一个时，所采用的多项式方程就称为一元多项式，一般形式表达如下：

$$y=a+b_1x+b_2x^2+\cdots+b_kx^k \tag{6-44}$$

简单线性函数、抛物线函数和双曲线函数都是一元多项式的特例。

当涉及的自变量有两个或两个以上时，所采用的多项式就称为多元多项式。如二元二次多项式的表达形式如下：

$$y=a+b_1x_1+b_2x_2+b_3x_1x_2+b_4x_1^2+b_5x_2^2 \tag{6-45}$$

一般来说，涉及的自变量个数越多，自变量的幂次越高，计算量就越大。因此在实际安全现象的定量分析中，一般避免采用多元高次多项式。

6.4.3　实例研究

例 6-1 已建立了死亡人口、受灾人口和直接经济损失回归函数。根据相关程度，其中，

仅死亡人口的相关系数 $|r_D|>0.5$，属于中度相关；其余两个函数的相关系数 $|r|<0.3$，变量间的相关程度极弱，可视为不相关。为了更好地体现自变量与因变量之间的联系，可选择非线性回归函数。

1. 函数形式的选取

从非线性函数的形式中选择幂函数、指数函数、对数函数和多项式方程这四种函数形式，比较各非线性函数与一元线性函数的相关系数，选取最合适的函数表达式。将各表达式归纳于表 6-10～表 6-12。

表 6-10　1998—2007 年自然灾害损失中死亡人口的线性和非线性模型

函数类型			死亡人口回归函数	r_D
一元线性函数			$\hat{y}_D=39.87-1.9x$	-0.597
非线性函数	幂函数		$\hat{y}_D=43.52x^{-0.283}$	-0.784
	指数函数		$\hat{y}_D=38.12\mathrm{e}^{-0.054x}$	-0.613
	对数函数		$\hat{y}_D=-10.27\ln x+44.93$	-0.782
	多项式方程	二次	$\hat{y}_D=0.72x^2-9.81x+55.67$	-0.827
		三次	$\hat{y}_D=-0.196x^3+3.95x^2-24.72x+72.49$	-0.909
		四次	$\hat{y}_D=0.03x^4-0.79x^3+8.31x^2-36.62x+81.77$	-0.917

表 6-11　1998—2007 年自然灾害损失中受灾人口的线性和非线性模型

函数类型			受灾人口回归函数	r_P
一元线性函数			$\hat{y}_P=37.41+0.45x$	0.27
非线性函数	幂函数		$\hat{y}_P=36.13x^{0.061}$	0.360
	指数函数		$\hat{y}_P=37.1\mathrm{e}^{0.012x}$	0.290
	对数函数		$\hat{y}_P=2.38\ln x+36.29$	0.343
	多项式方程	二次	$\hat{y}_P=-0.16x^2+2.23x+33.83$	0.363
		三次	$\hat{y}_P=0.04x^3-0.84x^2+5.38x+30.28$	0.393
		四次	$\hat{y}_P=-0.009x^4+0.23x^3-2.24x^2+9.21x+27.30$	0.4

表 6-12　1998—2007 年自然灾害损失中直接经济损失的线性和非线性模型

函数类型			直接经济损失回归函数	r_L
一元线性函数			$\hat{y}_L=21.97-0.16x$	0.119
非线性函数	幂函数		$\hat{y}_L=23.73x^{-0.089}$	0.349
	指数函数		$\hat{y}_L=21.37\mathrm{e}^{-0.005x}$	0.087
	对数函数		$\hat{y}_L=-2.19\ln x+24.41$	0.386
	多项式方程	二次	$\hat{y}_L=0.46x^2-5.20x+32.06$	0.848
		三次	$\hat{y}_L=-0.05x^3+1.30x^2-9.09x+36.45$	0.878
		四次	$\hat{y}_L=0.006x^4-0.17x^3+2.20x^2-11.56x+28.27$	0.880

通过比较表 6-10～表 6-12 中各非线性函数与一元线性函数的相关系数可得，所有非线性函数的相关系数的绝对值均大于线性函数的相关系数的绝对值，因此非线性模型更适合。

根据选择非线性回归函数形式的三原则，应选择既能表现自变量与因变量之间的关系，函数表达式又简单的回归函数。

（1）死亡人口回归函数（一元二次多项式）

$$\hat{y}_D = 0.72x^2 - 9.81x + 55.67$$

相关系数：$r_D = -0.827$

（2）受灾人口回归函数（幂函数）

$$\hat{y}_P = 36.13x^{0.061}$$

相关系数：$r_P = 0.360$

（3）直接经济损失回归函数（一元二次多项式）

$$\hat{y}_L = 0.46x^2 - 5.20x + 32.06$$

相关系数：$r_L = 0.848$

2. 非线性回归图

重新绘制 1998—2007 年自然灾害损失情况（死亡人口、受灾人口和直接经济损失）与时间之间的非线性回归函数图（图 6-3）。

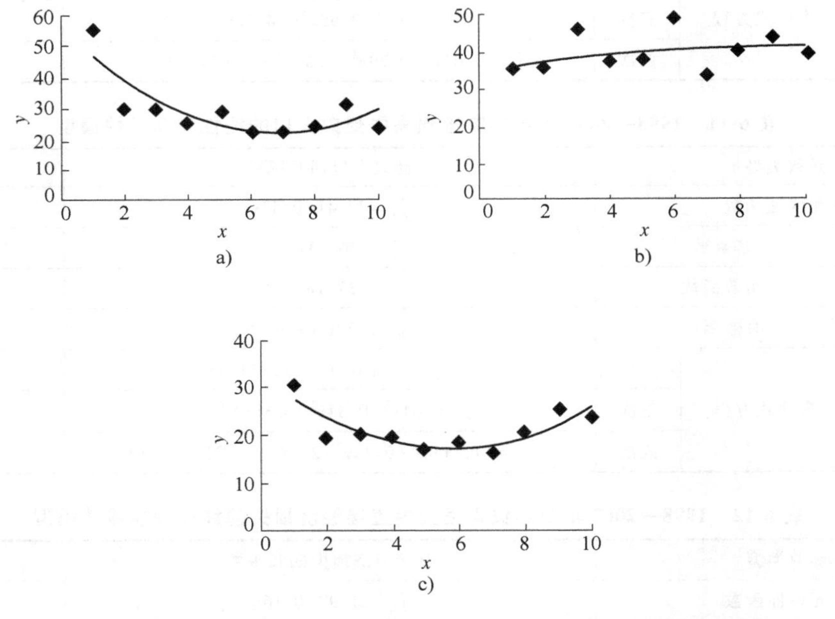

图 6-3　非线性回归图例子（1998—2007 年自然灾害损失与时间的关系）

a）死亡人口与时间的非线性回归函数　b）受灾人口与时间的非线性回归函数

c）直接经济损失与时间的非线性回归函数

本章小结

（1）安全现象中的数量关系一般可分为两种类型：一种是确定型的函数关系，另一种是非确定型的相关关系。其实事故统计介于确定与不确定函数关系的情况也经常存在。

（2）相关关系是指两个变量之间存在的一种非确定的数量关系，一个变量的状态不能由另一个变量唯一确定，可以按不同的标志来区分相关关系：按相关的程度可分为完全相关、不完全相关和不相关，按相关的形式可分为线性相关和非线性相关。

（3）相关系数是度量两个变量间线性关系密切程度的统计量。一元线性模型是只涉及一个自变量与一个因变量的回归分析。多元线性回归模型是描述因变量 y 与自变量 $x_1, x_2, \cdots, x_k$ 之间的线性关系。

（4）评价一元线性回归函数拟合优度，最常用的是判定系数与估计标准误差。一元线性回归预测有两种方法：点估计和区间估计。

（5）评价多元线性回归函数拟合优度，常用的是多重判定系数与估计标准误差。多元线性回归预测与一元线性回归预测的原理一致，分为平均值的置信区间和个别值的预测区间。

（6）常用的非线性回归函数形式有抛物线函数、双曲线函数、幂函数、指数函数、对数函数、S 形曲线函数和多项式方程。

思考与练习

1. 相关分析主要是解决什么问题？如何运用相关系数？
2. 一元线性回归模型与多元线性回归模型中有哪些基本假定？两种模型有什么关联？
3. 抽取不同的样本对同一总体回归模型估计的结果有什么影响？
4. 什么是平均值的置信区间和个别值的预测区间？两者有何区别？
5. 多重共线性对回归模型有什么影响？如何判别回归模型中的多重共线性？
6. 什么情况下选用非线性回归模型？

7. 民用航空器事故征候是指在航空器运行阶段或在机场活动区内发生的与航空器有关的，不构成事故但影响或可能影响安全的事件，是评价航空安全的重要指标。已知 2002—2011 年民航事故征候数统计见表 6-13，试分析民航事故征候数与时间的关系，建立回归模型，并进行预测。

表 6-13　2002—2011 年民航事故征候数统计

年份	2002	2003	2004	2005	2006	2007	2008	2009	2010	2011
征候数	116	100	106	117	117	117	119	161	221	230

8. 每年因火灾导致了大量的经济损失，据相关资料表明，火灾及其危害会随着经济快速发展而不断增加。表 6-14 给出了 2000—2009 年重特大火灾次数与人均国内生产总值和直接经济损失，试分析直接经济损失与重特大火灾发生次数、人均 GDP 之间的关系，建立回归模型，进行预测。

表 6-14　2000—2009 年重特大火灾次数与人均国内生产总值和直接经济损失

年份	重特大火灾次数（起）	人均 GDP（元）	直接经济损失（万元）
2000	445	7858	36678.8
2001	362	8622	20901.4
2002	369	9398	26148.2
2003	342	10542	25125.3
2004	288	12336	40026.0

（续）

年份	重特大火灾次数（起）	人均 GDP（元）	直接经济损失（万元）
2005	283	14185	18973.2
2006	222	16500	18522.9
2007	9	20169	1543.5
2008	6	23708	39386.5
2009	5	25575	15377.7

注：表中数据来源于《中国消防年鉴 2010》和国家统计局网站。

备注：SPSS 的含义是社会科学统计程序（Statistical Program for Social Sciences）。该软件是公认的优秀统计分析软件包之一。但是随着 SPSS 产品服务领域的扩大和服务深度的增加，SPSS 公司已于 2000 年正式将英文全称更改为 Statistical Product and Service Solutions，意为“统计产品与服务解决方案”，标志着 SPSS 的战略方向做出重大调整。SPSS 原是为大型计算机开发的，其版本为 SPSSx。SPSS 是著名的综合性统计软件，SPSS 软件面向行业应用人员，软件设计突出统计方法的成熟、实用、易用性、界面易操作性及与文字处理软件等的交互性上。

SPSS 和统计分析系统（Statistical Analysis System，SAS）、生物医学程序（Biomedical Programs，BMDP）并称为国际上最有影响的三大统计软件。SPSS 名为社会学统计软件包，这是为了强调其社会科学应用的一面（因为社会科学研究中的许多现象都是随机的，要使用统计学和概率论的定理来进行研究），而实际上它在社会科学、自然科学的各个领域都能发挥巨大作用，并已经应用于经济学、生物学、教育学、心理学、医学及体育、工业、农业、林业、商业和金融等各个领域。

SPSS 是世界上最早的统计分析软件，由美国斯坦福大学的三位研究生于 20 世纪 60 年代末研制，同时成立了 SPSS 公司，并于 1975 年在芝加哥组建了 SPSS 总部。1984 年 SPSS 总部首先推出了世界上第一个统计分析软件微机版本 SPSS/PC+，开创了 SPSS 微机系列产品的开发方向，极大地扩充了它的应用范围，并使其能很快地应用于自然科学、技术科学、社会科学的各个领域，世界上许多有影响的报纸杂志纷纷就 SPSS 的自动统计绘图、数据的深入分析、使用方便、功能齐全等方面给予了高度的评价与称赞。迄今 SPSS 软件已有 30 余年的成长历史。全球约有 25 万家产品用户，它们分布于通信、医疗、银行、证券、保险、制造、商业、市场研究、科研教育等多个领域和行业，是世界上应用最广泛的专业统计软件。在国际学术界有条不成文的规定，即在国际学术交流中，凡是用 SPSS 软件完成的计算和统计分析，可以不必说明算法，由此可见其影响之大和信誉之高。

SPSS 最突出的特点就是操作界面极为友好，输出结果美观漂亮，它使用 Windows 的窗口方式展示各种管理和分析数据方法的功能，使用对话框展示出各种功能选择项，只要掌握一定的 Windows 操作技能，粗通统计分析原理，就可以使用该软件为特定的科研工作服务。它是非专业统计人员的首选统计软件。SPSS 采用类似 Excel 表格的方式输入与管理数据，数据接口较为通用，能方便地从其他数据库中读入数据。它的统计过程包括了常用的、较为成熟的统计过程，完全可以满足非统计专业人士的工作需要。对于熟悉老版本编程运行方式的用户，SPSS 还特别设计了语法生成窗口，用户只需在菜单中选好各个选项，然后单击“粘贴”按钮就可以自动生成标准的 SPSS 程序。这极大地方便了中、高级用户。

第7章 安全统计数据动态序列分析与预测

本章学习目标

学会利用安全统计数据和运用总量指标动态数列、相对指标动态数列与平均指标动态数列等知识来建模和预测安全规律，进行安全现象动态分析，并能够利用长期趋势的测定与时间序列的预测对安全现象的趋势进行测定。

本章学习方法

安全统计研究经常需要从动态上反映发展趋势的规律性。学习本章首先需要温习高等数学相关知识，理解什么是动态数列、动态数列的类型、影响动态数列的因素，之后运用一些统计数据和学习的各种预测方法进行练习，以便加深理解和掌握有关方法。

7.1 动态数列概述

动态是指某种现象在时间、空间上发展和运动的过程。安全现象总是随着时间的推移而变化，呈现出动态性；安全统计研究不仅要从静态上揭示研究对象在具体时间、空间条件下的数量特征和数量关系，还要从动态上反映安全现象发展变化的规律。根据安全统计资料，应用适当的统计方法来研究安全现象在数量方面的变化发展过程，认识安全现象的发展规律并预测其发展趋势，就是动态分析的主要目的。

7.1.1 动态数列概念

要对一个安全现象进行动态分析，首先要编制动态数列，通过动态数列来观测安全现象的客观变化。

动态数列是指所研究的安全现象的一系列指标按时间先后顺序加以排列后形成的数列，又称时间数列。任何一个动态数列，均由两个基本要素构成，一个是安全现象所属的时间，另一个是反映安全现象在一定时间条件下数量特征的指标值。例如，表7-1是2012年上半年不同事故发生起数的调查表，反映了我国在2012年上半年的安全状况。

表 7-1　2012 年上半年不同事故发生起数的调查表

月份	矿业事故（起）	交通事故（起）	爆炸事故（起）	毒物泄漏与中毒（起）	火灾（起）	其他（起）	总计（起）
1	2	69	2	1	4	2	80
2	9	49	4	3	1	10	76
3	7	44	5	3	5	20	84
4	7	53	3	3	5	17	88
5	9	49	5	5	2	16	86
6	9	57	4	3	3	9	85
总计（起）	43	321	23	18	20	74	499

注：表中数据来源于《安全与环境学报》。

在动态数列中，安全现象所属的时间单位可以是年，也可以是季、月、日等；但在同一个时间数列中，要求统计指标所属的时间单位保持一致，这样在分析研究过程中就不用担心因为时间单位不同而造成差异。

7.1.2　动态数列的种类

根据安全统计指标的不同表现形式，动态数列可分为总量指标动态数列、相对指标动态数列和平均指标动态数列。在这三种动态数列中，总量指标动态数列是基本的动态数列，相对指标动态数列和平均指标动态数列都是在总量指标动态数列的基础上衍生而来的。

1. 总量指标动态数列

总量指标动态数列是把总量指标在不同时间上的数值按时间先后顺序排列而成的时间序列，用来反映安全现象在特定时间段内的总水平（或总规模）发展变化状况。表 7-1 中是不同事故类型在 2012 年上半年的发生状况的统计例子，如“矿业事故”和“交通事故”的发生次数就是总量指标动态数列。

根据所研究的安全现象在时间状况的不同总量表现，指标动态数列可分为时期指标动态数列和时点指标动态数列。

（1）时期指标动态数列

时期指标动态数列是由一系列时期指标形成的，序列中的每个指标数值都是反映某种安全现象在一段时期内发展的过程总量，简称时期数列。在安全统计学研究中，多采用时期指标动态数列进行动态分析。例如，表 7-2 为 13 个时期内化工系统伤亡事故统计，其中，“事故数”“死亡人数”和“重伤人数”都是时期数列，各时期长度为 1 年，反映了 1 年内化工事故的发生数量。

表 7-2　13 个时期内化工系统伤亡事故统计

时期	事故数（起）	死亡人数（人）	重伤人数（人）	千人死亡率（%）	千人重伤率（%）	产值（亿元）	亿元产值死亡率（%）	职工人数（人）
1	502	182	422	0.07	0.16	1098.91	0.166	2600000
2	515	205	360	0.069	0.12	1299.9	0.158	2971000

（续）

时期	事故数（起）	死亡人数（人）	重伤人数（人）	千人死亡率（%）	千人重伤率（%）	产值（亿元）	亿元产值死亡率（%）	职工人数（人）
3	492	215	324	0.068	0.102	1317.4	0.163	3162000
4	456	202	297	0.063	0.093	1394.3	0.145	3206000
5	425	251	252	0.078	0.078	1519.3	0.165	3218000
6	451	241	287	0.073	0.087	1674.4	0.144	3301000
7	429	218	269	0.065	0.080	1796.3	0.121	3354000
8	426	217	281	0.065	0.084	2015.1	0.108	3338000
9	430	237	264	0.068	0.076	2362	0.1	3485000
10	333	209	202	0.055	0.053	2561.6	0.082	3800000
11	311	194	191	0.052	0.051	2832	0.069	3731000
12	236	162	140	0.043	0.037	2895	0.056	3767000
13	180	113	113	0.030	0.030	3150.6	0.036	3767000

观察表 7-2 可发现，时期数列具有如下特点：

1）时期指标动态数列具有连续统计的特点。时期指标是反映安全现象在一段时期内发展过程的总量，因此必须把所有发生在这段时间内的安全现象数量逐一登记，进行累计。

2）时期指标动态数列中的安全统计指标数值可以相加。构成某一时期指标值的任何单位标志值不再是其他时期指标值的组成部分，这种标志值的一次性、不重复特征，可以直接加总时期数列中前后相接时期的指标值，进而得出更长时期的总量值。

3）时期指标动态数列中所有指标值的大小与时期长短有直接关系。时期数列中，每一个安全指标值所体现的时间长短，均称为“时期”。一般情况下，时期长，则指标数值大；时期短，则指标数值小。

（2）时点指标动态数列

时点指标动态数列是由一系列时点指标形成的，序列中每个指标数值都是反映安全现象在某一时点（刻）所表现的状态或水平，也称为时点数列。如表 7-2 中“职工人数”就是一种时点数列。由于安全统计对象多为一个时期内的安全现象，因此时点指标动态数列在安全统计动态分析中运用较少。

时点指标动态数列具有如下特点：

1）时点指标动态数列指标不具有连续统计的特点。时点指标是反映安全现象在某一时刻的数量特征，只能在这个时点进行统计，取得该时点的安全统计资料，不必连续观测与统计。

时点数列可分为连续时点数列和间隔时点数列。连续时点数列是通过某个时点现象需要天天提供指标值，编制而成的动态数列，这种数列不存在时间间隔；间隔时点数列是指某个时点现象按一定的时间间隔提供指标值所编成的动态数列，数列中的指标值一般是时点现象末尾的数值，如年末的职工人数是该年最后一天的统计人数。

2）时点指标动态数列中各个安全统计指标的数值不具有可加性。这与时期指标数列的特点相反，在时点数列中，同样的安全总体单位或标志值可能统计到数列中几个时期的指标值中，如前一年的职工人数有很大一部分包含在后来几年的统计中。

3）时点指标动态数列中每个指标值的大小与时间间隔长短没有直接联系。时点数列的每个指标值只表明安全现象在某一瞬间的数量特征，因此时间间隔的长短不会对指标值的大小有直接影响，如以一年为时期，前一年的职工人数可能会大于后一年的数值。

2. 相对指标动态数列

把一系列同类型的安全统计指标按照时间先后顺序排列而成的时间数列称为相对指标动态数列，以反映安全现象数量对比关系的发展变化过程。例如，表7-2中的“千人死亡率”“千人重伤率”和“亿元产值死亡率”都是相对指标动态数列，均反映了该年内的事故状况。相对指标动态数列中的相对数，除了比例相对数外，也可以使用其他任何一种相对数，如计划完成相对数、结构相对数、比较相对数、动态相对数和强度相对数等；相对指标动态数列中的指标值在时间上是不能直接相加的。

3. 平均指标动态数列

把一系列平均指标按先后顺序排列形成的动态数列就是平均指标动态数列，可反映安全现象平均水平的发展动态。例如，按照不同年限，“人均安全投入”“人均劳保投入”等相对指标形成的数列都是平均指标动态数列。平均指标动态数列中的指标值在时间上也是不能直接相加的。

7.1.3 动态数列的编制原则

编制动态数列是计算动态分析指标、考察安全现象的变化方向和发展速度、预测安全现象发展趋势的基础。动态数列编制的目的是通过对数列中各时期指标值的比较，来研究安全现象的发展变化及规律。编制动态数列的基本要求是保证数列中各个指标数值的可比性，要编制具有可比性的动态数列，需遵守以下四个原则。

1. 时间长短应该前后一致

时期数列指标值的大小与指标所属时期长短有直接关系，因此，一般都要求时期数列指标值所属的时期前后一致，以利于比较；但在某些特殊时期，也可将时期不同的安全统计指标编制成动态数列。

2. 安全总体范围应该统一

动态数列中，所有安全统计指标所包含的安全总体范围应该一致。在研究某地区的安全生产发展状况过程中，如果该地区的行政区发生了变动，则前后指标的数值就不能直接做出比较，必须将安全统计资料进行适当调整，以统一安全总体范围，再做动态分析。

3. 计算方法应该统一

动态数列中所有安全统计指标的计算单位、计算方法应该保持一致，如要研究某时期内自然灾害状况，安全统计指标应统一为受灾面积、受灾人数或是经济损失，若计算单位与计算方法不同，就无法从指标的对比中正确反映出安全现象的实际变化程度。

4. 统计内容要统一

有时动态数列的指标在名称上只是一个统计指标，但在安全统计学中的含义却不同，这样是不能直接比较的。

人们所要分析的动态数列，往往是反映一段很长时期内安全现象的变化过程，各个时期的安全统计资料难免会因为不同原因，致使指标所属的时间、总体范围、计算方法乃至统计内容不统一，所以可比性原则要多次强调，是不能忽视的。

7.2 安全统计数据的水平分析

动态分析是在完成动态数列编制的基础上进行的，动态分析包括分析安全现象发展的水平和安全现象发展的速度。水平分析是速度分析的基础，速度分析是水平分析的深入和继续；水平指标主要是指发展水平和平均发展水平。

7.2.1 安全现象的发展水平

动态数列反映了安全现象发展的规模、水平和相对变化，发展水平是动态数列中的每一项具体指标数值，又称为发展量，反映了安全现象在不同时期的发展程度。

无论是编制动态数列，还是计算各种动态指标，都要求正确计算发展水平，只有这样才能进行发展水平分析。发展水平一般用 $y_1, y_2, \cdots, y_n$ 来表示，下标表示指标值所属的时间，如 y_i 表示动态数列中第 i 期的发展水平。发展水平指标中包含了三个水平，分别是最初水平、中间水平和最末水平。

1） 最初水平，是指动态数列中第一项指标值，用 y_1 表示。

2） 最末水平，是指动态数列中最后一项指标值，用 y_n 表示。

3） 中间水平，是指动态数列中除第一项和最后一项外的指标值，其余指标值都是中间水平，用 $y_2, y_3, \cdots, y_{n-1}$ 表示。

此外，所要研究的时期称为报告期，相应的发展水平称为报告期水平或计算期水平，作为对比基础时期的发展水平，称为基期水平。例如，表 7-2 中的第一个时间序列，若要研究全国化工生产过程中第 13 时期的发生事故次数是第 1 时期的多少倍时，则第 1 时期的事故指标值为基期水平，而第 13 时期的事故指标值是报告期水平。

同时需要注意的是，发展水平会随着动态分析的目的任务改变而变动位置：这次将第 13 时期的指标值作为报告期水平，下次第 13 时期的指标值就可能是基期水平；这个时期数列的最末水平，可能是另一个数列的最初水平。

发展水平在文字上习惯用“增加到”“增加为”或“降低到”“降低为”来表示。例如，煤矿事故中死亡人数从 1986 年的 8228 人增加到 1990 年的 8725 人。需记住“增加”或“降低”后面不能遗漏“到”或“为”，否则所表达的意义将发生改变。

7.2.2 安全现象的平均发展水平

通过对一个时间序列的指标数值求平均数，将指标在各个时间上的差异加以抽象，以一个平均数值来代表安全现象在这段时期的一般发展水平，这就是平均发展水平，又称为序时平均数、动态平均数。平均发展水平与一般平均数（静态平均数）有共同点在于都是将所有变量值的差异抽象化。但平均发展水平与一般平均数有两点区别：

1）两者的计算方式不同。序时平均数是根据动态序列计算得出的，从动态上说明安全现象在某一时期内的一般发展水平，又称动态平均数；一般平均数是通过变量的所有数值来计算的，是反映安全总体在特定情况下的一般水平，不体现时间上的变动情况，又称静态平均数。

2）两者的差异范围不同。序时平均数是将指标值在不同时间上的差异抽象化，而一般平均数是将变量在其取值范围内的差异抽象化。

序时平均数既可以通过总量指标动态数列来计算，也可以通过相对指标动态数列和平均指标动态数列来计算，但通过总量指标动态数列计算序时平均数是最基本的形式。

1. 总量指标动态数列序时平均数的计算

总量指标动态数列又分为时期数列和时点数列，不同的动态数列计算序时平均数所采取的方法不同。

（1）按时期数列计算

时期序列具有可加性，序时平均数的计算常用简单算术平均法，即将时期序列各期的水平直接加总后除以序列的项数，计算公式如下：

$$\bar{y}=\frac{y_1+y_2+\cdots+y_n}{n}=\frac{\sum y_i}{n} \tag{7-1}$$

式中　y_i——各时期的发展水平（$i=1,2,\cdots,n$）；

n——时期序列的项数；

$\bar{y}$——序时平均数。

例 7-1　根据表 7-2 中全国化工系统伤亡事故统计资料，试计算平均每个时期的事故数。

解：

$$\bar{y}=\frac{\sum y_i}{n}=\frac{502+515+492+\cdots+180}{13}\text{起}=\frac{5186}{13}\text{起}=398.92\text{ 起}$$

（2）按时点数列计算

时点数列又分为连续时点数列和间断时点数列，两者的序列平均数计算方法是不同的。

1）间隔相等的时点序列。先计算任意相邻两时点发展水平的平均数，然后将这些平均数进行简单算术平均，具体计算公式如下：

$$\bar{y}=\frac{\frac{y_1+y_2}{2}+\frac{y_2+y_3}{2}+\cdots+\frac{y_{n-1}+y_n}{2}}{n-1} \tag{7-2}$$

式（7-2）可变为

$$\bar{y}=\frac{\frac{y_1}{2}+y_2+\cdots+y_{n-1}+\frac{y_n}{2}}{n-1} \tag{7-3}$$

式（7-3）是在式（7-2）的基础上，直接将序列中的首末两项折半加上中间各项之和，除以 $n-1$（项数减 1）来进行计算，因此该方法也称为“首末折半法”。

例 7-2　根据表 7-2 中化工企业职工人数的统计数据，试计算平均每个时期的职工人数。

分析：根据间隔相等的间断时点数列序时平均数的计算思路，要先计算每个时期内的平均职工人数，再对所有时期内的平均职工人数进行算术平均，得出平均每个时期的职工人数。由于统计的职工人数一般是某个时间点的人数，如第 2 个时期的平均职工人数要对期末与期初的工人数进行平均，因此既要用到第 1 个时期的统计资料，又要用到第 2 个时期的统计资料。同理，其余时期的期末资料为下一个时期的期初资料。

解：根据“首末折半法”，平均每个时期的职工人数为

$$\bar{y}=\frac{\frac{y_1}{2}+y_2+\cdots+y_{n-1}+\frac{y_n}{2}}{n-1}$$

$$=\frac{\frac{2600000}{2}+2971000+3162000+\cdots+\frac{3767000}{2}}{13-1}\text{人}$$

$$=\frac{40516500}{12}\text{人}=3376375\text{ 人}$$

2）间断不等的时点序列。先计算各相邻时点的平均数，再以各时期的间断长度为权数，应用加权平均法计算序时平均数，具体计算公式如下：

$$\bar{y}=\frac{\sum \overline{y_i} f_i}{\sum f_i}=\frac{\frac{1}{2}(y_1+y_2)f_1+\frac{1}{2}(y_2+y_3)f_2+\cdots+\frac{1}{2}(y_{n-1}+y_n)f_{n-1}}{f_1+f_2+\cdots+f_{n-1}} \tag{7-4}$$

例 7-3　若例 7-2 中只提供了第 1 期、第 4 期、第 8 期、第 10 期和第 13 期的职工人数统计资料，试求 13 个时期内平均每期的职工人数。

解：根据间隔不等的间断时点序列公式，可知：

$$\bar{y}=\frac{\frac{1}{2}(y_1+y_2)f_1+\frac{1}{2}(y_2+y_3)f_2+\cdots+\frac{1}{2}(y_{n-1}+y_n)f_{n-1}}{f_1+f_2+\cdots+f_{n-1}}$$

$$=\frac{\frac{(2600000+3206000)}{2}\times3+\frac{(3206000+3338000)}{2}\times4+\frac{(3338000+3800000)}{2}\times2+\frac{(3800000+3767000)}{2}\times3}{3+4+2+3}\text{人}$$

$$=\frac{8709000+13088000+7138000+11350500}{12}\text{人}$$

$$=\frac{40285500}{12}\text{人}=3357125\text{ 人}$$

比较例 7-2 与例 7-3，两者的计算结果不同，原因在于每个时期内的职工人数变化并不是完全均匀的。

2. 相对指标动态数列序时平均数的计算

相对指标动态数列是由相互联系的两个总量指标动态数列对比构成的，计算相对指标动态数列的序时平均数，不能直接用原始动态数列来计算序时平均数，要先分别计算出这两个总量指标动态数列的序时平均数，再进行对比。若相对指标为 $y=\frac{a}{b}$，则相对指标动态数列序时平均数的计算公式如下：

$$\overline{y}=\frac{\overline{a}}{\overline{b}} \tag{7-5}$$

式中 $\overline{y}$——相对指标动态数列的序时平均数；

$\overline{a}$——分子指标动态数列的序时平均数；

$\overline{b}$——分母指标动态数列的序时平均数。

根据上式来计算相对指标动态数列的序时平均数时，要分清楚分子与分母指标的时间序列是时期序列还是时点序列、间隔相等的还是间隔不等的，然后根据不同情况运用本章所介绍的相应方法来进行计算。

例 7-4 抽取部分省市进行安全生产状况统计调查，表 7-3 是 2012 年 1—6 月部分省市的生产安全事故分布。

（1）试根据统计资料计算万人事故率、万人死亡率和万人受伤率。

（2）根据结论说明抽样地区的安全状况。

表 7-3 2012 年 1—6 月部分省市的生产安全事故分布

省市	事故数 a（起）			死亡人数 c（人）			受伤人数 d（人）			人口数 b（万人）		
	1—2 月	3—4 月	5—6 月	1—2 月	3—4 月	5—6 月	1—2 月	3—4 月	5—6 月	1—2 月	3—4 月	5—6 月
北京	1	0	1	3	0	4	2	0	6	1961	1961	1961
重庆	6	5	2	19	16	8	12	5	18	2885	2885	2885
广东	19	14	11	74	45	42	25	65	22	10430	10430	10430
广西	11	12	14	45	55	46	25	19	25	4603	4603	4603
贵州	12	13	8	60	50	31	151	61	48	3475	3475	3475
海南	3	3	0	11	10	0	3	11	0	867	867	867
湖南	11	9	12	68	33	69	58	34	9	6568	6568	6568
内蒙古	4	6	7	17	28	26	4	14	79	2471	2471	2471
宁夏	1	1	0	2	18	0	27	6	0	630	630	630
四川	12	12	11	53	51	44	28	34	28	8142	8142	8142
西藏	3	2	2	11	4	6	10	2	2	300	300	300
云南	17	11	13	83	55	59	95	79	53	4597	4597	4597

注：表中数据来源于《安全与环境学报》。

解： 因为是分析 6 个月的安全状况，时间单位为半年，需汇总半年内事故数、死亡人数和受伤人数，就不能采用平均数形式。

（1）各项指标计算如下。

北京市在 2012 年 1—6 月的万人事故率：

$$\bar{y}=\frac{\bar{a}}{\bar{b}}=\frac{\sum a}{\bar{b}}=\frac{1+0+1}{\frac{\frac{1961}{2}+1961+\frac{1961}{2}}{3-1}}=0.00102=0.102\%$$

北京市在 2012 年 1—6 月的万人死亡率：

$$\bar{y}=\frac{\bar{c}}{\bar{b}}=\frac{\sum c}{\bar{b}}=\frac{3+0+4}{\frac{\frac{1961}{2}+1961+\frac{1961}{2}}{3-1}}=0.00357=0.357\%$$

北京市在 2012 年 1—6 月的万人受伤率：

$$\bar{y}=\frac{\bar{d}}{\bar{b}}=\frac{\sum d}{\bar{b}}=\frac{2+0+6}{\frac{\frac{1961}{2}+1961+\frac{1961}{2}}{3-1}}=0.00408=0.408\%$$

（2）用同样的计算方法计算其余省、市的万人事故率、万人死亡率和万人受伤率，将所有结果汇总列入表 7-4。

表 7-4　2012 年 1—6 月部分省市的万人事故率、万人死亡率和万人受伤率

省市	$\sum a$（起）	$\sum c$（人）	$\sum d$（人）	$\bar{b}$（万人）	万人事故率 $\frac{\sum a}{\bar{b}}$（%）	万人死亡率 $\frac{\sum c}{\bar{b}}$（%）	万人受伤率 $\frac{\sum d}{\bar{b}}$（%）
北京	2	7	8	1961	0.102	0.357	0.408
重庆	13	43	35	2885	0.451	1.490	1.213
广东	44	161	112	10430	0.422	1.544	1.074
广西	37	146	69	4603	0.804	3.172	1.499
贵州	33	141	260	3475	0.950	4.058	7.482
海南	6	21	14	867	0.692	2.422	1.615
湖南	32	170	101	6568	0.487	2.588	1.538
内蒙古	17	71	97	2471	0.688	2.873	3.926
宁夏	2	20	33	630	0.317	3.175	5.238
四川	35	148	90	8142	0.430	1.818	1.105
西藏	7	21	14	300	2.333	7	4.667
云南	41	197	227	4597	0.892	4.285	4.938

根据表 7-4 中计算结果可知：在 2012 年 1—6 月的万人事故率中，西藏（2.333）>贵州（0.950）>云南（0.892）>广西（0.804），说明这四个省的事故发生数量虽然不是最多的，但安全状况仍不乐观；在 2012 年 1—6 月的万人死亡率中，云南（4.285）>贵州（4.058）>宁夏（3.175）>广西（3.172），说明这四个省因事故引起的后果较为严重；在 2012 年上半年的万人受伤率中，贵州（7.482）>宁夏（5.238）>云南（4.938）>西藏（4.667），说明这四个省因为事故导致受伤的人数较多。综合这三项相对指标，说明了贵州、云南、宁夏、广西、西藏的安全状况都不容乐观。

3. 平均指标动态数列序时平均数的计算

平均指标是由两个总量指标对比得到的，因此平均指标动态数列序时平均数的计算方法与相对指标动态数列序时平均数的计算方法相同：$\bar{y}=\dfrac{\bar{a}}{\bar{b}}$，是直接比较两个总量指标动态数列的序时平均数。

例 7-5 根据表 7-5 中提供的 1989—2008 年受灾面积与成灾面积资料，试计算平均每年成灾面积占受灾面积的比率。

表 7-5 1989—2008 年受灾和成灾面积资料 （单位：khm^2）

年份	受灾面积 a	成灾面积 b	$\frac{a}{b}$（%）	年份	受灾面积 a	成灾面积 b	$\frac{a}{b}$（%）
1989	46991	24449	52.0	1999	49980	26734	53.5
1990	38474	17819	46.3	2000	54688	34374	62.9
1991	55472	27814	50.1	2001	52215	31793	60.9
1992	51332	25893	50.4	2002	46946	27160	57.9
1993	48827	23134	47.4	2003	54506	32516	59.7
1994	55046	31382	57.0	2004	37106	16297	43.9
1995	45824	22268	48.6	2005	38818	19966	51.4
1996	46991	21234	45.2	2006	41091	24632	59.9
1997	53427	30307	56.7	2007	48992	25064	51.2
1998	50145	25181	50.2	2008	39990	22283	55.7

注：表中数据来源于《国家统计局·新中国 60 年》。

解： 由于每年的受灾面积与成灾面积是不同的，所以不能直接根据每年的成灾面积占受灾面积的比率来计算平均数，而应该先分别计算出受灾面积与成灾面积的平均数，再计算平均受灾面积与平均成灾面积的比率。

$$\bar{y}=\frac{\bar{a}}{\bar{b}}=\frac{\dfrac{24449+17819+\cdots+22283}{20}}{\dfrac{46991+38474+\cdots+39990}{20}}$$

$$=\frac{25515}{47843.05}=0.5333=53.33\%$$

7.2.3 安全统计的增长量指标

增长量是安全统计指标在一段时期内增长的绝对量，它等于报告期水平减去基期水平。增长量有正负之分，若值为正，表明安全现象的数量特征呈增长趋势；若值为负，则表明安全现象的数量特征呈减少趋势。因此，增长量指标又称为“增减量”指标。

根据所选择的基期不同，增长量可分为逐期增长量和累计增长量。

1. 逐期增长量

逐期增长量是报告期与前一期水平之差，说明报告期较前期增减的绝对数量，用公式表示如下：

$$逐期增长量=y_i-y_{i-1} \quad (i=2,3,\cdots,n) \tag{7-6}$$

2. 累计增长量

累计增长量是报告期水平与固定基期水平（通常是动态数列最初水平）之差，说明报告期与固定期相比增减的绝对数量，用公式表示如下：

$$累计增长量=y_i-y_1 \quad (i=2,3,\cdots,n) \tag{7-7}$$

3. 逐期增长量与累计增长量之间的关系

在同一动态数列中，累计增长量与逐期增长量之间存在一定关系：所有逐期增长量的和等于相应时期的累计增长量；两相邻时期的累计增长量之差等于相应时期的逐期增长量。用公式分别表示如下：

$$y_i - y_1 = (y_2 - y_1) + (y_3 - y_2) + \cdots + (y_i - y_{i-1}) = \sum_{i=1}^{n}(y_{i+1} - y_i) \tag{7-8}$$

$$(y_i-y_1)-(y_{i-1}-y_1)=(y_i-y_{i-1}) \quad (i=2,3,\cdots,n) \tag{7-9}$$

7.2.4 安全统计的平均增长量指标

平均增长量是动态数列中逐期增长量的序时平均数，用来表明安全现象的数量特征在一定时段中平均每段固定时期内增加或减少的数量值，它的计算公式如下：

$$平均增长量=\frac{\sum(y_i-y_{i-1})}{n-1} \quad (i=2,3,\cdots,n) \tag{7-10}$$

式中 $n-1$——逐期增长量的项数。

根据逐期增长量与累计增长量之间的数量关系，平均增长量还可以表示为如下形式：

$$平均增长量=\frac{y_i-y_1}{n-1} \quad (i=2,3,\cdots,n) \tag{7-11}$$

平均增长量指标适用于变量时间序列的逐期增长量大致相同的情况。此时，变量的预测可以通过基期的指标值与平均增长量乘以期数差的和来计算，但如果逐期增长量的数值变化较大、不均匀，时间序列的变动幅度就会很大，计算出的预测值与实际值的偏离也就很大，用这种方法计算的准确性也就会随之降低。

例 7-6 根据表 7-5 中 1989—2008 年受灾面积与成灾面积，计算受灾面积与成灾面积的逐期增长量、累计增长量，以及两者在 20 年间的年平均增长量（以 1989 年的指标值作为基期固定水平）。

解： 已知本例以 1989 年的指标值作为基期固定水平，则：

（1）1990 年受灾面积的逐期增长量 $=y_2-y_1=(38474-46991)\text{khm}^2=-8517\text{khm}^2$

1990 年成灾面积的累计增长量 $=Y_2-Y_1=(17819-24449)\text{khm}^2=-6630\text{khm}^2$

（2）1991 年受灾面积的逐期增长量 $=y_3-y_2=(55472-38474)\text{khm}^2=16998\text{khm}^2$

1991 年成灾面积的累计增长量 $=Y_3-Y_1=(27814-24449)\text{khm}^2=3365\text{khm}^2$

（3）根据上面的方法，计算出其余时期的逐期增长量与累计增长量，将所有结果汇总于表 7-6，其中，正数表示增加，负数表示减少。

最新的相关数据读者可以通过相关官方网站查阅和开展统计分析。

表 7-6　1989—2008 年受灾面积与成灾面积的逐期增长量和累计增长量

（单位：khm^2）

年份	时期序号 i	受灾面积 y	成灾面积 Y	受灾面积增长量		成灾面积增长量	
				逐期	累计	逐期	累计
1989	1	46991	24449	—	—	—	—
1990	2	38474	17819	-8517	-8517	-6630	-6630
1991	3	55472	27814	16998	8481	9995	3365
1992	4	51332	25893	-4140	4341	-1921	1444
1993	5	48827	23134	-2505	1836	-2759	-1315
1994	6	55046	31382	6219	8055	8248	6933
1995	7	45824	22268	-9222	-1167	-9114	-2181
1996	8	46991	21234	1167	0	-1034	-3215
1997	9	53427	30307	6436	6436	9073	5858
1998	10	50145	25181	-3282	3154	-5126	732
1999	11	49980	26734	-165	2989	1553	2285
2000	12	54688	34374	4708	7697	7640	9925
2001	13	52215	31793	-2473	5224	-2581	7344
2002	14	46946	27160	-5269	-45	-4633	2711
2003	15	54506	32516	7560	7515	5356	8067
2004	16	37106	16297	-17400	-9885	-16219	-8152
2005	17	38818	19966	1712	-8173	3669	-4483
2006	18	41091	24632	2273	-5900	4666	183
2007	19	48992	25064	7901	2001	432	615
2008	20	39990	22283	-9002	-7001	-2781	-2166

（4）计算受灾面积的年平均增长量。

$$\text{平均增长量}=\frac{\sum(y_i-y_{i-1})}{n-1}=\frac{-8517+16998+\cdots+(-9002)}{20-1}\text{khm}^2$$

$$=\frac{-7001}{19}\text{khm}^2=-368.47\text{khm}^2$$

或　$$\text{平均增长量}=\frac{y_i-y_1}{n-1}=\frac{39990-46991}{20-1}\text{khm}^2=\frac{-7001}{19}\text{khm}^2=-368.47\text{khm}^2$$

（5）计算成灾面积的年平均增长量。

$$\text{平均增长量}=\frac{\sum(y_i-y_{i-1})}{n-1}=\frac{-6630+9995+\cdots+(-2781)}{20-1}\text{khm}^2$$

$$=\frac{-2166}{19}\text{khm}^2=-114\text{khm}^2$$

或　平均增长量 $=\frac{y_i-y_1}{n-1}=\frac{22283-24449}{20-1}\text{khm}^2=\frac{-2166}{19}\text{khm}^2=-114\text{khm}^2$

7.3 安全统计数据的速度分析

动态数列的速度指标有发展速度、增长速度、平均发展速度和平均增长速度，这四个速度指标都是在发展水平指标基础上发展而来的“动态分析”指标。

7.3.1 发展速度

发展速度是以相对数形式来表现的一种动态分析指标，它是将安全现象动态数列的报告期水平除以基期水平而求得的用来表现安全现象发展程度的相对指标。它的计算公式如下：

$$发展速度=\frac{y_i}{y_0} \tag{7-12}$$

式中　y_i——动态数列的报告期水平（$i=1,2,3,\cdots,n$）；

y_0——动态数列的基期水平。

发展速度通常用百分数的形式来表示，当比值较大时，也可用倍数和翻番数来表示。

由于采用的基期不同，因此发展速度有“环比”和“定基”之分。

1. 环比发展速度

环比发展速度是报告期水平与前一期水平的对比结果，以反映安全现象在前后两期的发展变化，表现了安全现象的短期变动情况。它的计算公式如下：

$$环比发展速度=\frac{y_i}{y_{i-1}} \tag{7-13}$$

式中　y_i——动态数列的报告期水平（$i=2,3,\cdots,n$）；

y_{i-1}——动态数列中报告期水平的前一期水平。

2. 定基发展速度

定基发展速度是报告期水平与某一固定基期水平（通常为最初水平）的对比结果，反映了安全现象在较长时期内的发展总速度。它的计算公式如下：

$$定基发展速度=\frac{y_i}{y_1} \tag{7-14}$$

式中　y_i——动态数列的报告期水平（$i=2,3,\cdots,n$）；

y_1——动态数列中固定的基期水平。

3. 环比发展速度与定基发展速度之间的关系

环比发展速度与定基发展速度虽然基期的确定不同，但两者有着可以互相转换的关系：

1）同一动态数列中的各期环比发展速度的连乘积等于相应时期的定基发展速度，即

$$\frac{y_2}{y_1}\times\frac{y_3}{y_2}\times\cdots\times\frac{y_i}{y_{i-1}}=\frac{y_i}{y_1}\quad(i=2,3,\cdots,n) \tag{7-15}$$

2）两个相邻定基发展速度之比，等于相应时期的环比发展速度，即

$$\frac{\frac{y_i}{y_1}}{\frac{y_{i-1}}{y_1}}=\frac{y_i}{y_{i-1}} \quad (i=2,3,\cdots,n) \tag{7-16}$$

7.3.2 增长速度

增长速度是反映安全现象在数量特征上的增长方向和增长程度的一种动态相对指标，是报告期的增长量与基期水平之比，它的计算公式如下：

$$增长速度=\frac{y_i-y_0}{y_0}=发展速度-1 \tag{7-17}$$

式中 y_i——动态数列的报告期水平（$i=1,2,3,\cdots,n$）；

y_0——动态数列的基期水平；

y_i-y_0——动态数列中的报告期增长量。

式（7-17）中，增长速度等于发展速度减1，说明了增长速度与发展速度所表示的含义不同：发展速度是说明报告期水平是基期水平的多少倍或百分之几，增长速度是说明报告期水平相对基期水平来说增长或增加了多少。当发展速度大于1时，增长速度为正值，说明了安全现象数量特征的增长程度；当发展速度小于1时，增长速度就是负值，说明了安全现象数量特征的减少程度，也就是所谓的“负增长”。

由于比较的基期不同，增长速度可分为环比增长速度和定基增长速度。

1. 环比增长速度

环比增长速度是逐期增长量与前一期发展水平之比，用来说明安全现象逐期增长速度，它的计算公式如下：

$$环比增长速度=\frac{y_i-y_{i-1}}{y_{i-1}}=\frac{y_i}{y_{i-1}}-1 \tag{7-18}$$

式中 y_i——动态数列的报告期水平（$i=2,3,\cdots,n$）；

y_{i-1}——动态数列中报告期水平的前一期水平；

y_i-y_{i-1}——动态数列中的逐期增长量。

2. 定基增长速度

定基增长速度是累计增长量与某一固定基期水平之比，用来说明安全现象在一段时期内的总增长速度，它的计算公式如下：

$$定基增长速度=\frac{y_i-y_1}{y_1}=\frac{y_i}{y_1}-1 \tag{7-19}$$

式中 y_i——动态数列的报告期水平（$i=1,2,\cdots,n$）；

y_1——动态数列中固定的基期水平；

y_i-y_1——动态数列中的累计增长量。

发展速度和增长速度是对安全现象的数量特征进行动态分析的两种基本指标，在具体的应用中需注意以下两点：

第一，定基增长速度和环比增长速度都是在发展速度指标的基础上派生而来，它们只反映了安全现象数量特征上增长部分的相对程度，无法像定基发展速度和环比发展速度能相互转换，因此定基增长速度不等于相应时期内各环比增长速度的连乘积。

第二，两个相邻时期的定基增长速度的比率也不等于相应时期的环比增长速度，定基增长速度和环比增长速度之间的换算，必须先通过对定基发展速度和环比发展速度的转换，再由推算出的发展速度去求增长速度。

例 7-7 根据表 7-5 中提供的 1989—2008 年受灾面积，试计算受灾面积的发展速度和增长速度。

解：（1）1990 年受灾面积的发展速度：

$$1990\text{ 年的定基发展速度}=\frac{y_2}{y_1}=\frac{38474}{46991}=0.8188=81.88\%$$

$$1990\text{ 年的环比发展速度}=\frac{y_2}{y_1}=\frac{38474}{46991}=0.8188=81.88\%$$

1990 年受灾面积的增长速度：

$$1990\text{ 年的定基增长速度}=\frac{y_2}{y_1}-1=\frac{38474}{46991}-1=-0.1812=-18.12\%$$

$$1990\text{ 年的环比增长速度}=\frac{y_2}{y_1}-1=\frac{38474}{46991}-1=-0.1812=-18.12\%$$

（2）1991 年受灾面积的发展速度：

$$1991\text{ 年的定基发展速度}=\frac{y_3}{y_1}=\frac{55472}{46991}=1.1805=118.05\%$$

$$1991\text{ 年的环比发展速度}=\frac{y_3}{y_2}=\frac{55472}{38474}=1.4418=144.18\%$$

1991 年受灾面积的增长速度：

$$1991\text{ 年的定基增长速度}=\frac{y_3}{y_1}-1=\frac{55472}{46991}-1=0.1805=18.05\%$$

$$1991\text{ 年的环比增长速度}=\frac{y_3}{y_2}-1=\frac{55472}{38474}-1=0.4418=44.18\%$$

（3）根据相应的发展速度和增长速度的计算公式，将计算结果汇总列于表 7-7。

表 7-7　1989—2008 年受灾面积的速度指标

年份	时期序号 i	受灾面积/khm^2	受灾面积发展速度（%）		受灾面积增长速度（%）	
			定基 $\frac{y_i}{y_1}$	环比 $\frac{y_i}{y_{i-1}}$	定基 $\frac{y_i}{y_1}-1$	环比 $\frac{y_i}{y_{i-1}}-1$
1989	1	46991	100	—	0	—
1990	2	38474	81.88	81.88	-18.12	-18.12
1991	3	55472	118.05	144.18	18.05	44.18

（续）

年份	时期序号 i	受灾面积/khm^2	受灾面积发展速度（%）		受灾面积增长速度（%）	
			定基$\frac{y_i}{y_1}$	环比$\frac{y_i}{y_{i-1}}$	定基$\frac{y_i}{y_1}-1$	环比$\frac{y_i}{y_{i-1}}-1$
1992	4	51332	109.24	92.54	9.24	-7.46
1993	5	48827	103.91	95.12	3.91	-4.88
1994	6	55046	117.14	112.74	17.14	12.74
1995	7	45824	97.52	83.25	-2.48	-16.75
1996	8	46991	100	102.55	0	2.55
1997	9	53427	113.70	113.70	13.70	13.70
1998	10	50145	106.71	93.86	6.71	-6.14
1999	11	49980	106.36	99.67	6.36	-0.33
2000	12	54688	116.38	109.42	16.38	9.42
2001	13	52215	111.12	95.48	11.12	-4.52
2002	14	46946	99.90	89.91	-0.10	-10.09
2003	15	54506	115.99	116.10	15.99	16.10
2004	16	37106	78.96	68.08	-21.04	-31.92
2005	17	38818	82.61	104.61	-17.39	4.61
2006	18	41091	87.44	105.86	-12.56	5.86
2007	19	48992	104.26	119.23	4.26	19.23
2008	20	39990	85.10	81.63	-14.90	-18.37

注：最新的相关数据读者可以通过相关官方网站查阅和开展统计分析。

7.3.3 平均发展速度和平均增长速度

平均速度是各个时期环比速度的平均数，用来说明安全现象中数量特征在较长时期内速度的平均变化程度。平均发展速度和平均增长速度统称为平均速度，平均发展速度是说明安全现象数量特征上逐期发展的平均速度，平均增长速度则是说明安全现象数量特征上递增的平均速度。

平均发展速度和平均增长速度存在如下的关系：

$$平均增长速度=平均发展速度-1 \tag{7-20}$$

在一般的速度计算结果中，平均发展速度总是正值，而平均增长速度既可为正值，也可为负值。平均发展速度是一定时期内各期环比发展速度的序时平均数，由于各时期对比的水平基础不同，所以不能采用一般序时平均数的计算方法；因此，只要掌握了平均发展速度的计算方法，平均增长速度就可以求出。

目前平均发展速度常用的计算方法有几何平均法和高次方程法。

1. 几何平均法

几何平均法又称为水平法，该方法的理论基础是：一定时期内，安全现象数量特征发展的总速度（即定基发展速度）等于各期环比发展速度的连乘积，根据平均数的性质，以平均发展速度 $\bar{x}$ 代替各期的环比发展速度计算得到的总发展速度应等于实际的总发展速度，即：

$$\frac{y_n}{y_1}=\frac{y_2}{y_1}\frac{y_3}{y_2}\cdots\frac{y_n}{y_{n-1}}=x_1x_2\cdots x_{n-1}=(\bar{x})^{n-1} \tag{7-21}$$

从而得出平均发展速度的计算公式：

$$\bar{x}=\sqrt[n-1]{\frac{y_n}{y_1}} \tag{7-22}$$

或

$$\bar{x}=\sqrt[n-1]{\frac{y_2}{y_1}\frac{y_3}{y_2}\cdots\frac{y_n}{y_{n-1}}} \tag{7-23}$$

式中 $\bar{x}$——平均发展速度；

x_i——第 i+1 年与第 i 年的环比发展速度；

y_1——动态数列的最初水平；

y_n——动态数列的最末水平；

$n-1$——环比发展速度的项数。

例 7-8 根据表 7-7 中所得到的 1989—2008 年受灾面积的速度指标，用几何平均法计算受灾面积的年平均发展速度和平均增长速度。

解： 根据式（7-21）或式（7-22），计算平均发展速度：

$$\bar{x}=\sqrt[n-1]{\frac{y_2}{y_1}\frac{y_3}{y_2}\cdots\frac{y_n}{y_{n-1}}}=\sqrt[20-1]{81.88\%\times144.18\%\times\cdots\times81.63\%}=\sqrt[20-1]{0.8513}=99.16\%$$

或

$$\bar{x}=\sqrt[n-1]{\frac{y_n}{y_1}}=\sqrt[20-1]{\frac{39990}{46991}}=\sqrt[20-1]{0.851}=99.15\%$$

两式的平均发展速度计算结果相同，因此：

$$平均增长速度=平均发展速度-1=99.15\%-100\%=-0.85\%$$

---

2. 高次方程法

高次方程法也称为累计法，该方法的理论基础是：以动态数列的最初水平为基期水平，用平均发展速度 $\bar{x}$ 代替各期的环比发展速度计算各期理论水平应等于各期的实际水平，即：

$$y_2=y_1\frac{y_2}{y_1}=y_1\bar{x}$$

$$y_3=y_1\frac{y_2}{y_1}\frac{y_3}{y_2}=y_1\bar{x}^2$$

$$\vdots$$

$$y_n=y_1\frac{y_2}{y_1}\frac{y_3}{y_2}\cdots\frac{y_n}{y_{n-1}}=y_1\bar{x}^{n-1}$$

相应地，各期理论水平之和应等于各期实际水平之和，即：

$$y_1+y_1\bar{x}+y_1\bar{x}^2+\cdots+y_1\bar{x}^{n-1}=y_1+\sum_{i=2}^{n}y_i \tag{7-24}$$

将上述等式两端同时除以 y_1，可得到如下式子：

$$\bar{x}+\bar{x}^2+\cdots+\bar{x}^{n-1}=\frac{\sum_{i=2}^{n}y_i}{y_1} \tag{7-25}$$

求解上述高次方程，所得到的正根就是平均发展速度 $\bar{x}$。用高次方程法来计算平均发展速度，等式两边分别是各期理论水平与实际水平累计之和，所以该方法又称为累计法。

但是，高次方程的求解过程比较复杂，因此在实际工作中，都是根据事先编制好的平均增长速度查对表来查对应用。

3. 几何平均法与高次方程法的区别

几何平均法和高次方程法都是计算平均发展速度的基本方法，但两种方法的侧重点不同，具有不同的优缺点：几何平均法是从最末的水平出发来进行研究，直接根据期末和期初水平就能求得，计算方法较为简便，既适用于时期序列也适用于时点序列，但几何平均法忽略了中间的各期水平，当中间各期水平波动较大或各期环比发展速度变化很大时，用几何平均法计算的平均发展速度就不能准确反映实际安全现象数量特征的发展过程；高次方程法是从各期水平累计总和出发，在计算过程中考虑了中间各期的发展水平，但仅适用于满足“可加性”的时期序列，使用起来具有局限性。

7.3.4 速度指标与水平指标的综合应用

速度指标与水平指标的直接关系体现在速度指标是由水平指标派生计算的。速度指标与水平指标还有一些间接的联系，但很容易被忽视、被迷惑，因此这里强调要把两者结合使用，以便对安全现象的数量特征做更深刻的动态分析。

（1）要把发展速度和增长速度同隐藏在其后的绝对量（发展水平和增长量）结合起来

分析时会注意到，当发展速度和增长速度同在下降时，增长量却可能是增加的；当增长量稳定不变时，可能意味着增长速度逐期下降；当安全现象数量特征是逐期同速增长时，增长量却是逐期增加的。因此，动态数列中某些时期的指标值的负增长可能被逐期增长量的平均值所掩盖。

增长1%的绝对值是指在进行动态分析时，既关注到速度，又关注到水平的一个代表性指标。发展水平和增长量是绝对数，说明了安全现象的数量特征上发展和增长的速度，把安全统计指标中数值之间的差异抽象化，能在一定程度上掩盖发展水平的差异。由于环比增长速度数列中各期的对比基期不同，因此在进行动态分析时，不仅要看各期增长的百分数，还要看每增长1%所包含的绝对值。增长1%的绝对值是一个由相对数和绝对数结合运用的指标，具体计算方法如下：

$$\text{增长1\%的绝对值}=\frac{\text{逐期增长量}}{\text{环比增长速度}\times100}=\frac{y_i-y_{i-1}}{\frac{y_i-y_{i-1}}{y_{i-1}}\times100}=\frac{y_{i-1}}{100}\quad(i=2,3,\cdots,n) \tag{7-26}$$

（2）应将平均速度指标和动态数列水平指标结合运用

平均速度是一个较长时期内总速度的平均指标，是上升或下降的环比速度代表值。如果动态数列中间时期的指标值出现了特殊的高低变化情况，或者最初、最末水平因受特殊因素的影响，使指标值偏离常态，不管是用几何平均法还是用高次方程法来计算，都将影响甚至是失去平均速度的意义。所以，仅计算一个平均速度指标是远远不够的，应该联系动态数列中各期的发展水平，计算各期的环比速度，综合进行分析。

在分析一段较长历史时期的动态资料时，这种结合可采取计算分段平均速度的方法来补充说明总平均速度。因为一个总平均速度指标，仅能概括地反映出安全现象数量特征在较长时间内的一般发展或增长程度，不能具体、深入地了解安全现象发展过程的变化情况。

7.4 安全统计数据的趋势预测

7.4.1 动态数列的影响因素

安全现象的发展往往会受到许多因素的影响，各种因素共同作用形成了安全现象的动态数列。在众多的影响因素中，有些因素对安全现象的发展变化起着长期的、决定性作用，如安全管理制度对企业安全生产状况的作用；有些因素则只起到短期的、偶然性作用，如职工的心理状况和身体状况对企业安全生产状况的作用。

由于一个安全现象的发生是错综复杂的，通常难以根据指标值来确定影响动态数列变动的具体因素，因此在安全统计分析中，一般按作用特点和影响效果将影响动态数列变动的因素归为四类，相应动态数列的变动情况可大致看作这四类因素共同作用的结果。这四类因素分别是：趋势变动、季节变动、循环波动和随机变动。

（1）趋势变动

趋势变动是指在一段较长时期内，安全现象受普遍的、持续的、决定性的基本因素的作用，使其发展水平沿着一个方向，呈现逐渐向上或向下的变动趋势。例如，随着安全资金投入的增加，可在一定程度上减少企业内生产事故的发生，进而提高企业的经济效益。

（2）季节变动

季节变动是指受到自然季节因素（如一年四季变化）或社会因素（如节假日）的影响，安全现象的动态数列出现季节性变化的规律，季节变动是一种极为普遍的现象。例如，自然灾害的发生与季节有着密切关系，节假日时的交通事故明显比平常增多，企业在节假日后的安全生产率普遍降低等。

（3）循环波动

循环波动与季节变动有着本质上的区别，季节变动的周期较为固定，而循环波动的产生机制在安全系统内部，规律性不显著，变动周期一般较长，但周期长短不是完全固定的，不同周期的变动形态、波动幅度有着明显差异。要掌握安全现象循环波动的规律性，除了需要运用到统计方法外，还要借助安全分析方法。

（4）随机变动

随机变动是指安全现象在受到上述三种影响因素外，还会受到临时的、偶然因素或不明原因引起的非周期性、非趋势性的随机变动，是动态数列分析中无法由以上三种变动解释的部分。

7.4.2 安全现象长期趋势的测定

研究长期趋势的目的是测定动态数列的长期变动规律，也是便于将长期趋势从动态数列中予以剔除，从而更好地分析其他影响因素的变动规律性。

测定长期趋势就是用一定方法对动态数列进行修匀，使修匀后的动态数列排除季节变动、循环波动和不规则变动等因素的影响，显示出安全现象变动的基本趋势。测定长期趋势的常用方法有时距扩大法、移动平均法和趋势模型法。

1. 时距扩大法

时距扩大法是对长期动态数列资料进行统计修匀的一种简便方法。它是把原始动态数列中所有时期的资料加以合并，扩大每段计算所包括的时间，得出较长时距的新动态数列，以消除由于时距较短、受偶然因素影响所引起的波动，这种方法的好处是能够清楚地显示安全现象变动的趋势和方向。

时距扩大法是把较小的时间跨度转化为较大的时间跨度，如将月转换为季、将季转换为年、将一年转换为多年等，这是有一定的逻辑依据可循的。如果动态数列水平波动有一定的周期性，扩大的时距应注意与变动的周期相同；如果动态数列看不出有什么周期性，那么就要逐步扩大时距，直到安全现象趋势的变动方向足够清晰为止。

时距扩大修匀可以用扩大时距后的总量指标表示，也可以用扩大时距后的评价指标表示。前者只适用于时期数列，后者可用于时期数列和时点数列。

例 7-9 根据表 7-5 中 1989—2008 年受灾面积的统计资料，用时距扩大法来说明受灾面积的趋势。最新的相关数据读者可以通过国家相关网站查阅和开展统计分析。

解： 从表中可以看出这 20 年间的受灾面积是波动变化的，因此将时距扩大为 4 年，来消除短时间受偶然因素所带来的波动。

（1）1989—1992 年的总受灾面积：

$$Y_1=y_1+y_2+y_3+y_4=(46991+38474+55472+51332)\text{khm}^2=192269\text{khm}^2$$

1989—1992 年的平均受灾面积：

$$\overline{Y}_1=\frac{Y_1}{4}=\frac{192269}{4}\text{khm}^2=48067.25\text{khm}^2$$

（2）1993—1996 年的总受灾面积：

$$Y_2=y_5+y_6+y_7+y_8=(48827+55046+45824+46991)\text{khm}^2=196688\text{khm}^2$$

1993—1996 年的平均受灾面积：

$$\overline{Y}_2=\frac{Y_2}{4}=\frac{196688}{4}\text{khm}^2=49172\text{khm}^2$$

（3）计算其余三组的总受灾面积与平均受灾面积，将结果汇总于表 7-8。

表 7-8 1989—2008 年受灾面积扩大时距统计

序号	年份	总受灾面积/khm²	平均受灾面积/khm²
1	1989—1992 年	192269	48067.25
2	1993—1996 年	196688	49172
3	1997—2000 年	208240	52060
4	2001—2004 年	190773	47693.25
5	2005—2008 年	168891	42222.75

由表 7-8 可以看出，在 1989—2000 年，受灾面积是呈递增的趋势，从 2001—2008 年是呈递减的趋势。

2. 移动平均法

移动平均法是测定动态数列趋势变动的基本方法，是采用逐期递推移动方法来计算一系列扩大时距的序时平均数，并将一系列序时平均数作为对应时期的趋势值。通过移动平均法修匀动态数列，能够深刻地描述安全现象发展的基本趋势。

移动平均法是按一定的时间间隔长度来逐期移动的，分别计算出各间隔期内所有时期指标值的平均数，以此作为该时间间隔“中间项”的趋势值，通常称为各期的中心化移动平均数。移动平均法的基本思想是：随机因素的影响是相互独立的，因此短期数据由于随机因素而形成的差异在加总平均的过程中会相互抵消，它的平均数就显示出了安全现象的趋势。

移动平均分为“奇数项移动平均”和“偶数项移动平均”。

（1）奇数项移动平均

设动态数列有 n 期，各期指标值依次为 $y_1, y_2, \cdots, y_n$，若确定所移动平均的项数为奇数，则中间项的趋势测定值经过一次移动平均就可得到，用 $M_t^{(1)}$ 表示一次移动平均数，具体计算公式如下：

$$M_t^{(1)} = \frac{1}{N}\left(y_{t-\frac{N-1}{2}} + y_{t-\frac{N-3}{2}} + \cdots + y_{t-1} + y_t + y_{t+1} + \cdots + y_{t+\frac{N-1}{2}}\right) \tag{7-27}$$

式中 N——移动平均的项数，并且为奇数；

t——每次移动平均中间项所对应的时期 $\left(t = \frac{N+1}{2}, \frac{N+1}{2}+1, \cdots, n-\frac{N-1}{2}\right)$；

$M_t^{(1)}$——第 t 期的中心化移动平均数。

若以 $N=5$ 为例，由式（7-27）可计算出各期的中心化移动平均数：

$$M_3^{(1)} = \frac{1}{5}(y_1+y_2+y_3+y_4+y_5)$$

$$M_4^{(1)} = \frac{1}{5}(y_2+y_3+y_4+y_5+y_6)$$

$$\vdots$$

$$M_{n-2}^{(1)} = \frac{1}{5}(y_{n-4}+y_{n-3}+y_{n-2}+y_{n-1}+y_n)$$

式中 $M_3^{(1)}$——y_1，y_2，y_3，y_4，y_5的平均数，应作为其中间项即动态数列第 3 期的长期趋势值，通常称此为第 3 期的中心化移动平均数；

$M_4^{(1)}$——y_2，y_3，y_4，y_5，y_6的平均数，应作为其中间项即动态数列第 4 期的长期趋势值，通常称此为第 4 期的中心化移动平均数；

$M_{n-2}^{(1)}$——第 $n-2$ 期的中心化移动平均数，是第 $n-2$ 期的长期趋势测定值。

（2）偶数项移动平均

若确定所移动平均的项数为偶数，计算出来的移动平均数所对应的中间项是两个相邻时期的平均数，否则不能代表任一时期的趋势值。以 $N=6$ 为例，有：

$$M_{3.5}^{(1)}=\frac{1}{6}(y_1+y_2+y_3+y_4+y_5+y_6)$$

$$M_{4.5}^{(1)}=\frac{1}{6}(y_2+y_3+y_4+y_5+y_6+y_7)$$

$$M_{5.5}^{(1)}=\frac{1}{6}(y_3+y_4+y_5+y_6+y_7+y_8)$$

$$\vdots$$

接着就是对一次移动平均数再做一次项数为 2 的移动平均，即计算二次移动平均数来作为长期趋势值，用 $M_t^{(2)}$ 表示，即：

$$M_4^{(2)}=\frac{1}{2}(M_{3.5}^{(1)}+M_{4.5}^{(1)})\text{，为第 4 期的第 2 次趋势值}$$

$$M_5^{(2)}=\frac{1}{2}(M_{4.5}^{(1)}+M_{5.5}^{(1)})\text{，为第 5 期的第 2 次趋势值}$$

$$\vdots$$

（3）注意事项

在使用移动平均法分析动态数列趋势变动时，有两个问题需特别注意：

第一，移动平均项数 N 的确定是能否准确进行趋势测定的关键。N 的取值过小，不能完全消除动态数列中短期、偶然因素的影响，不能较好地反映安全现象发展的变动趋势；N 的取值过大，反映动态数列趋势变化的能力将下降，甚至会脱离安全现象发展的真实趋势。一般说来，原始动态数列受到季节变化或循环波动等周期性因素的影响，则 N 的取值应等于周期的长度，这样所求得的移动平均数就能在很大程度上降低随机变动的影响，也能消除周期性变动的影响。

第二，动态数列经过移动平均后会造成信息量的损失。在奇数项移动平均所形成的数列中，头尾各$\frac{N-1}{2}$个时期无法求得趋势值；在偶数项移动平均所形成的数列中，头尾各有$\frac{N}{2}$个时期无法求得趋势值，移动平均后的数列将会丢失原始动态数列中的部分信息。

例 7-10 根据表 7-5 中 1989—2008 年成灾面积统计资料，对成灾面积分别进行项数为 5 和项数为 6 的移动平均，并分析成灾面积的长期趋势。

解：（1）当 $N=5$ 时：

$$M_3^{(1)}=\frac{1}{5}(24449+17819+27814+25893+23134)\text{khm}^2=23821.8\text{khm}^2$$

$$M_4^{(1)}=\frac{1}{5}(17819+27814+25893+23134+31382)\text{khm}^2=25208.4\text{khm}^2$$

计算出其余移动平均数，将结果汇总于表 7-9。

（2）当 $N=6$ 时：

$$M_{3.5}^{(1)}=\frac{1}{6}(24449+17819+27814+25893+23134+31382)\text{khm}^2=25081.83\text{khm}^2$$

$$M_{4.5}^{(1)}=\frac{1}{6}(17819+27814+25893+23134+31382+22268)\text{khm}^2=24718.33\text{khm}^2$$

$$M_4^{(2)}=\frac{1}{2}(M_{3.5}^{(1)}+M_{4.5}^{(1)})=\frac{1}{2}(25081.83+24718.33)\text{khm}^2=24900.08\text{khm}^2$$

计算出其余移动平均数，将结果汇总于表 7-9。

表 7-9　1989—2008 年成灾面积的移动平均数

年份	时期序号 t	成灾面积/khm^2	中心化移动平均数/khm^2		
			$N=5$	$N=6$	
			$M_t^{(1)}$	$M_t^{(1)}$	$M_t^{(2)}$
1989	1	24449	—	—	—
1990	2	17819	—	—	—
1991	3	27814	23821.8	—	—
1992	4	25893	25208.4	25081.83	24900.08
1993	5	23134	26098.2	24718.33	25002.92
1994	6	31382	24782.2	25287.5	25495.25
1995	7	22268	25665	25703	25643.67
1996	8	21234	26074.4	25584.33	25884.33
1997	9	30307	25144.8	26184.33	26433.67
1998	10	25181	27566	26683	27476.75
1999	11	26734	29677.8	28270.5	28764.33
2000	12	34374	29048.4	29258.17	29442.25
2001	13	31793	30515.4	29626.33	28886
2002	14	27160	28428	28145.67	27581.67
2003	15	32516	25546.4	27017.67	26205.83
2004	16	16297	24114.2	25394	24833.25
2005	17	19966	23695	24272.5	23866.08
2006	18	24632	21648.4	23459.67	—
2007	19	25064	—	—	—
2008	20	22283	—	—	—

最新的相关数据读者可以通过相关官方网站查阅和开展统计分析。

相对原始动态数列而言，经过移动平均后的两组动态数列的发展水平都比较稳定；比较项数为 6 的移动平均与项数为 5 的移动平均，项数为 6 的移动平均的指标值更加稳定，波动较小，可见增加平均移动的项数能从一定程度上降低影响因素的作用。

3. 趋势模型法

趋势模型法又称为曲线配合法，是根据动态数列长期趋势所表现的形态，建立一个合适的模型来描述安全现象各期指标值随时间变动的趋势。具体步骤如下：

第一步，选取合适的模型。安全现象动态数列中长期趋势的表现形态是多种多样的，有线性形态，也有非线性形态；所采用的趋势模型有直线模型，也有各种曲线模型，它们相互区别的本质是所描述的安全现象的数量特征 y_t 随时间 t 的变化而呈现出不同的变化率。在实际应用中，如何选择趋势模型来表示动态数列变动状态是一个关键，如果趋势模型选择不当，不仅不能正确描述安全现象的发展规律，甚至可能会得出与事实相反的结论。

第二步，估计模型参数。趋势模型确定后，模型参数就决定了动态数列中各期的趋势值。趋势模型中的自变量一般是时间 t，按照时间的先后顺序 t 通常取值为 $1,2,\cdots,n$（n 为动态数列的时期项数）。

第三步，计算趋势值。将各期时间 t 的取值代入已估计出参数的趋势模型，可得出长期趋势的估计值。

当安全现象数量特征的发展按线性趋势变化时，可用直线趋势来进行测定；当安全现象数量特征的发展按非线性趋势变化时，可用非线性趋势来进行测定。

（1）直线趋势的测定

如果动态数列的逐期增加量相对稳定，即安全现象数量特征的发展水平按相对固定的绝对速度变化时，可采用直线（线性函数）形式作为趋势线，来描述安全现象数量特征趋势的变化，进而预测趋势的走向。

如果以时间因素作为自变量 t，把动态数列水平作为因变量 $\hat{y}_t$，具体的一次直线（线性）趋势方程如下：

$$\hat{y}_t = a+bt \tag{7-28}$$

式中　a，b——待估参数，分别表示趋势直线的截距和斜率；

$\hat{y}_t$——趋势值。

其中，a，b 由最小二乘法求得。直线趋势方程相当于一元线性回归模型。

（2）曲线趋势的测定

在实际的安全统计分析中，大量安全现象的数量特征多是呈非线性发展的，因此动态数列长期趋势变动模型多是选择各种曲线模型。但是对于存在曲线发展的安全现象来说，若就其在某特定时间区域内的数量特征变化进行研究，可以发现安全现象具有线性变化的特点。事实上，曲线可看作由多段不同的直线首尾连接而成，因此直线可以说是曲线的特殊形式，所以按安全现象长期趋势变动的直线型就成为研究其曲线型的基础。曲线趋势方程又相当于第 6 章介绍的非线性回归模型。

曲线类型有很多，在本书 6.4 节中已经详细列举，在此仅选取指数曲线来讨论曲线（非线性）趋势的测定。

当动态数列大体上是每期以相同的增长速度变化时，即各期环比增长速度大体上是相同的，则动态数列的基本趋势值的指数曲线模型为

$$\hat{y}_t = ab^t \tag{7-29}$$

7.4.3 时间序列预测

1. 移动平均法

动态数列预测中所使用的移动平均法与用于测定趋势值的移动平均法的计算方法相似，但表示的意义不同：①N 期移动平均值不再是代表观测值中间一期的趋势值，而是代表第 $N+1$ 期的趋势预测值；②移动平均值的位置不再是居中位置，而是置于第 N 期（所平均数据末尾的一期）或直接置于第 $N+1$ 期（预测值）。相应的预测公式如下：

$$\hat{y}_{t+1}=M_t^{(1)}=\frac{1}{N}(y_t+y_{t-1}+\cdots+y_{t-N+1}) \tag{7-30}$$

式中 $M_t^{(1)}$——第 t 期的一次移动平均数；

$\hat{y}_{t+1}$——第 $t+1$ 期的预测值。

式（7-30）是根据动态数列中最近 N 期指标值的简单移动平均数来对下一期进行预测，但是通常认为各期发展水平对预测值的影响程度不同，一般来说，近期的发展水平比远期的发展水平重要，因此在移动平均时应给予近期发展水平更大的权数，相应的移动平均法又称为加权移动平均法，计算公式如下：

$$\hat{y}_{t+1}=M_{wt}^{(1)}=\frac{w_0y_t+w_1y_{t-1}+\cdots+w_{N-1}y_{t-N+1}}{w_0+w_1+\cdots+w_{N-1}} \tag{7-31}$$

式中 $M_{wt}^{(1)}$——第 t 期的一次加权移动平均数，用它作为第 $t+1$ 期的预测值，即$\hat{y}_{t+1}$；

w_i——y_{t-i}的权数，应满足 $w_0>w_1>\cdots>w_{N-1}$，以确保各期发展水平对预测值的影响由远及近逐渐增大。

移动平均法只有一期的预测能力，若要进行多期预测，就要对预测值多次计算移动平均数，这样的结果可能会导致预测误差积累，而且在加权移动平均法中权数选择的随意性较大，因此，进行多期预测的准确性会降低，甚至可能会得出与实际安全现象数量特征的趋势发展相反的结论。

2. 指数平滑法

指数平滑法是加权移动平均法的特殊形式，是将动态数列预测期之前所有时期指标值的加权平均数作为预测值。指数平滑法优于移动平均法，原因在于：指数平滑法综合了各期数据对预测值的影响，克服了移动平均法舍弃远期信息的损失。

指数平滑法的基本原理是：时间序列的趋势具有稳定性或规则性，因此时间序列可被合理地顺势推延，最近时期的发展水平在某种程度上会持续到最近未来时期的发展水平，所以将较大的权数给予最近时期的发展水平。具体表达式如下：

$$\hat{y}_{t+1}=S_t^{(1)}=\sum_{i=0}^{\infty}\alpha(1-\alpha)^iy_{t-i}=\alpha y_t+\alpha(1-\alpha)y_{t-1}+\alpha(1-\alpha)^2y_{t-2}+\cdots \tag{7-32}$$

式中 α——平滑系数，$0<\alpha<1$；

$S_t^{(1)}$——第 t 期的一次指数平滑值，是 t 期及之前各期所有指标值的加权平均数，用它作为 $t+1$ 期的预测值。

各期的权数 $\alpha(1-\alpha)^i$是一个由近及远、指数衰减的无穷等比数列，说明了时期越远的指标值对预测值的影响越小。根据等比数列的求和公式，可以证明出各期的权数

之和 $\sum_{i=0}^{\infty}\alpha(1-\alpha)^i=1$。

根据式（7-32），可得到 t 期的预测值，即 $t-1$ 期的指数平滑值如下：

$$\hat{y}_t=S_{t-1}^{(1)}=\sum_{i=0}^{\infty}\alpha(1-\alpha)^i y_{t-1-i}=\alpha y_{t-1}+\alpha(1-\alpha)y_{t-2}+\alpha(1-\alpha)^2 y_{t-3}+\cdots \tag{7-33}$$

将上式两端同乘以（$1-\alpha$），得：

$$(1-\alpha)\hat{y}_t=(1-\alpha)S_{t-1}^{(1)}=\sum_{i=0}^{\infty}\alpha(1-\alpha)^{i+1}y_{t-1-i} \tag{7-34}$$

从而，有：

$$S_t^{(1)}-(1-\alpha)S_{t-1}^{(1)}=\alpha y_t \Rightarrow S_t^{(1)}=\alpha y_t+(1-\alpha)S_{t-1}^{(1)} \tag{7-35}$$

由上面式子可知，$\hat{y}_{t+1}=S_t^{(1)}$ 是 $t+1$ 期的预测值，$\hat{y}_t=S_{t-1}^{(1)}$ 是 t 期的预测值，因此式 $S_t^{(1)}=\alpha y_t+(1-\alpha)S_{t-1}^{(1)}$ 可等价于：

$$\hat{y}_{t+1}=\alpha y_t+(1-\alpha)\hat{y}_t \tag{7-36}$$

式（7-32）与式（7-36）都说明了指数平滑法虽然综合考虑了各期指标值对预测值的影响，但在计算时并不要求保存大量的历史统计数据，只需要根据本期实际值和本期预测值便可预测出下期的数值。

式（7-36）也说明了指数平滑法具有根据本期的预测误差对下期的预测值进行调整的能力：当 $y_t-\hat{y}_t>0$ 时，说明本期的预测值估计偏低，下期预测值 $\hat{y}_{t+1}$ 要在本期预测值 $\hat{y}_t$ 的基础上适当增大；若 $y_t-\hat{y}_t<0$ 时，说明本期的预测值估计偏高，下期预测值 $\hat{y}_{t+1}$ 要在本期预测值 $\hat{y}_t$ 的基础上适当减少，通过这样的方法来提高预测的准确性。

用指数平滑法进行预测时，需要注意以下两点：

第一，平滑初始值 $S_0^{(1)}$ 的确定。设安全现象动态数列有 n 期已知的安全统计数据，则 $t=1,2,\cdots,n$。因此第 1 期的指数平滑值 $S_1^{(1)}$ 取决于第 1 期的指标值 y_1 和上一期的指数平滑值 $S_0^{(1)}$。一般而言，经过多次的平滑计算，初始值的影响越小，因此可以取 $S_0^{(1)}=y_1$ 作为近似值来进行计算。

第二，平滑系数 α 的确定。平滑系数 α 的取值关系到预测的准确性：若动态数列平稳度较高，则各期指标值对预测值的影响越平均，各期权数 $\alpha(1-\alpha)^i$ 的衰减速度变小，平滑系数 α 就要取小值，一般取 $0.1<\alpha<0.3$；若动态数列波动幅度较大，则远期指标值对预测值的影响越小，平滑系数 α 就要取大值，一般取 $0.4<\alpha<0.9$，使得各期权数 $\alpha(1-\alpha)^i$ 的衰减速度变大，以弱化远期指标值的影响，以及提高预测值随近期数据变化的敏感程度。在实际应用中，没有具体的标准来决定 α 的取值，所以通常会多试几种不同的 α 值，分别计算出动态数列现有的各期数据的预测值，再取误差最小的 α 值来建立指数平滑模型，从而做出未来时期的预测。

与移动平均法有相同的特点，指数平滑法也只有一期的预测能力，若要进行多期预测，可能会导致预测误差的积累。

移动平均法和指数平滑法都是利用各期的平均数进行预测，因此只适用于平稳型的动态数列，有两点原因：第一，若动态数列存在明显的上升趋势，则相应的平均数将比最近一个时期的指标值小，用平均数作为下一期的预测值将会低估实际值；反之，若动态数列存在明显的下降趋势，则所得的预测值必将偏大。第二，各期权数的选择带有主观性，在一定程度上将会降低预测结果的准确性，而且也不能得到任何有关预测置信区间的信息。

3. 自回归预测法

当动态数列前后时期的数值之间存在明显的相关关系时，可以建立自回归趋势模型，通过前期指标值来预测未来时期的趋势值。当各期指标值之间出现明显线性相关关系时，相应的自回归模型的一般形式如下：

$$\hat{y}_t = b_0 + b_1 y_{t-1} + b_2 y_{t-2} + \cdots + b_n y_{t-n} \tag{7-37}$$

上式又称为 n 阶自回归趋势模型，第 t 期的指标值为因变量，以前时期的指标值为自变量，$b_0, b_1, \cdots, b_n$为待估参数。

尤其需要注意的是，若动态数列中各期指标值仅受前一期或前 i 期指标值的影响，相应的自回归模型称为一阶自回归模型，即：

$$\hat{y}_t = b_0 + b_1 y_{t-i} \quad (i = 1, 2, \cdots, n) \tag{7-38}$$

例 7-11 根据表 7-2 中前 10 个时期内全国化工系统的事故数，分别用移动平均法、指数平滑法与回归预测法预测第 11 期的化工事故数。

解： 根据 10 个时期的统计数据描绘出化工事故散点图，如图 7-1 所示。

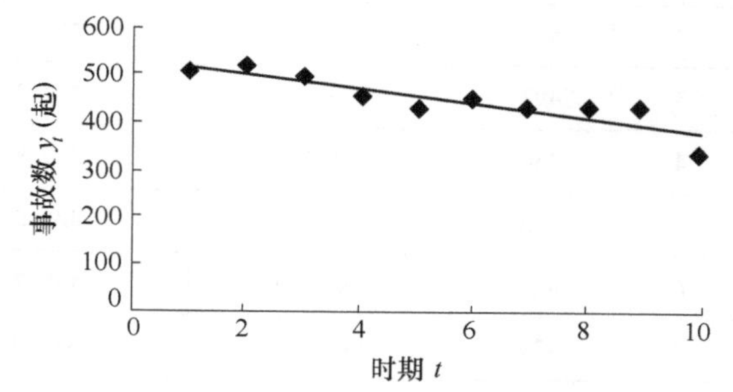

图 7-1 10 个时期内的化工事故散点图

从图 7-1 可看出，安全统计数据随时间的波动幅度较大，因此先分别采用 3 项加权移动平均和平滑系数 $\alpha = 0.9$ 的指数平滑法对各期数据进行预测，然后选择预测效果较好的方法来估计第 11 期的化工事故数。

（1）根据加权移动平均公式，取$N = 3$，$w_0 = 3$，$w_1 = 2$，$w_2 = 1$，则：

$$\hat{y}_{t+1} = M_{wt}^{(1)} = \frac{w_0 y_t + w_1 y_{t-1} + w_2 y_{t-2}}{w_0 + w_1 + w_2} = \frac{3y_t + 2y_{t-1} + y_{t-2}}{6}$$

因此，第 4 期的预测值为

$$\hat{y}_4 = M_{w3}^{(1)} = \frac{1 \times 502 + 2 \times 515 + 3 \times 492}{6} \text{起} = 501.33 \text{ 起}$$

第 5 期的预测值为

$$\hat{y}_5 = M_{w4}^{(1)} = \frac{1 \times 515 + 2 \times 492 + 3 \times 456}{6} \text{起} = 477.83 \text{ 起}$$

采用同样的方法计算出第 6~10 期的加权移动平均值，将计算结果整理归纳到表 7-10。

（2）根据指数平滑法计算各期的预测值，取 $\alpha = 0.9$，即：

$$\hat{y}_{t+1} = S_t^{(1)} = \alpha y_t + (1-\alpha)\hat{y}_t = 0.9y_t + 0.1S_{t-1}^{(1)}$$

取平滑初始值 $S_0^{(1)} = y_1 = 502$，则可计算出各期的平滑预测值。

第 2 期的预测值为

$$\hat{y}_2 = S_1^{(1)} = 0.9y_1 + 0.1S_0^{(1)} = (0.9 \times 502 + 0.1 \times 502) \text{起} = 502 \text{ 起}$$

第 3 期的预测值为

$$\hat{y}_3=S_2^{(1)}=0.9y_2+0.1S_1^{(1)}=(0.9\times515+0.1\times502)\text{起}=513.7\text{起}$$

采用同样的方法计算出第 4~10 期的指数平滑预测值，将计算结果整理归纳到表 7-10。

(3) 建立线性回归函数：

$$\hat{y}_t=a+bx_t$$

用最小二乘法进行参数估计，得到自回归模型：

$$\hat{y}_t=529.27-15.158t$$

其中，$r=-0.883>0.8$，说明时期 t 与事故数$\hat{y}_t$之间的相关程度较高。

将线性回归函数的预测值整理，得前 10 个时期内化工系统的三种预测值，见表 7-10。

表 7-10　前 10 个时期内化工系统的三种预测值

时期 t	事故数 y_t（起）	3 项加权移动平均预测值 $\hat{y}_{t+1}=M_{wt}^{(1)}$	各期的一次指数平滑值 $S_t^{(1)}$	各期的一次指数平滑预测值 $\hat{y}_{t+1}=S_t^{(1)}$	自回归模型预测值 $\hat{y}_t=529.27-15.158t$
1	502	—	502	—	514.11
2	515	—	513.7	502	498.95
3	492	—	494.2	513.7	483.79
4	456	501.33	459.8	494.1	468.64
5	425	477.83	428.5	459.8	453.48
6	451	446.5	448.7	428.5	438.32
7	429	443.17	431.0	448.7	423.16
8	426	435.67	426.5	431.0	408.01
9	430	431.17	429.6	426.5	392.85
10	333	428.5	342.7	429.6	377.69

在实际运用中，可将三种方法的预测值绘图与原动态数列的散点图进行比较，从而选出更贴近原曲线图的预测方法，在此处省略。

(4) 对第 11 期事故的发展水平进行预测：

3 项加权移动平均预测值：

$$\hat{y}_{11}=M_{w10}^{(1)}=\frac{1\times426+2\times430+3\times333}{6}\text{起}=380.83\text{起}$$

指数平滑法计算预测值：

$$\hat{y}_{11}=S_{10}^{(1)}=0.9y_{10}+0.1S_9^{(1)}=(0.9\times333+0.1\times429.6)\text{起}=342.7\text{起}$$

线性回归函数预测值：

$$\hat{y}_{11}=529.27-15.158x_{11}=(529.27-15.158\times11)\text{起}=362.53\text{起}$$

实际上第 11 期的事故数为 311 起，比较三种预测结果，指数平滑法的预测更接近真实值，相对误差仅为 10.19%。

本章小结

（1）动态数列是所研究的安全现象的一系列指标按时间先后顺序加以排列后形成的数列；任何一个动态数列的两个基本要素分别是安全现象所属的时间与反映安全现象在一定时间条件下数量特征的指标值。

（2）根据安全统计指标的不同表现形式，动态数列可分为总量指标动态数列、相对指标动态数列和平均指标动态数列。其中，总量指标动态数列是基本的动态数列，相对指标动态数列和平均指标动态数列是在总量指标动态数列的基础上衍生而来的。

（3）编制动态数列的四个原则分别是时间长短应该前后一致、安全总体范围应该统一、计算方法应该统一及统计内容要统一。

（4）常用的动态数列水平分析指标有发展水平、平均发展水平、增长量和平均增长量。发展水平是反映安全现象在不同时期的发展程度的指标值，平均发展水平是将发展水平在各个时期的差异抽象化，以一个平均数值来代表安全现象在这段时期的一般发展水平。

（5）平均发展水平指标有总量指标动态数列序时平均数、相对指标动态数列序时平均数和平均指标动态数列序时平均数，其中，总量指标动态数列序时平均数的计算方法是其余两种序时平均数计算方法的基础。

（6）动态数列的速度指标有发展速度、增长速度、平均发展速度和平均增长速度，都是在发展水平指标基础上发展而来的“动态分析”指标。

（7）根据采用的基期，发展速度又分为环比发展速度和定基发展速度，同一动态数列中的各期环比发展速度的连乘积等于相应时期的定基发展速度，两个相邻定基发展速度之比等于相应时期的环比发展速度。

（8）平均发展速度和平均增长速度统称为平均速度。平均发展速度是说明安全现象数量特征上逐期发展的平均速度，常用的计算方法有几何平均法和高次方程法；平均增长速度则是说明安全现象数量特征上递增的平均速度。

（9）动态数列的波动可以看作趋势变动、季节变动、循环波动和随机变动共同影响的结果。

（10）测定安全现象的趋势可分为长期趋势的测定与时间序列的预测，测定长期趋势是指用一定方法对动态数列进行修匀，使修匀后的动态数列排除影响因素的影响，显示出安全现象变动的基本趋势。测定长期趋势的常用方法有时距扩大法、移动平均法和趋势模型法。

思考与练习

1. 什么是动态数列？动态数列的作用是什么？影响动态数列变动的因素有哪些？
2. 动态数列的三种类型之间有什么联系？
3. 编制动态数列时，为什么要遵守四个原则？
4. 动态分析中，水平分析与速度分析有什么关系？
5. 测定安全规律的趋势时，长期趋势测定与时间序列预测之间有什么区别与共同点？

6. 时间序列预测中，移动平均法与指数平滑法有什么联系？

7. 表 7-11 给出了 2000—2009 年因重特大火灾引起的直接经济损失数据，试对重特大火灾的发生次数与直接经济损失进行水平分析和速度分析。最新的相关数据读者可以通过国家相关网站查阅和开展统计分析。

表 7-11　2000—2009 年火灾情况与人均国内生产总值

年份	时期	重特大火灾次数(起)	直接经济损失(万元)
2000	1	445	36678. 8
2001	2	362	20901. 4
2002	3	369	26148. 2
2003	4	342	25125. 3
2004	5	288	40026
2005	6	283	18973. 2
2006	7	222	18522. 9
2007	8	9	1543. 5
2008	9	6	39386. 5
2009	10	5	15377. 7

注：表中数据来源于《中国消防年鉴 2010》和国家统计局网站。

8. 根据表 7-11 中 2000—2009 年因重特大火灾引起的直接经济损失数据。试对 2010 年的重特大火灾的发生次数与直接经济损失的趋势做出测定与预测。

第 8 章 安全统计数据的聚类分析和判别分析

本章学习目标

将安全统计对象进行分类是认识安全现象的出发点，在安全统计资料数量特征的基础上，根据数据自身特点来进行分类是本章的主要内容。要求学会系统聚类与 K 均值聚类等聚类分析方法，并基本掌握距离判别法、贝叶斯判别法和费歇尔判别法等。

本章学习方法

参考数理统计相关章节的内容进行学习，注意聚类分析和判别分析的联系与区别；由于处理安全统计数据的计算工作量较大，通常需要借助相关的统计软件。

8.1 聚类分析和判别分析概述

人们总是根据某个特性来划分不同的事、物、人，也就是所谓的“物以类聚，人以群分”。实际上在社会科学和自然科学的领域中，存在着大量的分类问题，如根据经济发展水平可将世界上的国家划分为发达国家和发展中国家两类；根据行业发生事故和伤亡人数的统计，将有关行业划分为高危行业和普通行业。将安全统计资料进行分类的方法有两种，一是事先并不知道存在什么类别，完全按照反映安全现象特征的数据所揭示的规律来将安全现象进行分类，也就是“聚类分析”的内容；二是在对当前研究的安全现象已经分过类的基础上，如何将某个（些）未知的安全现象正确地归于哪一类的问题，也就是“判别分析”的内容。

8.1.1 聚类分析的基本原理

1. 聚类分析的含义

在安全统计研究中，存在大量的量化分类研究。最初，安全工作者主要依靠自身经验来对安全现象做定性分类，导致了很多分类结果带有主观性和任意性，进而不能很好地揭示安全事物内在的本质差别与联系；特别是对于多因素、多指标的安全现象分类问题，就更不容易确定定性分类的准确性。为了提高安全现象分类的准确性，需要引入数值分类学，如聚类分析方法。

聚类分析是根据“物以类聚”的原理，对样本或指标进行分类的一种多元统计分析方法，将安全统计对象的集合分成多个类的分析过程。聚类分析没有任何模式可供参考，是在没有先验知识的情况下进行。聚类分析的基本思想是：认为所研究的安全统计对象数据集中的数据之间存在不同程度的相似性，根据安全现象的几个属性，找到能够度量它们之间相似程度的量，把一些相似程度较大的归为一类，另一些相似程度较大的归为另一类。

聚类分析就是研究分析如何对安全统计样本（或指标）进行量化分类的问题。通常聚类分析可分为 Q 型聚类和 R 型聚类，Q 型聚类是对样本进行分类处理，R 型聚类是对变量进行分类处理。本章只讨论 Q 型聚类分析。

2. 聚类与分类的区别

虽然聚类分析是根据“物以类聚”的原理，但聚类和分类不是同一概念。分类是事先就清楚要将安全统计样本分为几类，通过对安全统计样本的了解和调查，根据安全统计样本的特点与性质进行归纳、整理，进而将所有的安全统计样本进行分类，这是一种有指导的学习（supervised learning）；聚类是一种无指导的学习（unsupervised learning），事先并不知道要将所有的安全统计样本分为几类，而是通过一定的方法在逐步分类过程中将没有分类标志的安全统计数据聚集成有意义的类。

3. 聚类分析的方法

从基本思路上看，聚类分析的方法主要分为三类：系统聚类法、分解法和动态法（或快速聚类法）。

（1）系统聚类法

系统聚类法的思想在安全统计中的应用可这样表达：在给出安全统计样本之间、类与类之间的距离定义的基础上，首先将每个安全统计样本各当作一类，计算出各个类（即各个安全统计样本）之间的距离；然后将最近的两类合并，距离较远的安全统计样本后聚成类，过程一直进行下去，每个安全统计样本总能聚到合适的类中。过程可简单描述如下：

第一步，假设一个安全统计总体内有 n 个安全统计样本，将每个样本独自聚成一类，共有 n 类。

第二步，根据所确定的样本“距离”公式，把距离较近的两个样本聚成为一类，其他的样本仍各自聚成一类，共聚成 $n-1$ 类。

第三步，将“距离”最近的两个类聚成一类，共聚成 $n-2$ 类，一直进行下去后，最终将所有的样本聚成一类。

为了直观地反映以上的系统聚类过程，可将整个分类系统画成一张谱系图。

（2）分解法

分解法的基本思想与系统聚类法恰好相反，先将全部安全统计样本当成一类，然后是将它分为两类，再分为三类，直到最后将距离相近的样本聚成一类。分解法与系统聚类法的计算量较大，需要大量的工作时间，通常适用于样本量不大的样本群使用。

（3）动态法

动态法是样本量较大时的最佳使用方法，因此又称为快速聚类法。它的基本思想是：先确定若干个中心，然后将安全统计样本逐个输入，观察样本到底归属为哪一类，如果可以归属到已有的某个类，则视为同类，并对该中心稍做调整，否则，需要建立新类，并调整原有的归属类及重新计算各新类的中心，如此进行下去，直到每个样本皆有归属为止，如 K 均值聚类法。

相对于分解法和系统聚类法而言，动态法可以大大提高计算速度，但由于初始中心的个数、位置的选取及样本输入的顺序都可能对最后的结果造成一定程度的影响，反而不如前两种方法可靠。在实际聚类工作中，使用最多的方法仍是系统聚类法。

8.1.2　判别分析的基本原理

1. 判别分析的含义

通过对聚类分析基本原理的学习，已经知道在聚类分析中，人们事先并不知道或者并不一定明确应该把安全现象分成几类，更不知道每类中会包含哪些安全统计样本，必须由安全统计数据的特征来最终确定。而判别分析是在已将安全现象分成若干类，并已经取得各种类型的一批已知安全统计样本的观测数据的基础上，根据某些准则来建立判别模型，然后对未知类型的安全统计样本判别其归属问题的一种多变量统计分析方法。

判别分析的特点是根据已掌握的、历史上每个类别的若干安全统计样本的数据信息，总结出安全现象分类的规律性，建立判别公式和判别准则。当遇到新的安全统计样本点时，只要根据总结出来的判别公式和判别准则，就能判别该样本点所属的类别。对判别分析的特点可进行数学描述：设有 k 个安全统计总体 $G_1, G_2, \cdots, G_k$，从每个安全统计总体中抽取出一个样本，测得每个样本的 p 项指标（或变量）数据，利用这些安全统计数据建立一种判别函数，通过这个函数把属于不同类别的样本点尽可能地区分开，并对已测得同样 p 项指标（或变量）数据的一个新样本，判断它应该归属于哪一类。

2. 判别分析的方法

按照判别的安全统计总体数，判别分析可分为“两统计总体判别分析”和“多统计总体判别分析”；按照区分不同安全统计总体所用的数学模型，判别分析可分为线性判别和非线性判别；按照判别时处理变量的方法，判别分析可分为逐步判别和序贯判别；按照所处理的安全统计资料性质，判别分析可分为定性资料的判别分析和定量资料的判别分析等。

从不同的角度提出问题，可以有不同的判别准则，如马氏距离最小准则、费歇尔准则、平均损失最小准则、最大概率准则等。不同的判别准则就意味着不同判别方法的应用，其中，距离判别法较直观，费歇尔判别法最经典，贝叶斯判别法具有很多现代应用价值。

8.1.3　聚类分析和判别分析在安全统计中的综合应用

由于聚类分析和判别分析的特点不同，在实际统计分析中，往往要将两者联合起来使用：当安全现象统计总体分类不清楚时，可以先用聚类分析把原来的一批安全统计样本进行分类，然后可以用判别分析对新样本进行类别判定。在判别分析中，通常把已明确知道类别的安全统计样本称为“训练样本”，判别分析就是利用训练样本，根据相应的判别准则来建立判别式（或判别函数），从而通过判别式中的预测变量来对未知类别的安全统计样本进行分类。

在安全统计研究中，将需要研究的安全现象看作分析的变量，每个变量的各项安全性指标数据就组成了多维空间。为了得到安全现象的安全系数（或等级），可以对一批类似的评价变量进行聚类分析（因为各变量指标数据的相似程度就决定了应该如何把安全系数比较接近的归为一类），再对研究的安全现象进行安全等级划分。在已知类似安全对象的安全系数（或等级）的情况下，直接根据历史指标数据与分级结果进行判别分析，得出判断函数，再判断待划分的安全现象所属的安全等级类别。

8.2 安全统计数据系统的聚类分析

8.2.1 样本相似性的度量

在聚类之前，首先要分析安全统计样本之间的相似性，一般是用“距离”或“相似系数”来度量安全现象之间的相似性。已知每个安全统计样本有 p 项指标（或变量）来从不同方面描述安全现象的性质，从而形成了一个 p 维的向量。如果把 n 个样本看成 p 维空间中的 n 个点，则两个样本之间的相似程度就可以用 p 维空间中的两点距离公式来度量。

1. 样本点间距离的计算方法

两点距离公式可以从不同的角度来定义。一般而言，样本点之间距离的计算方法主要有：欧氏距离（Euclidean distance）、平方欧式距离（Squared Euclidean distance）、绝对距离（Block distance）、切比雪夫距离（Chebychev distance）、马氏距离（Mahalanobis distance）等。

假定原始安全统计数据中包含了 p 个指标（或变量），每个安全统计样本就是 p 维空间中的一个点。用 $\boldsymbol{X}=(x_1,x_2,\cdots x_p)$ 和 $\boldsymbol{Y}=(y_1,y_2,\cdots y_p)$ 表示两个样本，用 d 表示两个样本的 p 个指标（或变量）之间的距离，将样本点间距离的计算方法归纳后列入表 8-1。

表 8-1 样本点间距离的计算方法

名称	计算公式
欧式距离	$d=\sqrt{\sum_{i=1}^{p}(x_i-y_i)^2}$
平方欧式距离	$d=\sum_{i=1}^{p}(x_i-y_i)^2$
绝对距离	$d=\max\lvert x_i-y_i\rvert$
切比雪夫距离	$d=\sqrt[q]{\sum_{i=1}^{p}\lvert x_i-y_i\rvert^q}$
马氏距离	$d^2=(\boldsymbol{X}-\boldsymbol{Y})^{\mathrm{T}}\boldsymbol{S}^{-1}(\boldsymbol{X}-\boldsymbol{Y})$ 式中，$\boldsymbol{S}^{-1}$为两个样本指标的协方差矩阵

表 8-1 中的计算公式中，x_i表示样本 $\boldsymbol{X}$ 中的第 i 个指标（或变量）的观测值，y_i是样本 $\boldsymbol{Y}$ 中的第 i 个指标（或变量）的观测值。

2. 变量间相似系数的计算方法

在对变量进行分类时，度量变量之间的相似性需要用到相似系数。常用的相似系数测度方法有夹角余弦与皮尔逊（Pearson）相关系数。定义两个样本分别为 $\boldsymbol{X}=(x_1,x_2,\cdots,x_p)$ 和 $\boldsymbol{Y}=(y_1,y_2,\cdots,y_p)$。变量间相似系数的计算方法见表 8-2。

表 8-2 变量间相似系数的计算方法

名称	计算公式
夹角余弦	$\cos\theta_{XY}=\dfrac{\sum_{i=1}^{p}x_iy_i}{\sqrt{\sum_{i=1}^{p}x_i^2\sum_{i=1}^{p}y_i^2}}$
皮尔逊相关系数	$R_{XY}=\dfrac{\sum_{i=1}^{p}(x_i-\bar{x})(y_i-\bar{y})}{\sqrt{\sum_{i=1}^{p}(x_i-\bar{x})^2\sum_{i=1}^{p}(y_i-\bar{y})^2}}$ 其中，$\bar{x}$、$\bar{y}$ 分别为变量 X、Y 所对应的 p 个观测值的均值
变量点的距离	$d^2=1-(\cos\theta_{XY})^2$ 或 $d^2=1-R_{XY}^2$

3. 距离选择的原则

一般而言，相同的安全统计数据选择不同的距离公式，会得到不同的分类结果，而产生不同结果的原因在于不同的距离公式的侧重点和实际意义有所不同。因此，在进行聚类分析时，应根据实际情况选择合适的距离公式。

在选择距离公式时，应遵循以下三个基本原则：

1）要考虑所选择的距离公式在实际应用中所具有的意义。例如，欧式距离就有非常明确的空间距离概念，马氏距离具有消除量纲影响的作用。

2）要综合考虑对安全统计样本观测数据的预处理与将要采用的聚类分析方法。如果在进行聚类分析之前就已经对变量进行了标准化处理，那么就应该采用欧式距离，而不要选择斜交空间距离；如果拟定采用“离差平方和法”，那么欧式距离就是最佳选择。

3）要考虑安全现象的特点与计算的工作量。如果是对大样本做聚类分析，不适宜选用斜交空间距离，否则将会增大计算工作量。

样本之间距离公式的选择是一个比较复杂并且带有一定主观性的问题，在实际的统计研究中，应根据安全现象的特点来做出具体分析。最佳的方法是在聚类分析之前不妨试探性地多选择几个距离公式分别进行聚类，然后将聚类分析的结果做对比分析，根据分析结果来确定最合适的距离测度方法。

8.2.2 系统聚类

系统聚类又称为层次聚类，是指在事先不确定要分为多少类的情况下，将每个安全统计样本作为一类，然后根据相应的方法一层一层地进行聚类。系统聚类的具体过程如下：

第一步，将每个安全统计样本作为一类，如果有 k 个样本就可分成 k 类。

第二步，选择具体的距离计算方法来计算安全统计样本之间的距离，将距离最接近的两个样本合并为一类，形成了 $k-1$ 个类。

第三步，计算新产生的类与其他各类之间的距离（两个类之间距离或相似程度的计算方法将采用类间距离的计算方法），并将距离最近的两个类合并为一类。如果类的个数仍大于 1，则继续重复这一步，直到所有的类都合并成为一类为止。

在系统聚类法中，当类的个数大于 1 个的时候，就涉及如何定义两个类之间的距离。计算类间距离（与样本点间距离不是同一概念）的方法有很多，与之相应的系统聚类法也有很多，如最短距离法、最长距离法、中间距离法、重心法、组间平均距离法、可变类平均法、可变法、离差平方和法等，目前而言，比较常用的类间距离计算方法是最短距离法、最长距离法、重心法、组间平均距离法和离差平方和法。

用 D_{kl} 表示类 G_k 与 G_l 之间的距离，用 n_k 和 n_l 分别表示类 G_k 与 G_l 包含的样本数，$d_{ij}(x_i, x_j)$ 表示属于类 G_k 中的点 x_i 和属于类 G_l 中的点 x_j 之间的距离。类间距离的计算公式见表 8-3。

表 8-3　类间距离的计算公式

名称	计算公式	使用说明
最短距离法 (nearest neighbor)	$D_{kl}=\min\limits_{x_i\in G_k, x_j\in G_l} d_{ij}$	用两个类中各个样本点之间的最短距离表示两个类之间的距离
最长距离法 (furthest neighbor)	$D_{kl}=\max\limits_{x_i\in G_k, x_j\in G_l} d_{ij}$	用两个类中各个样本点之间的最长距离表示两个类之间的距离
重心法 (centroid clustering)	$D_{kl}^2=(\bar{x}_k-\bar{x}_l)'(\bar{x}_k-\bar{x}_l)$ 其中，$\bar{x}_k$ 和 $\bar{x}_l$ 分别为类 G_k 与类 G_l 重心（即每一类中所有样本的均值）	用两个类的重心之间的距离表示两个类之间的距离
组间平均距离法 (between-groups linkage)	$D_{kl}=\dfrac{1}{n_k n_l}\sum\limits_{x_i\in G_k}\sum\limits_{x_j\in G_l} d_{ij}$	用两个类间各个样本点两两之间的距离的平均表示两个类之间的距离
离差平方和法 (Ward's method)	$D_{kl}^2=W_m-W_k-W_l$ 其中： $W_m=\sum\limits_{x_i\in G_m}(x_i-\bar{x}_m)^{\mathrm{T}}(x_i-\bar{x}_m)$ $W_k=\sum\limits_{x_i\in G_k}(x_i-\bar{x}_k)^{\mathrm{T}}(x_i-\bar{x}_k)$ $W_l=\sum\limits_{x_i\in G_l}(x_i-\bar{x}_l)^{\mathrm{T}}(x_i-\bar{x}_l)$ 其中，$\bar{x}_m$、$\bar{x}_k$ 和 $\bar{x}_l$ 分别为类 G_m、类 G_k 和类 G_l 重心（各类中所有样本在各个变量上的平均值）	使得各类中的离差平方和较小，而不同类之间的离差平方和较大

8.2.3　*K* 均值聚类

由于系统聚类事先并不需要确定要将所有的安全统计样本分成多少类，因而聚类过程也是一层一层地向下进行，直到得出所有可能的类别结果，然后研究者根据具体情况确定需要的类别。使用系统聚类时可以绘制出树状聚类图，又称为谱系图，方便使用者直观地选择类别。虽然系统聚类具有直观、清晰等优点，但在实际操作过程中，计算量比较大，对大批量的安全统计数据的聚类效率并不高，很多时候需要借助于特定的软件或工具。*K* 均值聚类是建立在系统聚类的基础上，避免了系统聚类的缺点，是一种计算量相对较小、效率较高的聚类法，它是动态法的一种，又称快速聚类。

不同于系统聚类，*K* 均值聚类法不是将所有可能的聚类结果都列举出来，而是要求研究者事先制定需要划分的类别个数，然后确定各聚类中心，再计算出各样本到聚类中心的距离，最后按距离的远近进行分类。

K 均值聚类法中的 K 是指事先制定要分类的数量，“均值”是指聚类的中心，该方法的具体步骤如下：

第一步，确定要分类的数目 K。这要求研究者需要根据实际问题反复尝试，得到不同的分类结果并进行比较，根据实际情况确定类的数目 K 的取值。

第二步，确定 K 个类别的初始聚类中心。要求在聚类的全部安全统计样本中，选择 K 个样本作为 K 个类别的初始聚类中心；与确定类的数目一样，初始聚类中心的确定也需要研究者根据实际问题和累积的经验来综合考虑。

第三步，根据确定的 K 个初始聚类中心，依次计算每个安全统计样本到 K 个聚类中心的欧式距离，根据距离最近原则将所有的安全统计样本分派到事先确定的 K 个类中。

第四步，根据已经分成的 K 个类，计算出各类中所有变量的均值，并以均值点作为 K 个新类的中心。根据新的中心位置，再一次计算每个安全统计样本到新中心的距离，并重新进行分类。

第五步，重复第四步的内容，直到满足终止聚类的条件为止。终止聚类的条件包括：一是迭代次数达到研究者事先制定的最大迭代次数；二是新确定的聚类中心点与上一次迭代形成的中心点的最大偏移量小于制定的量。

由上述过程可见，K 均值聚类法是根据事先确定的 K 个类别来反复迭代，直到把每个安全统计样本分到制定的类中。类的个数的确定带有一定的主观性，究竟分为多少类最佳，需要根据分类者对具体安全现象研究的了解程度，即依相关知识和经验而定。

8.2.4　粉尘爆炸危险性等级的聚类分析

粉尘发生爆炸反应的难易程度主要通过爆炸上、下限浓度，着火温度，最小点火能量，爆炸临界氧浓度来表示；粉尘测试爆炸性参数主要有：爆炸下限、最小着火能、最小着火温度、最大爆炸压力、最大爆炸压力上升速率和火焰传播速度，需要综合分析各项爆炸性能参数才能全面判断不同种类粉尘的爆炸危险性。

选取其中三项指标：最小着火能、爆炸下限、最大爆炸压力，对 23 种可燃性粉尘进行聚类分析。23 种可燃性粉尘的爆炸危险性参数见表 8-4。

表 8-4　23 种可燃性粉尘的爆炸危险性参数

序号	可燃性粉尘	最小着火能/mJ	爆炸下限/(g/m^3)	最大爆炸压力/($\times10^5$Pa)
1	木材粉尘	20	40	4.0
2	酪蛋白	60	45	3.4
3	煤	40	35	3.2
4	氧杂萘邻酮茚树脂	10	45	4.0
5	木质素树脂	20	40	4.9
6	镁	50	20	5.1
7	间位丙烯基成型物	105	20	3.5
8	季戊四醇	10	30	4.6
9	苯酚树脂	10	25	4.2
10	苯酚成型物	10	30	4.4
11	无水苯二甲酸	15	15	3.4
12	聚乙烯	80	25	5.8

（续）

序号	可燃性粉尘	最小着火能/mJ	爆炸下限/(g/m³)	最大爆炸压力/(×10⁵Pa)
13	聚苯乙烯成型物	40	15	3.5
14	聚苯乙烯树脂	120	20	6.3
15	聚乙烯醇缩丁醛	10	20	4.2
16	丙烯醇树脂	20	35	4.8
17	铝	50	25	6.3
18	硬脂酸铝	15	15	4.4
19	水棉细毛	25	50	4.7
20	纤维素醋酸盐	15	25	4.8
21	纤维素醋酸盐成型物	10	25	4.0
22	尿素树脂	80	70	4.0
23	尿素树脂成型物	80	75	3.1

1）将23种可燃性粉尘看作23类，用平方欧式距离的方法计算各样本点间的距离。例如，9号与21号间的距离：

$$d_{9,21}=\sum_{i=1}^{3}(x_i-y_i)^2=(10-10)^2+(25-25)^2+(4.2-4.0)^2=0.04$$

2）将距离最短的样本合并为一类，如9号与21号。

3）使用离差平方和法来计算类与类之间的距离，并将距离最短的类合并。

23种可燃性粉尘的爆炸危险性聚类过程及结果见表8-5。

表8-5　23种可燃性粉尘的爆炸危险性聚类过程及结果

步骤	群集组合		样本距离	首次出现阶群集		下一步
	群集1	群集2		群集1	群集2	
1	8	10	0.020	0	0	10
2	9	21	0.040	0	0	7
3	1	5	0.445	0	0	8
4	11	18	0.9455	0	0	15
5	22	23	13.850	0	0	20
6	6	17	27.070	0	0	11
7	9	15	43.743	2	0	9
8	1	16	60.492	3	0	12
9	9	20	81.658	7	0	10
10	8	9	135.878	1	9	15
11	6	13	243.272	6	0	16
12	1	4	351.86	8	0	14
13	7	14	468.26	0	0	20
14	1	19	593.326	12	0	19
15	8	11	795.736	10	4	19
16	3	6	1000.161	0	11	18
17	2	12	1403.041	0	0	18
18	2	3	2405.131	17	16	21
19	1	8	3657.698	14	15	22
20	7	22	7472.020	13	5	21
21	2	7	12736.441	18	20	22
22	1	2	30509.129	19	21	0

4）将聚类结果用系统聚类谱系图的形态表示（图 8-1）。

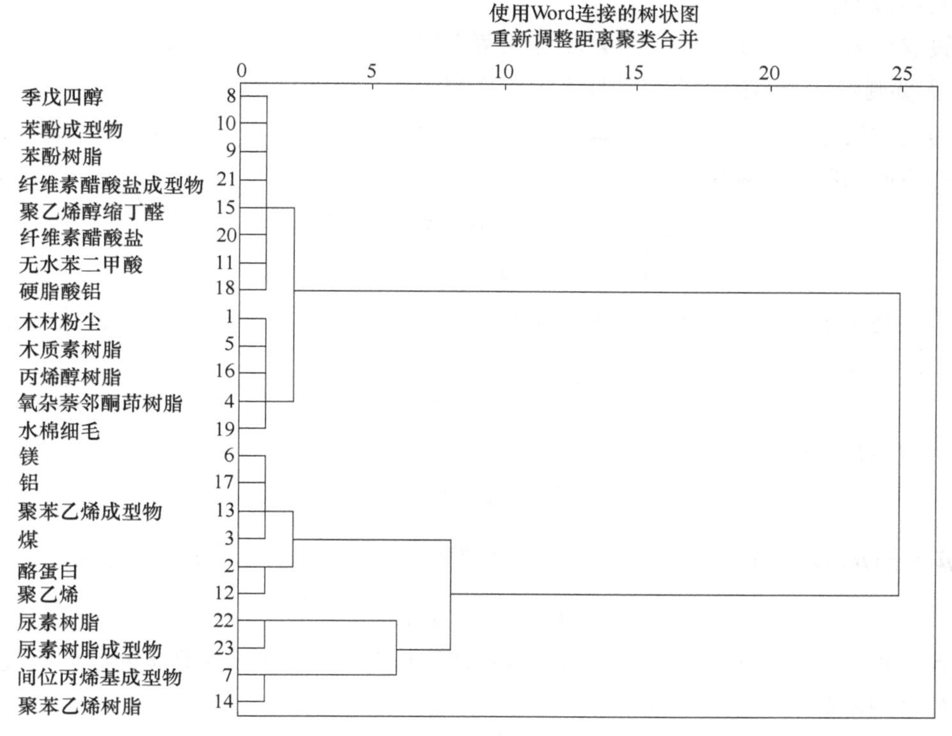

图 8-1 23 种可燃性粉尘的爆炸危险性系统聚类谱系图

由图 8-1 可见，当 23 种可燃性粉尘分成 2 类时，1，4，5，8，9，10，11，15，16，18，19，20，21 为 1 类，2，3，6，7，12，13，14，17 ，22，23 为 1 类；当 23 种可燃性粉尘分成 3 类时，1，4，5，8，9，10，11，15，16，18，19，20，21 为 1 类，2，3，6，12，13，17 为 1 类，7，14，22，23 为 1 类；依此类推，也可分为 4 类、5 类、6 类。

8.3 安全统计数据的判别分析

判别分析也是一种应用十分广泛的分类方法，它和聚类分析既有联系又有区别：聚类分析事先并不确定要把安全统计对象分成几类，更不清楚每一类中会包含哪些样本，必须根据安全统计数据的特征来最终确定；而判别分析要解决的问题则是在已经使用聚类方法将安全对象分成若干类别，并取得这些类别中安全统计样本的一批观测数据的基础上，来判定新的观测样本应该归属为哪一类中 。两种情形都是将安全统计样本分类的方法，然而判别分析是建立在聚类分析的基础上的。

8.3.1 距离判别法

距离判别法是根据所观测到的安全统计样本的数量特征来对新的样本进行识别，并判别新样本归属类型的一种统计分析方法。本节中的距离主要指的是马氏距离，在这里仅简单介绍两个安全统计总体的距离判别方法，对于多个安全统计总体的距离判别问题，解决方法的思路也是类似的。

假设有协方差矩阵 $\boldsymbol{S}^{-1}$（表 8-1）相等的两个安全统计总体 G_1和 G_2，均值向量分别是$\boldsymbol{\mu}_1$和$\boldsymbol{\mu}_2$，需要判断一个新的安全统计样本 $\boldsymbol{x}$ 到底属于哪个统计总体。

一般的方法是计算新样本 $\boldsymbol{x}$ 到两个安全统计总体的马氏距离 $d^2(\boldsymbol{x},G_1)$ 和 $d^2(\boldsymbol{x},G_2)$，并按照如下的判断规则做出判断：

$$\begin{cases} \boldsymbol{x} \in G_1, d^2(\boldsymbol{x},G_1) \leqslant d^2(\boldsymbol{x},G_2) \\ \boldsymbol{x} \in G_2, d^2(\boldsymbol{x},G_1) > d^2(\boldsymbol{x},G_2) \end{cases} \tag{8-1}$$

同理，也可求出新样本 $\boldsymbol{x}$ 到总体 G_1的距离与到总体 G_2的距离之差，若差值为正，则 $\boldsymbol{x}$ 应属于 G_2，反之则 $\boldsymbol{x}$ 应属于 G_1：

$$D = d^2(\boldsymbol{x},G_1) - d^2(\boldsymbol{x},G_2) \tag{8-2}$$

将式（8-2）展开并化简，可得：

$$D = -2\boldsymbol{\alpha}^{\mathrm{T}}(\boldsymbol{x}-\bar{\boldsymbol{\mu}}) \tag{8-3}$$

其中，$\bar{\boldsymbol{\mu}} = \frac{1}{2}(\boldsymbol{\mu}_1+\boldsymbol{\mu}_2)$ 是两个安全统计总体均值的平均值，$\boldsymbol{\alpha} = \boldsymbol{S}(\boldsymbol{\mu}_1-\boldsymbol{\mu}_2)$，记为：

$$W(x) = \boldsymbol{\alpha}^{\mathrm{T}}(\boldsymbol{x}-\bar{\boldsymbol{\mu}}) \tag{8-4}$$

因此，$W(\boldsymbol{x})$ 为两个安全统计总体距离判别的判别函数，由于它是 $\boldsymbol{x}$ 的线性函数，故又称为线性判别函数，$\boldsymbol{\alpha}$ 为判别系数。

由此可将判断规则转化为如下形式：

$$\begin{cases} \boldsymbol{x} \in G_1, W(\boldsymbol{x}) \geqslant 0 \\ \boldsymbol{x} \in G_2, W(\boldsymbol{x}) < 0 \end{cases} \quad \text{（统计中等于 0 的情况待定）} \tag{8-5}$$

在实际运用中，安全统计总体的均值和协方差矩阵一般是未知的，可由样本均值和样本协方差矩阵分别进行估计，估计后的两个安全统计总体距离判别的判别函数如下：

$$\hat{W}(\boldsymbol{x}) = \hat{\boldsymbol{\alpha}}^{\mathrm{T}}(\boldsymbol{x}-\bar{\boldsymbol{x}}) \tag{8-6}$$

其中，$\bar{\boldsymbol{x}} = \frac{1}{2}(\bar{\boldsymbol{x}}^{(1)}+\bar{\boldsymbol{x}}^{(2)})$，$\hat{\boldsymbol{\alpha}} = \boldsymbol{S}_{\mathrm{p}}^{-1}(\bar{\boldsymbol{x}}^{(1)}-\bar{\boldsymbol{x}}^{(2)})$，$\boldsymbol{S}_{\mathrm{p}}^{-1}$为样本协方差矩阵。因此，判断矩阵的规则又可表示为

$$\begin{cases} \boldsymbol{x} \in G_1, \hat{W}(\boldsymbol{x}) \geqslant 0 \\ \boldsymbol{x} \in G_2, \hat{W}(\boldsymbol{x}) < 0 \end{cases} \tag{8-7}$$

8.3.2 贝叶斯（Bayes）判别法

距离判别法虽然比较简单，但该方法存在着一些明显的缺点：首先，距离判别法与各个安全统计总体出现的概率无关；其次，距离判别法没有考虑到错判之后所造成的损失。因此，为了克服这些缺陷，需要借助其他判别方法，贝叶斯判别法则是一种能够避免这些缺陷的判别方法。贝叶斯判别法是根据最大似然比与贝叶斯准则来进行判别分析的一

种多元统计分析法。

1. 贝叶斯判别法的基本思想

贝叶斯判别法的基本思想是：假定在抽样前就对所研究的安全统计总体有一定的认识，并且要用先验分布来描述这种认识，然后根据抽取的安全统计样本对先验认识进行修正，得到后验分布，随后的各种统计推断均基于后验分布来进行。

假设有 k 个安全统计总体 $G_1,G_2,\cdots,G_k$，各自的分布密度分别为 $f_1(\boldsymbol{X}),f_2(\boldsymbol{X}),\cdots,f_k(\boldsymbol{X})$，且两两互不相等；$k$ 个安全统计总体出现的先验概率分别为 $p_1,p_2,\cdots,p_k\left(p_i\geqslant 0,\sum_{i=1}^{k}p_i=1\right)$。如果将本该属于总体 G_i 的样本错判到总体 G_j 内，则损失为 $C(j\mid i)$，$i,j=1,2,\cdots,k$。贝叶斯判别法就是建立一个错判损失最小的判别函数。

在观察到安全统计样本 X 的情况下，由贝叶斯公式知道它来自安全样本总体 G_g 的概率如下：

$$P(g\mid \boldsymbol{X})=\frac{p_g f_g(\boldsymbol{X})}{\sum_{i=1}^{k}p_i f_i(\boldsymbol{X})}\quad (g=1,2,\cdots,k) \tag{8-8}$$

在不考虑错判损失的条件下，判别规则为

$$\boldsymbol{X}\in G_h,\text{当 } P(h\mid \boldsymbol{X})=\max_{1\leqslant g\leqslant k}P(g\mid \boldsymbol{X}) \tag{8-9}$$

下面的步骤是考虑错判的损失。假定正确判别的损失为 0，错误判别的损失非负，即 $C(i\mid i)=0$，$C(j\mid i)\geqslant 0$，对于任意的 $i,j=1,2,\cdots,k$ 成立，当观察到样本 $\boldsymbol{X}$ 的情况后，错判到 G_h 的平均损失如下：

$$E(h\mid \boldsymbol{X})=\sum_{g\neq h}^{k}\frac{p_g f_g(\boldsymbol{X})}{\sum_{j=1}^{k}p_j f_j(\boldsymbol{X})}C(h\mid g) \tag{8-10}$$

其中，$C(i\mid i)=0$。可建立判别准则如下：

$$\boldsymbol{X}\in G_h,\text{当 } E(h\mid \boldsymbol{X})=\max_{1\leqslant g\leqslant k}E(g\mid \boldsymbol{X}) \tag{8-11}$$

但在实际应用中，由于 $C(h\mid g)$ 不容易确定，通常情况下会假设各种错判的损失相同，都是同一个单位，即：

$$C(h\mid g)=\begin{cases}0,h=g\\1,h\neq g\end{cases} \tag{8-12}$$

这时，后验概率最大原则与错判损失最小原则等价，即：

$$\max P(h\mid \boldsymbol{X})\rightarrow h\Leftrightarrow \min E(h\mid \boldsymbol{X})\rightarrow h \tag{8-13}$$

2. 多元正态的贝叶斯判别法

通过描述贝叶斯判别法的基本思想可知，使用贝叶斯判别法首先需要弄清楚待判别的安全样本总体的先验概率 p_i 和密度函数 $f_i(\boldsymbol{X})$。对于 p_i，可用样本概率来代替，设 n_i 是 G_i 中的样本个数，则令 $p_i=\frac{n_i}{n}(i=1,2,\cdots,k)$，$n=n_1+n_2+\cdots+n_k$，其中 n 为所有安全样本总体的样本数；某些情况下也可直接令 $p_i=\frac{1}{k}$。对于密度函数 $f_i(\boldsymbol{X})$，经常设它服从多元正态分布。

根据相关数学理论，可以证明：在各统计总体服从“等协方差阵”多元正态分布假设下，判别关系可成立：

$$\max y(h\mid \boldsymbol{X})\Rightarrow \max P(h\mid \boldsymbol{X}) \tag{8-14}$$

即使是 $y(h\mid \boldsymbol{X})$ 最大的 h，也必然使 $P(h\mid \boldsymbol{X})$ 最大。

$$y(h\mid \boldsymbol{X})=\ln p_h-\frac{1}{2}\boldsymbol{\mu}^{(h)\mathrm{T}}\boldsymbol{S}^{-1}\boldsymbol{\mu}^{(h)}+\boldsymbol{X}^{\mathrm{T}}\boldsymbol{S}^{-1}\boldsymbol{\mu}^{(h)} \tag{8-15}$$

式中 $\boldsymbol{\mu}^{(h)}$——G_h的均值向量；

$\boldsymbol{S}$——各安全样本总体相同的协方差阵。

在均值向量与协方差矩阵取值未知的情况下，都可以通过样本估计。

此处不详细描述证明过程，有兴趣的读者可自已查阅相关内容。

8.3.3 费歇尔（Fisher）判别法

费歇尔判别法是1936年由Fisher提出来的，是一种先进行高维向低维投影，再根据距离判别的一种方法，就是通过将 k 组多元统计数据投影到某一个方向上（或某一低维空间中），使投影后的组与组之间尽可能地分开，借用方差分析的说法，就是组间方差越大越好、组内方差越小越好；然后代入新的统计样本数据，与判别临界值做比较来确定应将它判别为哪个总体。

费歇尔判别法是建立在已有观测样本的若干数量特征（判断因子）的基础上，来对新获得的统计样本进行识别，判断其属性的统计分析方法。由于该判别法对原始的统计数据分布并无特殊要求，并且能够全面考虑各种因素，因此非常适合事先并不知道安全统计样本分布的情况。

费歇尔判别法的基本思想是投影，即将 K 组 p 维数据投影到某一个方向，使得组与组之间的距离尽可能大，借助一元方差分析的思想来构造一个线性判别函数，它的系数是根据类与类之间距离最大、类内部距离最小的原则来确定的，再根据所建立的线性判别函数结合相应的判别规则来判断待判样本的类别。经过判别方程的划分后，同类样本在空间上的分布集中，而不同的类之间距离较远，差别明显。

8.3.4 粉尘爆炸危险性等级的费歇尔判别分析

将表8-4的23种可燃性粉尘的爆炸危险性分类结果作为已知的粉尘爆炸危险性分类数据，然后运用费歇尔判别分析法对表8-6中的两种粉尘进行判别分类。

表8-6 两种可燃性粉尘的爆炸参数

序号	可燃性粉尘	最小着火能/mJ	爆炸下限/(g/m^3)	最大爆炸压力/($\times10^5$Pa)
24	硬化橡胶	50	25	4.0
25	六亚甲基四胺	10	15	4.5

1）将表 8-4 的 23 种可燃性粉尘的爆炸危险性分成 4 类（表 8-7）。

表 8-7　23 种可燃性粉尘的爆炸危险性分类

序号	可燃性粉尘	类别	序号	可燃性粉尘	类别
1	木材粉尘	1	13	聚苯乙烯成型物	2
2	酪蛋白	2	14	聚苯乙烯树脂	3
3	煤	2	15	聚乙烯醇缩丁醛	1
4	氧杂萘邻酮茚树脂	1	16	丙烯醇树脂	1
5	木质素树脂	1	17	铝	2
6	镁	2	18	硬脂酸铝	1
7	间位丙烯基成型物	3	19	水棉细毛	1
8	季戊四醇	1	20	纤维素醋酸盐	1
9	苯酚树脂	1	21	纤维素醋酸盐成型物	1
10	苯酚成型物	1	22	尿素树脂	4
11	无水苯二甲酸	1	23	尿素树脂成型物	4
12	聚乙烯	2			

2）根据费歇尔判别理论，使用 SPSS 软件，得出最大特征值及其对应的特征向量分别为

$$\lambda_1=20.537,\boldsymbol{c}_1=(0.129,-0.037,-0.66)$$
$$\lambda_2=1.901,\boldsymbol{c}_2=(-0.004,0.098,0.150)$$
$$\lambda_3=0.059,\boldsymbol{c}_3=(0.008,-0.012,1.250)$$

3）建立判别函数：

$$y_1=0.129x_1-0.037x_2-0.66x_3$$
$$y_2=-0.004x_1+0.098x_2+0.150x_3$$
$$y_3=0.008x_1-0.012x_2+1.250x_3$$

第一个判别函数的判别能力：$p_1=\dfrac{\lambda_1}{\lambda_1+\lambda_2+\lambda_3}\times100\%=91.3\%$

第二个判别函数的判别能力：$p_2=\dfrac{\lambda_2}{\lambda_1+\lambda_2+\lambda_3}\times100\%=8.4\%$

第三个判别函数的判别能力：$p_1=\dfrac{\lambda_3}{\lambda_1+\lambda_2+\lambda_3}\times100\%=0.3\%$

比较上述三个判别函数的判别能力可知，第一个判别函数的判别能力最大。

在实际运用中，判别能力 $p>0.85$ 即可，因此第一个判别函数的判别能力 $p_1=0.913>0.85$，符合要求。因此仅用第一个判别函数对表 8-6 中的 2 种粉尘进行判别分析。

4）计算 4 类样本的爆炸参数均值，见表 8-8。

表 8-8　4 类可燃性粉尘的爆炸参数均值

类别		均值	标准差	有效的 N（列表状态）	
				未加权的	已加权的
1	最小着火能	14.6154	5.18875	13	13
	爆炸下限	30.3846	11.07955	13	13
	最大爆炸压力	4.3385	0.42922	13	13
2	最小着火能	53.3333	15.05545	6	6
	爆炸下限	27.50	10.83974	6	6
	最大爆炸压力	4.55	1.35462	6	6
3	最小着火能	112.50	10.60660	2	2
	爆炸下限	20.00	0	2	2
	最大爆炸压力	4.90	1.97990	2	2
4	最小着火能	80.00	0	2	2
	爆炸下限	72.50	3.53553	2	2
	最大爆炸压力	3.55	0.63640	2	2
总计	最小着火能	38.9130	33.50565	23	23
	爆炸下限	32.3913	16.22775	23	23
	最大爆炸压力	4.3739	0.90011	23	23

5）通过式子 $y_{i,i+1}=\dfrac{n_i\overline{y}_i+n_i\overline{y}_{i+1}}{n_i+n_{i+1}}$　$(i=1,2,3)$ 计算判别函数临界值。

其中，n_i为安全样本总体 G_i中抽取的样本数，$n=n_1+n_2+\cdots+n_k$。

$\overline{y}^{(i)}=\boldsymbol{c}^{\mathrm{T}}\overline{\boldsymbol{X}}^{(i)}(i=1,2,3,4)$，$\overline{\boldsymbol{X}}^{(i)}=(\overline{x}_1^{(i)},\overline{x}_2^{(i)},\cdots,\overline{x}_p^{(i)})$ 为总体 G_i的 p 维观测值（具体步骤可详见费歇尔判别分析的求解过程，此处略）。

求得 4 类样本的判别函数临界值，分别确定如下：

$$\overline{y}^{(1)}=0.129\times14.6154-0.037\times30.3846-0.66\times4.3385=-2.102$$

$$\overline{y}^{(2)}=0.129\times53.3333-0.037\times27.50-0.66\times4.55=2.859$$

$$\overline{y}^{(3)}=0.129\times112.50-0.037\times20.0-0.66\times4.90=10.539$$

$$\overline{y}^{(4)}=0.129\times80.0-0.037\times72.50-0.66\times3.55=5.295$$

把待判断的两类粉尘参数代入第一个判别式中，得：

$$y_{24}=0.129\times50-0.037\times25-0.66\times4=2.885$$

$$y_{25}=0.129\times10-0.037\times15-0.66\times4.5=-2.235$$

因为 y_{24}更接近 $\overline{y}^{(2)}$，所以将 24 号硬化橡胶判别为第 2 类。

因为 y_{25}更接近 $\overline{y}^{(1)}$，所以将 25 号六亚甲基四胺判别为第 1 类。

6）对每个样本计算第一判别函数值和第二判别函数值，并分别以其为横、纵坐标，得到散点图（图 8-2）。

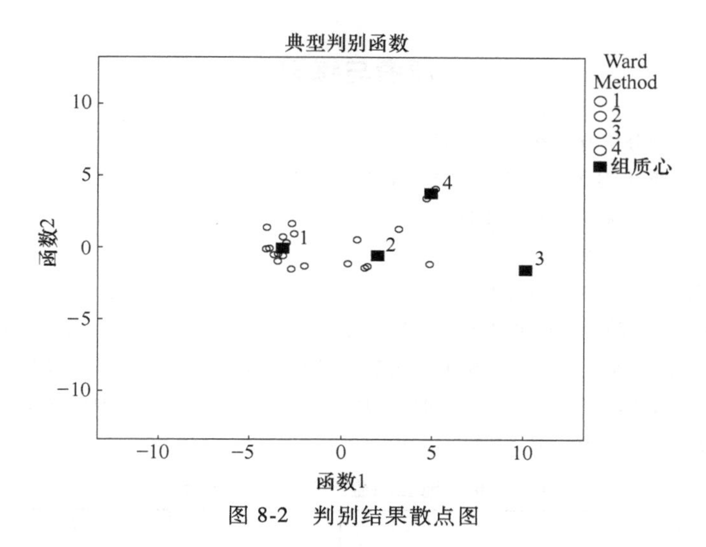

图 8-2 判别结果散点图

本章小结

（1）将安全统计资料进行分类的方法有两种，一种是聚类分析，是在事先并不知道存在什么类别的情况下，完全按照反映安全现象特征的数据所揭示的规律来将安全现象进行分类；另一种是判别分析，在对当前研究的安全现象已经分过类的基础上，如何将未知的安全现象正确地归于哪一类的问题。

（2）分析安全统计样本之间的相似性，一般是用“距离”或“相似系数”来度量安全现象之间的相似性。样本点之间距离的计算方法主要有欧氏距离、平方欧式距离、绝对距离、切比雪夫距离、马氏距离等；常用的相似系数测度方法有夹角余弦与皮尔逊相关系数。

（3）计算类与类之间距离的方法有最短距离法、最长距离法、中间距离法、重心法、组间平均距离法、可变类平均法、可变法、离差平方和法等。

（4）系统聚类的基本思想是：将距离相近的样本先聚成类，距离较远的样本后聚成类，直到每个样本都能聚到合适的类中。常用谱系图来描述聚类过程。

（5）K 均值聚类的基本思想是：事先制定需要划分的类别个数，然后确定各聚类中心，再计算出各样本到聚类中心的距离，最后按距离的远近进行分类。

（6）距离判别法是根据新样本到各个类之间距离的远近来判别新样本的类别。

（7）贝叶斯判别法考虑了各个安全统计总体出现概率与错判损失的影响，基本思想是：假定在抽样前就对所研究的安全统计总体有一定的认识，并且要用先验分布来描述这种认识，然后根据抽取的安全统计样本对先验认识做修正，得到后验分布，随后的各种统计推断均基于后验分布来进行。

（8）费歇尔判别法的基本思想是投影，将数据投影到某一个方向，使投影后组与组之间的距离尽可能大，借助一元方差分析的思想构造一个线性判别函数，函数的系数是根据类与类之间距离最大、类内部距离最小的原则来确定的，根据线性判别函数与相应的判别规则来判断待判样本的类别。

思考与练习

1. 聚类分析与判别分析有什么区别与联系？
2. Q 型聚类与 R 型聚类之间有什么不同之处？
3. 系统聚类与 K 均值聚类有什么不同？
4. 贝叶斯判别法有什么特点？
5. 费歇尔判别法适用于什么情况？
6. 假设由 5 个指标反映一个地区的安全生产状况，分别是亿元 GDP 事故死亡率 x_1、工矿商贸死亡人数 x_2、交通事故死亡人数 x_3、火灾事故死亡人数 x_4与特大事故人数 x_5。收集 2005—2008 年 20 个地区生产安全事故统计数据，取上述 5 个指标的平均值，见表 8-9 。对 20 个地区的安全生产状况进行聚类分析（如果使用 K 均值聚类，取 $K=3$）。

表 8-9　20 个地区的生产安全事故统计数据

序号	地区	x_1（%）	x_2（人）	x_3（人）	x_4（人）	x_5（起）
1	北京	0.19	171.75	682.875	35.25	0.25
2	天津	0.25	93.75	512.75	27.25	0
3	河北	0.35	376.25	1844.5	55	4
4	山西	0.8	653.25	1699.25	33	11.25
5	内蒙古	0.45	331	984.125	43.75	2.5
6	辽宁	0.37	655.5	1424.375	95.5	4
7	吉林	0.57	300.5	1093.625	62.5	1.75
8	黑龙江	0.41	440	1085.25	42.25	4.25
9	上海	0.15	392.25	622.125	43.75	0.25
10	江苏	0.31	474.25	3245.125	99	2.25
11	浙江	0.45	794	3280.75	99.5	3，25
12	安徽	0.68	481.5	1933.875	63.5	1
13	福建	0.52	358	1868.375	78.25	2
14	江西	0.55	339.25	1154.5	39.5	2.75
15	山东	0.29	380.5	3129.125	27.75	3.5
16	河南	0.35	520.5	1654.375	29.75	6.25
17	湖北	0.39	608.75	1251	45.5	2.75
18	湖南	0.6	887.75	1911.25	75	6
19	广东	0.35	656.25	4309.875	219.75	4.25
20	四川	0.59	1056.75	2119.25	102.75	4.25

注：表中数据来源于 2005—2008 年的《全国安全生产控制考核指标落实情况》与《中国统计年鉴 2008》。

7. 将表 8-9 中的 20 个地区安全生产状况分类结果作为已知的分类数据，运用费歇尔判别分析法对表 8-10 中的 3 个地区的安全生产状况进行判别分类。

表 8-10　3 个地区的生产安全事故统计数据

序号	地区	x_1（%）	x_2（人）	x_3（人）	x_4（人）	x_5（起）
1	广西	0.73	466.25	1624.375	59.75	2.25
2	海南	0.51	73.5	240.125	10	0.25
3	贵州	1.13	1016.75	824	77	8

第9章 安全信息灰色预测法

本章学习目标

针对“小样本”“贫信息”的灰色系统，要求掌握通过灰色生成将无规则的原始序列转变为有规则的生成序列，建立灰色预测模型，来预测安全系统的未来发展趋势；基本掌握对已建立的灰色预测模型进行检验，以判断模型是否符合标准，并进行灰色决策，从可供选择的方案中选择最满意的方案。

本章学习方法

在理解灰色信息、灰色系统等概念的基础上，了解灰色预测的四种类型及它们应用于安全预测和安全决策的方法。重点掌握灰色关联分析中关联系数与关联度的计算方法、GM(1,1) 模型建立的过程及检验灰色预测模型的方法。

9.1 灰色预测理论及在安全中的应用

客观世界是物质的世界，也是信息的世界，最初，人们是根据具体信息的完整程度来将一个系统划分为白色系统或黑色系统。但在工程技术、社会、经济、农业、环境、生态、军事等领域，经常会出现信息不完全明确的情况，如系统因素或参数不完全明确、因素关系不完全清楚、系统结构不完全知道、系统的作用原理不完全明了等。直到 1982 年，我国学者邓聚龙教授发表论文《灰色控制系统》，标志着灰色系统这一学科的诞生，在白色系统与黑色系统之间提出了灰色系统。随着灰色理论的发展与系统复杂程度的增加，灰色系统理论广泛地应用于不同学科、不同领域的研究，进而为很多实质性问题提供了新的思路与解决方案。

9.1.1 灰色理论及其应用概述

1. 灰色系统

系统的分类方法有很多，最常用的是根据系统内容来分类，如社会是由许多系统组合而成：经济系统、军事系统、农业系统、环境系统、安全生产系统等。根据信息的明确程度，可将系统分为白色系统、黑色系统和灰色系统。

（1）白色系统

白色系统是指信息完全明确的系统。例如，一个商店可看作一个系统，在人员、资金、销售、耗损等信息完全明确的情况下，可计算出该店的盈利、库存等实况，进而可判断该商店的销售态势、资金链的周转等。这种信息完整、透明的系统就称为白色系统。

（2）黑色系统

黑色系统是指信息完全不明确的系统。例如，宇宙的黑洞可看作一个系统，虽然人们知道黑洞的存在，但黑洞的体积、质量、与地球的距离等信息都是完全未知的。这种信息完全不明确的系统就称为黑色系统。

（3）灰色系统

灰色系统是指信息部分明确、部分不明确的系统，是介于白色系统和黑色系统之间的一种系统。系统内各因素之间具有不确定的关系，例如，在粮食生产系统中，肥料、种子、土壤、农药、劳动力、水利、政策等都是影响粮食产量的因素，但难以确定全部因素，更难找到肥料、农药等诸因素与粮食产量的映射关系。这种信息介于明确与不明确之间的系统就称为灰色系统，安全系统很多情况下是灰色系统。

2. 灰色预测

灰色预测是对既含有明确信息又含有不明确信息的系统的未来趋势进行预测的一种方法，就是对在一定范围内变化的、与时间有关联的灰色过程进行预测。

尽管灰色过程中所显示的安全现象是随机的，但毕竟是有序的，因此这些安全统计数据集合中隐藏着潜在的规律。灰色预测是通过鉴别安全系统因素之间发展趋势的相异程度，进行关联分析，处理原始安全统计数据来寻找安全系统变动的规律，生成有较强规律性的数据序列，然后建立相应的微分方程模型，来预测安全现象未来的发展趋势。

灰色预测是用等时距的方法观测安全现象的一系列数值，构造灰色预测模型，预测未来某一时刻安全现象的特征值，或达到安全现象某一特征值的时间。

3. 灰色预测类型

灰色预测一般分为以下四种类型：

（1）灰色时间序列预测

用观察到的反映预测对象特征的时间序列来构造灰色预测模型，预测未来某一时刻的特征量，或者达到某一特征量的时间。

（2）畸变预测

通过灰色模型预测异常值出现的时刻，或预测异常值可能出现的时间，如对地震时间、矿井冒顶的时间、涝年的时间分布预测等。

（3）系统预测

通过对系统行为特征指标来建立一组互相关联的灰色预测模型，预测系统中众多变量间相互协调关系的发展变化。

（4）拓扑预测

根据原始统计数据绘制曲线，确定定值，在曲线上寻找该定值发生的所有时点，并构成时点数列，然后建立模型预测未来该定值所发生的时点。

4. 灰色理论在安全科学中的应用

安全系统大多是灰色系统，具有典型的灰色特征。

1）从安全的角度来研究一个系统，用来表征系统安全的大部分参数都是灰数。这个特征不仅意味着安全统计数据的灰性，也意味着安全监测数据的灰性，如事故伤亡率、职业病人数、安全经济损失等数据，由于安全统计制度不完善，加上地区、企业有可能漏报、瞒报等人为干扰，以及其他各种原因，致使安全统计数据成为有一定误差的灰数，严重时甚至会失真；从原理上讲，现场检测的安全统计数据是白数，但由于外界干扰、仪器误差等原因，使尘浓度、毒浓度、噪声与振动强度等实测数据在形式上是白数，实质上却是灰数。诸如此类的安全统计数据均可看作在真实值的某个区域内变化的灰数。

2）影响安全系统的因素是灰元。在安全系统中的各种影响因素中，许多成分可以分为三种情况：不完全明确的、已经明确的却难以量化及已经量化的却随机变化。对某个企业来说，许多因素直接影响到企业的安全生产，如职工的生理和心理特征、机器的可靠性和人-机协调性、环境中的噪声和振动等，但要确定全部影响因素是非常困难的；同时，已明确的许多影响因素难以量化，如企业对安全生产的重视程度、职工的安全意识、安全机构部门的业务能力等；此外，即使是许多已经量化的影响因素也是灰色的，如机器的可靠性数值、环境参数等均在变化，并且很多时候是呈现随机变化的状态。

3）构成安全系统的各种关系是灰关系。安全系统中灰关系有四种表现形式：第一种是因素与安全系统之间的灰关系，例如，企业发生生产安全事故的影响因素包括职工的安全意识、企业对安全生产的重视程度等，但这种因素本身就是灰元，要找到这些因素和事故伤亡率的定量关系是非常困难的；第二种是因素与因素之间的灰关系，例如，人的安全意识会影响到人的安全行为，但这种因素本身也是灰元，因素与因素之间的关系自然也是灰关系；第三种是人-机-环系统中的三个子系统之间的灰关系，例如，人能在很大程度上决定环境状况，环境状况反过来又能影响人的安全行为，这种互相影响呈现出明显的不确定性，也是一种灰关系；第四种是安全系统和安全系统所处环境之间的灰关系，例如，可以将一座核电站看作一个局部的人-机-环系统，核辐射事故会造成环境破坏，而地震、洪水等环境因素又会危及核电站的安全，这种安全系统与所处环境也是一种灰关系。

9.1.2　灰色生成及其应用实例

灰色系统的一个基本观点是将一切随机变量都看作在一定范围内变化的灰色量。处理灰色量不是求随机变量的概率分布、需求统计规律，而是就数找数的规律、对数据进行数据处理。安全系统尽管复杂，表述其行为特征的安全统计数据也可能杂乱无章，然而这些数据必然是有序、具有某种功能和存在某种因果关系的。

为了弱化原始时间序列的随机性，为建立灰色模型提供信息，在建立灰色预测模型之前，首先要对原始时间序列进行数据处理，经过数据处理后的时间序列又称为生成列。灰色系统中处理数据的方式有三种：累加生成、累减生成、映射生成。其中，累加生成和累减生成是常用的处理方法。

1. 累加生成

累加生成是指将原始时间序列（或动态数列）通过累加得到生成列。累加生成的规则是将原始序列的第一个数据作为生成列的第一个数据；将原始序列的第二个数据加上原始序列的第一个数据，它们的和作为生成列的第二个数据；将原始序列的第三个数据加上生成列的第二个数据，它们的和作为生成列的第三个数据；按此规则进行下去，便可得到生成列。具体表达如下：

记原始时间序列：

$$x^{(0)}=\{x^{(0)}(1),x^{(0)}(2),x^{(0)}(3),\cdots,x^{(0)}(n)\}$$

生成列为

$$x^{(1)}=\{x^{(1)}(1),x^{(1)}(2),x^{(1)}(3),\cdots,x^{(1)}(n)\}$$

生成列中，

$$x^{(1)}(k)=x^{(1)}(k-1)+x^{(0)}(k)=\sum_{i=1}^{k}x^{(0)}(i) \tag{9-1}$$

时间序列中，上标0表示原始时间序列，上标1表示一次累加，同理，可做 m 次累加：

$$x^{(m)}(k)=\sum_{i=1}^{k}x^{(m-1)}(i) \tag{9-2}$$

对非负数据来讲，累加次数越多，则随机性弱化程度越大，当累加次数足够大时，可以认为时间序列已由随机序列变为非随机序列。一般随机序列的多次累加序列，大多用指数曲线来逼近。

例 9-1 某时期5年冶金矿事故死亡人口分别为305人、304人、420人、348人、394人，试求出其一次累加生成列。

解： 记原始时间序列：

$$x^{(0)}=\{305,304,420,348,394\}$$

生成列为

$$x^{(1)}(1)=x^{(0)}(1)=305$$

$$x^{(1)}(2)=x^{(1)}(1)+x^{(0)}(2)=305+304=609$$

$$\vdots$$

$$x^{(1)}(5)=x^{(1)}(4)+x^{(0)}(5)=1377+394=1771$$

则一次累加生成列为

$$x^{(1)}=\{305,609,1029,1377,1771\}$$

---

2. 累减生成

累减生成与累加生成的基本原理是一致的，但是具体做法有所区别：累减生成是将原始时间序列的前后两个数据相减，所得的数据序列为累减生成列，是累加生成的逆运算。累减可将累加生成列还原为非生成列，可在建模中获得增量信息。一次累减的表达公式如下：

$$x^{(1)}(k)=x^{(0)}(k)-x^{(0)}(k-1) \tag{9-3}$$

例 9-2 仍然运用例9-1某时期5年冶金矿事故死亡人口数据：分别为305人、304人、420人、348人、394人，试求出其一次累减生成列。

解： 记原始时间序列：

$$x^{(0)}=\{305,304,420,348,394\}$$

令 $k=0$，$x^{(0)}(0)=0$，则生成列为

$$x^{(1)}(1)=x^{(0)}(1)-x^{(0)}(0)=305$$

$$x^{(1)}(2)=x^{(0)}(2)-x^{(0)}(1)=304-305=-1$$

$$\vdots$$

$$x^{(1)}(5)=x^{(0)}(5)-x^{(0)}(4)=394-348=46$$

则一次累加生成列：

$$x^{(1)}=\{305,-1,116,-72,46\}$$

9.1.3 灰色关联分析及其应用实例

影响安全系统发展的因素一般有多种，在分析安全系统时，人们常常只关注到哪些是主要的因素，哪些是次要的因素；哪些因素影响大，哪些因素影响小；哪些因素需要发展，哪些因素需要受到抑制等，这些都是因素分析的内容。然而在实际安全系统研究中，许多因素之间的关系都是灰关系，无法明确哪些因素之间的关系密切，哪些因素之间的关系不密切，这样就难以找到主要矛盾，发现主要特征、主要关系，对于分析安全系统就无法起到关键性作用。

灰色关联分析是对安全系统动态过程中发展态势的量化比较分析，也就是时间序列中几何关系的比较。灰色关联分析是对所研究的安全系统来建立数学模型，通过对安全系统动态发展过程的量化分析，进而找到影响安全系统的主要矛盾、特征和因素。

灰色关联分析不仅是灰色系统理论的重要组成部分之一，还是灰色系统分析、建模、预测、决策的基础。关联度分析就是分析安全系统中各个因素关联程度的一种方法，在计算关联度前，首先需要得到关联系数。

1. 关联系数

设参考序列如下：

$$\hat{x}^{(0)}(k)=\{\hat{x}^{(0)}(1),\hat{x}^{(0)}(2),\hat{x}^{(0)}(3),\cdots,\hat{x}^{(0)}(n)\}$$

比较序列如下：

$$x^{(0)}(k)=\{x^{(0)}(1),x^{(0)}(2),x^{(0)}(3),\cdots,x^{(0)}(n)\}$$

关联系数具体表达式如下：

$$\eta(k)=\frac{\min\min|\hat{x}^{(0)}(k)-x^{(0)}(k)|+\rho\max\max|\hat{x}^{(0)}(k)-x^{(0)}(k)|}{|\hat{x}^{(0)}(k)-x^{(0)}(k)|+\rho\max\max|\hat{x}^{(0)}(k)-x^{(0)}(k)|} \tag{9-4}$$

式中 $|\hat{x}^{(0)}(k)-x^{(0)}(k)|$——参考序列与比较序列中的第 k 个数值的绝对误差；

$\min\min|\hat{x}^{(0)}(k)-x^{(0)}(k)|$——第二级最小差，其中，$\min|\hat{x}^{(0)}(k)-x^{(0)}(k)|$ 是第一级最小差，表示在 $\hat{x}^{(0)}(k)$ 序列上寻找各数据与 $x^{(0)}(k)$ 的最小差；$\min\min|\hat{x}^{(0)}(k)-x^{(0)}(k)|$ 是第二级最小差，表示在各序列中找出最小差的基础上寻找所有序列中的最小差；

$\max\max|\hat{x}^{(0)}(k)-x^{(0)}(k)|$——第二级最大差，具体含义与第二级最小差相似；

ρ——分辨率，$0<\rho<1$，若 ρ 越小，关联系数间差异越大，区分能力越强，通常取 $\rho=0.5$。

此外，对统计单位不一致、初始值不同的时间序列，在计算关联系数前应先对时间序列进行初始化，即将该时间序列的所有数据分别除以第一个数据。

2. 关联度

在计算出参考序列与比较序列的关联系数后，关联度就是计算所有关联系数的平均数，以反映出各评价对象与参考序列的关联关系：

$$r=\frac{1}{n}\sum_{k=1}^{n}\eta(k) \tag{9-5}$$

例 9-3 统计四川某矿区在 5 个时期中 3 个指标的基本数据，分别是安全生产综合指标（百万吨死亡率）、安全资金投入（安全技术措施费）、机械化程度，将以上统计数据归纳于表 9-1。试求出矿区安全性关联指标的关联程度。

表 9-1 四川某矿区安全生产综合指标、安全资金投入（安全技术措施费）与机械化程度统计

指标	时期				
	1	2	3	4	5
百万吨死亡率（人/Mt）	8.26	7.56	4.89	8.32	5.40
安全技术措施费（万元）	11.04	40.19	58.75	56.59	87.80
机械化程度（%）	16.10	28.09	32.38	46.79	55.96

解：（1）三个指标的原始数列分别如下：

百万吨死亡率（人/Mt）：$x_0=\{8.26,7.56,4.89,8.32,5.40\}$，为参考序列。

安全技术措施费（万元）：$x_1=\{11.04,40.19,58.75,56.59,87.80\}$，为比较序列 1。

机械化程度（%）：$x_2=\{16.10,28.09,32.38,46.79,55.96\}$，为比较序列 2。

（2）将参考序列初始化。

$$\hat{x}_0=\left\{\frac{x_0^{(0)}(1)}{x_0^{(0)}(1)},\frac{x_0^{(0)}(2)}{x_0^{(0)}(1)},\frac{x_0^{(0)}(3)}{x_0^{(0)}(1)},\frac{x_0^{(0)}(4)}{x_0^{(0)}(1)},\frac{x_0^{(0)}(5)}{x_0^{(0)}(1)}\right\}$$

得
$$\hat{x}_0=\left\{\frac{8.26}{8.26},\frac{7.56}{8.26},\frac{4.89}{8.26},\frac{8.32}{8.26},\frac{5.40}{8.26}\right\}=\{1,0.915,0.592,1.007,0.654\}$$

同理，将比较序列 1 与比较序列 2 初始化，得：

$$\hat{x}_1=\{1,3.640,5.322,5.126,7.953\}$$
$$\hat{x}_2=\{1,1.745,2.011,2.906,3.476\}$$

（3）计算绝对差序列。

参考序列与比较序列 1 的绝对差计算方法：

$$\Delta_1=|\hat{x}_0(k)-\hat{x}_1(k)|$$

参考序列与比较序列 2 的绝对差计算方法：

$$\Delta_2=|\hat{x}_0(k)-\hat{x}_2(k)|$$

则参考序列与比较序列 1 的绝对差：

$\Delta_1(1)=|\hat{x}_0(1)-\hat{x}_1(1)|=0$，$\Delta_1(2)=|\hat{x}_0(2)-\hat{x}_1(2)|=2.725$，

$\Delta_1(3)=|\hat{x}_0(3)-\hat{x}_1(3)|=4.73$，$\Delta_1(4)=|\hat{x}_0(4)-\hat{x}_1(4)|=4.119$，

$\Delta_1(5)=|\hat{x}_0(5)-\hat{x}_1(5)|=7.299$。

Δ_2序列的计算方法同 Δ_1，Δ_1与 Δ_2序列见表 9-2。

表 9-2 参考序列与比较序列 1、比较序列 2 的绝对差序列

	说明	1	2	3	4	5
Δ_1	参考序列与比较序列 1 的绝对差	0	2.725	4.73	4.119	7.299
Δ_2	参考序列与比较序列 1 的绝对差	0	0.83	1.419	1.899	2.822

（4）确定第二级最小差与第二级最大差。

1）参考序列与比较序列 1 的第一级最小差：

$$\min\{\Delta_1(1),\Delta_1(2),\Delta_1(3),\Delta_1(4),\Delta_1(5)\}=\min\{0,2.725,4.73,4.119,7.299\}=0$$

2）参考序列与比较序列 2 的第一级最小差：

$$\min\{\Delta_2(1),\Delta_2(2),\Delta_2(3),\Delta_2(4),\Delta_2(5)\}=\min\{0,0.83,1.419,1.899,2.822\}=0$$

3）参考序列与比较序列 1 的第一级最大差：

$$\max\{\Delta_1(1),\Delta_1(2),\Delta_1(3),\Delta_1(4),\Delta_1(5)\}=\max\{0,2.725,4.73,4.119,7.299\}=7.299$$

4）参考序列与比较序列 2 的第一级最大差：

$$\max\{\Delta_2(1),\Delta_2(2),\Delta_2(3),\Delta_2(4),\Delta_2(5)\}=\max\{0,0.83,1.419,1.899,2.822\}=2.822$$

5）第二级最小差：

$$\min\min|x_0^{(0)}(k)-x_i^{(0)}(k)|=\min\{0,0\}=0$$

6）第二级最大差：

$$\max\max|x_0^{(0)}(k)-x_i^{(0)}(k)|=\max\{7.299,2.822\}=7.299$$

（5）计算关联系数　取 $\rho=0.5$，并由

$$\eta_i(k)=\frac{\min\min|x_0^{(0)}(k)-x_i^{(0)}(k)|+\rho\max\max|x_0^{(0)}(k)-x_i^{(0)}(k)|}{|x_0^{(0)}(k)-x_i^{(0)}(k)|+\rho\max\max|x_0^{(0)}(k)-x_i^{(0)}(k)|}$$

得：

$$\eta_1(1)=\frac{0+0.5\times7.299}{0+0.5\times7.299}=1$$

$$\eta_1(2)=\frac{0+0.5\times7.299}{2.725+0.5\times7.299}=0.573$$

依此类推，得：

$$\eta_1(3)=0.436,\eta_1(4)=0.470,\eta_1(5)=0.333$$

$$\eta_2(1)=1,\eta_2(2)=0.815,\eta_2(3)=0.72,\eta_2(4)=0.658,\eta_2(5)=0.564$$

（6）计算关联度。

$$r_1=\frac{1}{n}\sum_{k=1}^{n}\eta_1(k)=\frac{1+0.573+0.436+0.470+0.333}{5}=0.5624$$

$$r_2=\frac{1}{n}\sum_{k=1}^{n}\eta_2(k)=\frac{1+0.815+0.72+0.658+0.564}{5}=0.7514$$

计算结果表明，x_0与 x_2的关联程度大于 x_0与 x_1的关联程度，即百万吨死亡率与机械化程度之间的关联程度大于百万吨死亡率与安全技术措施费之间的关联程度。

9.2 安全信息的灰色预测

灰色系统可分为本征灰色系统和非本征灰色系统。

本征灰色系统是指没有物理原型，系统的构成机制不明确，不清楚系统究竟有哪些变量，以及这些变量之间有何关系的客观抽象系统，如社会系统、经济系统等。

非本征灰色系统是指有物理原型，并且部分信息可以通过直接观测获得的系统，如安全

预测系统、安全现状评估系统、安全决策系统等，建立这类系统的模型，常常存在信息不完整等问题，因此可以借助灰色系统分析的思想，组建部分信息已知、部分信息未知的灰色系统模型，也就是所谓的灰色非本征模型。

9.2.1 灰色预测模型

灰色预测模型 GM(n,h) 是以灰色模块概念为基础，以微分拟合法为核心的建模方法。其中，GM(n,h) 中的 n 表示微分方程的阶数，h 表示参与建模的变量（序列）个数。灰色系统理论的特点是研究“小样本”“贫信息”的不确定性问题，它的立足点是“有限信息空间”，基本准则是“最少信息”。

GM(1,1) 模型是最常用的灰色预测模型，它具有如下特点：

1）建模时所需的信息较少，通常只要有 4 个以上的数据即可建模。

2）可以不用知道原始数据分布的先验特征，对于无规则或服从任何分布的任意光滑、离散的原始序列，可以通过有限次的生成转化为有规则的生成序列。

3）建模的精度较高，可以保持原系统的特征，能够较好地反映系统的实际情况。

1. GM(1,1) 模型的建立

设时间序列 $x^{(0)}$ 中有 n 个观测值 $\{x^{(0)}(1),x^{(0)}(2),x^{(0)}(3),\cdots,x^{(0)}(n)\}$，通过累加生成新序列 $x^{(1)}=\{x^{(1)}(1),x^{(1)}(2),x^{(1)}(3),\cdots,x^{(1)}(n)\}$，则 GM(1,1) 模型相应的微分方程为

$$\frac{\mathrm{d}x^{(1)}}{\mathrm{d}t}+ax^{(1)}=\mu \tag{9-6}$$

式中 a——发展灰数，主要控制系统发展态势大小；

μ——内生控制系数，反映数据变化的关系。

设 $\hat{\boldsymbol{\alpha}}=\begin{pmatrix}a\\\mu\end{pmatrix}$ 为待估参数向量，利用最小二乘法求解，可得：

$$\hat{\boldsymbol{\alpha}}=(\boldsymbol{B}^{\mathrm{T}}\boldsymbol{B})^{-1}\boldsymbol{B}^{\mathrm{T}}\boldsymbol{Y}_n \tag{9-7}$$

其中，

$$\boldsymbol{B}=\begin{pmatrix}-\frac{1}{2}[x^{(1)}(1)+x^{(1)}(2)] & 1\\ -\frac{1}{2}[x^{(1)}(2)+x^{(1)}(3)] & 1\\ \vdots & \vdots\\ -\frac{1}{2}[x^{(1)}(n-1)+x^{(1)}(n)] & 1\end{pmatrix}$$

$$\boldsymbol{Y}_n=\begin{pmatrix}x^{(0)}(2)\\x^{(0)}(3)\\\vdots\\x^{(0)}(n)\end{pmatrix}$$

求解微分方程，可得到预测模型：

$$\hat{x}^{(1)}(k+1)=\left[x^{(0)}(1)-\frac{\mu}{a}\right]\mathrm{e}^{-ak}+\frac{\mu}{a}\quad(k=0,1,2,\cdots,n) \tag{9-8}$$

第 $k+1$ 个预测值为

$$\hat{x}^{(0)}(k+1)=\hat{x}^{(1)}(k+1)-\hat{x}^{(1)}(k) \quad (k=0,1,2,\cdots,n) \tag{9-9}$$

2. 模型检验

得到灰色预测模型后，需要通过检验模型来判定模型是否满足要求。灰色预测模型检验一般包括残差检验、关联度检验和后验差检验。

（1）残差检验

通过预测模型来计算 $\hat{x}^{(1)}(k)$，并将 $\hat{x}^{(1)}(k)$ 累减生成预测值 $\hat{x}^{(0)}(k)$，计算原始序列 $x^{(0)}(k)$ 与 $\hat{x}^{(0)}(k)$ 的绝对误差序列与相对误差序列。

1）绝对误差具体表达式如下：

$$\Delta^{(0)}(k)=\left|x^{(0)}(k)-\hat{x}^{(0)}(k)\right| \quad (k=0,1,2,\cdots,n) \tag{9-10}$$

2）相对误差具体表达式如下：

$$\Phi(k)=\frac{\Delta^{(0)}(k)}{x^{(0)}(k)}\times 100\% \quad (k=0,1,2,\cdots,n) \tag{9-11}$$

（2）关联度检验

可根据 9.1 节中的关联度计算方法，计算出 $\hat{x}^{(0)}(k)$ 与 $x^{(0)}(k)$ 的关联系数：

$$\eta(k)=\frac{\min\min\left|\hat{x}^{(0)}(k)-x^{(0)}(k)\right|+\rho\max\max\left|\hat{x}^{(0)}(k)-x^{(0)}(k)\right|}{\left|\hat{x}^{(0)}(k)-x^{(0)}(k)\right|+\rho\max\max\left|\hat{x}^{(0)}(k)-x^{(0)}(k)\right|} \tag{9-12}$$

其中，ρ 取 0.5。

然后计算出关联度：

$$r=\frac{1}{n}\sum_{k=1}^{n}\eta(k) \tag{9-13}$$

当 $r>0.6$ 时，便满足要求。

（3）后验差检验

后验差检验分为以下几个步骤。

1）计算原始序列的标准差：

$$S_1=\sqrt{\frac{\sum\left[x^{(0)}(k)-\bar{x}^{(0)}\right]^2}{n-1}} \tag{9-14}$$

式中 $\bar{x}^{(0)}$——原始序列中所有数据的平均值。

2）计算绝对误差序列的标准差：

$$S_2=\sqrt{\frac{\sum\left[\Delta^{(0)}(k)-\bar{\Delta}^{(0)}\right]^2}{n-1}} \tag{9-15}$$

式中 $\bar{\Delta}^{(0)}$——绝对误差序列中所有绝对误差的绝对值。

3）计算后验差比：

$$C=\frac{S_2}{S_1} \tag{9-16}$$

4）计算小误差概率：

$$p=P\left\{\left|\Delta^{(0)}(k)-\bar{\Delta}^{(0)}\right|<0.6745S_1\right\} \tag{9-17}$$

令 $e_k = |\Delta^{(0)}(k) - \overline{\Delta}^{(0)}|$，$S_0 = 0.6745S_1$，则：

$$p = P\{e_k < S_0\} \tag{9-18}$$

按照上述指标，可从表 9-3 中查出灰色预测模型的精度检验等级。

表 9-3　灰色预测模型的精度检验等级

	好（good）	合格（qualified）	勉强合格（just mark）	不合格（unqualified）
小概率误差 p	>0.95	>0.80	>0.70	≤0.70
后验差比值 C	<0.35	<0.5	<0.65	≥0.65

若残差检验、关联度检验、后验差检验都能通过，则可以用所建立的模型来进行预测；否则应进行残差修正。

9.2.2　灰色预测模型残差修正

如果用原始时间序列 $x^{(0)}$ 建立的 GM(1,1) 模型的检验结果不合格或精度不理想时，就要对已建立的 GM(1,1) 模型进行残差修正，来提高模型的预测精度。

假设原始时间序列 $x^{(0)}$ 建立的 GM(1,1) 模型如下：

$$\hat{x}^{(1)}(k+1) = \left[x^{(0)}(1) - \frac{\mu}{a}\right]e^{-ak} + \frac{\mu}{a} \quad (k=0,1,2,\cdots,n) \tag{9-19}$$

可以通过 GM(1,1) 模型来计算生成序列 $x^{(1)}$ 的预测序列 $\hat{x}^{(1)}$，即对序列 $x^{(1)} = \{x^{(1)}(1), x^{(1)}(2), \cdots, x^{(1)}(n)\}$ 来预测序列 $\hat{x}^{(1)} = \{\hat{x}^{(1)}(1), \hat{x}^{(1)}(2), \cdots, \hat{x}^{(1)}(n)\}$。

定义残差为

$$e^{(0)}(j) = |x^{(1)}(j) - \hat{x}^{(1)}(j)| \tag{9-20}$$

若取 $j=i, i+1, \cdots, n$，则生成列 $x^{(1)}$ 与预测序列 $\hat{x}^{(1)}$ 所对应的残差序列为

$$e^{(0)} = \{e^{(0)}(i), e^{(0)}(i+1), \cdots, e^{(0)}(n)\}$$

为了便于计算，将 $e^{(0)}$ 改写：

$$e^{(0)} = \{e^{(0)}(1'), e^{(0)}(2'), \cdots, e^{(0)}(n')\}(n' = n-i)$$

则 $e^{(0)}$ 的累加生成序列：

$$e^{(1)} = \{e^{(1)}(1'), e^{(1)}(2'), \cdots, e^{(1)}(n')\}(n' = n-i)$$

通过 $e^{(1)}$ 可建立相应的 GM(1,1) 模型：

$$\hat{e}^{(1)}(k+1) = \left[e^{(0)}(1) - \frac{\mu_e}{a_e}\right]e^{-a_e k} + \frac{\mu_e}{a_e} \tag{9-21}$$

将 $\hat{e}^{(1)}(k+1)$ 的导数 $\hat{e}^{(1)\prime}(k+1) = (-a_e)\left[e^{(0)}(1) - \frac{\mu_e}{a_e}\right]e^{-a_e(k-1)}$ 加上 $\hat{e}^{(1)}(k+1)$，用来修正预测值 $\hat{x}^{(1)}(k+1)$，可以得到修正模型：

$$\hat{x}^{(1)}(k+1) = \left[x^{(0)}(1) - \frac{\mu}{a}\right]e^{-ak} + \frac{\mu}{a} + \delta(k-1) \times (-a_e) \times \left[e^{(0)}(1) - \frac{\mu_e}{a_e}\right]e^{-a_e(k-1)} \tag{9-22}$$

其中，$\delta(k-1) = \begin{cases} 1, k \geqslant 2 \\ 0, k < 2 \end{cases}$，是修正系数。

经过残差修正的原始序列预测模型如下：

$$\hat{x}^{(0)}(k+1)=\hat{x}^{(1)}(k+1)-\hat{x}^{(1)}(k)\ (k=1,2,\cdots,n) \tag{9-23}$$

9.2.3 民航事故征候的灰色预测

1. 民航事故征候概述

飞行事故是指民用航空器在运行过程中发生人员伤亡、航空器破坏的事件；民用航空器事故征候（civil aircraft incident）是指民用航空器在运行阶段或在机场活动区域内发生的与航空器有关的、不构成事故但影响或可能影响安全的事件。民航事故征候可分为运输航空严重征候、运输航空一般事故征候、通用航空事故征候和航空器地面事故征候；我国民用航空标准《民用航空器事故征候》中详细列举了不同民航事故征候的内容。

飞行事故属于发生概率小，但后果非常严重的一类事故。民航事故征候非常接近事故，但又不同于事故，同类的民航事故征候如果得不到有效的控制和纠正，势必会导致事故发生。因此，分析、预测和处理民航事故征候直接关系到民航的运行安全。

民航事故征候的成因包括一些确定性因素（如机组、机务、机械、空中交通管制、地面保障等）和一些不可控制的意外因素（如天气、鸟击等），因此民航事故征候系统是既含有已知信息，又含有未知信息的灰色动态系统，很难用一个简单的数学模型来分析、计算出来。

据相关统计资料显示，1996—2005 年，我国民航共发生 1147 起飞行事故征候，其中运输飞行事故征候达到 1040 起；统计事故征候的种类，鸟击 282 起、空中停车 256 起、偏出跑道/冲出跑道/场外接地 80 起，所占比例较大，分别占 24.6%、22.3%、7.0%；统计事故征候所处的飞行阶段分布，在巡航阶段的发生次数最多，共有 227 起，依次是起飞 182 起、着落 165 起、爬升 151 起、进近 137 起。为了保障出行旅客的安全，关注、分析、预测民航事故征候是非常有必要的。

2. 民航事故征候的灰色预测模型

查阅《中国民航不安全事件统计报告》，统计 2002—2011 年民航事故征候列入表 9-4，以民航事故征候为研究对象，建立灰色预测模型来得出相应的预测值，并根据 2002—2011 年的数据预测 2012 年的民航事故征候数。

表 9-4 2002—2011 年民航事故征候统计表

年份	2002	2003	2004	2005	2006	2007	2008	2009	2010	2011
序号	1	2	3	4	5	6	7	8	9	10
征候数(起)	116	100	106	117	117	117	119	161	221	230

原始序列为 $x^{(0)}=\{116,100,106,117,117,117,119,161,221,230\}$

（1）构造累加生成序列

$$x^{(1)}(1)=x^{(0)}(1)=116$$

$$x^{(1)}(2)=x^{(1)}(1)+x^{(0)}(2)=116+100=216$$

$$\vdots$$

$$x^{(1)}(10)=x^{(1)}(9)+x^{(0)}(10)=1174+230=1404$$

则一次生成列如下：

$$x^{(1)}=\{116,216,322,439,556,673,792,953,1174,1404\}$$

（2）构造数据矩阵 $\boldsymbol{B}$ 和数据向量 $\boldsymbol{Y}_n$

数据矩阵 $\boldsymbol{B}$ 如下：

$$\boldsymbol{B}=\begin{pmatrix} -\frac{1}{2}[x^{(1)}(1)+x^{(1)}(2)] & 1 \\ -\frac{1}{2}[x^{(1)}(2)+x^{(1)}(3)] & 1 \\ \vdots & \vdots \\ -\frac{1}{2}[x^{(1)}(n-1)+x^{(1)}(n)] & 1 \end{pmatrix}$$

$$=\begin{pmatrix} -166 & -269 & -380.5 & -497.5 & -614.5 & -732.5 & -872.5 & -1063.5 & -1289 \\ 1 & 1 & 1 & 1 & 1 & 1 & 1 & 1 & 1 \end{pmatrix}^{\mathrm{T}}$$

数据向量 $\boldsymbol{Y}_n$：

$$\boldsymbol{Y}_n=(100\quad 106\quad 117\quad 117\quad 117\quad 119\quad 161\quad 221\quad 230)^{\mathrm{T}}$$

（3）计算 $\boldsymbol{B}^{\mathrm{T}}\boldsymbol{B}$，$(\boldsymbol{B}^{\mathrm{T}}\boldsymbol{B})^{-1}$，$\boldsymbol{B}^{\mathrm{T}}\boldsymbol{Y}_n$

1）计算 $\boldsymbol{B}^{\mathrm{T}}\boldsymbol{B}$：

$$\boldsymbol{B}^{\mathrm{T}}\boldsymbol{B}=\begin{pmatrix} 4960180 & -5885 \\ -5885 & 9 \end{pmatrix}$$

2）计算 $(\boldsymbol{B}^{\mathrm{T}}\boldsymbol{B})^{-1}$：

$$(\boldsymbol{B}^{\mathrm{T}}\boldsymbol{B})^{-1}=\begin{pmatrix} 4960180 & -5885 \\ -5885 & 9 \end{pmatrix}^{-1}=\begin{pmatrix} 8.99\times10^{-7} & 5.88\times10^{-4} \\ 5.88\times10^{-4} & 0.496 \end{pmatrix}$$

3）计算 $\boldsymbol{B}^{\mathrm{T}}\boldsymbol{Y}_n$：

$$\boldsymbol{B}^{\mathrm{T}}\boldsymbol{Y}_n=\begin{pmatrix} -978880 \\ 1288 \end{pmatrix}$$

4）计算待估参数向量 $\hat{\boldsymbol{\alpha}}$：

$$\hat{\boldsymbol{\alpha}}=(\boldsymbol{B}^{\mathrm{T}}\boldsymbol{B})^{-1}\boldsymbol{B}^{\mathrm{T}}\boldsymbol{Y}_n=\begin{pmatrix} 8.99\times10^{-7} & 5.88\times10^{-4} \\ 5.88\times10^{-4} & 0.496 \end{pmatrix}\begin{pmatrix} -978880 \\ 1288 \end{pmatrix}=\begin{pmatrix} -0.1229 \\ 62.7476 \end{pmatrix}$$

即：

$$\begin{cases} a=-0.1229 \\ \mu=62.7476 \end{cases}$$

（4）得出预测模型

$$\frac{\mathrm{d}x^{(1)}}{\mathrm{d}t}-0.1229x^{(1)}=62.7476$$

$$\frac{\mu}{a}=\frac{62.7476}{-0.1229}=-510.558$$

$$x^{(0)}(1)-\frac{\mu}{a}=116+510.558=626.558$$

民航事故征候的预测模型如下：

$$\hat{x}^{(1)}(k+1)=\left[x^{(0)}(1)-\frac{\mu}{a}\right]\mathrm{e}^{-ak}+\frac{\mu}{a}=626.558\mathrm{e}^{0.1229k}-510.558\quad(k=0,1,2,\cdots,n)$$

（5）对预测模型进行残差检验

1）预测值：

$$\hat{x}^{(1)}(1)=626.558\mathrm{e}^{0}-510.558=116$$
$$\hat{x}^{(1)}(2)=626.558\mathrm{e}^{0.1229}-510.558=197.94$$
$$\vdots$$
$$\hat{x}^{(1)}(10)=626.558\mathrm{e}^{0.1229\times 9}-510.558=1383.24$$

则预测的生成列如下：

$$\hat{x}^{(1)}=\{116,197.94,290.59,395.35,513.82,647.78,799.26,970.54,1164.23,1383.24\}$$

2）预测的原始值：

$$\hat{x}^{(0)}(1)=\hat{x}^{(1)}(1)=116$$
$$\hat{x}^{(0)}(2)=\hat{x}^{(1)}(2)-\hat{x}^{(1)}(1)=197.94-116=81.94$$
$$\vdots$$
$$\hat{x}^{(0)}(10)=\hat{x}^{(1)}(10)-\hat{x}^{(1)}(9)=1383.24-1164.23=219.01$$

则预测的原始序列如下：

$$\hat{x}^{(0)}=\{116,81.94,92.65,104.76,118.47,133.96,151.48,171.28,193.69,219.01\}$$

3）绝对误差：

$$\Delta^{(0)}(1)=\left|x^{(0)}(1)-\hat{x}^{(0)}(1)\right|=0$$
$$\Delta^{(0)}(2)=\left|x^{(0)}(2)-\hat{x}^{(0)}(2)\right|=\left|100-81.94\right|=18.06$$
$$\vdots$$
$$\Delta^{(0)}(10)=\left|x^{(0)}(10)-\hat{x}^{(0)}(10)\right|=\left|230-219.01\right|=10.99$$

则绝对误差序列如下：

$$\Delta^{(0)}=\{0,18.06,13.35,12.24,1.47,16.96,32.48,10.28,27.31,10.99\}$$

4）相对误差：

$$\Phi(1)=\frac{\Delta^{(0)}(1)}{x^{(0)}(1)}\times 100\%=0$$
$$\Phi(2)=\frac{\Delta^{(0)}(2)}{x^{(0)}(2)}\times 100\%=\frac{18.06}{100}\times 100\%=18.1\%$$
$$\vdots$$
$$\Phi(10)=\frac{\Delta^{(0)}(10)}{x^{(0)}(10)}\times 100\%=\frac{10.99}{230}\times 100\%=4.8\%$$

则相对误差序列如下：

$$\Phi=\{0,18.1\%,12.6\%,10.5\%,1.3\%,14.5\%,27.3\%,6.4\%,12.4\%,4.8\%\}$$

由于相对误差序列中的相对误差很大，所以要对预测模型：

$$\hat{x}^{(1)}(k+1)=\left[x^{(0)}(1)-\frac{\mu}{a}\right]\mathrm{e}^{-ak}+\frac{\mu}{a}=626.558\mathrm{e}^{0.1229k}-510.558\quad(k=0,1,\cdots,n)$$

进行残差修正，以提高精度。

（6）利用残差对原预测模型进行修正

1）计算残差 $e^{(0)}(i)$：

$$e^{(0)}(1)=\left|x^{(1)}(1)-\hat{x}^{(1)}(1)\right|=0$$

$$e^{(0)}(2)=|x^{(1)}(2)-\hat{x}^{(1)}(2)|=|216-197.94|=18.06$$

$$\vdots$$

$$e^{(0)}(10)=|x^{(1)}(10)-\hat{x}^{(1)}(10)|=|1404-1383.24|=20.76$$

第一个残差是0，便于计算，取残差序列：

$$e^{(0)}=\{18.06,31.41,43.65,42.18,25.22,7.26,17.54,9.77,20.76\}$$

则残差生成列如下：

$$e^{(1)}=\{18.06,49.47,93.12,135.3,160.52,167.78,185.32,195.09,215.85\}$$

2）根据残差生成序列 $e^{(1)}$ 计算 $\boldsymbol{B}_e^{\mathrm{T}}$

$$\boldsymbol{B}_e^{\mathrm{T}}=\begin{pmatrix}-33.77 & -71.3 & -114.21 & -147.91 & -164.15 & -176.55 & -187.71 & -205.47\\ 1 & 1 & 1 & 1 & 1 & 1 & 1 & 1\end{pmatrix}$$

3）计算 $\boldsymbol{B}_e^{\mathrm{T}}\boldsymbol{B}_e$：

$$\boldsymbol{B}_e^{\mathrm{T}}\boldsymbol{B}_e=\begin{pmatrix}176713.5 & -1101.07\\ -1101.07 & 8\end{pmatrix}$$

计算 $(\boldsymbol{B}_e^{\mathrm{T}}\boldsymbol{B}_e)^{-1}$：

$$(\boldsymbol{B}_e^{\mathrm{T}}\boldsymbol{B}_e)^{-1}=\begin{pmatrix}176713.5 & -1101.07\\ -1101.07 & 8\end{pmatrix}^{-1}=\begin{pmatrix}3.973\times10^{-5} & 5.468\times10^{-3}\\ 5.468\times10^{-3} & 0.878\end{pmatrix}$$

计算 $\boldsymbol{B}_e^{\mathrm{T}}\boldsymbol{Y}_{ne}$：

$$\boldsymbol{Y}_{ne}=(31.41\quad 43.65\quad 42.18\quad 25.22\quad 7.26\quad 17.54\quad 9.77\quad 20.76)^{\mathrm{T}}$$

$$\boldsymbol{B}_e^{\mathrm{T}}\boldsymbol{Y}_{ne}=\begin{pmatrix}-23108.5\\ 197.79\end{pmatrix}$$

4）计算待估参数向量 $\hat{\boldsymbol{\alpha}}_e$：

$$\hat{\boldsymbol{\alpha}}_e=(\boldsymbol{B}_e^{\mathrm{T}}\boldsymbol{B}_e)^{-1}\boldsymbol{B}_e^{\mathrm{T}}\boldsymbol{Y}_{ne}=\begin{pmatrix}3.973\times10^{-5} & 5.468\times10^{-3}\\ 5.468\times10^{-3} & 0.878\end{pmatrix}\begin{pmatrix}-23108.5\\ 197.79\end{pmatrix}=\begin{pmatrix}0.1635\\ 47.221\end{pmatrix}$$

即

$$\begin{cases}a_e=0.1635\\ \mu_e=47.221\end{cases}$$

5）计算 $\hat{e}^{(1)}(k+1)$：

$$\frac{\mu_e}{a_e}=\frac{47.221}{0.1635}=288.81$$

$$e^{(0)}(1)-\frac{\mu_e}{a_e}=18.06-288.81=-270.75$$

所以 $$\hat{e}^{(1)}(k+1)=\left[e^{(0)}(1)-\frac{\mu_e}{a_e}\right]\mathrm{e}^{-a_e k}+\frac{\mu_e}{a_e}=-270.75\mathrm{e}^{-0.1635k}+288.81$$

对上述求导得：

$$[\hat{e}^{(1)}(k+1)]'=44.27\mathrm{e}^{-0.1635(k-1)}$$

6）经过残差修正后的预测模型如下：

$$\hat{x}^{(1)}(k+1)=626.558\mathrm{e}^{0.1229k}-510.558+\delta(k-1)\times44.27\mathrm{e}^{-0.1635(k-1)}$$

其中，修正系数 $\delta(k-1)=\begin{cases}1,k\geqslant 2\\0,k<2\end{cases}$。

7）修正后的累加生成序列：

$$\hat{x}^{(1)}=\{116,214.05,328.18,427.27,540.93,670.8,818.81,987.14,1178.32,1395.21\}$$

修正后的原始序列：

$$\hat{x}^{(0)}=\{116,98.1,114.1,99.1,113.7,129.9,148,168.3,191.2,216.9\}$$

（7）模型检验

1）残差检验。

绝对误差序列：

$$\Delta_e^{(0)}=\{0,1.9,8.1,17.9,3.3,12.9,29,7.3,29.8,13.1\}$$

相对误差序列：

$$\Phi=\{0,1.9\%,7.6\%,15.2\%,2.8\%,11\%,24.3\%,4.5\%,13.4\%,5.6\%\}$$

2）关联系数与关联度。

$$\min\min|\hat{x}^{(0)}(k)-x^{(0)}(k)|=\min\{\Delta_e^{(0)}\}=0$$

$$\max\max|\hat{x}^{(0)}(k)-x^{(0)}(k)|=\max\{\Delta_e^{(0)}\}=29.8$$

取 $\rho=0.5$，则各关联系数如下：

$$\eta(1)=1,\eta(2)=0.887,\eta(3)=0.648,\eta(4)=0.454,\eta(5)=0.819$$

$$\eta(6)=0.536,\eta(7)=0.339,\eta(8)=0.671,\eta(9)=0.333,\eta(10)=0.532$$

关联度如下：

$$r=\frac{1}{n}\sum_{k=1}^{n}\eta(k)=\frac{1}{10}\times(1+0.887+\cdots+0.532)=0.622>0.6$$

因此，关联度满足检验要求。

3）后验差检验。

计算原始序列的标准差：

$$\bar{x}^{(0)}=\frac{1}{10}\times(116+100+106+\cdots+230)=140.4$$

$$S_1=\sqrt{\frac{\sum[x^{(0)}(k)-\bar{x}^{(0)}]^2}{n-1}}=\sqrt{\frac{20460.4}{9}}=47.68$$

计算绝对误差序列的标准差：

$$\bar{\Delta}_e^{(0)}=\frac{1}{10}\times(0+1.9+8.1+\cdots+13.1)=12.33$$

$$S_2=\sqrt{\frac{\sum[\bar{\Delta}^{(0)}(k)-\bar{\Delta}_e^{(0)}]^2}{n-1}}=\sqrt{\frac{1000.581}{9}}=10.54$$

后验差比：

$$C=\frac{S_2}{S_1}=\frac{10.54}{47.68}=0.22<0.35$$

小误差概率：

$$S_0=0.6745S_1=0.6745\times47.68=32.16$$

$$e_k=|\Delta^{(0)}(k)-\bar{\Delta}^{(0)}|=\{12.33,10.43,4.23,5.57,9.03,0.57,16.67,5.03,17.47,0.77\}$$

所有 $e<S_0$，故 $p=1>0.95$。

根据表 9-3，预测模型：

$\hat{x}^{(1)}(k+1)=626.558e^{0.1229k}-510.558+\delta(k-1)\times 44.27e^{-0.1635(k-1)}$ 有较好的预测精度。

（8）预测 2012 年的民航事故征候数

$$\hat{x}^{(1)}(11)=(626.558e^{0.1229\times 10}-510.558+44.27e^{-0.1635\times 9})\text{起}=1641.06\text{起}$$

全国 2012 年民航事故征候数预测值为

$$\hat{x}^{(0)}(11)=\hat{x}^{(1)}(11)-\hat{x}^{(1)}(10)=(1641.06-1395.21)\text{起}=245.85\text{起}$$

9.3 安全信息的灰色决策

根据实际情况和预定目标来确定所要采取的行动便是决策，决策的本质含义就是“做出决定”或“决定对策”。决策是指人们为实现预期的目标，在拥有安全系统信息的基础上，根据一定的客观条件，采用科学的方法和手段，通过必要的分析与判断，从所有可供选择的方案中找出最满意的一个方案实施，直至目标实现。

在决策分析中，由于信息的不完整性、人力资源的质量参差不齐、对目标的识别程度不同等原因，决策信息通常是“部分信息已知，部分信息未知”的“小样本”“贫信息”，并经常以灰数的状态表现出来。一般包含灰数的决策模型或结合有灰色模型的决策模型都称为灰色决策模型。灰色决策属于小样本决策。

9.3.1 灰色决策方法

随着决策理论与灰色系统理论的发展，灰色决策方法日渐趋于完善：早期的灰色决策方法仅有灰色局势决策、灰色层次决策、灰色规划（线性与整数）、灰靶决策；在早期灰色决策方法基础上，又发展起来了灰色关联决策、灰色聚类决策、灰色发展决策等灰色决策方法。这些决策方法是灰色系统理论的重要组成部分，是对灰色决策模型研究与灰色系统理论的完善。由于灰色决策的种类较多，在此仅举灰色局势决策与灰色层次决策两种。

1. 灰色局势决策

灰色局势决策是在多个事件、多种对策、多重目标下确定满意的决策。称事件、对策、目标、样本为灰色局势决策的四要素，又称局势、目标、样本为灰色局势决策的三要素。其中，局势是事件与对策的二元组合。

灰色局势决策是根据某些准则对各个局势所产生的实际效果规定效果测度，然后计算每一方案的综合效果测度，据此进行方案的优选，具体步骤如下：

（1）给出事件和对策

记 $a_i(i=1,2,\cdots,m)$ 为事件，记 $b_j(j=1,2,\cdots,n)$ 为对策。

（2）构造局势

事件和对策的二元组合称为局势，即 a_i 与 b_j 的二元组合 $S_{ij}(a_i,b_j)$ 称为第 ij 个局势。

（3）给出目标

对于需要处理或对付的事件采取处理的措施（即对策），这就需要用一定的准则或尺度来评价用这个对策处理这个事件的效果，这种准则就是所谓的目标。作为多目标决策就是在决策中目标个数 k 大于 1 时的决策。

（4）给出不同目标的效果白化值

对每个目标、每个局势有一个效果白化值 $u_{ij}^{(k)}$，因此所有局势便有：

$$\begin{pmatrix} u_{11}^{(k)} & u_{12}^{(k)} & \cdots & u_{1m}^{(k)} \\ u_{21}^{(k)} & u_{22}^{(k)} & \cdots & u_{2m}^{(k)} \\ \vdots & \vdots & & \vdots \\ u_{n1}^{(k)} & u_{n2}^{(k)} & \cdots & u_{nm}^{(k)} \end{pmatrix}$$

（5）计算不同目标的效果测度

如果量纲和要求不同，需要统一量纲和要求。即一个多目标局势决策，在局势效果进行量化之前，要将局势效果白化值（样本）转化成各种目标可以比较的效果测度。

1）对于“越大越好”的目标采用上限效果测度，如在安全经济分析中的效益目标，它的效益值是“越大越好”：

$$r_{ij}^{(k)}=\frac{u_{ij}^{(k)}}{u_{\max}^{(k)}}(0\leqslant r_{ij}^{(k)}\leqslant 1) \tag{9-24}$$

式中 $u_{ij}^{(k)}$——目标 k 下局势 S_{ij}的实际效果；

$u_{\max}^{(k)}$——所有局势实际效果的最大值。

2）对于“越小越好”的目标采用下限效果测度，如在安全经济分析中的事故处理费用是损害目标，它的损耗值“越小越好”：

$$r_{ij}^{(k)}=\frac{u_{\min}^{(k)}}{u_{ij}^{(k)}}(0\leqslant r_{ij}^{(k)}\leqslant 1) \tag{9-25}$$

式中 $u_{\min}^{(k)}$——所有局势实际效果的最小值。

3）对于要求“适中”的目标采用适中效果测度，如报警器的灵敏性太高或太低都不好，“适中”是最合适的：

$$r_{ij}^{(k)}=\frac{\min\{u_{ij}^{(k)},u_0\}}{\max\{u_{ij}^{(k)},u_0\}}(0\leqslant r_{ij}^{(k)}\leqslant 1) \tag{9-26}$$

式中 u_0——局势中的适中值。

（6）计算多目标综合效果测度

由于局势有 $k(k>1)$ 个目标，根据各种目标的权重，则求取综合效果测度：

$$r_{ij}^{(\Sigma)}=\sum_{k=1}^{n}\omega_k r_{ij}^{(k)} \tag{9-27}$$

式中 ω_k——第 k 个目标的权重，且 $\sum_{k=1}^{n}\omega_k=1$，$k=1,2,\cdots,n$ 。

计算得出的综合测度值大小能够反映这个局势的优劣关系。

（7）选择最优局势

决策就是挑选效果最好的局势。从事件中挑选最好的对策，称为行决策；从对策匹配中挑选最适宜的事件，称为列决策。

行决策是指在决策矩阵中的行决策中选择综合效果测度最大的决策元：

$$r_{ij}^{(\Sigma)*}=\max_j r_{ij}^{(\Sigma)}=\max[r_{1j}^{(\Sigma)},r_{2j}^{(\Sigma)},\cdots,r_{in}^{(\Sigma)}]$$

则最佳行决策：

$$\delta_{ij^*}^{(\Sigma)}=\frac{r_{ij}^{(\Sigma)*}}{S_{ij^*}} \tag{9-28}$$

式中　S_{ij*}——最佳决策局势，表示 b_{j*} 是对付事件 a_i 的最佳对策。

列决策是指在决策矩阵中的决策列中选择综合效果测度最大的决策元：

$$r_{ij}^{(\Sigma)*}=\max_i r_{ij}^{(\Sigma)}=\max[r_{1j}^{(\Sigma)},r_{2j}^{(\Sigma)},\cdots,r_{mj}^{(\Sigma)}]$$

则最佳列决策：

$$\delta_{i^*j}^{(\Sigma)}=\frac{r_{ij}^{(\Sigma)*}}{S_{i^*j}} \tag{9-29}$$

式中　S_{i*j}——最佳决策局势，表示 a_{j*} 是对付事件 b_j 的最适宜的事件。

2. 灰色层次决策

一个大型决策要综合到各个方面的利益、意愿，在灰色决策中，考虑到各方面意愿、协调各方面利益的决策，称为层次决策。灰色层次决策是对运行机制与物理原型不清楚或缺乏物理原型的灰色关系序列化、模式化，进而建立灰色层次分析模型，使灰色关系量化、序化、显化。灰色层次决策的基础是灰关联分析与灰统计。

灰色层次决策的具体步骤如下：

(1) 决策层矩阵的建立

按决策者的意向、利益划分人群为 A、B、C 类，一般 A 为基层，B 为专家层，C 为管理层；J 为决策项目（指标）集($j\in J,J=\{1,2,\cdots,m\}$)，$K$ 为灰类集($k\in K,K=\{1,2,\cdots,n\}$)，$P$ 为专家方案集（$p\in P,P=\{1,2,\cdots,l\}$），$q$ 为管理意向（$q=1$）。

令 $\delta_A(j,k)$、$\delta_B(p,j)$、$\delta_C(q,k)$ 分别代表 A、B、C 决策意向的数值（简称意向数）。

决策层 A 的决策意向（数值）矩阵 $\boldsymbol{\delta}_A$：

$$\boldsymbol{\delta}_A=(\delta_A(j,k))=\begin{pmatrix}\delta_A(1,1) & \delta_A(1,2) & \cdots & \delta_A(1,n)\\ \delta_A(2,1) & \delta_A(2,2) & \cdots & \delta_A(2,n)\\ \vdots & \vdots & & \vdots\\ \delta_A(m,1) & \delta_A(m,2) & \cdots & \delta_A(m,n)\end{pmatrix}\quad(j\in J,k\in K)$$

决策层 B 的决策意向（数值）矩阵 $\boldsymbol{\delta}_B$：

$$\boldsymbol{\delta}_B=(\delta_B(p,j))=\begin{pmatrix}\delta_B(1,1) & \delta_B(1,2) & \cdots & \delta_B(1,m)\\ \delta_B(2,1) & \delta_B(2,2) & \cdots & \delta_B(2,m)\\ \vdots & \vdots & & \vdots\\ \delta_B(l,1) & \delta_B(l,2) & \cdots & \delta_B(l,m)\end{pmatrix}\quad(p\in P,j\in J)$$

决策层 C 的决策意向（数值）矩阵 $\boldsymbol{\delta}_C$：

$$\boldsymbol{\delta}_C=(\delta_C(q,k))=(\delta_C(q,1),\delta_C(q,2),\cdots,\delta_C(q,n))\quad(q=1,k\in K)$$

(2) A、B、C 的联合决策

令 $d_A(i,j)$ 为第 i 个（组）决策者对项目 j 的评价值（决策值）样本，则 $\boldsymbol{d}_A$ 为 A 层评价

值（决策值）样本矩阵，且：

$$\boldsymbol{d}_A=\begin{pmatrix} d_A(1,1) & d_A(1,2) & \cdots & d_A(1,m) \\ d_A(2,1) & d_A(2,2) & \cdots & d_A(2,m) \\ \vdots & \vdots & & \vdots \\ d_A(\omega,1) & d_A(\omega,2) & \cdots & d_A(\omega,m) \end{pmatrix}$$

令 f_k 为 k 灰类白化函数，$d_A(i,j)$ 为 A 层评价值（决策值）样本，则称 $d_A(i,j)$ 的灰统计值为 A 层的（评价）决策意向值，为 $\delta_A(j,k)$，且：

$$\delta_A(j,k)=\frac{\sum_{i=1}^{\omega} f_k d_A(i,j)}{\sum_{k=1}^{n}\sum_{i=1}^{\omega} f_k d_A(i,j)} \tag{9-30}$$

称 $\boldsymbol{\delta}_A((j),k)$ 为 A 层（评价）决策意向序列：

$$\boldsymbol{\delta}_A((j),k)=(\delta_A(1,k),\delta_A(2,k),\cdots,\delta_A(m,k))$$

令 $\boldsymbol{\delta}_A$ 与 $\boldsymbol{\delta}_B$ 分别为 A 层和 B 层的意向矩阵，可用模糊综合评判予以综合评价，则：

$$r_{BA}(p,k)=r(\boldsymbol{\delta}_B(p,(j)),\boldsymbol{\delta}_A((j),k))$$

称 $L_A\cup L_B$ 为 A，B 的联合决策，且：

$$\begin{aligned} L_A\cup L_B &= \{r_{BA}(p,(k))\mid p=1,2,\cdots,l;r_{BA}(p,(k))\} \\ &= (r_{BA}(p,1),r_{BA}(p,2),\cdots,r_{BA}(p,n)) \end{aligned}$$

$$L_A\cup L_B=\begin{pmatrix} r_{BA}(1,1) & r_{BA}(1,2) & \cdots & r_{BA}(1,n) \\ r_{BA}(2,1) & r_{BA}(2,2) & \cdots & r_{BA}(2,n) \\ \vdots & \vdots & & \vdots \\ r_{BA}(l,1) & r_{BA}(l,2) & \cdots & r_{BA}(l,n) \end{pmatrix}$$

令 $\boldsymbol{\delta}_C$ 为 C 层的决策意向序列：

$$\boldsymbol{\delta}_C=(\delta_C(q,1),\delta_C(q,2),\cdots,\delta_C(q,n))$$

则称 $r_{BA}(p,(k))$ 对于 $\boldsymbol{\delta}_C$ 的灰关联度 $r_{ABC}(p,(k))$，且：

$$r_{ABC}(p,(k))=r(\boldsymbol{\delta}_C,\boldsymbol{r}_{BA}(p,(k)))$$

为 A，B，C 联合决策元；称 $r_{ABC}(p,(k))$ 的全体为 A，B，C 联合决策，记为 $L_A\cup L_B\cup L_C$，且：

$$L_A\cup L_B\cup L_C=\{r_{ABC}(p,(k))\mid p=1,2,\cdots,l;r_{ABC}(p,(k))=r(\boldsymbol{\delta}_C,\boldsymbol{r}_{BA}(p,(k)))\}$$

（3）做最优局势决策　A、B、C 联合决策 $L_A\cup L_B\cup L_C$ 中，数值（决策元）最大的项目为满意项目，数值（决策元）最大的灰类为满意灰类。

令 j^* 为 $L_A\cup L_B\cup L_C$ 中的满意项目，则对应的 B 层意向元 $\delta_B(p^*,j^*)$ 满足下述关系：

$$\begin{aligned} \delta_B(p^*,j^*) &= \max_j \boldsymbol{\delta}_B(p^*,(j)) \\ &= \max_j\{\delta_B(p^*,1),\max_j\delta_B(p^*,2),\cdots,\max_j\delta_B(p^*,m)\} \end{aligned}$$

$$\boldsymbol{\delta}_B(p^*,(j))\Rightarrow r_{BA}(p^*,k)=r(\boldsymbol{\delta}_B(p^*,(j)),\boldsymbol{\delta}_A((j),k))$$

$$r_{BA}(p^*,k)\Rightarrow r_{ABC}(p^*,(k))=r(\boldsymbol{\delta}_C,\boldsymbol{r}_{BA}(p^*,(k)))$$

$$r_{ABC}(p^*,(k))=\max_p r_{ABC}(p,(k))$$

令 k^* 为 $L_A\cup L_B\cup L_C$ 中的满意灰类，则对应的 A、B 层联合决策元 $r_{BA}(p^*,k^*)$ 满足下述

关系：

$$r_{BA}(p^*,k^*)=\max_k \boldsymbol{r}_{BA}(p^*,(k))$$

$$r_{BA}(p^*,k)\in \boldsymbol{r}_{BA}(p^*,(k))$$

$$r_{BA}(p^*,(k))=(r_{BA}(p^*,1),\cdots,r_{BA}(p^*,k),\cdots,r_{BA}(p^*,n))$$

$$r_{BA}(p^*,(k))\Rightarrow r_{ABC}(p^*,(k))=r(\boldsymbol{\delta}_C,\boldsymbol{r}_{BA}(p^*,(k)))$$

$$r_{ABC}(p^*,(k))=\max_p r_{ABC}(p,(k))$$

9.3.2 矿山企业安全投资的灰色决策

从经济学的角度上来说，投资是经济主体让渡现行的货币使用权，以期在未来获得一定货币收益的经济行为，具体包括实物投资和金融投资两大类。安全投资是指投入安全活动的一切人力、物力和财力的总和，也称为安全资源。企业安全投资是指为了保证企业自身的安全生产活动，提高企业劳动生产率，减少事故经济损失而预先投入的人力、物力、财力的总和，属于主动性投入。安全投资是安全投入的一部分，两者在内涵、目的方面有很大的区别，在功能方面却又有联系。

1. 企业安全投资与企业安全投入的联系

企业安全投资是企业安全投入的一种类型，其投资量多少、资金分配问题都会影响到企业的安全生产水平和安全投资效益，也会影响到企业安全投入中主动性安全投入和被动性安全投入如何分配的问题。

企业安全投入分为主动性安全投入和被动性安全投入，企业安全投资就属于主动性安全投入。主动性安全投入体现在人们主观上对安全目标的追求，被动性安全投入体现在客观上人因不安全状态、行为所受到的经济惩罚。主动性安全投入与被动性安全投入在一定条件下是可以相互转化的：如果企业不重视主动性安全投入，容易降低企业安全生产能力，将容易导致更多的被动性安全投入；相反，如果企业能从被动性安全投入中吸取教训，积极进行有效的、适当的主动性安全投入，那么被动性安全投入就会大幅度降低，这样就能够将企业安全投入变被动为主动了，也会为企业带来更多的经济效益。

2. 企业安全投资与企业安全投入的区别

企业安全投资与企业安全投入的区别主要体现在两者的内涵和目的。

(1) 内涵的区别

企业安全投资是指为了提高企业的系统安全性、预防各种生产事故发生、防止职工因公伤亡、消除事故隐患、治理尘毒发生的全部费用，是为了保护职工在生产过程中的作业安全和身体健康所支出的全部费用，强调事先投入。

企业安全投入是企业为保证生产安全、改善职工的作业环境、处理工伤事故、预防职业危害等而消耗的人力、物力、财力的总和，既有事先投入，也有事后投入。

(2) 目的的区别

安全投资关注安全效果的同时也追求经济效益，将经济效益放在首位，社会效益放在次位，也可以认为企业安全投资具有强烈的目的性，尤其注重经济利益，追求在企业安全投资期间的经济效益。因此，在企业进行安全投资决策时，更多地需要从其企业利益或者经济效益方面去考虑和分析。

企业安全投入则是将社会效益放在首位，经济效益放在第二位，关注点是企业整体、远期的利益。企业在进行安全投入决策时，不仅要考虑企业安全投入的效益，更需要考虑企业的社会责任。

3. 矿山企业安全投资的灰色决策模型

例 9-4　某大型铁矿采、选企业为保障企业的安全生产能力，需更换一批机械设备。现已确定了 4 种方案，采用灰色决策方法予以综合决策，试找出最优方案。

参加决策的人员分为 3 层：A 为基层，共 10 人；B 为专家层，共 10 人，C 为管理层，共 6 人；方案分为 4 种：1^*，2^*，3^*，4^* 方案；将投资分为 4 个灰类（及其白化权函数）：

1 类：多投资，13 万元以上，$\{f_i^1(0,\ 13,\ —,\ —)\}$。

2 类：中投资，10 万元左右，$\{f_i^2(0,\ 10,\ —,\ 13)\}$。

3 类：少投资，7 万元左右，$\{f_i^3(0,\ 7,\ —,\ 13)\}$。

4 类：最少投资，4 万元以下，$\{f_i^4(—,\ —,\ 4,\ 13)\}$。

（1）求 A 层决策意向值矩阵。A 层决策人员对不同方案投资所提出的投资样本数据见表 9-5。

表 9-5　A 层决策人员对不同方案投资所提出的投资样本数据

组别	方案			
	1^*	2^*	3^*	4^*
第一组（人数 $N_1=4$）	$12(d_{11})$	$16(d_{12})$	$10(d_{13})$	$0(d_{14})$
第二组（人数 $N_2=3$）	$8(d_{21})$	$0(d_{22})$	$7(d_{23})$	$14(d_{24})$
第三组（人数 $N_3=3$）	$9(d_{31})$	$10(d_{32})$	$0(d_{33})$	$8(d_{34})$

通过灰色统计方法求出其评价权，即为其决策意向值。

1）确定决策（评价）系数 n_{jk}。设 $f_k(d_{ij})$ 表示根据第 i 个统计对象对第 j 个统计指标所给出的白化决策值，d_{ij} 表示第 k 个灰类通过白化函数得到的白化系数，记 N_i 为第 i 个决策群体中的决策者人数，则有：

$$n_{jk}=\sum_{i=1}^{N_i} f_k(d_{ij})N_i \quad (i=1,2,3;j=1,2,3,4;k=1,2,3,4)$$

式中　n_{jk}——第 j 个决策方案属于第 k 个灰类的评价系数。

2）确定评价权向量，即决策意向数值（矩阵）。

三组评价者对方案 j 的评价权：

$$\delta_{jk}=\frac{n_{jk}}{\sum_{k=1}^{4} n_{jk}} \quad (j=1,2,3,4;k=1,2,3,4)$$

从而得到 A 层决策意向（数值）矩阵：

$$\boldsymbol{\delta}_A=\begin{pmatrix}0.336 & 0.284 & 0.228 & 0.152\\ 0.534 & 0.254 & 0.127 & 0.085\\ 0.269 & 0.349 & 0.286 & 0.096\\ 0.425 & 0.210 & 0.219 & 0.146\end{pmatrix}$$

（2）求 B 层决策意向（数值）矩阵。

10 位专家根据各个方案的投资规模和所购买的机械设备特点，分别就经济效益（e）和社会效益（s）进行预测，最后取其算术平均值作为 B 层决策值，预测到投产后 4 年内（$t_1\sim t_4$）的效益序列（表 9-6）。

表 9-6　B 层专家评价组给出的各个方案的效益序列　（单位：亿元）

时间	e				s			
	1*	2*	3*	4*	1*	2*	3*	4*
t_1	0.626	0.581	0.615	0.580	0.543	0.471	0.418	0.487
t_2	0.712	0.728	0.758	0.765	0.771	0.763	0.624	0.793
t_3	0.937	0.854	0.827	0.749	0.814	0.855	0.806	0.904
t_4	0.873	0.865	0.893	0.934	0.865	0.968	0.891	0.965

根据各方案在两种目标（e,s）下，各序列的 GM(1,1) 预测模型的灰色发展系数（$-a$）数列为 B 层的决策意向值，则有：

$$\boldsymbol{\delta}_{BA}=(\delta_{BA}^1,\delta_{BA}^2,\delta_{BA}^3,\delta_{BA}^4)=(0.90433,0.81994,0.8784,0.107839)$$

$$\boldsymbol{\delta}_{BB}=(\delta_{BB}^1,\delta_{BB}^2,\delta_{BB}^3,\delta_{BB}^4)=(0.57629,0.119253,0.168595,0.095941)$$

（3）求 C 层决策意向序列值。

按照企业的现有投资能力 8.5 万元，根据白化函数可得到其所属各个灰类的白化系数值，即为 C 层决策的决策系数，即决策意向向量：

$$\boldsymbol{\delta}_C=(\delta_{31},\delta_{32},\delta_{33},\delta_{34})=(0.654,0.85,0.75,0.5)$$

（4）求 A 与 B 的联合决策。

根据本项目的具体情况，宜采用模糊综合评判的方法予以决策。

$$(L_A\cup L_B)_1=\boldsymbol{\delta}_{BA}\circ\boldsymbol{\delta}_A=\boldsymbol{r}_{BA}(1,(k))=(0.534,0.349,0.286,0.152)$$

式中符号“∘”表示 max(min) 的运算；同样有：

$$(L_A\cup L_B)_2=\boldsymbol{\delta}_{BB}\circ\boldsymbol{\delta}_A=\boldsymbol{r}_{BA}(2,(k))=(0.336,0.284,0.228,0.152)$$

（5）求（$L_A\cup L_B$）与 L_C 的联合决策。

运用灰色关联度分析法求（$L_A\cup L_B$）与 L_C 的联合决策。

指定 $\boldsymbol{\delta}_C$ 为参考序列：$\boldsymbol{X}_0=\boldsymbol{\delta}_C$；确定比较序列：$\boldsymbol{X}_1=\boldsymbol{\delta}_{BA}\circ\boldsymbol{\delta}_A$，$X_2=\boldsymbol{\delta}_{BB}\circ\boldsymbol{\delta}_A$。

先求关联系数（取 $\rho=0.5$），再求灰色关联度，可得到：

$$r_{01}=r(\boldsymbol{\delta}_C,\boldsymbol{r}_{BA}(1,(k)))=r_{ABC}(1,(k))=0.52037$$

$$r_{02}=r(\boldsymbol{\delta}_C,\boldsymbol{r}_{BA}(2,(k)))=r_{ABC}(2,(k))=0.583097$$

可见 $r_{02}>r_{01}$，故 $\boldsymbol{r}_{BA}(2,(k))$ 为最优决策，又由于 $\boldsymbol{r}_{BA}(2,(k))$ 是 B 级的第二个决策行，则它对应于：$\boldsymbol{r}_{BA}(2,(k))=(0.336,0.284,0.228,0.152)$。

从 $\boldsymbol{r}_{BA}(2,(k))$ 可知，$r_{BA}(2,1)=0.336$ 最大，因此应按照 1* 方案开展工程项目。从 C

层决策的决策意向向量：$\boldsymbol{\delta}_C=(0.654,0.85,0.75,0.5)$ 可知，“中投资”的权等于0.85，为最大，故该项目应按照“中等投资”进行投资决策。

综上所述，该矿业公司的安全投资项目应按1^{*}方案开展，并将“中等投资”作为投资决策方案。

本章小结

（1）根据信息的明确程度，存在三种系统：白色系统、黑色系统和灰色系统。白色系统是指信息完全明确的系统；黑色系统是指信息完全不明确的系统；灰色系统是指信息部分明确、部分不明确的系统，介于白色系统和黑色系统之间。

（2）灰色预测是构造灰色预测模型，预测未来某一时刻安全现象的特征值，或达到安全现象某一特征值的时间。灰色预测有四种类型：灰色时间序列预测、畸变预测、系统预测和拓扑预测。

（3）由于用来表征系统安全的大部分参数都是灰数，影响安全系统的因素是灰元，构成安全系统的各种关系是灰关系，因此安全系统也是一种灰色系统。

（4）为了弱化原始时间序列的随机性，为建立灰色模型提供信息，需要对原始时间序列进行数据处理，数据处理的方法有累加生成和累减生成。累加生成是将原始时间序列通过累加得到生成列，累减生成是将原始时间序列通过累减得到生成列。

（5）灰色关联分析是灰色系统分析、建模、预测、决策的基础，包括计算关联系数和关联度。常用的灰色预测模型是GM(1,1)模型。

（6）建立灰色预测模型后，需要通过检验来判定预测模型是否满足要求。检验方法一般包括残差检验、关联度检验和后验差检验。

（7）灰色决策模型是指包含灰数的决策模型或结合有灰色模型的决策模型，包括灰色局势决策与灰色层次决策，进行实际决策时，要根据具体情况来选择灰色决策模型。

思考与练习

1. 为什么许多安全系统为灰色系统？
2. 什么是灰色预测？灰色预测有哪些类型？
3. 如何建立灰色预测模型？先处理数据的目的是什么？为什么要检验预测模型？
4. 灰色关联分析的作用是什么？
5. 什么是灰色决策模型？与一般的决策有什么区别？
6. 设参考数列为

$$x_0=\{8.71,9.56,10.31,13.54,16.2\}$$

比较序列1与比较序列2分别为

$$x_1=\{11,18,25,23,27\}$$

$$x_2=\{17.21,19.36,23.76,28.92,32.54\}$$

试对其进行灰色关联分析。

7. 表 9-7 是 2012 年上半年重大交通事故统计表，试建立 GM(1,1) 模型。

表 9-7　2012 年上半年重大交通事故统计表

月份	1	2	3	4	5	6
交通事故（起）	69	49	44	53	49	57

注：表中数据来源于《安全与环境学报》。

8. 某矿务局统计了 10 个时期内因顶板事故导致死亡的人数（表 9-8），试建立 GM(1,1) 模型，对第 11 个时期、第 12 个时期因顶板事故导致死亡的人数进行灰色预测。建立模型后进行检验，若不符合要求，试修正预测模型，并重新进行预测。

表 9-8　顶板事故中死亡人数统计表

时期	1	2	3	4	5	6	7	8	9	10
死亡人数（人）	30	24	18	4	12	8	22	10	13	5

第 10 章 安全统计决策

本章学习目标

学会根据所提供的安全信息，在预测安全现象或安全系统发展趋势的基础上，采用决策方法抉择出更利于安全系统运行的方案。要求掌握的安全统计决策方法有风险型决策方法、多目标决策法等。

本章学习方法

决策是一种判断和决断，开展决策工作需要有较强的归纳能力。安全统计决策是对已有方案进行优选，从中抉择出更满意的方案。在理解决策与安全统计决策之间的区别及做决策时遵循三项原则的目的和意义的基础上，掌握统计决策的方法。

10.1 安全统计决策概述

安全统计预测是根据已经发生或正在发生的安全现象的潜在规律来估计安全现象未来的发展趋势，安全统计预测属于统计预测方法的研究范畴，即通过科学的统计方法对安全现象或安全活动的发展趋势做定量推测。采用不同的预测方法，可以获得不同的预测结果，但哪种预测结果最符合实际的安全状况，就需要通过统计决策方法来判断。除了选择适当的预测方法，在统计人员做重要决定时，还需要依靠自身的经验，也需要用到相关的安全统计决策方法。

10.1.1 安全统计决策的基本概念

统计决策是为了实现特定的目标，根据客观事物的可能性，基于一定信息和经验的基础上，借助相关工具、技巧和方法，在对影响目标实现的各种因素进行准确计算和判断选优后，对未来的行动做出更合适的抉择。

安全决策是指在对安全系统已经发生或正在发生的安全现象进行分析的基础上，运用安全统计预测的方法，对安全系统中安全现象未来发生变化规律做出合理判断，进而判断最适合安全系统发展的抉择。

安全统计决策是在安全统计数据的基础上，通过统计方法来分析安全统计数据中的潜在规律，以预测安全现象的未来发展趋势，采用相应的统计决策方法抉择出更利于提高系统安全性的行动。

安全统计决策可称为一项系统工程，组成安全统计决策系统的基本因素有四个：决策主体、决策目标、决策对象和决策环境。

1. 决策主体

决策主体是对所研究的安全系统或安全现象有权利、有能力做出最终判断与选择的个人或集体，因此也称为决策者。决策主体的主要责任是提出问题，规定安全总任务或总需求，确定决策规划，提供倾向性意见，抉择最终方案并组织实施。决策主体能够进行安全决策的客观条件是必须具有判断能力、选择能力和决断能力，能承担由安全决策后果所带来的法定责任。

2. 决策目标

安全决策是围绕制定的安全目标展开的，安全决策的开端是确定安全目标，终端是实现安全目标。决策目标既体现了决策主体的主观意志与愿望，又反映了安全系统的客观状况，没有决策目标就没有安全决策。

3. 决策对象

决策对象是安全决策的客体，所涉及的领域十分广泛，可以涵盖安全系统科学的各个方面。所有的决策对象具有一个共同点，即人可以对决策对象有影响的能力，凡是人的活动不能施加影响的事物，不能作为决策对象，如自然灾害就不能成为决策对象。

4. 决策环境

决策环境是指相对于主体、构成主体存在条件的物质实体或社会文化要素，属于决策的客观态势（情况）。决策不是在一个孤立的、封闭的安全系统中进行的，而是需要依存在一定的环境，同环境进行信息交换。为阐明决策态势，必须尽量清楚地识别决策问题的组成、结果和边界，以及所处的环境条件。

10.1.2 安全统计决策的种类

统计决策要解决的问题种类很多，思维方式、决策过程、运用方法也各不相同，因此可从不同的角度对安全统计决策进行分类。

1）按照决策问题的具体情况，安全统计决策可分为确定型决策和不确定型决策。确定型决策是在一种已知的、完全确定的状态下，选择满足安全目标要求的最优方案。确定型决策一般具备四个条件：首先是具备决策者希望达到的一个明确目标，其次是指存在一个确定的自然状态，再次是存在可供决策者选择的两个或两个以上的抉择方案，最后是能够计算出不同决策方案在确定的状态下的益损值。

不确定型决策是指在不确定、不稳定条件下进行的决策。通常情况下，只要可供选择的方案大于一个，决策结果就存在不确定性。不确定型决策可分为两类：一类是风险型决策，是指当决策问题在自然状态的概率能够确定时，能在概率基础上做决策，但需要冒一定的风险；另一类是完全不确定型决策，是指决策问题在自然状态的概率不能确定时，在没有得到任何与决策问题在自然状态有关信息的前提下做出的决策。

2）按决策目标的数量，安全统计决策可分为单目标决策和多目标决策。单目标决策是指只达到一个安全目标的决策。例如，安全投资决策，投资目标只有一个，即追求投资收益的极大化。

多目标决策是指要达到两个或两个以上目标的决策。在实际决策中，很多决策问题都是多目标决策问题，一般都比较复杂，如企业在做出提高安全生产能力决策时，希望达到降低企业生产事故率、增加企业经济效益、提高企业的社会效益等安全目标。

3）按照决策所涉及的范围，安全统计决策可分为总体决策和局部决策。总体决策是涉及安全系统内各个重要部分的决策。例如，企业的年度安全投资决策，不仅决定了企业的安全目标，也决定了企业的经营目标，属于企业全局性的决策。

局部决策是指仅涉及系统内一些子系统的决策，如企业安全设备的技术改造决策、职工的职业卫生保障决策等。一般而言，局部决策是总体决策的组成部分，是一定时期内实现总体决策的重要手段。

4）按照决策过程中运用的决策方法，安全统计决策分为定性决策和定量决策。安全系统中的安全现象往往是定性与定量的结合，如既可用严重等级来描述事故现象，又可用具体的损失情况来描述事故状况。因此，决策问题也要根据实际情况分为定性决策问题和定量决策问题。

定性决策的重点是对决策问题中“质”的把握。对决策变量、状态变量及目标函数无法用数值来表达的决策，只能做抽象的概括、定性的描述，以此做出定性的决策。

定量决策的重点是对决策问题中“量”的表达。这类决策问题中的决策变量、状态变量和目标函数都可以用定量的方式（如数学模型）来表达。在决策过程中，运用数学模型可辅助决策主体寻求满意的决策方案。

然而，定性与定量的划分往往是相对的：在实际的决策分析中，定量分析之前往往需要进行定性分析，在对待一些定性分析问题时，也尽可能地使用各种方法将定性的表达转化为定量的数值，来进行定量分析。结合使用定性与定量分析，能够提高决策的科学性。

5）按照决策的整体构成，安全统计决策可分为单阶段决策和多阶段决策。单阶段决策是对安全系统发展过程中某时期的决策问题的决策。如果整个安全系统的决策问题只由一个阶段构成，那么单个阶段的最优决策也将是整个决策问题的最优决策。

多阶段决策也称为动态决策，是对安全系统发展过程中多个阶段内的不同决策问题的决策，具有如下特点：第一，决策问题由多个、不同的前后阶段的决策问题构成；第二，上一个阶段的决策结果会直接影响下一个阶段的决策，是下一个阶段决策的出发点；第三，需要分别做出各个阶段的决策，但各阶段决策结果的最优之和并不能构成整体决策结果的最优。因此，多阶段决策必须追求整体决策结果的最优。

6）按照决策问题的性质，安全统计决策可分为程序化决策和非程序化决策。程序化决策也称为结构化决策，是针对安全系统中反复出现并且具有某种规律的问题做出的决策。解决这类问题通常是按照规律确定决策程序，建立相应的决策规则，当同类问题再次出现时，便可重复应用已制定的决策规则来妥善处理。

非程序化决策也称为非结构化决策，是指针对偶然出现的特殊问题或首次出现的情况而做出的决策；解决这类问题一般没有固定的规则，需要创造性思维。

10.1.3 安全统计决策的原则

为了做出正确的决策，还应遵守安全统计决策的三原则：

（1）可行性原则

决策是为了实现某个安全目标而采取的行动，因此决策只是一种手段，实施决策方案并取得预期的效果才是真正的目的。决策的首要原则就是供决策者选择的每个方案在技术上、资源上、实际操作中都必须是可行的。例如，企业在做出安全管理决策时，提供的决策方案都要考虑企业在主观、客观、技术和经济等方面是否具备可实施的条件，如果某个方面尚不具备实施的条件，就要考虑是否能创造出条件，只有具备条件，所提供的决策才是有意义的、能实行的。

（2）经济性原则

分析和比较多个可实施的决策方案，所选定的决策方案应具有较合理的经济性；或者是实施该决策方案时，能够比采取其他决策方案更能获得较好的经济效益；或者是实施的决策方案能避免遭受更大的亏损风险。经济性原则也是最优化原则。

（3）合理性原则

在决策过程中，当决策变量较多、约束条件变化较大、因素难以定量化时，决策方案的确定不是一定要去寻求安全性“最优”的方案，而是要兼顾定量与定性的要求，考虑到最符合安全系统发展的需求，需要寻求“最满意”的方案。换句话说，就是在某些情况下，应该以“最令人满意”的决策方案来代替经济上“最优”的决策方案。

10.2 风险型决策方法及应用

风险型决策是根据预测安全系统中各种安全现象可能发生的先验概率，采用期望效果最好的方案作为最后的决策方案，这类决策通常具有一定的风险。先验概率是根据过去经验或主观判断而形成的对各种自然状态的风险程度的测算值，简而言之，原始概率就称为先验概率。

经常用到的统计决策方法有：以期望为标准的决策方法、以等概率（合理性）为标准的决策方法和以最大可能性为标准的决策方法等。在风险型决策过程中，可以选择不同的标准作为依据来进行决策。在安全统计决策中，常用到的风险型决策方法有决策树、马尔科夫决策法。

10.2.1 决策树及其应用实例

决策树是风险型决策的基本方法之一，是对决策局面的一种图解，能够使决策问题形象化。决策树与事故树分析一样，也是一种演绎性方法。决策树是把各种备选方案可能出现的自然状态及各种损益值都简明地绘制在一张图表上，便于管理人员审度决策局面。决策树的过程分析对于缺乏数学知识从而不能胜任运算的管理人员来说，显得更加方便、清晰。

用决策树做风险分析，就是按一定的方法绘制决策树，然后用反推决策树的方式进行分析，最后选定最令人满意的方案。

1. 决策树内涵

应用决策树进行决策可分为四步：第一步是根据决策问题绘制决策树，第二步是计算概率分支的概率值和相应的结果节点的收益值，第三步是计算各概率点的收益期望值，第四步是根据决策结论确定最优方案。

决策树的结构如图 10-1 所示，它又称为决策树形。

图 10-1 中符号说明如下：

方框□——决策点，从它引出的分支称为方案分支，分支数为提出的方案数。

圆圈○——方案节点（也称为自然状态点）。从它引出的分支称为概率分支，每条分支上面应注明自然状态（客观条件）及其概率值，分支数为可能出现的自然状态数。

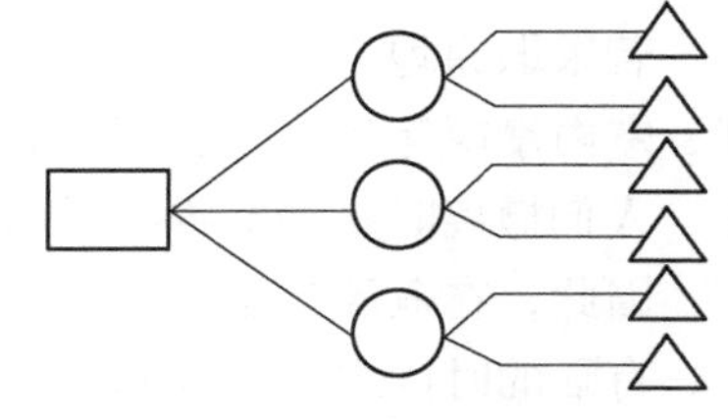

图 10-1　决策树的结构

三角形△——结果节点（也称为末梢），它旁边的数值是每种方案在相应状态下的收益值。

根据决策树计算出各个决策的效益值与概率后，按照期望值公式计算期望值，期望值的表达式如下：

$$E(V) = \sum_{i=1}^{n} p_i V_i \tag{10-1}$$

式中　V_i——事件 i 的条件值；

p_i——特定事件 i 发生的概率；

n——事件总数。

根据期望值和实际情况来选择更优的决策方案：如果希望收益高，则选择期望值大的决策；如果希望损失小，则选择期望值小的决策。

决策树分析法的优点如下：

1）决策树能够显示决策过程，不但可以通观决策过程的全局，而且能在此基础上系统地对决策过程进行合理分析，以做出正确的决策。

2）决策树分析能把风险决策的各个环节联系成为一个统一的整体，有利于决策主体在决策过程中思考，能够看出未来发展的几个步骤，易于比较各种方案的优劣。

3）决策树既可进行定性分析，也可进行定量分析。

2. 危险化学品泄漏的防护行动

危险化学品是指具有毒害、腐蚀、爆炸、燃烧、助燃等性质，对人体、设施、环境具有危害的剧毒化学品和其他化学品。

当发生危险化学品泄漏事件时，假设决策者可以做出的应急防护行动决策结果为两大类：撤离或原地避难。一般而言，做出撤离或原地避难的决策需要围绕两个问题展开：①原地避难是否具有足够的防护能力？②是否具有足够的撤离时间？

如果只有其中一个问题的答案是肯定的，则可确定应该采取的应急决策；如果两个问题的答案都是肯定的，说明两种决策都是可行的，这就是需要同时考虑社会影响或者成本等因素；如果两个问题的答案都为否定的，则必须采取其他的决策，考虑要采取特殊措施。

制定应急防护行动决策，重点考虑的是应急的紧迫性、应急结果的可接受水平和应急决策质量，这三方面性质是应急处理和应急决策制定的基础。但是如何做出科学的、有效的决策，会受到很多方面因素的影响，如泄漏物及其特性、影响区、气象条件等。由于泄漏物的特殊性，给处理有毒有害气体泄漏事件的应急决策带来了很大的不确定性。

若采取原地避难的措施，则需要推测危险化学品的烟雾浓度、避难场所附近的影响浓度、室内暴露等级等；若采取撤离的措施，则需要清楚地推测出风险区内有毒有害气体的浓度、人们撤离时在烟雾中的暴露水平，以及烟雾到达时未能撤离的人数等。

因此，在危险化学品泄漏应急处理时的决策中，需要在高度不确定的事故现场信息基础上、有限的时间内、资源和人力等约束条件下做出应急决策，这就要求决策者必须依靠对当前情况的准确判断能力及对未来发展趋势的准确把握，在短时间内进行全局性地分析和评价，通过非常规的、非程序化的方式做出快速决断。

3. 危险化学品泄漏的防护行动决策树分析

假如某化工厂发生危险化学品泄漏事件，决策者需要在泄漏事件发生时、发展过程中，根据事态的发展变化做出是撤离还是原地避难的实时决策。

例如：

假设决策者在t_1时刻接到化工厂有毒物质泄漏事故危险的警报，一段时间后，发生泄漏事故的可能性持续增加。基于上述信息，决策者做出如下判断：发生有毒物质泄漏事故时引发其他意外事故（如人员中毒、环境污染等）的概率为$p(\delta_1)$，不会引发其他意外事故概率为$1-p(\delta_2)$。在t_2时刻时，决策者能够接收到事故现场的确切消息。两个时间段内，决策者可做出一系列决策：

在接到警报t_1时刻到收到确切消息为时间段 1，可做出决策$D1=\{D_{1i}\}$。其中，D_{1i}中的i表示所做出的决策：$i=1$表示原地避难，$i=2$表示需要紧急撤离厂区。

当收到确切消息后到控制事故为时间段 2，所做的决策$D_2(D_{1i})$是在决策$D1$的基础上，有两种情况：一是$D_2(D_{11})=\{D_{21},D_{22}\}$，表示时间段 2 内最初做出的决策是原地避难，后来改为紧急撤离；二是$D_2(D_{12})=\{D_{22}\}$，表示如果在时间段 1 做出的是撤离的决策，时间段 2 就不能修改，因为一旦设备停产、群众转移，那么所受的影响和损失是不可逆的，而当做出紧急撤离的决策后，就不再考虑别的行动。其中，做出原地避难和撤离的概率是相等的，均为 0.5。

假定决策者是风险中立者，只考虑最小损失，并假设损失只由三部分组成：工厂停产造成的损失、环境破坏造成的损失和周围群众的伤害。工厂停产造成的损失随着时间的增加而增加；假定有毒物质的泄漏对环境的污染是一次性完成的；预期人员伤害的损失取决于撤离决策制定的时间，事故发生后，做出撤离决策的时间越晚，对人员的伤害损失越大。

运用决策树对此危险化学品泄漏事件进行决策分析：

1）假定这次事故所造成的损失由三个部分组成，不同的决策结果将会造成不同程度的损失。在画出决策树之前先分析不同的决策结果造成的损失情况（表 10-1）。

表 10-1 决策结果造成的损失情况

决策	发生意外事故（δ_1，p）			不发生意外事故（δ_2，$1-p$）		
	停产损失	环境破坏损失	人员伤害	停产损失	环境破坏损失	人员伤害
$\{D_{11}，D_{21}\}$（原地避难，原地避难）	E_d	E_e	$E_h+E'_h$	E_d	0	0
$\{D_{11}，D_{22}\}$（原地避难，撤离）	E_d	E_e	E_h	E_d	0	0
$\{D_{12}，D_{22}\}$（撤离，撤离）	E_d	E_e	0	E_d	0	0

表 10-1 中，发生意外事故的概率 $p=0.8$；$E_d=100$ 万元，表示事故发生后的停产损失；$E_e=80$ 万元，表示事故对环境所造成的破坏损失；$E_h=90$ 万元，表示事故发生后立即撤离对人员造成的伤害损失，$E'_h=50$ 万元，表示在事故发生后由于撤离时间较晚对人员造成的附加伤害损失。

2）根据事故经过描述与上述分析，画出危险化学品泄漏防护行动的决策树，如图 10-2 所示。

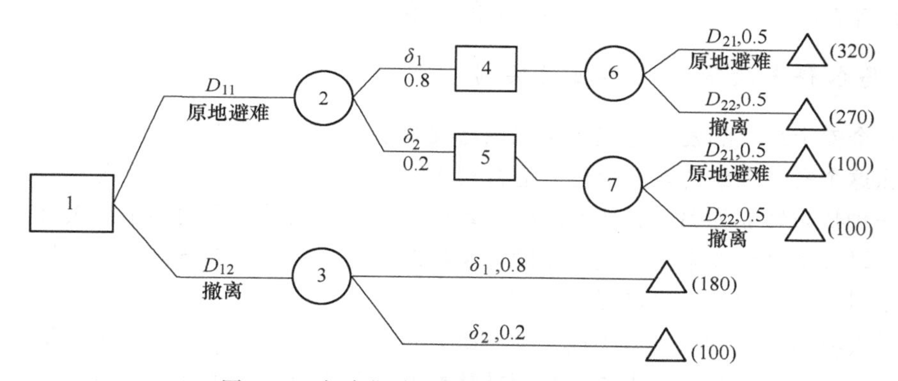

图 10-2 危险化学品泄漏防护行动的决策树

3）计算各节点的损失值。时间段 1 内就做出原地避难的决策，当发生意外事故时，采取原地避难的损失值：

$$E_d+E_e+(E_h+E'_h)=[100+80+(90+50)]万元=320 万元$$

时间段 1 内就做出原地避难的决策，当发生意外事故时，采取立即撤离的损失值：

$$E_d+E_e+E_h=(100+80+90)万元=270 万元$$

时间段 1 内就做出原地避难的决策，当没发生意外事故时，采取原地避难的损失值：

$$E_d=100 万元$$

时间段 1 内就做出原地避难的决策，当没发生意外事故时，采取立即撤离的损失值：

$$E_d=100 万元$$

时间段 1 内就做出立即撤离的决策，当发生意外事故时的损失值：

$$E_d+E_e=(100+80)万元=180 万元$$

时间段 1 内就做出立即撤离的决策，当没有发生意外事故时的损失值：

$$E_d=100 万元$$

4）根据期望值公式计算期望值。时间段 1 内就做出原地避难的决策，发生意外事故的损失期望值：

$$E(V_6)=(320\times0.5+270\times0.5)\text{万元}=295\text{ 万元}$$

时间段 1 内就做出原地避难的决策，没发生意外事故的损失期望值：

$$E(V_7)=(100\times0.5+100\times0.5)\text{万元}=100\text{ 万元}$$

时间段 1 内就做出原地避难的决策的损失期望值：

$$E(V_2)=0.8\times E(V_6)+0.2\times E(V_7)=(0.8\times295+0.2\times100)\text{万元}=256\text{ 万元}$$

时间段 1 内就做出立即撤离的决策的损失期望值：

$$E(V_3)=(0.8\times180+0.2\times100)\text{万元}=164\text{ 万元}$$

5）根据期望值决策准则，若决策目标是收益最大，则选择收益期望值最大的行动方案，若决策目标是使损失最小，则选择期望值最小的方案。

只要有危险化学品发生泄漏现象，轻者停工停产，重者危害职工的身体健康、损害周围环境，虽然原地避难的损失期望值最小，但是也要排除原地避难的决策。根据所取得的损失期望值，可知当发生危险化学品泄漏事故时，应立即停止生产，选择撤离作为应急防护决策行动，即选择在时间段 1 内就做出立即撤离的决策。

10.2.2 马尔科夫决策法及其应用实例

如果一个安全系统的发展过程及状态只与安全系统当时的状态有关，而与之前的状态无关时，那么这个安全系统的发展变化就适合马尔科夫链。若系统的安全状况具有马尔科夫性质，且由一种状态转变为另一种状态的概率是可知的，那么可以采用马尔科夫链的方法来计算和分析，以预测系统在未来特定时刻的安全状态。由于马尔科夫链具有预测的性质，在这样的基础上可以为确定某种决策提供依据。

马尔科夫决策是一种风险型决策，主要研究对象是一个正在运行的安全系统状态和状态的转移，而马尔科夫决策的基本方法是用转移概率矩阵来进行预测和做出决策。

1. 转移概率矩阵及其决策特点

马尔科夫链是表征一个安全系统在变化过程中的特性状态，可以用一组随时间进程变化的变量来描述。如果安全系统在任何时刻上的状态是随机性的，可以将安全系统的变化过程看作一个随机过程，当从时刻 t 变到时刻 $t+1$，状态变量从某个数值变到另一个数值，安全系统就实现了状态转移。安全系统从某种状态转移到各种状态的可能性大小可用转移概率来描述。

若安全系统的初始状态可用如下的状态向量来表示：

$$\boldsymbol{S}^{(0)}=(S_1^{(0)},S_2^{(0)},S_3^{(0)},\cdots,S_n^{(0)}) \tag{10-2}$$

设 P_{ij}表示概率值，$\boldsymbol{P}^{(k)}$表示第 k 步转移的概率矩阵，则状态转移概率矩阵为

$$\boldsymbol{P}^{(k)}=\begin{pmatrix} p_{11}^{(k)} & p_{12}^{(k)} & \cdots & p_{1n}^{(k)} \\ p_{21}^{(k)} & p_{22}^{(k)} & \cdots & p_{2m}^{(k)} \\ \vdots & \vdots & & \vdots \\ p_{n1}^{(k)} & p_{n2}^{(k)} & \cdots & p_{nn}^{(k)} \end{pmatrix} \tag{10-3}$$

状态转移概率矩阵是一个 n 阶方阵，满足概率矩阵的一般性质，即 $0\leqslant p_{ij}\leqslant1$，且

$\sum_{j=1}^{n} p_{ij} = 1$；一般情况下，$P^{(1)} = P^{(2)} = \cdots = P^{(k)}$。也就是说，状态转移矩阵的所有行变量都是概率向量。

一次转移向量 $S^{(1)}$ 为

$$S^{(1)} = S^{(0)} P^{(1)}$$

二次转移向量 $S^{(2)}$ 为

$$S^{(2)} = S^{(1)} P^{(2)} = S^{(0)} P^{(1)} P^{(2)} = S^{(0)} P^{2}$$

同理，有：

$$S^{(k)} = S^{(0)} P^{(k)} \tag{10-4}$$

采用马尔科夫法进行决策时，具有以下特点：

1）转移概率矩阵中的元素是根据安全系统中的变化状态来确定的。

2）下一步的概率只与上一步的预测结果有关，不取决于更早时期的概率，如第二步的概率只与第一步预测值有关，第三步预测值只与第二步预测值有关，而与第一期预测值无关。

3）采用转移概率矩阵进行决策，最后的结果只取决于转移矩阵的组成，不取决于原始条件，即最初占有率。

2. 职业卫生的马尔科夫决策分析

某单位对 1250 名接触硅尘人员进行健康检查时，得到接尘职工的健康状况，见表 10-2。

表 10-2 接尘职工的健康状况

健康状况	健康	疑似硅肺	硅肺
代表符号	$S_1^{(0)}$	$S_2^{(0)}$	$S_3^{(0)}$
人数（人）	1000	200	50

根据企业多年来统计资料，1 年后接尘人员的健康变化规律如下：

1）健康人员继续保持健康的为 70%，20%的人变为疑似硅肺患者，10%的人被确诊为硅肺患者，则：

$$p_{11} = 0.7, p_{12} = 0.2, p_{13} = 0.1$$

2）原来的疑似硅肺患者一般不可能恢复为健康者，仍保持原状者为 80%，20%的人被确诊为患有硅肺，则：

$$p_{21} = 0, p_{22} = 0.8, p_{23} = 0.2$$

3）确诊为硅肺的患者一般不可能恢复为健康或疑似硅肺状态，则：

$$p_{31} = 0, p_{32} = 0, p_{33} = 1$$

采用马尔科夫法进行决策，步骤如下：

（1）建立转移概率矩阵

$$P = \begin{pmatrix} p_{11} & p_{12} & p_{13} \\ p_{21} & p_{22} & p_{23} \\ p_{31} & p_{32} & p_{33} \end{pmatrix} = \begin{pmatrix} 0.7 & 0.2 & 0.1 \\ 0 & 0.8 & 0.2 \\ 0 & 0 & 1 \end{pmatrix}$$

(2) 采用转移概率矩阵预测1年后接尘人员的健康状况

$$\boldsymbol{S}^{(1)}=\boldsymbol{S}^{(0)}\boldsymbol{P}=(S_1^{(0)},S_2^{(0)},S_3^{(0)})\begin{pmatrix}p_{11} & p_{12} & p_{13}\\ p_{21} & p_{22} & p_{23}\\ p_{31} & p_{32} & p_{33}\end{pmatrix}$$

1) 1年后健康者人数 $S_1^{(1)}$:

$$S_1^{(1)}=(S_1^{(0)},S_2^{(0)},S_3^{(0)})\begin{pmatrix}p_{11}\\ p_{21}\\ p_{31}\end{pmatrix}=(1000,200,50)\begin{pmatrix}0.7\\ 0\\ 0\end{pmatrix}=700\text{ 人}$$

2) 1年后疑似硅肺人数 $S_2^{(1)}$:

$$S_2^{(1)}=(S_1^{(0)},S_2^{(0)},S_3^{(0)})\begin{pmatrix}p_{12}\\ p_{22}\\ p_{32}\end{pmatrix}=(1000,200,50)\begin{pmatrix}0.2\\ 0.8\\ 0\end{pmatrix}=360\text{ 人}$$

3) 1年后确诊为硅肺患者的人数 $S_3^{(1)}$:

$$S_3^{(1)}=(S_1^{(0)},S_2^{(0)},S_3^{(0)})\begin{pmatrix}p_{13}\\ p_{23}\\ p_{33}\end{pmatrix}=(1000,200,50)\begin{pmatrix}0.1\\ 0.2\\ 1\end{pmatrix}=190\text{ 人}$$

(3) 应用转移概率矩阵进行决策

职工的健康状况不仅取决于职工原始的健康情况，还取决于转移概率矩阵。企业为了保障职工的身体健康，需要采取相应措施，对策是加强对职工的卫生防护，如增加防尘设备，消除生产过程中的尘、雾来源，使生产过程密闭化、机械化、连续化，隔离操作及自动控制等。

若该单位决定拿出一部分资金用来改善企业的生产条件，提高职工的健康状况。在资金相同的条件下设计了两个方案：

方案一：改善健康职工的生产条件，1年后健康职工仍保持健康状态的比例提高到80%，变为疑似硅肺的人员降低到15%，被确诊为硅肺也降低到5%，因此转移概率矩阵变为

$$\begin{pmatrix}0.8 & 0.15 & 0.05\\ 0 & 0.8 & 0.2\\ 0 & 0 & 1\end{pmatrix}$$

1年后职工的卫生状况为

$$S_1^{(1)}=800\text{ 人},S_2^{(1)}=310\text{ 人},S_3^{(1)}=140\text{ 人}$$

方案二：关注疑似硅肺患者的健康状况，由于原来的疑似硅肺人员一般不可能恢复为健康者，通过治疗与改善疑似硅肺患者的工作环境，1a后保持原状者提高到95%，只有5%的人被确诊为患有硅肺，因此转移概率矩阵变为

$$\begin{pmatrix}0.7 & 0.2 & 0.1\\ 0 & 0.95 & 0.05\\ 0 & 0 & 1\end{pmatrix}$$

1 年后职工的卫生状况为

$$S_1^{(1)} = 700\text{ 人}, S_2^{(1)} = 390\text{ 人}, S_3^{(1)} = 160\text{ 人}$$

比较方案一与方案二，可知方案一的健康职工人数比方案二的多，方案一的疑似硅肺患者与确诊为硅肺患者人数相对较少，因此采取方案一的效果更好。

10.3 多目标决策法及应用

在安全统计决策中，安全目标通常不止一个。当企业在做安全目标决策时，不仅要追求安全经济目标，如安全效益、安全生产等，还要承担一些非安全经济目标，如保护生态环境、保障职工健康等一些社会责任。类似这样具有多个目标的安全决策属于多目标决策。

10.3.1 多目标决策概述

多目标决策是指对多个目标进行科学、合理的选优，然后找出最满意决策的理论和方法。相对于单目标决策而言，多目标决策通常具有以下两个较明显的特点：

1） 目标之间的不可公度性。众多的安全目标之间没有统一标准，如提高企业的经济效益与加强企业的安全文化建设，经济效益可用价值量的指标来表示，而安全文化建设成果则不能用价值量来衡量，因此不同的安全目标之间难以直接进行比较。

2） 目标之间的矛盾性。有些目标的实现往往会影响其他目标的实现，如经济开发往往会导致环境遭到破坏，这就形成了提高经济效益与环境保护这两个目标之间的矛盾。

常用的多目标决策的目标体系可以分为以下三类：

第一类为单层目标体系，即各目标同属于总目标之下，目标与目标之间的关系是并列的。

第二类为树形多层目标体系，即目标分为多层，每个下层目标都隶属于一个而且只隶属于一个上层目标，下层目标是对上层目标更具体的说明。

第三类为非树形多层目标体系，即目标分为多层，每个下层目标可能同时隶属于某几个上层目标。

多目标决策问题一般属于复杂大系统的决策问题，解决复杂大系统决策问题是目前统计决策方法研究领域内正在探索的、较前沿的领域。目前而言，较为成熟的多目标决策方法有多属性效用理论、字典序数法、多目标规划、层次分析法、优劣系数法和模糊决策法等。

多属性效用理论是反映决策者对备选方案属性偏好程度的一种多目标决策理论。它利用决策者的偏好信息，构造一个多属性效用函数，以更加准确地反映决策者对决策后果的偏好，并通过多属性效用问题转变为单值问题，使求解过程更加简单。

字典序数法的基本概念比较简单，决策者首先对目标按重要性划分等级，用最重要的目标对各方案进行筛选，保留满足此目标的方案，然后用重要目标对留下的方案进行再次筛选，如此反复进行，直到剩下最后一个方案，则确定这个方案为该决策问题的决策方案。

多目标规划是规划论的一个分支，是在给定的约束条件下，使目标值与实际能取得的值之间的偏差最小。多目标规划中通常没有决策变量，只有目标的正负偏差变量。多目标规划的真正价值体现在按照决策者的目标优先次序，求解存在矛盾的多目标决策问题。

10.3.2 层次分析法及其应用实例

层次分析法（AHP）是一种将定性分析与定量分析结合起来的多目标决策分析方法。层次分析法的主要思想是将复杂的安全系统、安全现象（或安全问题）分解为若干层次和若干因素，对两两指标之间的重要程度进行比较，建立判断矩阵，通过计算判断矩阵的最大特征值及矩阵的特征向量，可得到不同方案重要性程度的权重，为选择最佳决策方案提供依据。

层次分析法大致分为以下五个步骤：

第一步，建立层次结构模型。首先要对所解决的安全问题有明确的认识，弄清楚涉及的因素，以及因素与因素之间的相互关系；其次是将决策问题层次化，由上至下分别是目标层、中间层和方案层（措施层）。

第二步，构造判断矩阵。将各层元素进行两两比较，构造出判断矩阵，这一步是由定性向定量过渡的重要环节。

第三步，层次单排序及一致性检验。计算各层的层次单排序，求解判断矩阵的特征向量，并对其进行一致性检验，检查决策者在构造判断矩阵时判断思维是否具有一致性。

第四步，层次总排序。层次单排序通过一致性检验后，对层次单排序进行归一化处理，将得到的特征向量作为某一层次对上一层次某因素相对重要的排序加权值，然后从高层次到低层次逐层计算排序加权值，得出层次总排序。

第五步，层次总排序的一致性检验。若通过检验，则结果可用于决策，否则，就需要重新调整判断矩阵。

1. 判断矩阵及一致性检验

（1）判断矩阵

判断矩阵是层次分析法的核心，是通过两两比较得出的。设 w_i 表示第 i 个方案对于某个最底层目标的优越性或某层第 i 个目标对于上一层某个目标的重要性权重，以每两个方案（或子目标）的相对重要性为元素的矩阵称为判断矩阵：

$$\boldsymbol{A}=\begin{pmatrix} \dfrac{w_1}{w_1} & \dfrac{w_1}{w_2} & \cdots & \dfrac{w_1}{w_n} \\ \dfrac{w_2}{w_1} & \dfrac{w_2}{w_2} & \cdots & \dfrac{w_2}{w_n} \\ \vdots & \vdots & & \vdots \\ \dfrac{w_n}{w_1} & \dfrac{w_n}{w_2} & \cdots & \dfrac{w_n}{w_n} \end{pmatrix} \tag{10-5}$$

设 $a_{ij}=\dfrac{w_i}{w_j}$，判断矩阵的元素 a_{ij} 具有两点性质：① $a_{ii}=1$；② $a_{ij}=\dfrac{1}{a_{ji}}$。

确定判断矩阵中的元素 a_{ij}，可采用表 10-3 的标准。

表 10-3　判断矩阵中元素数值的确定

a_{ij}	两目标相比
1	a_i与 a_j同样重要
3	a_i比 a_j稍微重要
5	a_i比 a_j明显重要
7	a_i比 a_j重要得多
9	a_i比 a_j绝对重要
2，4，6，8	介于以上相邻两种情况之间
1，1/2，…，1/9	a_i与 a_j之比与上述说明相反

（2）权重的确定方法

由判断矩阵 $\boldsymbol{A}$ 确定权重 w_i的方法有很多，在这里只介绍特征向量法中的和积法。

对于 n 阶矩阵 $\boldsymbol{A}$，由矩阵理论有：

$$\boldsymbol{AW}=\eta\boldsymbol{W} \tag{10-6}$$

式中　η——判断矩阵 $\boldsymbol{A}$ 的特征根；

$\boldsymbol{W}$——向量，且 $\boldsymbol{W}=\{w_1, w_2, \cdots, w_n\}^{\mathrm{T}}$，为特征根所对应的特征向量。

对于满足判断矩阵元素性质的判断矩阵，称为完全一致性判断矩阵，此时，判断矩阵的最大特征根 $\lambda_{\max}=n$，其余特征根为 0。具体步骤如下：

设判断矩阵

$$\boldsymbol{A}=\begin{pmatrix} a_{11} & a_{12} & \cdots & a_{1n} \\ a_{21} & a_{22} & \cdots & a_{2n} \\ \vdots & \vdots & & \vdots \\ a_{n1} & a_{n2} & \cdots & a_{nn} \end{pmatrix} \tag{10-7}$$

1）将判断矩阵每列归一化：

$$\bar{a}_{ij}=\frac{a_{ij}}{\sum_{k=1}^{n} a_{kj}} \quad (i=1,2,\cdots,n; j=1,2,\cdots,n) \tag{10-8}$$

2）将每列归一化后的矩阵按行相加：

$$M_i=\sum_{j=1}^{n} \bar{a}_{ij} \quad (i=1,2,\cdots,n) \tag{10-9}$$

3）将向量 $\boldsymbol{M}=(M_1,M_2,\cdots,M_n)^{\mathrm{T}}$归一化：

$$w_i=\frac{M_i}{\sum_{j=1}^{n} M_j} \quad (i=1,2,\cdots,n) \tag{10-10}$$

此时，所求得 $\boldsymbol{W}=(w_1,w_2,\cdots,w_n)^{\mathrm{T}}$即为相应的特征向量。

4）计算判断矩阵最大特征根：

$$\lambda_{\max}=\sum_{i=1}^{n} \frac{(\boldsymbol{AW})_i}{nw_i} \tag{10-11}$$

式中　$(AW)_i$——向量 AW 的第 i 个元素；

n——矩阵的阶数。

(3) 一致性检验

通过计算一致性指标和检验系数来对矩阵进行一致性检验。

一致性指标：

$$CI=\frac{\lambda_{max}-n}{n-1} \tag{10-12}$$

检验系数：

$$CR=\frac{CI}{RI} \tag{10-13}$$

式中　RI——平均一致性指标，可以根据表 10-4 确定。

表 10-4　RI 系数表

阶数	3	4	5	6	7	8	9
RI	0.58	0.90	1.12	1.24	1.32	1.41	1.45

一般认为当 $CR<0.1$ 时，可认为判断矩阵具有满意的一致性；否则需要重新调整判断矩阵。

(4) 层次加权

设一个决策问题有 m 层目标（不包括总目标），把各方案作为 $m+1$ 层，每相邻两层之间具有完全的层次关系，且设第 i 层目标有 n_i 个，第 $i+1$ 层目标（或方案）有 n_{i+1} 个，用 $W^{(j)}$ 表示这两层之间的权重矩阵，则它有 n_i 行 n_{i+1} 列。

设各方案对总目标的权重分别为 w_1，w_2，…，w_n，$W=\{w_1, w_2, \cdots, w_n\}^T$，$W$ 可按下式计算：

$$W=W^{(0)}W^{(1)}W^{(2)}\cdots W^{(m)} \tag{10-14}$$

将各方案依次关于总目标的权重大小按顺序排成一列，具有最大权重的方案是最优方案。

2. 层次分析法在安全生产领域中的应用

在安全生产科学技术领域中，层次分析法主要应用在煤矿安全研究、危险化学品评价、油库安全评价、城市灾害应急能力研究及交通安全评价等。

(1) 层次分析法在煤矿安全研究中的应用

层次分析法在煤矿安全研究中的应用包括煤矿安全综合评价、煤矿安全生产能力指标体系及与煤矿瓦斯、通风相关的研究。例如，在煤矿安全综合评价中运用层次分析法时，应在煤矿安全评价中的众多指标中建立起相应的指标体系，定量评价指标体系中各种灾害因素的权重，客观地反映煤矿的安全生产状况。

(2) 层次分析法在危险化学品评价中的应用

由于危险化学品本身的特殊性，对危险化学品进行安全评价与分级是十分必要的。运用层次分析法建立危险化学品源安全评价综合模型，可采用危险分数来划定危险级别，取综合危险分数作为综合评价模型的危险分级标准，采用该模型可以对危险化学品源的危险级别做统一判断。

（3）层次分析法在油库安全评价中的应用

由于油库安全的重要性与特殊性，对油库的安全状况进行科学、客观的评价有助于不断提高油库安全水平。对油库安全进行评价时，可采用层次分析法来确定影响油库安全的各个主要因素的权重，提高对敏感因素的检测及警惕易忽略的因素，根据分析结果对油库的安全现状进行改进，提高油库安全的管理水平。

（4）层次分析法在城市灾害应急能力研究中的应用

城市的应急能力是衡量一个城市灾害管理水平高低的重要因素，加强城市的应急能力可以有效地减轻因城市灾害造成的损失和保证城市的可持续发展。城市灾害应急管理是一项具有反馈功能的系统工程，建立灾害应急管理能力的评价指标体系有助于推动城市灾害应急管理能力的建设。采用层次分析法来分析城市灾害应急能力指标体系的权重，能够更直观地判断城市灾害应急能力评价中的哪些指标更重要。

（5）层次分析法在交通安全评价中的应用

道路交通系统是由人、车辆、道路三个子系统所组成的相互协调的系统。运用层次分析法对道路安全性进行评价，能够有效地处理道路安全性评价准则多、不同指标对道路安全性影响程度不同的问题。层次分析法在交通安全领域中的应用主要包括 GIS 事故救援系统、高速公路交通安全评价、对航空安全或铁路机车行车安全的评估等。

层次分析法也可应用于其他的安全生产科学领域中，如企业安全能力系统的构建、高层建筑火灾风险的评价、尾矿库安全评价等，为企业安全、生产安全、公共安全提供了重要保障。

3. 煤矿企业安全生产能力评价实例

我国煤矿开采主要是采用地下开采的方式，由于煤炭储存的地质条件复杂多变，容易受到瓦斯、水、火、粉尘、顶板等自然灾害的威胁，再加上过去大部分煤炭企业生产技术落后、人员素质较低、安全监督与管理存在较多漏洞，曾导致企业煤矿安全生产能力较弱、事故频发。通过对煤矿生产系统进行综合分析，可以知道影响煤矿安全生产能力的因素主要包括三个方面：技术因素、环境因素和管理因素。

技术因素是指企业煤矿生产技术和安全技术水平，主要指标包括开采工艺、安全设备、信息化技术。

环境因素是指煤炭储存的地质条件与煤矿开采的作业条件，主要指标有瓦斯含量、水、粉尘、板顶与岩体的稳定性等。

管理因素是指企业安全管理体系的建设和状态，主要指标包括安全规程、监察力度和安全教育培训等。

（1）建立层次结构模型

根据层次分析法的基本步骤，建立煤矿企业安全生产能力评价递阶层次模型，如图 10-3 所示。

（2）构造判断矩阵并一致性检验

根据层次结构，先构造第一层的判断矩阵。然后采用表 10-3 中的 1～9 标度法进行成对比较，同时参考专家意见，确定各因素之间的相对重要性，赋予相应的分值。

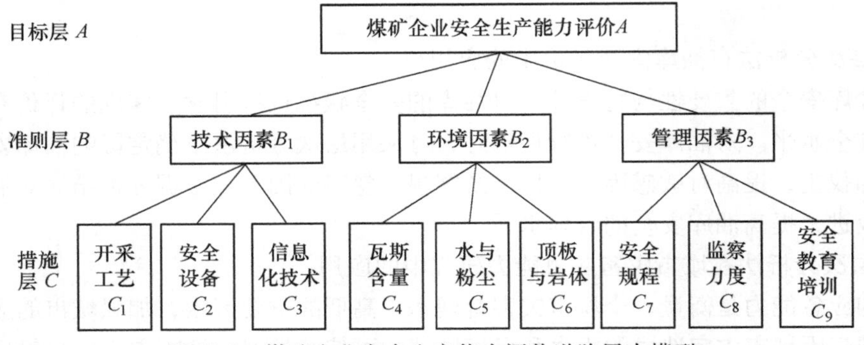

图 10-3　煤矿企业安全生产能力评价递阶层次模型

构造 A-B 之间的判断矩阵。具体如下：

A	B_1	B_2	B_3
B_1	1	3	2
B_2	1/3	1	1/2
B_3	1/2	2	1

1）将判断矩阵每列归一化。

$$\sum_{k=1}^{3} a_{kj} = 1 + \frac{1}{3} + \frac{1}{2} = \frac{11}{6}$$

$$\bar{a}_{11} = \frac{a_{11}}{\sum_{k=1}^{3} a_{kj}} = \frac{1}{\frac{11}{6}} = 0.545$$

同理，可计算出其他值，组成 $\overline{\boldsymbol{A}}$ 矩阵：

$$\overline{\boldsymbol{A}} = \begin{pmatrix} 0.545 & 0.5 & 0.571 \\ 0.182 & 0.167 & 0.143 \\ 0.273 & 0.333 & 0.286 \end{pmatrix}$$

2）将每列归一化后的矩阵按行相加。

$$M_1 = \sum_{j=1}^{3} \bar{a}_{1j} = 0.545 + 0.5 + 0.571 = 1.616$$

同理，$M_2 = 0.492$，$M_3 = 0.892$。

3）将向量 $\boldsymbol{M} = \{M_1, M_2, M_3\}^{\mathrm{T}}$ 归一化处理。

$$w_1 = \frac{M_1}{\sum_{j=1}^{3} M_j} = \frac{1.616}{1.616 + 0.492 + 0.892} = 0.539$$

同理，$w_2 = 0.164$，$w_3 = 0.297$。

因此：

$$\boldsymbol{W}_1 = (0.539, 0.164, 0.297)^{\mathrm{T}}$$

则：

$$\boldsymbol{W}^{(0)} = (0.539, 0.164, 0.297)$$

$$AW^{(0)}=\begin{pmatrix}1 & 3 & 2\\ 1/3 & 1 & 1/2\\ 1/2 & 2 & 1\end{pmatrix}\begin{pmatrix}0.539\\ 0.164\\ 0.297\end{pmatrix}=\begin{pmatrix}1.625\\ 0.492\\ 0.8945\end{pmatrix}$$

4）计算判断矩阵最大特征根。

$$\lambda_{max}=\sum_{i=1}^{3}\frac{(AW^{(0)})_i}{nw_i}=\frac{1.625}{3\times 0.539}+\frac{0.492}{3\times 0.164}+\frac{0.8945}{3\times 0.297}=3.0089$$

5）一致性检验。

一致性指标：

$$CI=\frac{\lambda_{max}-n}{n-1}=\frac{3.0089-3}{3-1}=0.00445$$

检验系数：

$$CR=\frac{CI}{RI}=\frac{0.00445}{0.58}=0.00767<0.1$$

通过一致性检验。

（3）一致性检验

分别对各层构造判断矩阵，用同样的方法求得特征根，并进行一致性检验，省略中间的具体步骤。

1）构造 B_1-C 之间的判断矩阵形式。具体如下：

B_1	C_1	C_2	C_3
C_1	1	2/3	2
C_2	3/2	1	3
C_3	1/2	1/3	1

该矩阵的特征向量如下：

$$W_2=(0.333,0.5,0.167)^T$$

$$\lambda_{max}=\sum_{i=1}^{3}\frac{(AW^{(1)})_i}{nw_i}=3$$

$$CI=\frac{\lambda_{max}-n}{n-1}=\frac{3-3}{3-1}=0$$

$$CR=\frac{CI}{RI}=\frac{0}{0.58}=0<0.1$$

通过一致性检验。

2）构造 B_2-C 之间的判断矩阵形式。具体如下：

B_2	C_4	C_5	C_6
C_4	1	2	3
C_5	1/2	1	2/3
C_6	1/3	3/2	1

该矩阵的特征向量如下：

$$W_3=(0.544, 0.213, 0.243)^{\mathrm{T}}$$

$$\lambda_{max}=\sum_{i=1}^{3}\frac{(AW^{(2)})_i}{nw_i}=3.0741$$

$$\mathrm{CI}=\frac{\lambda_{max}-n}{n-1}=\frac{3.0741-3}{3-1}=0.03705$$

$$\mathrm{CR}=\frac{\mathrm{CI}}{\mathrm{RI}}=\frac{0.03705}{0.58}=0.064<0.1$$

通过一致性检验。

3）构造 B_3-C 之间的判断矩阵形式。具体如下：

B_3	C_7	C_8	C_9
C_7	1	1/4	1/2
C_8	4	1	2
C_9	2	1/2	1

该矩阵的特征向量如下：

$$W_4=(0.143, 0.571, 0.286)^{\mathrm{T}}$$

$$\lambda_{max}=\sum_{i=1}^{3}\frac{(AW^{(2)})_i}{nw_i}=3$$

$$\mathrm{CI}=\frac{\lambda_{max}-n}{n-1}=\frac{3-3}{3-1}=0$$

$$\mathrm{CR}=\frac{\mathrm{CI}}{\mathrm{RI}}=\frac{0}{0.58}=0<0.1$$

通过一致性检验。

（4）层次总排序

将准则层 B 与措施层 C 相对于目标层 A 进行权重排序（表 10-5）。

表 10-5　各层元素对目标层的权重

C 层	B 层及权重			C 层元素总排序权重
	B_1	B_2	B_3	
	0.539	0.164	0.297	
C_1	0.333	—	—	0.179
C_2	0.5	—	—	0.270
C_3	0.167	—	—	0.090
C_4	—	0.544	—	0.089
C_5	—	0.213	—	0.035
C_6	—	0.243	—	0.040

（续）

C 层	B 层及权重			C 层元素总排序权重
	B_1	B_2	B_3	
	0.539	0.164	0.297	
C_7	—	—	0.143	0.042
C_8	—	—	0.571	0.170
C_9	—	—	0.286	0.085

对总排序结果进行一致性检验：

$$CR=\frac{\sum_{j=1}^{3}(CI_jw_j)}{\sum_{j=1}^{3}(RI_jw_j)}=\frac{0\times0.539+0.03705\times0.164+0\times0.297}{0.58\times0.539+0.58\times0.164+0.58\times0.297}=0.01046<0.1$$

通过一致性检验，可认为综合排序的一致性是能够接受的。因此，采用层次分析法评价影响煤矿企业安全生产能力的因素、确定各种因素之间的相对重要性程度是可行的。

（5）结果分析

从上述结果可看出，技术因素（权重 0.539）是影响煤矿企业安全生产能力的首要因素，其次是管理因素（权重 0.297），最后是环境因素（权重 0.164）。

通过所有因素的层次总排序（见表 10-5）可看出，9 个因素对煤矿企业安全生产能力的影响次序排列为：安全设备（C_2,0.270）>开采工艺（C_1,0.179）>监察力度（C_8,0.170）>信息化技术（C_3,0.090）>瓦斯含量（C_4,0.089）>安全教育培训（C_9,0.085）>安全规程（C_7,0.042）>顶板与岩体（C_6,0.040）>水与粉尘（C_5,0.035）。可见安全设备是影响煤矿企业安全的关键因素。说明要提高煤矿企业的安全生产能力和安全水平，最主要的是增加安全设备、提高开采工艺和加强监察力度。

10.3.3　模糊决策法及其应用实例

在现实生活中，很多概念都是模糊的，安全系统中的很多安全信息也是模糊的，用来描述安全现象的相关术语通常也是定性的。例如，预测事故的发生，常用可能性很大、可能性不大或可能性很小来进行描述；分析事故后果时，常用灾难性的、非常严重的、严重的、一般的来进行定性区分。模糊数学是对安全系统进行评价和决策可行的有效途径之一。采用模糊数学的方法将模糊的安全信息定量化，来对多因素进行定量评价与决策，就是模糊决策法。

传统的安全管理基本上是凭经验和感性认识去分析和处理生产过程中的各类安全问题，对系统的评价只有“安全”“临界”和“危险”的定性估计。这样的分析忽略了安全问题性质在程度上的差异，而有时候这种差异对于获取相关安全统计数据起着非常重要的作用。例如，在识别和分析高处作业的危险性时，不能简单地将其危险性划分为“安全”“临界”或“危险”，而必须重点考虑“危险”这个模糊概念的划分标准。

对于客观事物的安全状态不能模糊地用“1（安全）”“0.5（临界）”和“0（危险）”三种数值去衡量，而应根据实际的安全状况选用“0~1”的具体数值去衡量，这个数值就称为“隶属度”。隶属度可通过隶属函数来求得，隶属函数是指用函数所表示的不同条件下隶属度的变化规律。

1. 模糊决策的步骤

模糊决策的做法可以简单归纳为两步：首先按每个因素进行单独评判，然后按所有因素做出综合评判。具体步骤如下：

第一步，建立因素集。因素集是指将决策（评价）系统中影响评判的各种因素作为元素所组成的集合，通常用 U 表示：

$$U=\{u_1,u_2,u_3,\cdots,u_m\} \tag{10-15}$$

各元素 $u_i(i=1,2,\cdots,m)$ 代表了各个影响因素，这些因素通常都具有不同程度的模糊性。例如，在评判高处作业人员的安全生产素质时，为了通过综合评判得出合理的数值，需要列出影响作业人员安全生产素质的因素，这些影响因素一般包括：u_1——作业人员的安全责任感；u_2——作业人员所受的安全教育程度；u_3——作业人员自身的文化程度；u_4——作业纠错能力；u_5——监测故障能力；u_6——一般故障排除能力；u_7——事故临界状态的辨识及应急操作能力。

因素 $u_1\sim u_7$都是模糊的，由这 7 个因素所组成的集合，便是评判高处作业人员的安全生产素质的因素集。

第二步，建立权重集。由于因素集 U 中的各因素对安全系统的影响程度不同，为了反映所有因素的重要程度，因此对各个因素赋予相应的权数 a_i，由各权数所组成的集合如下：

$$A=\{a_1,a_2,a_3,\cdots,a_m\} \tag{10-16}$$

A 称为因素权重集，简称权重集。

各权数 a_i应满足归一性和非负性的原则，即 $\sum_{i=1}^{m} a_i=1$，且 $a_i\geqslant 0$。

可将各权数 a_i视为各因素 u_i对“重要”的隶属度。权重集是因素集的模糊子集。

第三步，建立评判集。评判集是指评判者对评判对象可能做出的各种评判结果所组成的集合。通常用 V：

$$V=\{v_1,v_2,v_3,\cdots,v_m\} \tag{10-17}$$

集合中的各元素v_i代表各种可能的评判结果。模糊综合评判的目的是在综合考虑所有影响因素的基础上，从评判集中得出一个最佳的评判结果。

第四步，单因素模糊评判。对一个单独的因素进行评判，以确定评判对象对评判集元素的隶属度，这样的评判称为单因素模糊评判。

假设对因素集 U 中的第 i 个因素 u_i进行评判，对评判集 V 中的第 i 个元素v_i的隶属度为 r_{ij}，根据评判结果可得到的模糊集合如下：

$$R_i=\{r_{i1},r_{i2},r_{i3},\cdots,r_{in}\} \tag{10-18}$$

同理，可得到每个因素的单因素评判集如下：

$$R_1=\{r_{11},r_{12},r_{13},\cdots,r_{1n}\}$$
$$R_2=\{r_{21},r_{22},r_{23},\cdots,r_{2n}\}$$
$$\vdots$$

$$R_m = \{r_{m1}, r_{m2}, r_{m3}, \cdots, r_{mn}\}$$

将各单因素评判集的隶属度行组成的矩阵，称为评判（决策）矩阵：

$$\boldsymbol{R} = \begin{pmatrix} r_{11} & r_{12} & \cdots & r_{1n} \\ r_{21} & r_{22} & \cdots & r_{2n} \\ \vdots & \vdots & & \vdots \\ r_{m1} & r_{m2} & \cdots & r_{mn} \end{pmatrix} \tag{10-19}$$

第五步，模糊综合决策。单因素模糊评判仅反映出了一个因素对评判对象的影响。综合考虑所有因素的影响，得出正确的评判结果，这就是模糊综合决策。

如果已给出决策矩阵 $\boldsymbol{R}$，再考虑各因素的重要程度，即给定隶属函数或权重集 $\boldsymbol{A}$，则模糊综合决策模型如下：

$$\boldsymbol{B} = \boldsymbol{AR} \tag{10-20}$$

评判集 V 上的模糊子集，表示系统评判集中各因素的相对重要程度。

2. 实例研究

如果需要评判某种事故的危险性，一般需要考虑四个因素：事故发生的可能性 u_1、事故的严重度 u_2、对社会造成的影响 u_3及防止事故的难易程度 u_4。这四个因素就可构成事故危险性的因素集，即：

$$U = \{u_1, u_2, u_3, u_4\}$$

由于因素集 U 中各因素对安全系统的影响程度不同，因此需要考虑权重系数。若将评判者确定的权重系数用集合表示，则权重集 A 如下：

$$A = \{0.5, 0.2, 0.2, 0.1\}$$

若将评判者对评判对象的危险性可能做出的各种评语归纳为很大、较大、一般、小，则评判集 V 如下：

$$V = \{很大(v_1), 较大(v_2), 一般(v_3), 小(v_4)\}$$

评判因素集 U 中的各个因素，可通过专家座谈的方式来确定。具体做法是：任意选定一个因素，进行单因素评判，直到评判完所有的单因素，联合所有单因素评判，得到单因素评判矩阵 $\boldsymbol{R}$。

对事故发生的可能性 u_1进行评判，若有40%的人认为很大，50%的人认为较大，10%的人认为一般，没有人认为不会发生，则评判集 R_1如下：

$$R_1 = \{0.4, 0.5, 0.1, 0\}$$

同理，可得到其他三个因素的评判集。

事故严重程度的评判集 R_2如下：

$$R_2 = \{0.5, 0.4, 0.1, 0\}$$

对社会造成影响程度的评判集 R_3如下：

$$R_3 = \{0.1, 0.3, 0.5, 0.1\}$$

防止事故难易程度的评判集 R_4如下：

$$R_4 = \{0, 0.3, 0.5, 0.2\}$$

将四个单因素评判集的隶属度分别为行，组成评判矩阵 $\boldsymbol{R}$：

$$R=\begin{pmatrix}0.4 & 0.5 & 0.1 & 0\\ 0.5 & 0.4 & 0.1 & 0\\ 0.1 & 0.3 & 0.5 & 0.1\\ 0 & 0.3 & 0.5 & 0.2\end{pmatrix}$$

则这类事故危险性综合评价模型如下：

$$B=AR=(0.5,0.2,0.2,0.1)\times\begin{pmatrix}0.4 & 0.5 & 0.1 & 0\\ 0.5 & 0.4 & 0.1 & 0\\ 0.1 & 0.3 & 0.5 & 0.1\\ 0 & 0.3 & 0.5 & 0.2\end{pmatrix}$$

$$=\begin{pmatrix}(0.5\wedge 0.4)\vee(0.2\wedge 0.5)\vee(0.2\wedge 0.1)\vee(0.1\wedge 0)\\ (0.5\wedge 0.5)\vee(0.2\wedge 0.4)\vee(0.2\wedge 0.3)\vee(0.1\wedge 0)\\ (0.5\wedge 0.1)\vee(0.2\wedge 0.1)\vee(0.2\wedge 0.5)\vee(0.1\wedge 0.1)\\ (0.5\wedge 0)\vee(0.2\wedge 0)\vee(0.2\wedge 0.1)\vee(0.1\wedge 0.2)\end{pmatrix}=\begin{pmatrix}0.4\vee 0.2\vee 0.1\vee 0\\ 0.5\vee 0.2\vee 0.2\vee 0\\ 0.1\vee 0.1\vee 0.2\vee 0.1\\ 0\vee 0\vee 0.1\vee 0.1\end{pmatrix}$$

$$=(0.4,0.5,0.2,0.1)$$

B 代表了评判结果，但因为 $0.4+0.5+0.2+0.1=1.2$，不易看出四者之间的比例关系，对此进行归一化处理：

$$B'=\left(\frac{0.4}{1.2},\frac{0.5}{1.2},\frac{0.2}{1.2},\frac{0.1}{1.2}\right)=(0.33,0.42,0.17,0.08)$$

对这类事故的四个因素的综合决策为：有 33%的评价者认为这类事故危险性很严重，有 42%的评价者认为这类事故的危险性较严重，有 17%的评价者认为这类事故的危险性一般，有 8%的评价者认为这类事故的危险性很小。

本章小结

(1) 安全统计决策是在安全统计数据的基础上，预测安全现象或安全系统发展趋势，采用相应的决策方法抉择出更利于安全系统运行方案的一种统计决策。

(2) 安全统计决策的四个基本因素是：决策主体、决策目标、决策对象和决策环境。安全统计决策可以从决策问题的具体情况、决策目标的数量、决策的范围、决策方法、决策的整体构成和决策问题的性质这六个方面进行分类。

(3) 做安全统计决策时需遵循可行性原则、经济性原则和合理性原则。可行性原则是最基本的原则，经济性原则又称为最优化原则，合理性原则是提供“最令人满意”的决策方案。

(4) 风险型决策是根据预测安全系统中各种安全现象可能发生的先验概率，然后采用期望效果最好的方案作为最后的决策方案的一种决策方法。由于先验概率可能和实际的发生情况不一致，因此这类决策通常具有一定的风险。

(5) 决策树是风险型决策的一种方法，也是一种演绎性方法。决策树是把各种备选方案可能出现的自然状态和各种损益值都简明地绘制在一张图表上，然后用反推的方式进行分析，根据期望值的大小来选定满意的最佳方案。

(6) 马尔科夫决策是一种风险型决策，主要研究对象是一个正在运行的安全系统状态和状态的转移，预测它在未来某个特定时期内可能出现的状态，通过转移概率矩阵来进行预测和做出决策。

（7）安全统计决策的安全目标通常有多个，对这些安全目标进行合理的优选，做出最满意的决策，这就是多目标决策。多目标决策具有两个特点：一是目标之间的不可公度性，二是目标之间的矛盾性。

（8）层次分析法是将定性分析与定量分析结合的多目标决策分析方法，是将复杂的安全系统、安全现象（或安全问题）分解为若干层次和若干因素，对两两指标之间的重要程度做比较，建立判断矩阵，通过计算判断矩阵的最大特征值及矩阵的特征向量，可得到所有方案重要性程度的权重，为选择最佳决策方案提供依据。

（9）模糊决策法是采用模糊数学的方法将模糊的安全信息定量化，来对多因素进行定量评价与抉择的一种决策方法。

思考与练习

1. 决策、安全决策、安全统计决策这三者之间的关系是什么？
2. 安全统计决策是属于确定型决策，还是属于不确定型决策？
3. 使用决策树进行决策有什么样的好处？
4. 马尔科夫链一般用于系统的预测，如何将它运用到系统的决策中？
5. 如何用模糊数学方法解决决策分析问题？

第11章 灾害统计

本章学习目标

了解灾害问题与灾害统计的概念，认识灾害统计学的对象和任务，了解灾害统计学的内容和特点及其发展趋势。掌握灾因统计、灾情统计、灾害损失评估统计及其减灾统计的概念和方法，会应用相应的方法来分析个案。

本章学习方法

运用前面各章的方法，并参考灾害学的有关专著，理论联系实际；要善于从表面看起来是偶然的、随机的灾害现象中发现存在的规律。运用统计方法记载和评估各种灾害在具体条件下的危害程度、损失大小及后果，并通过研究各种灾害的发生频率、分布规律，认识灾害发生、发展的规律性。

11.1 灾害统计概述

本章主要讨论自然灾害的统计问题，人为灾害统计在下面相关章节再做适当讨论。

11.1.1 灾害问题与灾害统计

灾害问题是当代社会公认的最严重的全球性问题之一，这种严重性不仅表现在各种灾害及其问题的全面爆发，而且表现在灾害的损害后果的日益严重化。灾害问题是全球社会经济发展进程中的重大现实问题，而我国作为多灾国家，灾害问题更加需要引起政府与全社会的高度重视。

灾害问题的普遍性、严重性，决定了国家与社会必须及早采取相关对策，而对策的科学性，又只能建立在准确的量化分析基础之上。因此，灾害统计对于认识和解决灾害问题而言，显然是不可或缺的重要工具。在认识灾害、反映灾害、减灾工作和研究灾害问题上均需要依赖灾害统计。

灾害统计在实践中是一种重要的工具，在理论上则也是一门新兴和独特的方法论科学。一方面，灾害系统是一个极其复杂而且多变的大系统，在空间上既具有各种灾害运动形式的特殊规律，又具有各种灾害运动形式的普遍规律；在时间上既表现出无序的非稳定性或偶然性，又可以从中发现有序的规律性；在灾害运动的相互关系上，既有链发的正相关性，又有此消彼长的负相关性等。要从复杂的灾害系统中找出灾害运动形式的普遍性、稳定性规律，灾害统计能够担此重任，灾害统计研究作为安全统计学的一个分支的研究，无疑有利于客观、全面地揭示出各种灾害的总体运行规律与特殊运行规律。另一方面，灾害问题是当代社会重大而持久的现实问题，它使灾害统计成为部门统计工作的重要且客观的对象，更使灾害统计成为正在兴起的灾害学科群的必要且重要的组成部分。例如，灾害统计指标的设置、灾害数据的收集与整理、灾害发展趋势模型的确定等，即是灾害统计研究的重要任务。因此，开展对灾害统计问题的研究，对建立和发展灾害学科的完整体系，以及促进统计学科的完善与发展，均有着重大的促进作用。

11.1.2 灾害统计的对象与任务

灾害统计学是指运用统计学和安全科学的理论与方法对灾害问题各方面的数量表现进行收集、显示、分析、推断和解释，并借此达到揭示灾害现象的本质特征与一般规律的方法论科学。由于灾害具有自然属性和社会属性两重性质，灾害统计学也就既涉及自然现象，又涉及社会现象；既需要灾害学和安全学的理论做指导，又需要统计学的方法作为工具，从而使其既具有自然科学与社会科学交叉的特色，又具有灾害学与统计学相交叉的综合性和边缘性特征。

从灾害统计的实践来看，灾害统计主要是对大量灾害现象的数量表现进行收集、整理、描述、分析和开发利用，它的实质就是对灾害现象的数量表现的一种调查研究活动或认识活动。灾害统计学所研究的客体是灾害现象在总体上的数量关系，这种数量关系既包括自然领域的灾害现象，如暴风、地震、滑坡、泥石流、病虫害等自然现象的数量关系，又包括灾害与损失补偿、减灾之间的数量关系等。这一切灾害现象的数量关系及其所显示的规律性均是通过灾害统计学的方法来揭示的。人们运用灾害统计学的方法和方法论研究灾害数量关系。由此可见，灾害统计学是研究灾害现象关于总体数量关系计量的科学。它通过大量的调查和观察，从获取原始资料入手，对灾害现象进行描述，然后综合整理、分析推断，揭示灾害现象的数量规律性。

灾害统计学的研究对象为各种灾害现象，不仅包括各种灾害现象的量，而且包括各种灾害现象的质，是在质和量的辩证统一中研究灾害现象的数量关系；灾害统计学研究的对象既有确定现象，又有随机现象。

灾害统计学有以下几点任务：①及时、如实记录各种灾害事件的数量表现；②准确反映各种灾害事件的数量表现；③科学评估各种灾害的损失度；④研究发现各种灾害问题的总体变异规律；⑤提供各种灾害问题的数据资料；⑥开展灾害预测预报；⑦为防灾减灾等提供支持。由此可见，灾害统计学所肩负的任务是其他任何社会学科都无法替代的。

11.1.3 灾害统计的内容和特点

1. 灾害统计学的研究内容

灾害统计学的研究内容是由它的研究对象决定的，为研究并解决灾害统计的问题，灾害统计学必须运用到统计学和安全学的原理与方法、经济学原理与方法等。在综合运用多学科理论与方法的基础上，灾害统计学的研究内容可以分为基础理论与应用理论两大部分：

（1）基础理论部分

基础理论部分包括：①灾害统计学的理论基础，如数理统计学理论、统计物理学理论、信息论、灰色预测理论等；②灾害统计学的方法理论，如统计调查方法、统计分析方法、趋势预测方法等；③灾害统计学的体系理论，如体系结构、指标设置、相互衔接理论等。上述理论是灾害统计学的理论基础，也是灾害统计学研究的重要内容。

（2）应用理论部分

应用理论部分包括：①灾害损失评估方法，它主要用于对各种具体灾害的危害后果进行价值评价与估算；②计算方式，如各统计指标的计算公式等，即是灾害统计学应用理论的重要构成部分；③灾害统计工作的程序与操作规则，如统计时间要求、灾害统计报表的填报、灾害统计法规制度的制定与执行、灾害统计数据的获取与发布等。

2. 灾害统计学的特点

（1）数量性

灾害统计学研究的是各种灾害现象的数量方面，它通过对各种灾害现象的收集、整理和分析来认识灾害问题，因此灾害统计学就是灾害问题的数量性研究。

（2）总体性

灾害统计学研究的目的不仅是反映个别灾害现象或灾害现象的个别数量表现，还要通过数据来描述和揭示由大量单个现象所构成的总体的数量规律性。例如，要分析我国的灾害问题现状，就必然要对各种灾害的发生次数、发生周期、地域分布、损失大小等进行统计分析，从中得出灾害问题的发生规律、危害大小及可能采取的对策。在灾害统计学中，要运用到诸如受灾率、成灾率、损失率等综合指标。因此，灾害统计学虽然以大量单个的灾害现象数据表现为基础，且规律性结论均建立在对大量个别现象的观察、记录和分析之上，但从其内在要求与目的出发，却是对各种灾害现象总体的定量认识的科学。灾害统计学的这一特点，使它与自然科学界追求个案研究与微观研究并解决具体的个别灾害问题存在着明显的差异。

（3）具体性

灾害统计学研究的不是空洞的理论，也不是抽象的数量研究，而是用具体的方法对发生在具体的时间、具体的地点、具体的各种灾害现象的数量进行研究。

（4）工具性

灾害统计学通过统计方法与统计方法论服务于灾害问题数量关系的研究，是人们认识灾害问题、解决灾害问题的科学工具。

11.2 灾因统计

11.2.1 灾因及其表现形式

灾因就是形成灾害的基本原因。从系统论的观点出发，一切灾害的形成都可以看成“天”“地”“生”三大系统之间及各系统内部要素之间相互联系、相互作用的结果。“天”

是指地球以外与地球生命息息相关的宇宙天体和它们的运行的空间，如太阳系、银河系、宇宙空间的陨石灰尘与粒子等，均对地球产生影响。“地”包括大气圈、水圈、岩石圈及地球内部，该系统每个圈层的物质运动和变异都可能形成不同的圈层灾害。如大气圈的运动和变化会带来水灾、旱灾、风灾、冷害、雹灾、雷击等气象灾害。“生”是指地球上的一切生物，由于地表动植物和微生物的发展变化是缓慢的，从而“生”的影响主要表现为人的影响，如人类的盲目繁衍和不适当的生产与生活活动，以及某些社会活动与反常行为等因素的作用。如果将上述三大系统看作形成灾害的三大元素，则灾因的表现形式可用下式表示：

$$U=\{U_1,U_2,U_3\} \tag{11-1}$$

在式（11-1）中，U 表示灾因的全集。$U_i(i=1,2,3)$ 表示 U 的部分集合，即 U 的子集。其中，U_1 为天体原因集合；U_2 为地球系统因素集合；U_3 为生物圈因素的集合。并且，根据各子集的系统结构，有：

$$\begin{cases} U_1=\{a_1,a_2,\cdots,a_n\} \\ U_2=\{b_1,b_2,\cdots,b_m\} \\ U_3=\{c_1,c_2,\cdots,c_k\} \end{cases} \tag{11-2}$$

在式（11-2）中，$a_i(i=1,2,\cdots,n)$ 表示 n 个天体灾因元素；$b_j(j=1,2,\cdots,m)$ 表示 m 个地球灾因元素；$c_t(t=1,2,\cdots,k)$ 表示 k 个生物圈灾因元素；n、m、k 三基数两两间有可能相等，也有可能不相等。

无论是天体原因还是地球因素，或生物圈变动的影响，一切灾害发生的原因都可以归纳为自然原因与人为原因两个方面。导致灾害发生的自然原因可以概括为天体变异因素、岩石圈变异因素、水圈变异因素、大气圈变异因素和生物圈变异因素五大类，它的表现形式可用如下集合表示：

灾变的自然原因={天体变异因素,岩石圈变异因素,水圈变异因素,
大气圈变异因素,生物圈变异因素}

若用符号 Ω、$w_i(i=1,2,3,4,5)$ 分别表示自然原因集合及各元素，则有：

$$\Omega=\{w_1,w_2,w_3,w_4,w_5\} \tag{11-3}$$

人为原因则是指人类社会自身的各种生产、生活活动及某些社会活动与反常行为导致事故灾害的发生。一方面，人类利用环境、开发资源，为人类的生产、生活创造条件，并促进着人类文明的发展；另一方面，由于非科学的改造、无节制的索取，又致使产生灾害的综合指标——熵值不断增加，人类自身居住的环境越来越恶劣，并直接造成各种人为事故灾害。引发灾害的人为原因是多方面的，但主要可以概括为发展原因、生产原因、生活原因、认识原因、过失原因、道德原因、政治原因等方面。若用集合的形式来表示，则有：

灾变的人为原因={发展原因,生产原因,生活原因,认识原因,过失原因,道德原因,政治原因}

需要指出的是，灾害的生成与发生过程往往是很复杂的，有时候一种灾害由几种灾因引起，它不能简单地划分归哪个子集或子集中的哪类元素，即不是“非此即彼”的问题，而是“亦此亦彼”的问题。例如，台风、海啸是水圈与大气圈交互作用的产物；水土流失、土地盐渍化、泥石流等一方面与水圈、岩石圈和大气圈的复杂变动有关，另一方面又与人类社会因素有关。这时灾害的诱因就要根据起主导作用的灾因和主要的表现形式而定。

11.2.2 灾因统计指标的表示

从理论上讲，灾害统计指标应当是灾害现象的综合数量表现，但在事实上，灾因更多是主观性的东西，大多不能用数量来表示，如“人为原因”“山洪导致水灾”等就不能用数量多少来表示。这样，灾因统计指标的设置就只能从灾因统计的目的出发，以对各种原因导致的灾害种类划分为主要标志。

1. 灾因统计指标的两个层次

每一种灾害在其生成和发生过程中，都会表现出鲜明的个性特征，以有别于其他类型或种类的灾害，如旱灾是天气久晴无雨、降雨量较正常情况明显偏少导致的灾害现象；水灾是水量异常偏多等原因导致的灾害现象。这些灾害现象就是因自己鲜明的个性而相互区别，并形成不同的灾害种类，即灾种。灾因统计的目的，正是要揭示每一灾害种类形成或发生的原因，探索单一灾害或综合灾害现象的防灾、减灾对策。因此，灾因统计指标实质上包括两个层次：

（1）灾种

灾种是灾因统计的第一层次指标，即多种原因导致引起的灾害种类，它是最常用的灾因统计指标，如水灾。灾种与灾情统计指标、灾损统计指标、灾害补偿统计指标等共同构成了灾害统计指标的主体，使各种灾害的统计实现一体化。

（2）灾害影响因素

灾害影响因素是灾因统计的第二层次指标，它是具体分析各具体灾种成因及其影响度的指标，是对灾种统计指标的成因进行深入考查的指标。

从总括的角度考查，灾种可以分为自然灾害与人为灾害两大类，其中，自然灾害又可以分为天文灾害、气象灾害、地质灾害、大地貌灾害、水文灾害、生物灾害和环境灾害等；人为灾害则有多种分类方法。

2. 灾种指标的划分

可供统计的灾种指标还需要进一步做如下划分：

（1）天文灾害

天文灾害是指来自宇宙天体的灾害，除天体原因与地球原因综合作用助长有关自然灾害外，直接致灾的天文灾害包括陨石灾害、星球撞击、磁暴灾害、电离层扰动、极光灾害等。从天文灾害的直接致灾来看，不是人类社会目前或较长时期内面临的主要灾害，但它可以作为一个灾种进行统计。

（2）气象灾害

气象灾害是指由于降雨多少、气温高低、风力大小等气象方面的原因直接引起的各种自然灾害，是人类社会面临的主要灾害种类。气象灾害具体可以分为20多种，主要有：①水灾，主要有洪水、涝灾两种；②旱灾，包括土壤干旱、大气干旱两种；③台风，是指来自热带海洋面上的飓风等灾害；④龙卷风，包括陆龙卷与水龙卷两种；⑤干热风，是指少雨偏干，与一定的风力相结合形成的对农作物影响较大的灾害种类；⑥暴风，是指能够造成损失的大风灾害；⑦冷害，包括冷空气、寒潮、冷雨等能够造成损失的灾害现象；⑧冻害，包括霜冻、冻雨、结冰、凌汛等能够造成损失的灾害现象；⑨雪灾，包括雪崩、草原雪灾等；

⑩雹灾，包括冰雹、风雹两种；⑪ 雷电，是指雷击及其他雷电引起的灾害现象；⑫ 风沙，是指大风与沙尘相结合并造成损害后果的灾害现象。此外，还有多种其他气象灾害或混合型气象灾害，如暴风雪等。

（3）地质灾害

地质灾害是指由于自然变异导致地质环境或地质体发生变化而造成的灾害。其主要的灾害种类有：①地震，包括构造地震、火山地震、陷落地震和人工地震等，地震是我国主要的自然灾害种类；②地陷，包括岩溶地面陷落和非岩溶地面陷落等；③地火或地下火，如煤矿床自燃；④火山爆发。

（4）地貌灾害

地貌灾害是指构成地球表面形态的各种自然物质的运动变化而造成的灾害，或称地表灾害。主要有：①滑坡，包括自然滑坡与人为原因造成的滑坡；②泥石流，包括泥流、泥石流、水石流等；③崩塌，包括土崩、岩崩、山崩、岸崩等灾害现象；④地裂缝，包括构造地裂缝、非构造地裂缝和混合成因地裂缝等；⑤水土流失；⑥土地沙化；⑦土地盐碱化。此外，还有土地沼泽化等地貌灾害现象。

（5）水文灾害

水文灾害是指江河湖海等水域发生变异而造成的灾害。它主要由海洋灾变等组成，统计标志有：风暴潮、海啸、海浪、海冰、海侵、厄尔尼诺现象、地下水位下降等。

（6）生物灾害

生物灾害是指自然界中有害生物或生物毒素的大量繁殖或扩散对人类造成的危害。生物灾害是我国农业、林业、牧业、渔业等生产中的主要灾害，它主要有如下种类：①病害，包括农作物病害、养殖业病害、森林病害等种类；②虫害，包括农作物虫害、养殖业虫害、森林虫害等种类；③草害，包括农作物草害、养殖业草害、森林草害等种类；④鼠害，包括农作物鼠害与森林鼠害；⑤物种灭绝。

（7）环境灾害

环境灾害是指由于人类的活动对自然环境与生活境造成的破坏所引起的灾害。其统计的种类标志主要有：①水污染，有害物质排入水体所引起的污染事故；②大气污染，各种有害气体排放所引起的污染灾害，如酸雨等；③海洋污染，各种有害物质排入海洋所引起的污染灾害，如赤潮等；④噪声污染，噪声引起的事故灾害；⑤农药污染，农药污染造成的灾害；⑥其他污染。

（8）火灾

火灾是指由于异常性的物体燃烧现象所引起的灾害。作为主要的人为灾害种类之一，火灾又可分为：①城市火灾，发生在城镇的各种火灾；②工矿火灾，发生在工矿企业的各种火灾；③农村火灾，发生在农村的各种火灾；④森林火灾，发生在森林的林业火灾；⑤其他火灾，不属于上述范围的其他种类火灾。

现以某省的有关资料为例，设论域 $\Omega=\{A(x_1),B(x_2),C(x_3),\cdots,U(x_{21})\}$ 表示该省21个地区，该地区的主要自然灾害有干旱、洪涝、地震、水土流失、滑坡、泥石流及其他灾害（如低温、连雨、寒潮、冷雹、霜冻、龙卷风等）7个统计因素，则有：

$x_i=\{$干旱(x_{i1})，洪涝(x_{i2})，地震(x_{i3})，水土流失(x_{i4})，滑坡(x_{i5})，泥石流(x_{i6})，其他灾害

$(x_{i7})\}(i=1,2,\cdots,21)$。

对灾害区域的灾种与灾因统计分析和同一性与差异性分析，可以反映灾种与灾因的区域性分布规律，为确定区域性防灾、减灾对策提供具体依据。

11.2.3 灾因的关联度

绝大多数灾害的发生都是多种因素综合作用的结果。因此，灾害在成因上具有关联性，这种关联性主要表现在空间与时间两个方面。

(1) 空间上的关联性

一是同一空间的多项因素共同促成某种或某些灾害的发生。例如，发生在山区的滑坡灾害就往往与发生区的岩石类型、断裂带密度、地震烈度、地震频率、降雨量、水流速度及地下水、地表水的冲刷、浸泡等地质地理因素有密切关联；旱灾与发生地前期降雨量、大气温度、湿度、地下水位、地形条件、土壤条件、灌溉条件等因素有密切关联；城市火灾与发生区的住宅密度、房屋建筑结构、建筑材料、用火不慎、电器安装不当、炉灶、风速、大气湿度、温度等众多因素密切相关等。二是不同空间因某些因素的作用造成灾害从一地传到另一地的现象。

(2) 时间上的关联性

时间上的关联性就是指灾害与灾害之间依时间的先后顺序而发生。它分为同源相关与因果相关两种表现形式。同源相关是指灾害源于同一种因素或源于多种因素的影响而相继发生，如太阳活动峰年前后因磁暴或其他因素的作用，常常既有洪涝灾害的发生，又有旱灾发生。因果相关则是指某一灾害的发生为另一灾害的发生创造了诱发条件或该灾害随着时间而转化为另一种灾害。此外，还有一种预兆性时间关联。

通过灾因关联度分析可以建立相关数学模型和达到灾害预测预报等目的。

11.2.4 灾因统计个案分析

设某年某地某次水灾发生的原因可能有降雨、地理位置、蓄洪能力、防洪能力、植被、人为作用等，希望找出这些因素中最主要的影响因素，以便在今后防灾、减灾中采取有效的措施消除或减轻水患。

现根据模糊综合评判理论，对此次水灾成因进行综合评判如下：

将此次水灾的影响因素用集合表示为 $U=\{$降雨，地理位置，蓄洪能力，防洪能力，植被，人为作用$\}=\{u_1,u_2,u_3,u_4,u_5,u_6\}$；设各因素的权数为 $A=(0.4,0.15,0.1,0.3,0.05,0)$；对每个因素的等级评价假设分为四个等级，即特强影响、强影响、中等影响和弱影响，并形成等级评价集：$V=\{$特强,强,中,弱$\}=\{v_1,v_2,v_3,v_4\}$；现调查10位对当地水灾有专门研究的专家对此次水灾的影响因素进行评价，假定结果如下：

认为“降雨”为特强影响因素的占40%，认为“地理位置”为特强影响因素的占20%，认为“蓄洪能力”为特强影响因素的占10%，认为“防洪能力”为特强影响因素的占30%，没有人认为“植被”和“人为作用”为特强影响因素。因此，便认为水灾就“特强”这个等级关于以上6个因素应得评价向量为（0.4,0.2,0.1,0.3,0,0）。

同理，可得“强”“中”“弱”这3个等级关于以上6类因素的评价向量分别为：（0.5,

0.1,0.1,0.2,0.1,0)；(0.2,0.2,0.3,0.2,0.1,0)；(0,0.2,0.1,0.1,0.2,0.4)。这样，就可得评价矩阵 $\boldsymbol{R}$：

$$\boldsymbol{R}=\begin{pmatrix}0.4 & 0.2 & 0.1 & 0.3 & 0 & 0\\ 0.5 & 0.1 & 0.1 & 0.2 & 0.1 & 0\\ 0.2 & 0.2 & 0.3 & 0.2 & 0.1 & 0\\ 0 & 0.2 & 0.1 & 0.1 & 0.2 & 0.4\end{pmatrix}$$

假如对“特强”等各级分别给其权数为（0.2,0.6,0.4,0.3），因 0.2+0.6+0.4+0.3=1.5≠1，所以，对等级权数进行归一化得权数分配如下：

$$\boldsymbol{A}^*=(0.13,0.4,0.27,0.2)$$

则有合成运算

$$\boldsymbol{B}=\boldsymbol{A}^*\boldsymbol{R}=(0.13,0.4,0.27,0.2)\begin{pmatrix}0.4 & 0.2 & 0.1 & 0.3 & 0 & 0\\ 0.5 & 0.1 & 0.1 & 0.2 & 0.1 & 0\\ 0.2 & 0.2 & 0.3 & 0.2 & 0.1 & 0\\ 0 & 0.2 & 0.1 & 0.1 & 0.2 & 0.4\end{pmatrix}$$

$$=(0.306,0.160,0.154,0.193,0.107,0.080)$$

因各因素相应的权数分配为：$\boldsymbol{A}(0.4,0.15,0.1,0.3,0.05,0)$，显然符合归一化要求（0.4+0.15+0.1+0.3+0.05+0=1）。

所以，可得“水灾”灾因的综合评判结果：

$$\boldsymbol{Z}_{总}=\boldsymbol{A}^*\boldsymbol{B}^{\mathrm{T}}=(z_{降},z_{地},z_{蓄},z_{防},z_{植},z_{人})$$

$$=(0.4,\ 0.15,\ 0.1,\ 0.3,\ 0.05,\ 0)\begin{pmatrix}0.306\\ 0.160\\ 0.154\\ 0.193\\ 0.107\\ 0.080\end{pmatrix}$$

$$=(0.122,0.024,0.015,0.058,0.005,0)$$

将 $\boldsymbol{Z}_{总}$ 归一化得：

$$\boldsymbol{Z}_{总}^*=(0.54,0.11,0.07,0.26,0.02,0)$$

由对相应评判对象的模糊综合评判 $\boldsymbol{Z}_{总}^*$ 的结果可知，该次水灾的 6 类影响因素由强到弱的排序是 u_1，u_4，u_2，u_3，u_5，u_6，即降雨是最主要的因素，其余依次是防洪能力、地理位置、蓄洪能力、植被。因素“人为作用”完全不影响此次水灾。

1.3 灾情统计

灾情是各种灾害发生情况的简称。一个国家或地区的灾情如何，只有通过客观的衡量标准与相应的统计数据才能得到准确的反映，这就必然要借助于灾害统计的手段。因此，灾情统计是反映灾情所必需的工具，而灾情则构成了灾害统计学研究的主要内容之一。

11.3.1 灾情统计及其内容

灾情统计是指对灾害发生的等级或大小、次数或频率、损害范围及程度等进行的统计。灾情统计实质上是运用一系列的指标对灾害发生的等级或大小、频率或频次、危害区域、损害大小进行描述与分析，在实践中，只有将灾情的客观评价标准（如等级等）与灾害造成的实际损害后果相结合，才能使各种灾害的灾情在个体上、总体上得到具体、准确的反映。

灾情统计涉及的具体内容，可以概括为以下方面：

1）灾害发生的时间。它能够反映灾害的时间频率与周期规律。

2）灾害发生的地点。它能够反映灾害的区域分布与空间频次。

3）灾害的等级或大小。它是由职能部门或科学界确定的对各种灾害进行衡量的客观标准，与灾情严重与否呈正相关的关系。

4）灾害造成的人身伤亡情况。如受灾人口、死亡人口、受伤人口等。

5）灾害造成房屋倒塌与损坏情况。

6）农作物受灾情况。它包括受灾面积、成灾面积、绝收面积等。

7）工业、交通运输业、商业服务业、学校、医院、公共事业等受破坏的情况。

8）水利工程、公路、铁路、桥梁、通信设施、供电线路等的受损情况。

9）各种直接经济损失等。

在灾害统计中，灾情统计的作用主要表现在以下几方面：

1）灾情统计使不同地点、不同时间发生的不同灾种具有了统计意义上的可比性。

2）灾情统计为监测与衡量灾情提供了量化的依据。

3）灾情统计为灾后的救灾工作提供了量化的依据。

4）灾情统计还为划分灾年等级提供了量化的依据。

11.3.2 灾情统计若干重要概念

灾情统计是灾害统计中的一个极为重要的组成部分，它涉及面广、影响因素多，尤其是在灾害统计不规范的现实条件下，灾种不同或灾因不同或受灾体不同，灾情显示也不同，因此，灾情统计中的指标与概念也就相当繁杂。

1. 受灾与成灾

受灾与成灾是根据受灾体遭受灾害的情况来划分的同一性质但程度不同的灾情统计概念，是灾情统计中的两个通用指标。

（1）受灾

受灾也称遭灾，是指在一定的时间和范围内人的生命、财产及生产经营项目遭受自然界或人类社会某种或多种人为破坏力造成的损害，它表现为人员伤亡、财产损毁、生产经营中断、社会（或社区）和生态环境失去平衡、人们正常的生产与生活秩序被打乱等。根据受灾情况的不同，受灾又可以分为受灾人口、受灾人次、受灾面积、受灾率、受灾区域等指标。

1）受灾人口。它是指报告期内遭受自然灾害或意外事故袭击的人口。

2）受灾人次。它是指一定时间或若干次灾害中受灾人数的总和。

3）受灾面积。它一般是指报告期内自然灾害或多种原因造成危害及生产损失的农作物播种面积，包括受灾不减产、减产不成灾和轻灾、重灾、特重灾的农作物面积。

4）受灾率。受灾面积与播种面积之比称为受灾率。计算公式如下：

$$受灾率=\frac{受灾面积}{播种面积}\times 100\% \tag{11-4}$$

5）受灾区域。它是指报告期内因灾遭受破坏或损失的地区或范围。

（2）成灾

成灾是指受灾过程中直接造成生产或生命财产损失并达到一定程度的损害，它是反映灾害深度的指标。成灾必定受灾，但受灾不一定成灾，成灾是衡量灾害的危害程度的主要标志，它反映一定时期或一定区域内灾害的危害性与严重性。与受灾指标相对应，成灾指标可以分为成灾人口、成灾人次、成灾面积、成灾率、因灾死亡牲畜等指标。

1）成灾人口。它是指因灾直接造成经济损失、人身伤害达到规定程度的全部人口。

2）成灾人次。它是指一定时间或若干次灾害中成灾人数的总和。

3）成灾面积。成灾面积的统计方法与受灾面积的统计方法相同。

4）成灾率。它是指成灾面积与受灾面积之比，该指标衡量农作物受灾深度。计算公式如下：

$$成灾率=\frac{成灾面积}{受灾面积}\times 100\% \tag{11-5}$$

5）因灾死亡牲畜。它是一个通用指标，即各种灾害造成牲畜死亡的量化指标，分为因灾直接死亡与因灾伤残后不得不宰杀两种情况。

2. 倒塌房屋与损坏房屋

房屋是城乡居民的主要财产，也是国家与社会的重要物质财富，各种灾害对房屋造成的损害后果，也是灾情统计中的重要内容。它主要包括以下指标：

1）倒塌房屋。该指标是指因灾全部倒塌或房屋主体结构遭受严重破坏无法修复的房屋数量。

2）倒塌居民房屋。该指标包含在倒塌房屋指标内，是指倒塌房屋中以居住为使用目的且正在使用的居民住房，它是政府救灾工作的主要内容之一。

3）损坏房屋。该指标是指主体结构遭到一般损坏、经过修复可以居住的房屋。

3. 经济损失与非经济损失

经济损失与非经济损失是灾情统计中的重要指标。由于灾害造成的经济损失或非经济损失的计算需要采用专门的损失评估方法，通常灾情统计中要运用到“直接经济损失”“间接经济损失”等指标。

4. 经济损失率与人员伤亡率

（1）经济损失率

经济损失率是灾害事故造成的货币损失额与另一有联系的价值量指标进行对比的相对指标，如产值损失率、灾种损失率、平均每次灾害事故损失额等。

1）产值损失率。它是指灾害事故造成的损失与产值之间的比率，反映的是灾害损害后果的强度。计算公式如下：

$$产值损失率=\frac{报告期(某次)灾害损失总额}{同期产值总额} \tag{11-6}$$

该指标是一个通用统计指标，利用它可以进行微观、中观、宏观统计分析。

2）灾种损失率。它是指各具体灾种的损失额与灾害损失总额之间的比率。计算公式如下：

$$灾种损失率=\frac{某时期某灾种损失额}{同期灾害损失总额}\times100\% \tag{11-7}$$

该指标反映的是各灾种在全部灾害事故损失中所占比重的大小。

3）平均每次灾害事故损失额。它是指报告期内某灾种平均每次所造成的经济损失。计算公式如下：

$$平均每次灾害事故损失额=\frac{报告期内某灾种造成的经济损失总额}{同期某灾种发生次数} \tag{11-8}$$

该指标反映的是每次灾害事故的损失强度。

（2）人员伤亡率

人员伤亡率是反映各种灾害事故中人员伤亡情况的相对指标，主要包括千人伤亡率、千人死亡率、人员伤亡频率、平均每次灾害事故伤亡人数等具体指标。

1）千人伤亡率。该指标是指一定时期或某次灾害事故中因灾造成的伤亡人数与受灾区域总人数之比，它反映的是灾害事故对人员伤害的严重程度。计算公式如下：

$$千人伤亡率=\frac{因灾死亡人数(人)+因灾重伤人数(人)}{受灾区域总人数(千人)}\times1000\% \tag{11-9}$$

2）千人死亡率。该指标是指一定时期或某次灾害事故中因灾死亡人口与受灾区域总人数之比。计算公式如下：

$$千人死亡率=\frac{因灾死亡人数(人)}{受灾区域总人数(千人)}\times1000\% \tag{11-10}$$

3）人员伤亡频率。它是指一定时期内平均每千人中遭受灾害事故伤害的人次数，它反映的是灾害事故发生的频繁程度及对人员的伤害频率。

$$人员伤亡频率=\frac{报告期内灾害事故伤害的人员次数}{报告期内受灾区域总人数(千人)}\times1000\% \tag{11-11}$$

4）平均每次灾害事故伤亡人数。它是指某灾种平均每次造成的人员伤亡数，反映各灾种对人员伤害的平均强度。该指标的计算公式如下：

$$平均每次灾害事故伤亡人数=\frac{报告期内某灾种造成人员伤亡总数}{报告期内某灾种发生次数} \tag{11-12}$$

5. 灾度与灾级

灾度与灾级是同一性质不同名称的概念。灾度与灾级均是衡量灾情大小与轻重的综合性指标，它们与灾害发生与否并无直接关系，而是作为衡量灾情的客观尺度。

（1）灾度

灾度以灾害造成的人员伤亡数量和直接经济损失金额作为因子，将灾情划分为巨灾、大灾、中灾、小灾、微灾 5 个灾度。

（2）灾级

灾级是指根据各种灾害事故造成的人员伤亡与经济损失的绝对规模和数量，及相对损失程度而确定的灾害等级。一般而言，灾害等级应当以世界通行的灾情等级划分为依据确定。

需要指出的是，无论是灾度还是灾级，均是在相对稳定的时间与空间内确定的，即不同的历史时期与不同的国家，衡量灾情轻重的标准会有差异。如在我国，历史上由于社会财富不多，即使是同量级的灾害造成的直接经济损失也会比当代社会的要低；而各种灾害事故造成的人员伤害可能因防灾抗灾能力及国民减灾意识的不足要比当代社会的严重。因此，随着时间的推移和社会经济的发展，灾度或灾级的划分标准也应进行相应的调整，调整的规律是：人员伤亡的要求标准会相对趋低，而直接经济损失的要求标准却会趋高。

11.3.3 主要自然灾害的灾情统计

上节阐述了灾情统计中若干通用的概念与指标，但具体的灾情统计还要以科学确定并准确反映各灾种的灾情标准为基础。由于灾害种类繁多，不可能将每一种灾害事故的客观灾情指标一一研讨，只能选择主要的灾种进行阐述。本节以我国主要的自然灾害的灾情指标为研究内容。

1. 洪涝

洪涝是指由于暴雨、长期阴雨或冰雪大量融化，引起山洪暴发、江河泛滥或积水成灾，造成农田被淹、房屋及其他财产物资受损等并危及人、畜安全的一种气象灾害。对洪涝灾情的统计，除通用的灾情统计指标外，还包括如下特定指标：

（1）降雨量

降雨量是指一定时期内落到地面的水分未经蒸发、流失、渗透而在水平面上积聚的水层深度，通常以 mm 表示，取 1 位小数。降雨量在某段时间内过多是洪涝灾害的主要原因。

（2）降水距平

降水距平是指某地某年在某段时间内的降雨量与同期多年平均降雨量之差，是衡量洪涝灾情的一个参考指标。设 R 为某地某年在某时段的降雨量，$\overline{R}$ 为多年平均降雨量，d 为降水距平，则有：

$$d=R-\overline{R} \tag{11-13}$$

（3）降水距平百分率

降水距平百分率是指降水距平与多年平均降雨量之比。它可用公式表示：

$$R^{*}=\frac{R-\overline{R}}{R}\times100\%=\frac{d}{R}\times100\% \tag{11-14}$$

（4）旱涝指数

旱涝指数是指某地当年的降雨量 R 和多年平均降雨量 $\overline{R}$ 之差与标准偏差 γ 之比。计算公式如下：

$$I=\frac{R-\overline{R}}{\gamma} \tag{11-15}$$

（5）洪峰流量

洪峰流量是指洪水流量过程线上最高点的流量。

2. 旱灾

旱灾是我国的主要自然灾害之一，它是指久晴无雨或少雨、降雨量较正常年份同期明显偏少并引起工农业生产尤其是农业生产损失的一种气象灾害。旱灾的严重程度一般取决于前期降雨量、干旱的持续时间、空气温度和湿度、风力、地下水位及农作物的种类和生长期等诸多方面。根据旱灾的性质，它可以分为大气干旱与土壤干旱两种；根据旱灾发生的时间，它可以分为春旱、夏旱、秋旱、冬旱、冬春连旱，以及夏秋连旱等。

对旱灾灾情的统计与评价指标甚多。如根据世界气象组织的研究就有 55 个主要的评价指标，大体可以概括为降水、降水与平均湿度比、土壤水分和作物参数、气候指标和蒸散量估算、综合指标五类。就我国而言，一般可以采用如下指标来对旱灾灾情进行评价：

（1）降雨量

降雨量是用某时段内的降雨量的绝对值来划分干旱，降雨偏少是引起干旱的主要原因。

（2）温度

温度是表示天气冷热程度的物理量，通常采用摄氏温标为标准。

（3）湿度

湿度是指空气中水汽含量或空气的干湿程度，它可以分为绝对湿度、相对湿度、饱和差三种指标。

（4）旱期

旱期是干旱持续时间的长短，它是判别旱情严重与否的基本指标之一，与旱情的轻重呈正相关关系。

（5）降水距平百分率

该指标又称为相对变率，它是评价旱情轻重的最常用指标。

（6）干旱面积

干旱面积是衡量旱情严重程度的又一个常用指标，干旱面积越大，表明旱情越严重。

（7）帕尔默干旱指数（PDSI）

该指标是 20 世纪 60 年代中期由美国帕尔默（W. C. Palmer）提出的一个适用于不同气候区的干旱指数。该指标在世界范围内得到了广泛应用，它是干旱的影响评价、干旱预测及建立干旱的监测和预警系统的基础。

3. 地震

地震是我国的主要自然灾害之一。地震灾情主要由地震震级与地震烈度两个指标衡量。

（1）地震震级

震级是表示地震本身释放出的能量大小的量化指标，它是根据放大倍率为 2800、周期为 0.8s、阻尼系数为 0.8 的地震仪，在离震中 100km 处的记录图上量的最大振幅值（以 1/1000mm 即 μm 计）推算得到的数值。

（2）地震烈度

地震烈度是指地震在地面产生的实际影响，即地震在地面运动的强度或地面破坏的程度，是为了比较不同地区所受地震影响的大小和破坏程度而制定的一种标准。地震烈度主要按地表的变化现象、建筑物的破坏情况和人体的主观感觉等来划分，是衡量地震灾情的一个综合量化指标。

4. 风灾

风灾是指由于风力过大所造成的灾害。它包括大风、台风（热带风暴）、龙卷风等种类，是我国的一种主要灾害。衡量风灾灾情的指标除前述通用的有关损失指标外，还有风速与风力等。

（1）台风（热带风暴）

台风是真正造成严重灾害后果的风灾，它产生于热带海洋面上的台风或热带风暴，风速高、风力大，且往往伴有暴雨、海浪、龙卷等灾害现象，是破坏性极大的一种自然灾害。

1）台风频次。台风频次是指报告期内一定区域遭受台风袭击的次数。

2）台风强度。它是根据风速和最低气压为标准来衡量台风大小的灾情指标。台风强度一般都以其中心附近地面最大平均风速和其中心海平面最低气压为依据。风速越大，气压越低，表明台风的强度就越大。

3）风速与风力。风速是指强对流空气以每秒流动多少米来计量的指标；风力是指风的强弱程度，一般以风级来表示。风速与风力均与台风造成的损害呈正相关关系。

（2）龙卷风

龙卷风是风灾中的一种，具有范围小、速度快、运行无常规、破坏力大的特点。

11.3.4 灾情统计报表与管理

前面已经对我国主要灾害事故的灾情统计指标进行了概述。要真正了解我国的灾情，还必须依赖于编制规范化的统计报表与开辟信息传递渠道等。本节对灾情统计报表与灾情信息管理做简单介绍。

1. 主要的灾情统计报表

灾情统计报表是在灾害事故日常统计的基础上，对各种灾害事故情况进行集中记录并加以反映的统计表式，它是我国灾情状况的基本载体。通过灾情统计报表，可以了解整个国家或地区的灾情概貌或某一类型灾情或某一灾种的概貌，可以发现各种灾害情况的宏观规律与趋势，可以对灾情的历史与现状等进行具体比较。因此，灾情统计报表是灾害统计的主体内容之一，是认识灾害问题、做好减灾工作的基本依据。

在我国，灾害事故的种类繁多，过去一段时期对灾害事故的管理是多部门分割管理，因此过去的灾情统计报表制度欠统一；但过去如民政部门与统计部门联合制定的自然灾害统计报表制度、公安部门制定的火灾统计与公路交通事故统计报表制度，可以视为我国灾情统计报表制度的有机组成部分。

1）自然灾害情况统计报表。该报表是在灾害发生时即时填报的报表，适用于各种自然灾害。

2）农作物受灾情况统计表。该报表是农村自然灾害受灾情况的主要报表之一，反映的是一定时期内所在地区遭受旱灾、洪涝灾害、风雹灾害、台风灾害、低温冷冻灾害、雪灾、病虫害等气象、生物灾害造成的农作物受灾情况。

3）人口受灾情况统计表。该报表是反映遭受各种自然灾害袭击的受灾地区或区域的人口数量及受灾程度情况的报表，它也是主要的灾情统计报表之一。

4）火灾情况统计表。该报表是记录报告期内填报单位所辖范围内遭受火灾情况的专门报表，它既是灾种报表，又是主要的人为事故灾害报表之一。

5）公路交通事故统计表。该报表是记录报告期内填报单位所辖范围内发生的各种公路交通事故情况的专门统计报表，它与火灾统计报表一样，兼具灾种统计报表与人为事故灾害主要统计报表的双重身份。

对灾情统计报表的填报，必须遵循下列准则：①严格按照规定的统计口径与标准进行填报；②保证数据资料的真实、准确；③坚持快速填报与定期填报相结合；④必须注意报表中的逻辑关系。

总之，灾情统计报表的填报是十分重要的灾害统计工作，有关部门与灾情统计人员必须对此认真负责。

2. 灾情统计信息的管理

灾情统计真实地记录并反映各种灾害的情况，但这并不是灾情统计的主要目的。灾情统计的主要目的是为社会服务，即为人与社会认识各种灾害问题服务，为政府与社会管理灾害、减轻灾害问题服务。因此，加强对灾情统计信息的管理，并使之科学化显然具有必要性和紧迫性。

1）在进一步完善各部门现行制度的基础上，要采用通用的、总体的灾情报表制度，使自然灾害的灾情统计与人为事故灾害的灾情统计不相互分离。

2）要进一步明确各种灾情信息的管理部门与管理职责。全国宏观和总量层面的灾情信息要由国家统计职能部门会同有关专业部门统一管理，各具体灾种的灾情由各有关专业部门进行统计并管理。

3）建立完善的现代化灾情信息传递渠道。灾情信息尤其强调快捷性，在利用一般的信息传递渠道的同时，还应充分利用现代化的通信工具、网络、卫星监测等手段，使各种灾情信息尽可能迅捷地传递到上级部门、政府及社会各界，这是对各种灾害事故发生时及时进行抢险救灾的必要条件。

4）明确规范各种灾情信息的发布。灾害危害的是人类社会，减轻灾害事故的危害需要全社会尤其是每一个人的努力。因此，人们有权利及时获得各种灾情信息资料。

11.4 灾害损失统计

11.4.1 灾害损失评估

1. 灾害损失划分

灾害损失是各种自然灾害与意外事故灾害造成的生命与健康的丧失、物质财产的损毁及对环境的破坏、时间的损失等方面的总称。任何灾害事故虽然起因与表现形态不尽相同，但无一例外地会造成不同受灾对象（如人、物等）的不同程度的损害后果，这是各种灾害事故成为灾害的最基本特征，也是各种灾害事故成为人类社会面临的共同敌人的共同标志。灾害损失作为一个通用的灾害学概念，在灾害统计学中表现出不同的含义。根据不同的标准，灾害损失有着不同的划分：

1）根据与灾害事故的关系疏密，灾害损失可以分为直接损失与间接损失。直接损失是指各种灾害事故在发生过程中直接导致的现场损失，包括灾害事故直接导致的人员伤害、财物损毁等；间接损失则是指各种灾害事故导致的非现场有形和无形的损失，包括因灾导致工作或营业中断使利润减少、费用增加，以及灾害事故处理费用、罚款等。

2）根据灾害损失统计的功能与时间，灾害损失又可以划分为灾害事故发生前的预测损失与灾害事故发生后的实际损失。前者是指运用灾害统计学的理论与方法在事先对可能发生的灾害事故进行评估测定的风险损失，是不确定的损失，它的价值在于为人们认识灾害问题、防控灾害事故提供参考依据；后者则是在灾害事故发生后按照规定程序与特定方法，对灾害事故造成的损害后果进行估算并得出的损失结论，它是确定的损失，它的价值在于为灾后救援、恢复生产提供现实依据，并为防灾减灾提供经验依据。

此外，灾害损失还有人员伤害与财产或利益损失、经济损失与非经济损失等种类划分。

2. 灾害损失统计

所谓灾害损失统计是指对灾害事故造成的各种损害后果进行统计，分为灾害事故发生前的损失预测评估统计、灾害事故发生时的跟踪快速评估统计和灾害事故发生后的实际损害后果的统计。从本质上讲，灾害损失是灾情的最基本的构成部分之一，灾害损失统计也属于灾情统计中的必要且重要的内容。各种灾害事故的灾情轻重或大小，事实上都要根据灾害损失的轻重或大小来判别。

灾害损失统计的重点表现在对各种灾害事故所造成的人员伤害与财产或利益损失通过一定的货币或价值指标进行评估、记录与反映，其中必然要考虑社会经济的发展水平、物价水平、受灾对象的价值水平等多种因素。因此，与一般的灾情统计，如灾害等级、灾害频率、危害区域等相比，灾害损失统计的指标虽然不多，但内容却十分丰富，并且具体表现在对各种灾害事故导致的各种损失的评估上。这一特点决定了灾害损失统计既是灾情统计的有机组成部分，又具有了独立成为灾害统计学中的一个小体系的客观价值。

3. 灾害损失统计的有关概念

（1）风险损失

在灾害学中，凡是在灾害事故发生前运用相关的理论与方法，对灾害事故可能造成的损失进行的估算，都属于风险损失。

（2）损失概率

损失概率是一定时期内损失发生的相对频率。它包括如下两个含义：一是从时间角度理解；二是从空间角度理解。

（3）损失程度

损失程度是指在一定的条件下，一定数量的受灾体（人与物）可能或所遭受到的损失规模和程度，其中，可能的损失程度可根据长期的经验和历史损失统计资料进行预测。

（4）灾害经济损失

灾害经济损失是指用货币直接估价的灾害损失。

（5）灾害非经济损失

灾害非经济损失是指不能用货币直接进行计量，只能通过间接的转换技术进行测算的损失，如人员伤害等。它也可以分为灾害直接非经济损失与灾害间接非经济损失。

(6) 灾害损失统计报表

灾害损失统计报表是集中记录、反映灾害损失（评估）结果的主要载体。因此，填报灾害损失统计报表是灾害损失统计工作的最后一道环节。

各种灾害事故的损害后果，通过损失评估，最终均要以量化的指标反映并公布。

11.4.2 灾害损失评估理论

1. 灾害损失评估分类和意义

灾害损失评估是指在掌握丰富的历史与现实灾害数据资料基础上，运用统计计量分析方法对灾害（包括单一灾害事故或并发、联发的多种灾害事故）可能造成的、正在造成的或已经造成的人员伤害与财产或利益损失进行定量的评价与估算，以准确把握灾害损失现象的基本特征的一种灾害统计分析、评价方法。它分为灾害损失预评估、跟踪评估与实评估三种：

(1) 预评估

灾害损失的预评估是在灾害事故发生前对其可能造成的损失进行预测性评估，包括灾害事故可能造成的损害或损失大小、数量多少及损害程度等，目的是在灾害事故发生前尽量采用经济、有效的方法消除或减少灾害带来的损失。

(2) 跟踪评估

跟踪评估是指在灾害事故发生时对其所造成的损失进行快速评估，目的是为抗灾抢险与救灾决策及尽可能地采取缩小损失程度的应急措施提供依据。跟踪评估的另一价值是为灾后的实评估奠定必要的基础。

(3) 实评估

实评估是指灾害事故发生后，对其造成的实际损害后果进行计量，目的是客观、真实地反映本次（或本期）灾害损失的规模和程度，为进一步组织灾后救援工作与恢复重建工作并确定未来的减灾对策提供依据。

对灾害损失统计而言，跟踪评估是基础，实评估是主体，预评估则是发挥灾害统计多功能服务的表现，三者紧密结合，构成了灾害事故损失评估系统。

灾害损失评估的意义在于：①能够客观、真实地反映各种灾害事故损失的情况；②为防灾抗灾工作提供了科学的依据；③为救灾工作的高效实施提供了科学的依据；④保证了各种灾害事故损失确定的规范化等。

需要指出的是，灾害损失评估是一项系统工程，它的涉及面广，内容也很复杂，理论尚需要完善。因此，在实践中还必须根据具体情况进行具体的分析评估，并努力推动着灾害损失评估理论与方法走向科学化、规范化。

2. 灾害损失评估的内容

灾害损失评估的目的是确定灾害事故的实际损失或风险损失。它的基本内容包括如下几方面：

(1) 确定灾害损失评估的具体对象与评估时段

一方面应当根据灾害种类的划分，确定评估的具体对象——各种受灾体或可能受灾体；另一方面，确定是灾害发生前的预评估还是灾时评估或灾后实评估，即具体的评估时段。

(2) 对灾害事故危害的区域等进行实地勘查

评估人员亲自到灾害发生地区或利用高技术手段对灾害发生地区进行勘查，包括勘查灾害事故的种类、起因、发生的时间、发生的地点、危害的区域范围、危害的具体对象（包括人员伤害情况与财产损失情况等）及与损失后果评估有关的其他情况。

（3）对灾害事故损失从不同角度进行评价

评价内容包括以下几点：

1）从受灾体的角度评价，如人员损害评价（包括生命丧失、健康受损、时间损失等）、物质损害评价（包括财产物资的毁灭、损坏或贬值等）、社会损害评价（包括经济建设发展受挫、环境受损、社会不安定等）等。

2）从与损失事件的关系角度评价，如直接损失与间接损失的划分、评估与计量等。

3）从损失承担者的角度评价，如国家或社会损失、企业或单位损失、个人或家庭损失的评估等。

4）从损失的时间角度来评价，如灾前损失评估、灾时损失测估、灾后损失评估等。

通过不同角度的评价，对灾害损失或可能损失就会有较为全面的了解。

（4）对灾害事故损失进行核实

对灾害事故所造成的损失进行评估后，为了确保损失评估结果的真实、准确，还应当对评估结果进行复核。

3. 灾害损失评估的系统结构

灾害损失评估是一个较为复杂而又系统的过程，每一步骤都有其特定的内容，每一步骤都需要认真、仔细。从系统论的角度出发，灾害损失评估也是一个系统，它由灾害损失评估数据库系统、灾害损失评估指标系统、灾害损失评估模型系统等三大主体块及灾害损失评估结论构成。

（1）灾害损失评估数据库系统

灾害损失评估数据库系统是指与灾害损失评估有关的各种数据信息的收集、存储及运算。它包括以下四个子系统：环境条件数据库系统、灾害损失历史数据库系统、承灾体数据库系统、社会经济发展数据资料数据库系统。

（2）灾害损失评估指标系统

灾害损失评估指标系统主要包括直接损失评估指标子系统和间接损失评估指标子系统。前者分为人员伤害、财产物资损失、其他损失三个二级指标；后者可以分为间接经济损失、间接非经济损失及其他间接损失三个二级指标；二级指标还可以进一步细分。

（3）灾害损失评估模型系统

灾害损失评估模型系统是指在已掌握的灾害损失数据资料及其指标的基础上，运用一定的统计方法如相关分析方法、聚类分析方法、灾变预测方法、时序分析方法、谱分析方法等建立灾害损失评估模型库。灾害损失评估模型系统包括灾前损失预评估模型系统、灾时损失评估模型系统与灾后损失实评估模型系统三个子系统。

11.4.3 灾害损失评估方法与指标体系

1. 灾害损失评估模型

由于灾种不同、灾害发生的地域及时间不同等，对灾害损失的评估方法也有差异。不过，从总体上讲，灾害损失的评估都可以分为直接损失与间接损失评估两大类，直接损失与间接损失还可以进一步分别划分为经济损失与非经济损失。因此，灾害损失的评估实际上由直接经济损失、直接非经济损失、间接经济损失与间接非经济损失四部分组成。将上述各项用表式来表示，即有：

灾害损失＝灾害直接损失+灾害间接损失

＝灾害直接经济损失+灾害直接非经济损失+灾害间接经济损失+灾害间接非经济损失　　(11-16)

这样，要建立灾害损失评估模型，实际上就是建立以货币为计量单位的关系函数表达式：

$$M=f(Q,N)=F(q_1,q_2,n_1,n_2) \tag{11-17}$$

式中　M——折算成货币损失的数量；

Q——直接损失因子；

N——间接损失因子；

q_1，q_2——直接经济损失与直接非经济损失；

n_1，n_2——间接经济损失与间接非经济损失。

值得指出的是，由于灾害造成的损失往往不是某一项损失，而是多项损失，因此，直接损失与间接损失各自又可以分为若干分项。例如，某地某次发生地震灾害的直接损失就可以分为死亡人口数、伤残人数、房屋建筑物损毁间数、设备损失、设施损失等许多项；间接损失则有人员伤亡后所支付的间接费用、企业停产损失、时间损失、精神损失、社会环境损失等多项，这样每一分项均可以建立它们的损失估计函数，然后利用各自损失估计函数计算出分项损失的货币数量，最后将分项损失的货币数量进行加总求和，即可得到某次灾害事故的总损失费用。总损失费用用公式表示如下：

$$M=\sum_{i=1}^{n}M_{Ai}+\sum_{j=1}^{m}M_{Bj} \tag{11-18}$$

式中　M——总货币损失；

M_{Ai}——第 i 项直接损失；

M_{Bj}——第 j 项间接损失；

n，m——直接损失与间接损失的项数。

2. 灾害损失评估方法

灾害损失评估方法实质上就是计算出灾害事故造成的每一项直接损失与每一项间接损失。根据国内外的理论与实践，较为通用的灾害损失评估方法主要有以下几种：

(1) 调查评估法

如果形成灾害损失的因素复杂，很难在短期内收集到相关的灾害损失资料，而无法用统计定量方法评估时，即可以通过向专家调查的方式来获得对灾害损失的估计，这就是调查评估法。最常用的专家调查法为德尔斐法，它是通过函询方式，把事先设计好的调查表邮寄给对某地区、某时期、某灾种比较熟悉的专家们，由专家对该灾害事故可能造成的损失进行评价，然后收集各专家的评价意见，并对各专家的评价意见进行综合、归纳和整理后，再反馈给各专家，如此收回、反馈数次后，最后得出较为一致性的灾损评估值意见。该方法的最大特点就是采用概率统计的方法，对意见进行定量处理，使分散的意见逐步收敛、集中，从专家们随机意见中找出集中趋势，获得较为可靠的估计结果。德尔斐法一般用于灾害损失发生前的预评估。

（2）专家评分评价法

它是根据专家经验与个人判断，把定性转为定量的一种评价方法，即先根据评价对象的具体要求选定若干评价指标，再根据评价指标定出评价标准，各有关专家以此为标准分别给予一定的分数值（5 分制或 100 分制）并汇总，最后以各个方案得分由低到高排序，评价损失的大小。专家评分评价法主要适用于对灾害事故损失的预评估。专家评分评价法在实践中有多种，最常用的灾害损失专家评分评价法是加权评分法，它是根据评价指标的重要程度分别给予权数，以突出评价重点，然后观察加权平均后的分值，并根据每一分值代表多少损失来求得总损失的一种评估方法。加权评分评价法的分值计算公式如下：

$$D = \sum_{i=1}^{n} d_i w_i \tag{11-19}$$

式中　D——评价指标的总分；

d_i——第 i 个评价指标所得的分数；

i——评价指标个数，$i=1，2，\cdots，n$；

w_i——第 i 个评价指标的权数，$0<w_i<1$。

则损失估计值可以表示为如下形式：

$$M=DK \tag{11-20}$$

式中　K——每一分值的货币损失量。

需要指出的是，应用加权评分法的难点主要是 K 值不易确定，它还有待于在实践中进一步探索。

（3）人力资本法

人力资本法是评价生命价值的一种应用最为广泛的方法，它假定人失去的寿命或损失的工作时间等于个人劳动的价值，一个人的劳动价值是其未来的收入经贴现折算为现值，然后根据下列公式进行计算：

$$L_i = \sum_{t=T}^{\infty} y_t p_T^t (1+r)^{(t-T)} \tag{11-21}$$

式中　L_i——人失去的寿命折算的现值；

y_t——预期个人在 t 年内所得总收入，扣除由他拥有的任何非人力资本的收入；

p_T^t——个人从 T 年活到 t 年的可能性；

r——预期第 t 年的社会贴现率。

用人力资本法进行人体生命损失评估时，主要运用的参数有发病率增加、劳动日、人的损失（包括护理人员的误工等）、人均国民收入、医疗费用等。

（4）影子价值法

影子价值法又称恢复费用法，该方法的原理是，当财产物资因灾受损后，重新创造这些财产物资而花费的费用就是灾害损失的价值量。例如，某城市发生地震而变成一片废墟，在不考虑人员伤亡的情况下，按原样恢复该城市，则恢复重建的费用就是这次地震造成的经济损失。影子价值法一般用于灾后对财产物资损失的实值评估。

(5) 市场价值法

市场价值法是以现行市场价格重新购置受损物资所需的费用来估计财产物资的损失货币量。计算公式如下：

$$M = \sum_{i=1}^{n} p_i q_i \tag{11-22}$$

式中 p_i——i 类损失物的市场价格；

q_i——i 类损失物的数量；

i——财产物资损失项目，$i=1, 2, \cdots, n$。

在具体运用市场价值法进行灾害损失评估时，若某些受损物资缺乏市场价格衡量时，则可用重置价值（或重置价值减去折旧）估计损失；对于某些受损物资不是全新物资时，还应考虑该受损物资的新旧程度；此外，还应考虑受损物资的残值及灾害损失清理费、运输费、安装费等其他间接费用。因此，这里的受损财产物资的损失价值可用来表示如下：

$$M = \sum_{i=1}^{n} P_i \beta_i q_i + \sum_{i=1}^{n} A_i - \sum_{i=1}^{n} E_i \tag{11-23}$$

式中 P_i——第 i 项受损物资全新时的单位重置价值；

β_i——第 i 项受损物资的新旧折扣系数，$0<\beta_i \leqslant 1$，β_i 越接近于 0 则受损物资越旧，越接近于 1 则表示受损物资越新；

A_i——第 i 项受损物资的间接费用；

E_i——第 i 项受损物资的残值。

值得指出的是，市场价值法还可以用来计算灾害造成的非经济损失，如环境污染损失等，在应用时其出发点是将环境污染看成生产要素，当这个生产要素发生变化时，致使自然系统（自然环境）与人工系统（人类社会）的生产率受到影响，使用该系统生产并进入市场交易的产品数量减少或产品价格下降而引起的损失，即为环境污染损失。例如，某化工厂的废气、废水使周围农业生产受损包括农作物产量减少，并因农产品受到污染而导致价格下降使收益受损，即是该污染的损失值。

(6) 海因里希法

该方法是美国学者海因里希于 1926 年提出的。根据该理论，灾害损失可用直接损失与间接损失之比的规律来进行估计，即先计算出事故的直接损失，再按 1：4 的规律，以 5 倍的直接损失数量作为灾害损失的估计值。由于一般情况下，直接损失容易计算，间接损失不易估计，因此，用该方法可以避免这一计算缺陷。不过，由于受灾地区不同、灾种不同、受灾体不同及损坏程度不同等，在实践中不宜直接应用该方法，而应根据具体情况确定直接损失与间接损失之比。从国内外对灾害损失评估的经验来看，灾害所致的间接损失一般是直接损失的 2~5 倍，即根据不同情况，灾害损失估计值一般可用 3~6 倍的直接损失来计量。

(7) 西蒙兹法

该方法是美国学者西蒙兹提出的一种新型并适用于微观企业估计灾害损失的方法。它的基本观点是，在企业财产全额投保的情况下，根据企业在受灾时是否由保险公司来补偿，将损失分为直接损失与间接损失两部分。“由保险公司补偿的金额”是直接损失，“不由保险公司补偿的金额”是间接损失。计算公式如下：

M = 由保险公司补偿的灾害损失金额+不由保险公司补偿的灾害损失金额
= 保险损失+A×停工伤害次数+B×住院伤害次数+C×急救医疗伤害次数+D×无伤害事故次数 (11-24)

其中，A、B、C、D 表示各种不同损害程度的非保险费用平均金额，它们一般可根据过去损失资料计算，或经小规模试验研究求得。

值得指出的是，西蒙兹法计算公式没有包括因灾死亡人数和不能恢复全部劳动能力的伤残人数，当发生此类损害时，应分别进行计算。此外，西蒙兹法的非保险补偿费用（即所谓间接损失）主要包括以下项目：①非负伤工人由于中止作业而引起的费用损失；②受损材料和设备的修理费用、搬运费用；③负伤者停工作业时间的费用；④加班劳动费用；⑤监督人员所花费的时间报酬；⑥负伤者返回岗位后生产减少的费用；⑦补充新工人的教育与培训费用；⑧公司负担的医疗费用；⑨进行灾害事故调查付给监督人员和有关人员的费用；⑩其他特别损失，如设备租赁费、解除合同所受到的损失等。

以上各种方法，都是从损失总体上来进行介绍的，在实践中，灾害损失实质上是根据受灾体涉及的众多因素（即指标）一项一项统计的。对灾害损失评估的具体方法还有很多，本书不再一一介绍。

3. 灾害损失评估指标

现阶段我国的灾害损失评估货币化指标是根据不同灾种由各有关部门独立设置并统计的。这样，同一指标在各部门及各灾种损失的评估中计算口径有很大差异，无法真正体现出各种灾害事故造成的实际损失。各种灾害事故的损害后果都不外乎人员伤害与财产损失及其他相关损失（间接损失）。

（1）直接损失

直接损失包括人身伤害损失、财产物资损失、其他损失三项分级指标。

1）人身伤害损失。它是指因灾害事故造成人员伤亡所发生的一切费用。它包括疗费、丧葬费、抚恤费、补助及救济费、交通费、律师费、歇工工资等项目，其中，丧葬费、抚恤费、补助及救济费、交通费、律师费等均是有客观标准的，可按实际支出额进行计算。

2）财产物资损失。它是指灾害事故造成的各种财产物资损失金额。

3）其他损失。主要是指灾害事故发生后所发生的处理灾害事故的事务性费用、现场抢救费用、清理现场费用及有关罚款、赔款等。上述项目均根据实际支付的金额计算。

（2）间接损失

间接损失主要分为间接经济损失与间接非经济损失两类。

1）效益损失。它是由于灾害事故发生导致生产经营单位停产或营业中断等所损失的价值。效益损失是灾害间接损失的主体部分，计算公式如下：

$$效益损失 = \sum_{i=1}^{n} q_i p_i \quad (11\text{-}25)$$

式中 q_i——灾害事故发生减少的生产或销售量；

p_i——报告期市场销售价格；

i——产品损失种类（$i=1, 2, \cdots, n$）。

2）劳动损失。它是指灾害事故使伤残人员的劳动功能部分或全部丧失而造成的损失。它包括社会财富损失与个人收入损失两个二级指标。

3）处理环境污染的费用。它包括排污费、保护费和治理费等。

4）补充新职工的费用。它包括新职工的培训教育费、新职工能力不足造成的产品损失费及新职工操作不熟练而引起机械损耗费等。

5）工效损失费。它是因灾害事故而使劳动者心理承受力受到影响，从而导致工作效率的降低而形成的损失。

6）社会经济效益损失。它是因灾害事故造成当地乃至国家整个经济建设速度减慢而导致的经济损失。

7）其他间接损失。如灾害事故发生后到恢复正常生产或生活秩序前，机器设备停止运转而发生的保护费、修理费，劳动场所停工时的照明费、看管费，以及支付给死者家属及伤残人员本人的慰问费等。

8）政治与社会安定损失。

9）声誉损失与精神损失。

11.5 减灾统计

减灾工作的目标是使各种自然灾害与人为事故灾害及其危害得到最大程度的减轻，它必然要通过各种工程措施与非工程措施才能达到；各种减灾措施的采用均意味着资金的投入与相关效益的产出，因而可以通过量化的指标来衡量。因此，对减灾工作的统计就构成为整个灾害统计的必要且重要的内容。

减灾统计是指通过一系列的统计指标，用量化的手段，对政府、社会、单位、家庭及个人的减灾投入及减灾效益进行记录、计量与分析，它是灾害统计的子系统之一。具体而言，减灾统计的基本内容主要包括三个方面：一是减灾资金的筹集，如政府拨款、社会集资、企事业单位投资等及其各占多大比重，这是整个减灾工作的经济基础；二是减灾资金的用途，即资金的具体投向及其结构、比例等，它反映减灾工作的重点及是否协调；三是减灾所取得的社会经济效益，如避免或减少了多少损失、产生了多大直接经济效益或社会效益等。

11.5.1 减灾资金筹集统计

1. 减灾资金的筹集方式

减灾工作的开展是必定要付出经济代价的，即各种减灾措施的实施无一例外地需要一定的资金投入，资金投入的多少不仅与减灾能力的强弱呈正相关的关系，甚至直接决定着减灾工作的规模、效益与深度。因此，尽可能多地筹集减灾资金，便成了整个减灾工作的基础。

要实现尽可能多地筹集减灾资金的目的，必须有科学、合理的筹资模式。减灾资金筹集模式应当包括下列内容：

1）确定减灾资金的筹集与社会经济发展相适应的原则。一方面，国家应当保证减灾资金稳定增长，即所筹减灾资金能够随着社会经济的发展而不断增长，甚至在一定的条件下允许减灾资金超前增长。因为减灾工作做得好，社会经济持续发展的后劲就会强，灾害造成的损害后果也会得到减轻。另一方面，减灾资金的筹集还要与社会经济的发展相结合，即在社会经济发展的进程中，要注重对生态环境的保护，要重视对各种灾害问题的管理与防范，不能只顾眼前利益而不管灾害问题的恶化。

2）确立以国家财政拨款为主与多方筹资相结合的筹资途径。灾害的种类众多，危害极大，损失惊人，国家或政府无论从社会经济的发展角度还是从维护稳定的角度，都责无旁贷地承担着减灾的重任，必须对减灾工作承担主要的供款义务。

3）明确以货币资金投入为主与实物、技术、劳务投入等相结合的多维混合筹资模式。在传统观念里，减灾资金的筹集似乎只能是货币资金，这主要是减灾资金的来源过分依赖于政府财政拨款所致。其实，在市场经济的条件下，实物、技术、劳务等均是可以计价并与货币资金一样可以为实现减灾目标服务的。

4）建立以强制性筹资为主、自愿或自发性筹资为辅的筹资方式。第一，政府对减灾事业的财政拨款应当制度化，即在国民经济与社会发展规划及各级政府的财政预算中，对减灾事业的拨款应当有一个明确的比例，并保证其不断增长；第二，对企业、市政及各种建设项目的实施，应当明确规定其必须承担的减灾职责，并通过规定减灾费用或减灾投入的适度比例来使之规范化；第三，从政策上鼓励、倡导社会各界自愿或自发地参与减灾工作，包括捐资、捐物、义务劳动等。唯有上述方式的配套化，才能形成全民性、社会性的减灾热潮。

2. 减灾资金筹集的统计分类

对减灾资金筹集的统计，首先必须对其进行统计分类。根据不同的标准，减灾资金的筹集有着不同的划分。就统计的目的而言，减灾资金筹集的统计分类主要以资金的来源渠道为依据划分。具体而言，减灾资金筹集的统计分类包括以下方面：

（1）政府财政拨款

由于灾害的广泛性、危害的普遍性，减灾工作尤其是对主要自然灾害的减灾工作，需要巨额的资金投入，因此，政府财政拨款便成了国家和社会减灾工作的主要经费来源渠道，它体现着国家对减灾所承担的重要职责。

（2）社会筹资

社会筹资就是向社会各界募集减灾资金，这是一种应当引起足够重视并发掘的减灾资金筹集渠道，是充分调动民间财力用于防灾减灾事业的可行途径。在这一指标之下，可以设立政府募集、民间募集、社区募集三个二级指标。

（3）企业筹资

在企业的建设与生产经营过程中，无论从社会减灾的角度还是从企业减灾的角度出发，均不能没有对减灾事业的投入，这就决定了减灾资金应当成为企业成本开支的一个必要构成部分，企业应当成为当代社会减灾资金筹集的重要渠道。在该指标之下，可以按照企业的不同归类来设置若干二级指标。

（4）家庭及个人筹资

家庭及个人筹资是指城乡居民家庭及个人用于防灾减灾的资金投入。

3. 减灾资金筹集的统计分析

减灾资金筹集统计的目的在于准确反映减灾资金的来源及结构情况，并为完善和扩展减灾资金的筹集渠道服务。

（1）规模分析

从减灾的角度出发，筹集的减灾资金越多越好，但若不考虑国家、社会、企业、家庭或个人的经济承受能力，则就可能物极必反，影响国家的经济建设与减灾后劲。因此，减灾资金的筹集规模还是应当与社会经济的发展水平保持适应，即以规模适度为宜，衡量并分析减灾资金的规模，主要可以运用以下指标，即减灾资金总额、减灾资金占国内生产总值比、政府减灾拨款与财政收入比。

1）减灾资金总额分析。减灾资金总额的计算公式如下：

$$S = \sum_{i=1}^{4} S_i \tag{11-26}$$

式中 S——减灾资金总额；

S_i——各项资金的来源，$i=1，2，3，4$，分别代表政府财政拨款、社会筹资、企业筹资及家庭与个人筹资。

该指标是通过各条筹资渠道筹集到的减灾资金之和，是减灾资金筹集的总量指标。在实际应用时，通过它可以直观反映出一国或一地区用于减灾事业的全部资金规模；与历史或以往年度进行纵向比较，可以看出当年度减灾资金筹集规模是扩大还是缩小了；与不同地区之间进行横向比较，可以看出本地区用于减灾的资金投入实力强弱，以及需要改进的筹资中的问题。

2）减灾资金占国内生产总值比分析。减灾资金占国内生产总值比的计算公式如下：

$$减灾资金占国内生产总值比 = \frac{减灾资金总额}{国民收入总额} \times 100\% \tag{11-27}$$

该指标是通过将筹集到的全部减灾资金与本国或本地区的国内生产总值总额进行比较，从中测出其所占比率。通过它，可以分析本国或本地区用于减灾的资金在国内生产总值中所占比率是否合适，与历史或以往年度相比有何变化，与其他国家或地区同一指标相比有何差异等。

3）政府减灾拨款与财政收入比分析。政府减灾拨款与财政收入比的计算公式如下：

$$政府减灾拨款与财政收入比 = \frac{政府减灾拨款}{当年财政收入} \times 100\% \tag{11-28}$$

该指标是通过计算政府减灾拨款与当年财政收入之间的比率，来考查其规模发展与国家财政收入规模发展的相关性。由于政府财政拨款是减灾资金的主要来源渠道，这一指标客观上对整个减灾资金的规模影响极大。通过历史比较与横向比较，不仅可以观察到政府对减灾事业的重视程度及财政投入的周期规律，而且能够看出政府财政实力对减灾事业的深刻影响。

（2）结构分析

减灾资金的结构分析是指不同来源渠道的减灾资金占减灾资金总额的比率，它的计算公式如下：

$$结构百分比 = \frac{S_i}{S} \times 100\% \tag{11-29}$$

（3）趋势分析

减灾资金筹集的趋势分析，主要是规模发展趋势分析与结构发展趋势分析。从结构发展趋势来看，尽管政府财政拨款仍是减灾资金筹集的主渠道，但将发生较大的变化：一是在中央政府与地方政府之间，地方政府的减灾资金增长将快于中央政府；二是随着社会经济的发展与国民财富的增长，用于减灾事业的社会筹资与家庭或个人筹资将得到较快发展，该数额虽然在整个减灾资金结构中还不可能占据重要地位，但所占比重将会持续上升；三是随着政府与社会对环境保护与减灾事业的日益重视，以及企业对减灾责任承担的制度化、规范化，企业筹资在整个减灾资金中将不断增长，并将成为最有拓展希望的减灾资金渠道。

11.5.2 减灾投入统计

将所筹集的减灾资金投入到各种各样的减灾活动中去，是整个减灾工作的第二大环节，也是关键环节。对这一环节的统计工作主要是反映各种投入途径的资金去向及其数量规模，并分析其投入结构是否合理，尽可能地保证减灾资金得到最高效率的运用。

对减灾投入进行种类划分，是建立减灾资金投入指标并据以统计、分析的基础。采用不同的依据，可以对减灾投入做出多种分类。

1. 减灾投入的划分

具体而言，对减灾投入可进行如下划分：

1）根据减灾灾种，减灾资金投入可以划分为排涝防汛投入、抗旱投入、防雹投入、防震抗震投入、消防投入、公路减灾投入、民航减灾投入、铁路减灾投入、矿山事故减灾投入等许多种。这种划分的作用在于确保减灾资金对危害较大的灾种的重点投入，以及对一般灾害的兼顾。

2）根据减灾环节，减灾资金投入可以划分为灾害监测、预报投入，防灾、抗灾投入，灾后救援投入等。这是建立一元化的减灾资金投入统计指标体系的主要依据。

3）根据减灾措施，减灾资金投入可以划分为工程措施投入与非工程措施投入两大类。工程措施投入是指用于防、抗、救、援灾害的各种建筑、防护工程措施所需的资金投入，如兴修水利工程、植树造林、人工降雨等；非工程措施则是指减灾宣传、监测、预报等各种非工程性减灾措施所需的资金投入，如气象预报、地震观测、病虫害监测等。

4）根据减灾范围，减灾资金投入可以划分为国家减灾投入、地区减灾投入、社区或单位减灾投入、家庭减灾投入等种类。在此，国家减灾投入是指一些需要由国家出面组织的减灾活动，它的投入对象往往是面向全国性的、跨越省界的或地方政府无力独自开展的大型减灾活动；地区减灾投入是指以地方各级政府出面组织的并直接面向本地区的各种减灾投入，直接为减轻地方灾害的危害服务；社区或单位减灾投入是指社区及企业、事业、机关单位在本社区或单位范围内开展的小型减灾活动所需的资金投入，是社会化减灾工作的基础；家庭减灾投入则是指城乡居民家庭对减轻存在于家庭内部或与家庭财产、家庭成员有关的减灾工作所做的投入，如家庭对家用电器的稳定防护、农民对病虫害的防治、个人的保健性体检等均属于家庭减灾投入。

2. 减灾投入统计阶段的划分

减灾投入统计按阶段可划分为：

1）灾害监测、预报投入。即对灾害进行监测、预报，它包括特定灾害发生前的监测、预报和日常性的监测、预报工作。

2）防灾、抗灾投入。防灾、抗灾是非常广泛的社会性减灾措施，如为提高国民的减灾意识与减灾知识而进行的安全防灾宣传，为减少灾害的发生及其危害程度而进行的减灾科学技术研究，为避免有关灾害而另行选择建设空间，为防止火灾而设置消防设施等。

3）灾后救援投入。灾后救援投入包括救灾演习、灾害发生时的紧急救援行动（如救灾物资的调配、灾民的转移、对灾民的生活救济、对灾民的医疗救助等），以及对被灾害破坏的设施尽快进行抢修。它的目的是使灾害的危害后果得到有效控制，并尽可能地减少衍生灾害。

$$减灾投入总额=灾害监测、预报投入+防灾、抗灾投入+灾后救援投入 \tag{11-30}$$

用式（11-30）可以计算出一定地区在一定时期内的减灾投入总额，还可以计算出每一减灾环节的资金投入额及其所占比重，为分析减灾资金的投入结构是否合理提供具体的量化依据。

11.5.3 减灾效益统计

减灾效益统计是减灾统计的主体内容，也是整个灾害统计学研究的重要对象。由于减灾效益不同于一般经济意义上的效益，有必要先行阐述减灾效益的概念。

1. 减灾效益的概念

减灾效益是指通过一定的减灾投入所能减少的灾害损失量，以及可能创造的直接经济效益。由于使灾害可能造成的或正在造成的损害后果尽量降低到最低点是减灾工作的基本目标，而创造直接经济效益则是某些情况下减灾的附带目标，因此，减灾效益实质上是一种“减负得正、以负换正、负负得正”的效益。换言之，减灾效益与其他产业投资所创造的效益是有很大不同的，并非生产出尽量多的使用价值量与价值。

从广义的减灾效益出发，减灾效益统计应当以科学划分减灾效益概念为基础。因此，有必要对减灾效益进行分类阐述。

1）根据减灾效益的性质，可以划分为经济效益与非经济效益。前者是指因减灾投入而带来的能直接用货币计量的效益；后者是指因减灾投入而带来的不能直接用货币计量的效益，如减灾投入使人员伤亡减少、生态环境恢复正常、社会趋向安定等。

2）根据减灾效益的表现结果，减灾效益可以分为直接效益与间接效益。前者是指某项减灾投入本身直接体现出来的效益，如降低了灾害的损失、避免或减少了人身伤亡、创造了直接收入等；后者则是指某项减灾投入间接反映在其他方面的效益。因此，在统计中虽然强调以直接效益为统计对象，但也应当将间接效益考虑在内。

3）根据减灾效益的层次，减灾效益可以分为微观效益、中观效益和宏观效益三个层次。微观效益是指减灾投入对家庭或个人、企事业单位、社区所带来的减损与增收效益，中观效益是指通过减灾投入所创造的对局部地域或部门的减灾效益，宏观效益则是指减灾投入对整个国家或较大区域的社会经济、人身安全所带来的减灾效益。

4）根据减灾资金的投向，减灾效益可以分为工程减灾效益和非工程减灾效益。前者是指对各种减灾工程项目的投入所创造的效益，如防洪工程、抗震工程等；后者是用于非工程措施的减灾投入所创造的效益，如气象预报投入、防灾宣传等就是非工程减灾措施，实现的也是非工程减灾效益。

5）根据减灾效益的时效，减灾效益可以分为近期效益与长远效益。前者是指减灾投入在投入时或短期内所能够创造的效益，如汛期抢险救灾、地震发生后的紧急救援等，取得的就是短期效益；后者是指减灾投入能够在较长期内取得的减灾效益。

综上所述，减灾效益是不同于其他严格依照“投入-产出”方式所创造的特殊的效益，是减灾工作中必须高度重视的问题，也是减灾统计中所需统计并分析的主体内容。因为，无效益或效益很低的减灾活动无异于劳民伤财，应当加以避免。因此，减灾统计应当以减灾效益统计为中心，以便为政府与社会乃至家庭的减灾工作提供可靠的依据。

2. 减灾效益的评价指标

对减灾效益进行统计，既是完善整个灾害统计体系的内在要求，也是检验减灾投入质量的必要工具。为此，首先需要合理确定减灾效益的评价指标。评价减灾效益的统计指标主要可以由以下几项构成：

（1）减灾投入额

减灾投入额是指以货币形态表现的减灾活动过程中所投入的价值总量。它是反映减灾实际投入规模大小的综合性指标之一，也是用来评价减灾效益大小的最基本的指标之一。在实际应用时，该指标一般分为：

1）减灾投入总额。它是指一定时期内一个国家或地区宏观减灾投入的价值总量，由监测预报投入、防灾抗灾投入、灾后救援投入三大部分组成。

2）项目减灾投入额。它是指单个减灾项目的投入额，它主要用于减灾个案或具体项目的效益分析。

（2）损失降低率

损失降低率是指因减灾投入而使灾害损失实际减少的相对比率。它的计算公式如下：

$$\text{损失降低率}=\frac{\text{某一时期(某次)损失减少总量}}{\text{同期(同次)在未实施减灾措施情况下的可能损失额}} \tag{11-31}$$

损失降低率根据受灾体的不同，又有经济损失降低率和人身伤亡降低率之分。前者是指财产物资货币化损失降低的相对比率；后者是指人身伤亡损害降低的相对比率。

（3）项目减灾投入回收期

该指标是指单个项目减灾投入并发挥作用后，减少的灾害损失货币量和增加的收入货币量之和达到项目减灾投入额所需要的时间。它的计算公式如下：

$$\text{项目减灾投入回收期}=\frac{\text{项目减灾投入额}}{\text{减灾投入后年均实际减少的各种损失额+年均增加的货币收入量}} \tag{11-32}$$

（4）减灾投入效益系数

该指标是指某时期减灾投入总额发挥作用后所减少的灾害损失货币总量和增加的国内生产总值的比率。它的计算公式如下：

$$\text{减灾投入效益系数}=\frac{\text{减灾投入后减少的灾害损失额+国内生产总值增加额}}{\text{减灾投入总额}} \tag{11-33}$$

减灾投入效益系数是从一个国家或地区的角度来反映减灾投入效益的指标。

(5) 单位减灾投入所减少的灾害损失额

该指标是指一定时期内单位减灾投入所带来的灾害损失减少额。它的计算公式如下：

$$单位减灾投入所减少的灾害损失额=\frac{一定时期某减灾项目所带来的灾害损失减少额}{该项目投入总额(万元/百万元/千万元/亿元)} \tag{11-34}$$

3. 减灾效益的评价模型与方法

尽管减灾效益与其他经济效益的意义有根本区别，但同样可以通过对其“投入与产出”的考查，运用一定的价值模型进行评价。例如，评价模型可表达为

$$减灾效益(Q)=F(减灾产出量,减灾投入量) \tag{11-35}$$

显然，当减灾投入量一定时，减灾产出量越多，减灾效益就越大，即减灾产出量是减灾效益的增函数；而当减灾产出量一定时，减灾投入量越多，减灾效益则越少（或减灾产出量一定，减灾投入量越少，减灾效益则越大），即减灾投入量是减灾效益的减函数。

从上述对减灾效益的定义可知，减灾产出量包括“减损”与“增值”两个方面，所以评价模型还可进一步用下式来表示：

$$减灾效益(Q)=F\{f(减损产出,增值产出),减灾投入量\} \tag{11-36}$$

从式（11-36）可以看出，减损产出与增值产出是减灾产出量的子函数，而且均是增函数。这样，对减灾效益的评价，就是要求考虑在减灾投入时，单位减灾资金、单位资源、单位劳动取得减损产出最佳、增值产出最多；在消耗一定的物化劳动和活劳动的情况下，尽可能取得最大的减损产出与增值产出；在取得同样的需求效益情况下，力求消耗的人力资源、物力资源与财力资源为最小。

在具体确定模型并评价减灾效益时，还必须运用相关的评价方法。可以采用的评价方法有：

1）对比分析法。它是根据现象之间的联系，把有关的减灾效益指标进行对比，以分析评价它们之间的数量对比关系及其形成原因的一种评价方法。

2）比例分析法。它实质上是一种特殊的对比分析法。

3）专家评分法。减灾效益专家评分法与灾害损失专家评分法的性质是相似的，只是对减灾效益进行评价时，选择的评价指标不尽相同而已。

4）差额评价法。即根据减灾投入前后的可能损失和增值与实际损失和增值的差额大小来评价。计算公式如下：

$$减灾投入净效益=(减损产出+增值产出)-减灾投入额 \tag{11-37}$$

其中：

$$减损产出=减灾投入后的损失额-减灾投入前的损失额$$

$$增值产出=减灾投入前的收益额-减灾投入后的收益额$$

5）机会成本法。即利用一定的资源获得某种收入时所放弃的另一种收入。

6）费用效益评价法。它是用来衡量减灾项目所产生的效益是否与其费用相当的一种效益评价方法。它主要运用经济学、数学和系统科学等方面的知识，按照一定的程序、准则和公式，分析减灾项目（方案、措施）将会给或已经给社会造成的费用与带来的效益，以期

为做出减灾决策或减灾决策的改进提供科学的依据。

7）多目标规划法。它是评价宏观减灾效益的有效方法。它的基本内容是把各种不同度量的减灾投入效益指标通过一定形式的函数关系转化为同度量的指标，然后将这些同度量的指标加权平均，得出表明减灾投入效益结果的综合指标数值。

8）投入产出法。它是指利用数学方法与电子计算机来研究减灾活动的投入与产出之间的数量依存关系的一种方法。

本章小结

（1）概述了自然灾害问题、灾害统计的意义、灾害统计的作用、灾害统计的对象与任务、灾害统计的内容和特点。

（2）从灾因统计的视角，讨论了灾因及其表现形式、灾因统计指标的表示方法、灾因的关联度、灾因统计个案分析等。

（3）从灾情统计的视角，讨论了灾情统计中若干重要概念，主要自然灾害的灾情统计方法，灾情统计报表与管理等。

（4）从灾害损失统计的视角，介绍了灾害损失评估与灾害损失统计方法、灾害损失评估理论、灾害损失评估方法与指标体系等。

（5）从减灾统计的视角，介绍了减灾资金筹集统计、减灾投入统计和减灾效益统计的方法。

思考与练习

1. 灾害统计学研究的意义、对象与任务是什么？
2. 论述灾因、灾情、灾害损失统计各自的侧重点和作用。
3. 灾害损失评估的理论、方法及指标体系是什么？
4. 试运用层次分析法分析台风灾害所带来的各种直接和间接的经济损失。
5. 试分析地震灾害产生的各种直接和间接的经济损失。
6. 论述防灾减灾的意义，并运用建模方法表达防灾减灾的作用。

12

第12章 生产事故统计

本章学习目标

重大生产事故也可归类为人为灾害之一。本章要求了解全国安全生产的形势和一些事故高发的行业安全问题，运用前面所学的各种安全统计理论和本章介绍的生产事故统计方法，能够熟练地对几类行业的生产事故进行统计分析。

本章学习方法

要求理论联系实际，与前面章节介绍的安全统计理论和方法与主要行业生产事故的统计工作相结合，并能够将生产事故统计结果应用于预测和控制生产事故的发生。

12.1 行业生产事故概述

我国现有的生产行业很多，本章将选择一些事故相对高发的行业进行讨论，即所谓高危行业。高危行业是指生产危险系数较高，事故发生率较高，财产损失较大，短时间难以恢复或无法恢复的行业。如矿山开采、危险化学品、烟花爆竹、民用爆破、建筑施工和交通运输等行业，由于生产作业的特殊性，容易对参与生产过程中的劳动者、相关第三者及环境等造成伤害。“高危行业”一词是在国家对煤矿、非煤矿山、危险化学品、烟花爆竹和交通运输等行业进行监督管理的过程中逐渐形成的一种称谓。

目前，与其他行业不同，高危行业因其危险大、损失严重而具有独特的特点。

(1) 风险因素难以消除

与其他行业相比，高危行业的风险因素要复杂得多，也更加难以消除。以煤矿开采为例，煤矿井下地质情况复杂，开采技术条件各异，生产过程中会不断出现水、火、瓦斯、煤尘或冲击地压等自然灾害威胁，再加上有害气体、噪声等大量存在，容易造成煤矿事故。但这些导致事故发生的风险因素是行业生产的本质及其特定的生产方式决定的，是高危行业危险事故发生的内因，一般很难消除。

(2) 事故危害性巨大

高危行业一旦发生风险事故，便会造成严重的人身伤亡及财产损失。例如，2008 年9 月 8 日，山西省临汾市襄汾县新塔矿业有限公司尾矿库发生特别重大溃坝事故，造成 277 人死亡、4 人失踪、33 人受伤，直接经济损失巨大。

（3）事故损失超出企业承受能力

在我国高危行业中，许多中小企业的承担风险能力较差，加之保险、安全意识差，一旦发生风险事故便超出企业的承受能力，使企业面临着破产的危险。对于大型企业而言，即使安全生产制度相对健全，但一旦遭遇大的事故，损失也难以承担，因为要承担的事故损失既包括受伤害人的医疗、补助和其他费用，又包括财产损失、生产损失及环境污染的清除费用等。

（4）社会影响广泛

高危行业因其行业地位的特殊性，当事故发生时，常常引起广泛的社会影响。例如，2005 年 11 月 13 日下午，位于吉林省吉林市的中国石油吉林石化公司双苯厂新苯胺装置发生爆炸，引起化工原料火灾。由于该公司污水处理存在先天缺陷，灭火后产生的污水伴随着有毒物质向松花江下游流去，最终汇入黑龙江，污染不仅影响了黑龙江省，还到了俄罗斯的水域，并变成为一次国际事件。

因此，对高危行业事故统计分析意义重大，也是国家的要求。目前，我国有关生产事故统计的方法因行业不同而有所不同。

12.2 交通事故统计

交通事故统计分析是对交通事故总体进行的调查研究活动，目的是查明交通事故总体的分布状况、发展动向及各种影响因素对事故总体的作用和相互关系，以便从宏观上定量地认识事故现象的本质和内在的规律性。事故统计与分析必须是总体性的，而且需要有明确的数量概念。

交通事故统计分析对综合治理交通、保证道路交通安全具有以下重要意义：①为制定交通法规、政策和交通安全措施提供重要依据；②检验交通安全政策和措施的实际效果；③为交通管理提供统计资料；④为交通安全教育和交通安全研究提供资料等。

交通事故统计调查是收集事故及相关资料的过程，对整个统计分析具有重要意义。在我国，交通事故统计分析资料必须由国家交通管理部门登记和汇总，交通事故的统计采用基层初步统计、逐步汇总的方式进行。交通事故统计资料的汇总，广泛应用的是分类统计方法，有四种常见的分类形式：按地区分类、按时间分类、按质别分类和按量别分类。

除上述四种分类统计汇总方法外，在实际应用中还经常采用复合分类汇总方法，常见的形式有：时间与地区的复合（如各地不同月份的事故统计）、质别与地区的复合（如各地不同路面上的事故统计）、量别与地区的复合（如各地不同年龄驾驶人事故统计）等。

12.2.1 交通事故统计分析指标

为了反映交通事故总体的数量特征，必须建立相应的统计分析指标。统计分析指标应具有实用性、相对性和可比性，能明确反映出事故发生的频率和严重程度。

1. 绝对指标

绝对指标是用来反映事故总体规模和水平的绝对数量。根据所反映的时间状况不同，绝对指标可分为时点指标和时期指标。前者反映某一时刻上的规模和水平；后者反映某一时间间隔的累积数量。绝对指标是认识事故总体的起点，又是计算其他相对指标的基础，绝对指标有交通事故次数、受伤人数、死亡人数和直接经济损失，即交通安全四项指标。

2. 相对指标

相对指标是通过事故总体中的有关指标进行对比得到的。利用相对指标可深入地认识交通事故的发展变化程度、内部构成、对比情况、事故强度等。此外，还可把一些不能直接对比的绝对指标放在共同基础上进行分析比较。

1）结构相对数。结构相对数是指部分数与总数的比，通常在事故质别分组中，用以表明各类构成占总数量的比值，说明各构成的比例。

2）比较相对数。比较相对数是指同一事故现象在同一时期内的指标数在不同地区之间的比较值或同一总体中有联系的两个指标值的相对比。

3）强度相对数。强度相对数是两个性质不同但有密切联系的绝对指标间的相互对比值，用以表现事故总体中某一方面的严重程度。

3. 平均指标

平均指标即平均数，是说明事故总体一般水平的统计指标，通常用以表明某地或某一时间段内的平均事故状况。它的计算形式有算术平均数、调和平均数、中位数、几何平均数等，在实际工作中多采用算术平均数。

4. 动态指标

（1）动态绝对数

动态绝对数列就是将反映事故现象的某一绝对指标在不同时间上的不同数值，按时间先后顺序排列起来形成的数列。

增减量是指事故指标在一定时期内增加或减少的绝对数量。由于使用的基准期不同，增减量可分为定基增减量和环比增减量。

1）定基增减量是指都以计算期前的某一特定时期为固定的基准期（一般取动态绝对数列的最初时期作为固定基准期），用以表明一段时间内累积增减的数量。

2）环比增减量是指都以计算期的前一期为基准期，用以表明单位时间内的增减量。

（2）动态相对数

动态相对数是同一事故现象在不同时期的两个数值之比，动态相对数指标主要有事故发展率和事故增长率。

1）事故发展率。事故发展率是本期数值与基期数值的比值，用以表明同类型事故统计数在不同时期发展变化的程度。事故发展率又可分为定基发展率和环比发展率两种。

① 定基发展率。定基发展率是本期统计数与前期统计数的比率，计算公式如下：

$$K_g = \frac{F_C}{F_E} \times 100\%$$

式中　F_C——本期统计数；

　　　F_E——基期统计数。

② 环比增长率。环比增长率是环比增减量与前期统计数的比率，计算公式如下：

$$K_b=\frac{F_C}{F_B}\times100\%$$

2）事故增长率。事故增长率表明事故统计数以基期或前期为基础净增长的比率。事故增长率分为定基增长率和环比增长率。

①定基增长率。定基增长率是定基增减量与基期统计数的比率，即：

$$j_g=\frac{F_C-F_E}{F_E}\times100\%=\frac{F_C}{F_E}-1$$

② 环比增长率。环比增长率是环比增减量与前期统计数的比率，即：

$$j_b=\frac{F_C-F_B}{F_B}\times100\%=\frac{F_C}{F_B}-1$$

（3）动态平均数

动态平均数包括平均增减量、平均发展率和平均增长率。平均增减量是环比增减量时间序列的序时平均数，可用简单算术平均数计算。平均发展率是环比发展率时间序列的序时平均数，采用几何平均算法。平均增长率可视作环比增长率的序时平均数，但它是根据平均发展率计算的，而不是直接根据环比增长率计算。

5. 事故率

道路交通事故率是表示一定时期内，一个国家、某一地区或某一具体道路地点的事故次数、伤亡人数与其人口数、登记机动车辆数、运行里程的相对关系。事故率作为重要的强度相对指标，既可表示综合治理交通的水平，又是交通安全评价的基础指标，应用广泛。根据计算方法和用途的不同，可分为亿车公里事故率、百万辆车事故率、人口事故率、车辆事故率和综合事故率等。

1）亿车公里事故率。计算公式如下：

$$R_V=\frac{D}{V}\times10^8$$

式中 R_V——1a 间亿车公里事故次数或伤、亡人数；

D——全年交通事故起数或伤、亡人数；

V——全年总计运行车公里数。

亿车公里事故率基本上包括了交通安全的人、车、路三要素，作为国际上的指标是合理的，应用于不同地区间也有较好的可比性。

2）百万辆车事故率。计算公式如下：

$$R_M=\frac{D}{M}\times10^6$$

式中 R_M——1a 间百万辆车事故次数或伤、亡人数；

D——全年交通事故次数或伤、亡人数；

M——全年交通量或某一交叉口进入车辆总数。

一般用百万辆车事故率计算道路交叉口的交通事故率。

3）人口事故率。以百万人口死亡率为例，计算公式如下：

$$R_P=\frac{D}{P}\times10^6$$

式中　R_P——每100万人的事故死亡率；

D——全年或一定时期内的事故死亡人数；

P——统计区域人口数。

每100万人事故死亡率多用于国家或国际地区级的统计区域。若应用于某一城市，则多采用10万人口为单位，即每10万人的事故死亡率。

4）车辆事故率。计算公式如下：

$$R_V=\frac{D}{V}\times10^5$$

式中　R_V——每10万辆机动车的事故死亡率；

D——全年或一定期间内事故死亡人数；

V——机动车保有量。

5）综合事故率。计算公式如下：

$$R=\frac{D}{\sqrt{VP}}\times10^4$$

式中　R——综合事故率，也称死亡系数，是指一年间或一定时期内道路交通事故死亡率；

D——全年或一定时期内事故死亡人数；

V——机动车拥有量；

P——人口数。

综合事故率是万车事故率与万人事故率的几何平均值，考虑了人与车两个方面的因素，但未考虑车辆行驶里程。在当量死亡率中，事故死亡数除了实际死亡人数外，还应再加上按轻伤、重伤折算的当量死亡人数。当量死亡人数按下式计算：

$$D_S=D+K_1D_1+K_2D_2$$

式中　D_S——当量死亡人数；

D——死亡人数；

D_1，D_2——轻伤和重伤人数；

K_1，K_2——轻伤和重伤换算为死亡的换算系数。

12.2.2　交通事故统计实例

由交通运输部网站统计公报统计分析知，交通事故已成为“世界首害”，而我国是世界上交通事故死亡人数最多的国家之一。从20世纪80年代末，我国交通事故年死亡人数首次超过5万人。在交通事故高发年代，曾经每年交通事故达数十万起（未包括港澳台地区），因交通事故死亡人数（未包括港澳台地区）一度每年超过10万人，居世界首位。我国的万车死亡率是相对比较高的，例如2009年，我国汽车保有量约占世界汽车保有量的3%，但交通事故死亡人数却占世界的16%。

1. 2001—2011年交通事故统计举例

2001年，我国公安交通管理部门共受理道路交通事故案件为75.5万起，事故共造成10.6万人死亡，平均每天因交通事故死亡的人数已达300人，当年直接经济损失为30.9亿元。

2002 年，我国共发生道路交通事故 77.3 万起，造成 10.9 万人死亡、56.2 万人受伤，当年直接经济损失为 33.2 亿元。

2003 年，我国交通管理部门共受理一般以上道路交通事故 667507 起，这些事故造成 104372 人死亡，当年直接经济损失为 33.7 亿元。

2004 年，我国道路交通事故死亡人数达 9.4 万人，居世界第一。驾驶人是道路交通安全最重要的影响因素。2004 年因驾驶人因素导致的交通事故占总数的 89.8%，造成的死亡人数、受伤人数分别占到了总数的 87.4%和 90.6%。

2005 年，我国共发生道路交通事故 450254 起，造成 98738 人死亡、469911 人受伤，当年直接财产损失为 18.8 亿元。

2006 年，我国共发生道路交通事故 378781 起，造成 89455 人死亡、431139 人受伤，当年直接财产损失为 14.9 亿元。万车死亡率为 6.2。

2007 年，上半年我国共发生道路交通事故 15.9 万起，造成 3.7 万人死亡、18.9 万人受伤，当年直接财产损失为 5.4 亿元。超速行驶仍是机动车肇事的主要原因。

2008 年，由于奥运期间开展的道路交通安全攻坚战，2008 年，我国道路交通事故死亡人数为 73484 人，同比下降 10%。

2009 年，我国共发生道路交通事故 238351 起，造成 67759 人死亡、275125 人受伤，当年直接财产损失为 9.1 亿元。其中，酒后驾驶导致的事故死亡人数降幅明显。

2010 年，我国共发生道路交通事故 219521 起，造成 65225 人死亡、254075 人受伤，当年直接财产损失为 9.1 亿元。

2011 年，我国共接报涉及人员伤亡的道路交通事故 210812 起，共造成 62387 人死亡，其中，营运客货车辆肇事 50296 起，占 23.9%，造成 20648 人死亡，占 33.1%。我国共发生一次死亡 10 人以上的特大交通事故 27 起，造成 451 人死亡，其中，营运客货车肇事的事故 23 起，造成 390 人死亡，分别占 85.1%和 86.5%。

注：以上统计数据不包含港澳台地区。

2. 以 2010 年交通事故为例的统计分析

2010 年，我国共接报道路交通事故 3906164 起（不含港澳台地区），同比上升 35.9%。其中，涉及人员伤亡的道路交通事故 219521 起，造成 65225 人死亡、254075 人受伤，当年直接财产损失 9.3 亿。与去年相比，事故起数减少 18839 起，下降 7.9%；死亡人数减少 2534 人，下降 3.7%；受伤人数减少 21050 人，下降 7.7%；当年直接财产损失增加 1196.7 万元，上升 1.3%。发生一次死亡 3 人以上道路交通事故 1244 起，同比减少 32 起，发生一次死亡 5 人以上道路交通事故 269 起，同比增加 8 起；发生一次死亡 10 人以上特大道路交通事故 34 起，同比增加 10 起。适用简易程序处理的道路交通事故 3686652 起，与 2009 年相比增加 1050895 起，上升 39.9%。

12.3 矿业生产事故统计

矿业生产事故统计以煤矿事故为例进行统计。2001—2010 年煤矿事故数据见表 12-1。

表 12-1　2001—2010 年煤矿事故数据

年份	2001	2002	2003	2004	2005	2006	2007	2008	2009	2010
事故起数（起）	3082	3112	4143	3639	3341	2945	2421	1901	1616	1403
死亡人数（人）	5670	6995	6434	6027	5986	4746	3786	3215	2631	2433
百万吨死亡率（%）	5.07	4.94	4.17	3.081	2.811	2.041	1.485	1.182	0.892	0.749

由表 12-1 可知，从 2001 年起我国煤矿事故数量逐年增长，到 2003 年事故起数达最高峰，2002 年煤矿事故死亡人数达高峰，随后事故起数和死亡人数缓慢下降，直至 2006 年事故数量和死亡人数与 2005 年同比下降了 11.9%和 20.7%，到达煤矿事故的分水岭；从 2006 年到 2010 年煤矿事故数量正在逐年减少，安全生产形势保持平稳趋势并趋向好转，百万吨死亡率逐年下降。

依据由国家安全生产监督管理总局事故查询系统得到的 2001—2010 年煤矿事故资料，针对事故特点进行不完全统计，并分类进行分析。

1. 事故致因类型分析

1）煤矿事故的致因主要包括瓦斯、顶板、水灾、火灾、放炮、运输和机电等类型，数据统计见表 12-2。由表 12-2 可知，在各类煤矿事故中，顶板事故发生起数最多，总共 3372 起，约占总数的 43%。这是由于采掘方法不先进，采掘生产过程中，在矿山压力作用下，由于局部空帮、空顶或支护不及时、支护不当、支护失效造成顶板支护垮倒、煤岩局部塌落、冒顶、片帮、冲击地压等，都会发生顶板事故。其次是瓦斯事故，总共 1580 起，占总数的 20%。在瓦斯事故中，瓦斯爆炸发生起数最多，约占 47%。这是由于瓦斯爆炸时，在煤尘的参与下会使爆炸的威力剧烈增大，并且由于煤尘的不完全燃烧会释放出大量的毒气，从而造成更多的人员伤亡和财产损失。说明煤矿事故防治工作重点应该放在顶板事故的预防和瓦斯的防治与监测上。

表 12-2　2001—2010 年各类煤矿死亡事故起数

事故致因类型		死亡事故起数（起）
顶板事故		3373
瓦斯事故	瓦斯（煤尘）爆炸	747
	瓦斯中毒窒息	446
	煤与瓦斯凸出	302
	瓦斯燃烧	85
运输事故		800
透水事故		424
放炮事故		150
火灾事故		68
机电事故		53
其他		1436

2）2001—2010 年造成 30 人以上死亡的各类煤矿事故见表 12-3，由表 12-3 可知，在造成 30 人以上死亡的事故中，瓦斯事故发生起数最多，死亡人数最多。可见瓦斯事故会造成严重后果，在各煤矿应该做好瓦斯事故的预防工作。

表 12-3 2001—2010 年造成 30 人以上死亡的各类煤矿事故

事故致因类型	事故起数（起）	百分比（%）	死亡人数（人）	百分比（%）
瓦斯事故	44	72.1	2437	77.3
透水事故	9	14.7	459	14.6
火灾事故	6	9.8	187	5.9
炸药燃烧	1	1.7	35	1.1
煤尘爆炸	1	1.7	35	1.1

2. 事故发生地域分析

各地区煤矿赋存条件不同，开采难度不同，煤矿数量不同，发生事故的概率也不同。2001—2010 年煤矿造成死亡的事故统计见表 12-4。

表 12-4 2001—2010 年煤矿造成死亡的事故统计

地区	死亡 1 人以上事故起数（起）	地区	死亡 30 人以上事故起数（起）
四川	1583	山西	16
湖南	1271	黑龙江	12
重庆	933	陕西	4
贵州	703	贵州	4
陕西	362	河北	2
吉林	360	江西	2
黑龙江	357	湖南	3
河北	258	河南	3
山西	257	吉林	3
辽宁	231	安徽	1
甘肃	200	辽宁	1
云南	189	云南	1
福建	148	四川	0
河南	140	重庆	0
安徽	130	甘肃	0
江西	123	福建	0
其他	639	其他	9

由表 12-4 可知，从发生起数来看，四川事故发生频率最高，山西易发生特别重大事故。四川总共发生煤矿事故 1583 起，其中 1234 起事故都发生在乡镇煤矿，占总事故起数的 78%，主要是因为四川省煤层赋存条件复杂，瓦斯含量高，且乡镇煤矿所占比重比较大，领导重视不够，责任不明确等。山西省共发生 16 起特别重大事故，其中 14 起是瓦斯爆炸事故，主要是由瓦斯积聚、违章作业、管理混乱和设备设施落后等原因造成的；其中 13 起发生在乡镇煤矿，主要是由于山西小煤矿较多，而且小煤矿安全生产技术落后、安全投入少、安全管理不到位、不容易监管和人员素质较低等所致。

3. 事故发生月份分析例子

2001—2010 年煤矿事故各月造成死亡的事故起数如图 12-1 所示，由图 12-1 可知，2001—2010 年的事故发生月份统计中，7 月和 8 月事故发生数量偏高，2 月事故发生数量最少。7 月和 8 月是夏季，气温高，环境不适宜，心情容易烦躁，应该在事故高发月份加强安全管理，为矿工改善工作环境。由于对经济利益的追逐，很多煤矿漠视安全科学基本规律，超能力、超强度、超定员组织生产，存在重大安全生产隐患，非常容易引发事故。

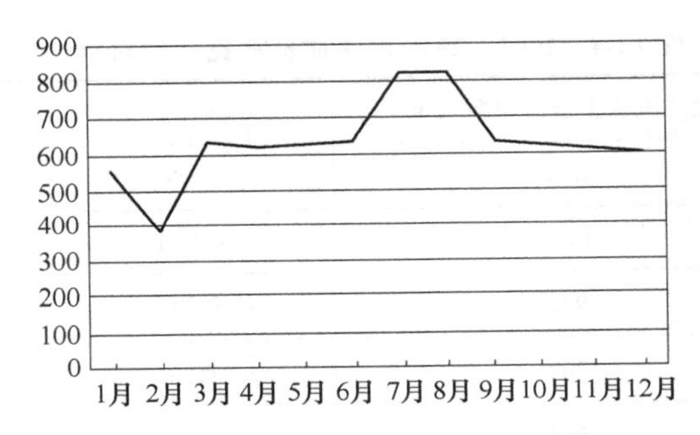

图 12-1　2001—2010 年煤矿事故各月造成死亡的事故起数

4. 事故企业经济类型分析举例

2001—2010 年煤矿事故按经济类型统计见表 12-5。由表 12-5 可知，乡镇煤矿事故发生率最高，事故起数和死亡人数分别占总数的 87.7% 和 90.7%。这主要是由于乡镇煤矿大多属于小煤矿，安全投入不足，安全管理混乱，存在超能力、超强度、越界开采、井下使用非防爆机动车等问题，缺少专业的安全管理人员和安全技术人员，安全生产设备设施不齐全，监控系统不完善，有些小煤矿存在重大安全生产隐患，如果不及时整顿，关闭不合格的煤矿，将会带来更严重的后果。

表 12-5　2001—2010 年煤矿事故按经济类型统计

煤矿企业	事故起数	事故起数百分数	死亡人数	死亡人数百分数
国有重点煤矿	35	0.44	133	0.63
国有地方煤矿	938	11.9	1940	9.2
乡镇煤矿	6911	87.7	19035	90.7

12.4 危险化学品和化工事故统计

12.4.1 危险化学品分类统计

我国《危险化学品安全管理条例》定义，危险化学品是指具有毒害、腐蚀、爆炸、燃烧、助燃等性质，对人体、设施、环境具有危害的剧毒化学品和其他化学品。

我国将危险化学品分为八大类，每一类又分为若干项。危险化学品具体分类及各类的主要特性如下：

（1）第一类：爆炸品

爆炸品是指在外界作用下（如受热、摩擦、撞击等）能发生剧烈的化学反应，瞬间产生大量的气体和热量，使周围的压力急剧上升，发生爆炸，对周围环境、设备、人员造成破坏和伤害的物品。爆炸品在国家标准中分为五项，其中有 1，3，4 项包含危险化学品，2 和 5 项专指弹药，这里不做介绍。

第 1 项：具有整体爆炸危险的物质和物品，如高氯酸。

第 3 项：具有燃烧危险和较小爆炸危险的物质和物品，如二亚硝基苯。

第 4 项：无重大危险的爆炸物质和物品，如四唑并-1-乙酸。

主要特性：

1）爆炸性强。爆炸品都具有化学不稳定性，在一定外因作用下，能以极快的速度发生猛烈的化学反应，产生的大量能量在短时间内无法逸散出去，致使周围的温度迅速升高并产生巨大的压力而引起爆炸。

2）敏感度高。各种爆炸化学品的化学组成和结构决定物质本身的爆炸性，而爆炸的难易程度则取决于物质本身的敏感度。敏感度越高的物质越容易爆炸。

（2）第二类：压缩气体和液化气体

压缩气体和液化气体是指压缩、液化或加压溶解的气体。这类物品当受热、撞击或强烈振动时，容器内压力急剧增大，致使容器破裂，物质泄漏、爆炸等。它分为三项。

第 1 项：易燃气体，如氨气、一氧化碳、甲烷等。

第 2 项：不燃气体（包括助燃气体），如氮气、氧气等。

第 3 项：有毒气体，如氯（液化的）、氨（液化的）等。

主要特征：

1）易燃烧爆炸。易燃气体的主要危险特性就是易燃易爆。有些气体的爆炸范围比较大，如氢气、一氧化碳的爆炸极限的范围分别为 4.1%～74.2%、12.5%～74%。这类物品由于充装容器为压力容器，受热、受到撞击或剧烈振动时，容器内压力急剧增大，致使容器破裂，物质泄漏、爆炸等。

2）易扩散。压缩气体和液化气体非常容易扩散。比空气轻的气体在空气中可以无限制地扩散，易与空气形成爆炸性混合物；比空气重的气体扩散后，往往聚集在地表、沟渠、隧道、厂房死角等处，长时间不散，遇着火源发生燃烧或爆炸。

3）易膨胀。压缩气体一般是通过加压降温后储存在密闭的容器中，如钢瓶等。受到光照或受热后，气体易膨胀产生较大的压力，当压力超过容器的耐压强度时就会造成爆炸事故。

4）有腐蚀毒害性。主要是一些含氢、硫元素的气体具有腐蚀作用。如氢、氨、硫化氢等都能腐蚀设备，严重时可导致设备裂缝、漏气。对这类气体的容器，要采取一定的防腐措施，要定期检验其耐压强度，以防万一。

（3）第三类：易燃液体

本类物质在常温下易挥发，挥发出的蒸气与空气混合能形成爆炸性混合物。易燃液体按照闪点大小可分为三项。

第 1 项：低闪点液体，即闪点低于-18℃的液体，如乙醛、丙酮等。

第 2 项：中闪点液体，即闪点在-18～23℃的液体，如苯、甲醇等。

第 3 项，高闪点液体，即闪点在 23℃以上的液体，如环辛烷、氯苯、苯甲醚等。

主要特性：

1）易挥发。易燃液体的沸点一般都很低，很容易挥发出易燃蒸气，挥发出的蒸气在空气中达到一定的浓度后遇火源燃烧爆炸。

2）易流动。易燃液体的黏度一般都很小，流动扩散性都比较大，一旦燃烧，有蔓延和扩大火灾的危险。易燃液体在储存或运输过程中，若出现跑冒滴漏现象，挥发出的蒸气或流出的液体会很快向四周扩散，与空气形成爆炸混合物，增加了燃烧爆炸危险性。

3）毒害性。易燃液体大多本身（或蒸气）具有毒害性，对人体有毒害作用。

4）带电性。大部分易燃液体为非极性物质，在管道、储罐、槽车等的输送、灌装、搅拌、高速流动等过程中，由于摩擦容易产生静电，积聚到一定程度，会产生静电火花，有引燃和爆炸的危险。

（4）第四类：易燃固体、自燃物品和遇湿易燃物品

这类物品易于引起火灾，按它的燃烧特性分为三项。

第 1 项：易燃固体。是指燃点低，对热、撞击、摩擦敏感，易被外部火源点燃，并迅速燃烧，能散发有毒烟雾或有毒气体的固体，如红磷、硫等。

主要特性：

1）易点燃。易燃固体在常温下是固态，着火点都比较低，一般都在 300℃以下。

2）遇酸、氧化剂易燃易爆。绝大多数易燃固体与酸、氧化剂接触，尤其是与强氧化剂接触时，能够立即引起着火或爆炸。

3）本身或燃烧产物有毒。很多易燃固体本身具有毒害性，或燃烧后产生有毒的物质。

4）自燃性。一些易燃固体的自燃点也较低，当温度达到自燃点，在积热不散时，即使没有火源也能引起燃烧。

第 2 项：自燃物品，是指自燃点低，在空气中易于发生氧化反应放出热量，而自行燃烧的物品，如黄磷、三氯化钛等。

主要特性：

1）根据自燃物品发生自燃的难易程度，可将自燃物品可分为两类：一级自燃物品、二级自燃物品。

2）遇空气自燃。自燃物品大部分非常活泼，具有极强的还原性，接触空气中的氧时产生大量的热，达到自燃点而着火、爆炸。

第 3 项：遇湿易燃物品，是指遇水或受潮时，发生剧烈反应，放出大量易燃气体和热量的物品，有的不需明火，就能燃烧或爆炸。如金属钠、氢化钾等。

主要特性：

1）遇湿易燃物品可分为两个危险级别：一级遇湿易燃物品、二级遇湿易燃物品。

2）遇水易燃。遇氧化剂、酸着火易爆炸。

（5）第五类：氧化剂和有机过氧化物

这类物品具有强氧化性，易引起燃烧、爆炸，按其组成分为两项。

第 1 项：氧化剂，是指具有强氧化性，易分解放出氧和热量的物质，对热、振动和摩擦比较敏感，如氯酸铵、高锰酸钾等。

主要特性：具有强烈的氧化性；受热、撞击易分解；可燃；遇酸、水、弱氧化剂易分解；有腐蚀毒害性。

第 2 项：有机过氧化物，是指分子结构中含有过氧键的有机物，它本身易燃易爆、极易分解，对热、振动和摩擦极为敏感，如过氧化苯甲酰、过氧化甲乙酮等。

主要特性：分解易爆炸；易燃；伤害性。

（6）第六类：毒害品

毒害品是指进入人（动物）肌体后，累积达到一定的量能与体液和组织发生生物化学作用或生物物理作用，扰乱或破坏肌体的正常生理功能，引起暂时或持久性的病理改变，甚至危及生命的物品，如各种氰化物、砷化物、化学农药等。

毒害品按其毒性大小分为一级毒害品（剧毒品）、二级毒害品（有毒品）。

根据毒害品的化学组成，毒害品还可以分为无机毒害品和有机毒害品。

根据储运中毒危险程度，将毒害品包装划分为三个类别：Ⅰ类、Ⅱ类和Ⅲ类。

主要特性：

1）溶解性。毒害品在水中溶解性越大，毒害性越大。因为易于在水中溶解的物品更容易被人吸收而引起中毒。

2）挥发性和分散性。毒物易挥发，在空气中的浓度就越大，它的毒性就越大，易使人发生中毒。颗粒越小，分散性越好，悬浮在空气中，更易被吸入人体而使人中毒。

3）可燃毒害品的危险特性除了毒害性外，还具有火灾危险性，主要表现在遇湿易燃、氧化性、易燃易爆。

（7）第七类：放射性物品

放射性物品属于危险化学品，但不属于《危险化学品安全管理条例》的管理范围，国家另外有专门的文件用于规范对此类物品的管理。

（8）第八类：腐蚀品

腐蚀品是指能灼伤人体组织并对金属等物品造成损伤的固体或液体。这类物质按化学性质分为三项。

第 1 项：酸性腐蚀品，如硫酸、硝酸、盐酸等。

第 2 项：碱性腐蚀品，如氢氧化钠、硫氢化钙等。

第 3 项：其他腐蚀品，如二氯乙醛、苯酚钠等。

主要特性：

1）腐蚀性。与人体、设备、建筑物、金属等发生反应，使之腐蚀。

2）毒害性。在腐蚀性物质中，有一部分能发挥出有强烈腐蚀和毒害性的气体。

3）放热性。有些腐蚀品，氧化性很强，在化学反应过程中会放出大量的热，容易引起燃烧。大多数腐蚀品遇水会放出大量的热，在操作中易使液体四溅灼伤人体。

12.4.2 含能物质的安全统计

含能物质作为典型的活性化学品，是一种具有特殊性能的合成材料，通常是由化学合成的方法制造成的炸药、推进剂、发射药、枪药、烟火剂、等离子体等，是生产制造混合炸药、发射药、固体推进剂的基本材料，是完成枪炮弹丸发射、火箭导弹推进的动力能源，是在国防和经济建设中具有重要地位的特种材料，是武器系统做功的能源。

一般来说，含能物质具有能量和安全性的差异性，能量高的物质往往安定性差。在实际应用中，对含能物质的性能和感度特性都有要求。在国防和民用领域内利用炸药时，需要它准确可靠地爆炸；在生产、运输和使用炸药时，则要求它具有稳定性。因此，综合衡量和评价含能物质的性能就显得尤为重要。

1. 含能物质能量与安全性关系

含能物质的各种性能及感度试验数据为了解含能物质的性质和规律提供了有用信息。试验数据经过标准化和误差分析等处理后，可以分别用来描述实用性能和感度特征，进而对含能物质或特殊配比的混合含能炸药进行性能和安定性均衡方面的研究。理论分析和实践经验表明，含能物质的高性能通常伴随着较高的感度特性，而感度较低的炸药往往实用性能较差。然而这种能量和安全性的差异性并不是绝对的，有些炸药却具有高性能和低感度的特征。感度和性能的差异性与相关性可以通过试验数据进行描述。

（1）评定方法选择

含能物质的性能与感度是用来表征含能物质品质的重要指标。然而这两方面的数据并不是严格的标准数据，它们由多指标表征且每个指标因试验系统和测试标准的不同而存在着巨大的差异性。因此，试验数据的特征指标量越多，越能完备描述含能物质的特性。

试验方面研究较好的首推法-德联合研究中心（ISL）。ISL 对含能物质各方面特性开展了不同测试标准的试验研究。将 ISL 试验中关于性能和感度的部分加和成为一个综合的描述参量。这些描述参量都源于设计严谨的试验，在一定程度上能够合理地描述含能物质的性能及安定性特征。研究对象不仅包含标准炸药，还包含特殊配比的、高氧平衡的及含有金属元素的高能炸药。

（2）试验数据的选择

炸药实用性能方面的描述参量首先选取的是爆速 D（在相对较高的晶体密度下进行的测试），这是炸药爆轰性能的最普遍、最重要的参量。仅考虑爆速不足以完全表述炸药的性能特征，特别是一些轻元素炸药（ANQ、TAGN），这些炸药仅在低弹道性能下才表现出理想的爆速，因此引入第二个描述参量——格尼能。为了对炸药的实用性能进行更深入的了解，选取炸药的猛度进行研究，通过板痕试验的炸药爆炸冲击钢板产生的凹陷深度（或体积）

来表示。

1）性能描述参量。

① 爆速 D。爆速 D 的测试数据是由格尼能试验获得的，试验条件是由格尼能试验决定的。大部分的测试炸药是采用金属外壳的圆柱装药（$\phi16$，$L=145\text{mm}$）。部分含能物质的爆速试验值见表 12-6。

表 12-6　部分含能物质的爆速试验值

炸药	密度/（g/cm^3）	爆速/（m/s）	特征值	炸药	密度/（g/cm^3）	爆速/（m/s）	特征值
HN/HMX-65/35	1.71	9023	1.000	DINA-Dynamite-90/10	1.61	7665	0.849
HMX/HN/TAGN-45/40/15	1.73	9008	0.998	Tetryl	1.71	7573	0.839
HMX/HN-70/30	1.78	9000	0.997	TATB	1.86	7539	0.836
HMX	1.81	8773	0.972	NTO/HNE/W-76/19/5	1.64	7523	0.834
RDX/HN-55/45	1.68	8675	0.961	DINGU/TNT-60/40	1.79	7488	0.830
HMX/ETN-65/35	1.81	8611	0.954	Bis-MNDPy	1.60	7361	0.816
ANQ	1.66	8522	0.944	NITRA	1.56	7350	0.815
RDX	1.73	8489	0.941	DADPyOx	1.80	7328	0.812
TeNHHPm	1.76	8368	0.927	TATB/TNT-60/40	1.79	7303	0.809
HMX/TNT-70/30	1.81	8319	0.922	NIGU/TNT-60/40	1.69	7269	0.806
PETN/HN-45/55	1.65	8277	0.917	2-MNDPy	1.63	7266	0.805
ETN/HMX-80/20	1.75	8160	0.904	TMNTz	1.67	7228	0.801
PETN	1.72	8142	0.902	NC/DINA-60/40	1.69	7227	0.801
RDX/Al-85/15（80/20）	1.78	8114	0.899	DINGU/HNE/W-63/32/5	1.60	6986	0.774
NMP	1.75	8054	0.893	ADPy	1.72	6973	0.773
TAGN	1.47	8048	0.892	ADPyOx	1.69	6963	0.772
RDX/TNT-60/40	1.74	7965	0.883	TNT	1.60	6913	0.766
NTO	1.81	7959	0.882	AHDPy	1.72	6813	0.755
RDX/HTPB-85/15	1.57	7897	0.875	DADPy	1.69	6800	0.754
AMP	1.67	7876	0.873	RDX/W-50/50	2.92	6501	0.720
TNAD	1.64	7775	0.862	PENT/rubber-89/11	1.20	6431	0.713
BAED	1.51	7773	0.861	PETN（$\Delta=1$）	0.98	5516	0.611
C/N-DNBTr/W-93/7	1.57	7767	0.861	TAGN/W-50/50	2.48	5086	0.564
DINA	1.62	7713	0.855				

② 格尼能$\sqrt{2E_G}$。Gurney 模型自 1943 年建立以来，越来越受到人们的重视。工程中应用炸药时所遇到的大多数问题涉及炸药能量对金属传递的计算。理论研究表明，获得爆速 D 和能量传递于金属的 Gurney 速度（$\sqrt{2E_G}$）有密切关系。因此，格尼能可作为预示高能炸药性能的依据之一。试验用铜管装药（$\phi 25$，$L=250$mm）进行测试。

③ 钢板板痕试验。板痕试验可用于评价含能炸药的猛度。对理想炸药来说，此试验的结果与炸药的 C-J 爆压有良好的线性关系。直径为 35mm 的无侧限压缩的圆柱形装药体在发生爆炸时冲击钢板，钢板凹陷的深度或体积可以通过板痕试验进行测试。试验在 23gPETN/wax-93/7 的起爆药在不小于 100mm 落高的条件下进行。

2）感度描述参量。安定性数据必须包含不同的感度特性，以全面衡量含能物质在生产、运输及使用过程中可能遇到的各种外界激发能量及对起爆能量的敏感度。选取撞击感度和热感度，以及较为复杂的隔板试验的数据结果。

① 热感度。在相同的条件下，采用 DTA/TG（差热分析/热重分析）试验初始温度值 T_0 或最大放热峰温度 T_m 表示各种试验炸药的安定性。试验中炸药试样从初始温度（环境温度）开始加热，升温速率为 6°C/min。放热峰温度越低，感度越大，对热作用越敏感，热安定性越差。

② 撞击感度。撞击感度采用德国材料试验所 BAM 落锤仪测定 6 次试验中只发生 1 次爆炸的所需加载的最小负载作为撞击感度的标志。测试条件分别为 1kg 锤重，导轨落高 75cm 以及 5kg 锤重，导轨落高 15~50cm。落高试验数据值越小，撞击感度越大，安定性越差。

③ 隔板试验。隔板试验数据反映的炸药的冲击波感度。试验方法源于 ISL 试验中德国化工研究所（BICT）的试验，将惰性材料置于试验炸药和标准爆轰装药之间，主发药柱被引爆后产生爆炸冲击波，冲击波通过惰性材料进入被发药柱，观察被发药柱是否被引爆。冲击波感度以装填压力来表示，压力越小，所需外界起爆能越小，炸药的冲击波感度越大，安全性越差。

选取的含能物质性能方面和安全性的各参量都是结果随数值增大而渐优的指标，即指标数值越大，炸药的实用性能越好，安全性越好。

分别将各项性能参量、感度参量的数据值相乘，可以获得更多关于含能材料爆轰性能和安全性方面的信息。表 12-7 为部分炸药性能与安全性综合数据。由于性能方面的第三个指标的板痕深度及感度方面的第三个指标隔板试验的试验数据有限，故分别选择 2 个或 3 个描述参数做乘积。

2. 含能物质性能综合评定

含能物质是典型的具有稳定性和爆炸性的矛盾统一体。事物的性质主要由取得支配地位的矛盾的主要方面所决定。当含能炸药没有得到足够引爆的能量时，稳定性是矛盾的主要方面，因此炸药还保持原来的性质。当炸药得到发火的能量后，矛盾的主要方面就转化到爆炸性这一方面来，事物的性质就发生了变化。炸药爆炸了，原来的统一体现在分解成许多气体产物，气体产物膨胀对周围介质做破坏功。

表 12-7 部分炸药性能与安全性综合数据（标准炸药加粗表示）

炸药	性能		安全性	
	2.2	3.3	2.2	3.3
ADPy	0.548		0.798	
ADPyOx	0.574		0.233	
AHDPy	0.49		0.798	
ANQ	0.813	0.56	0.08	0.057
AMP	0.766		0.09	
BAED	0.783		0.115	
C/N-DNBTr/W-93/7	0.741		0.426	
DADPy	0.438	0.173	0.931	
DADPyOx	0.631	0.408	0.947	0.057
DINA	0.834		0.138	
DINA-Dynamite-90/10	0.818		0.138	
DINGU/HNE/W-63/32/5	0.607		0.101	
DINGU/TNT-60/40	0.662	0.463	0.399	0.189
ETN/HMX-80/20	0.895		0.113	
HMX	**0.972**	**0.937**	**0.099**	**0.02**
HMX/ETN-65/35	0.931		0.13	
HMX/HN-70/30	**0.994**		0.128	
HMX/HN/TAGN-45/40/15	0.971		0.106	
HMX/TNT-70/30	**0.869**	**0.788**	**0.513**	**0.187**
HN/HMX-65/35	**0.973**		0.093	
2-MNDPy	0.667		0.294	
Bis-MNDPy	0.72		0.092	
NC/DINA-60/40	0.674		0.085	
Nigu/TNT-60/40	0.632		0.405	
NITRA	0.628		0.13	
NMP	0.818		0.034	
NTO	**0.691**	**0.487**	**0.629**	**0.629**
NTO/HNE/W-76/19/5	0.64		0.112	
PETN	**0.889**	**0.829**	**0.063**	**0.004**
PETN（$\Delta=1$）	0.485		0.063	
PETN/HN-45/55	0.84		0.062	
PENT/rubber-89/11	0.573		0.058	
RDX	**0.913**	**0.868**	**0.102**	**0.023**
RDX/Al-85/15（80/20）	0.835		0.085	
RDX/HN-55/45	0.925		0.102	
RDX/TNT-60/40	**0.82**	**0.712**	**0.208**	**0.106**
RDX/HTPB-85/15	**0.757**	**0.534**	**0.126**	**0.082**
RDX/W-50/50	0.46		0.021	
TAGN	0.744	0.462	0.109	0.036
TAGN/W-50/50	0.314		0.019	
TATB	0.661	0.479	**0.992**	**0.992**
TATB/TNT-60/40	0.662	0.514	**1**	**0.764**
TeNHHPm	0.883		0.125	
Tetryl	**0.748**	**0.598**	**0.2**	**0.035**
TMNTz	0.677		0.233	
TNAD	0.775		0.039	
TNT	**0.618**	**0.42**	**0.406**	**0.406**

含能物质的各种性能的测试方法及评价标准各不相同，且炸药又存在着能量和安全性相互转化的差异，综合评定含能物质的性能就显得有些困难。因此，必须分析炸药能量和性能的优劣差异。

举例：部分含能物质按性能聚类。

选取 12 种较常使用的含能炸药，分别记为 u_1，u_2，…，u_n。通过文献收集到代表炸药能量和安全性能的各项评价指标共 11 项，分别为表示能量性能的爆速 D（m/s）、爆热 Q（kJ/kg）、爆压 p（GPa）、比能 f（kJ/kg）、格尼能 E_G（km/s），以及表示感度的特性落高 H_{50}（cm）、试验静电火花感度值 E_{ES}（J）、热感度的 5s 爆发点 T（℃）、最小起爆药量 M_d（g）、摩擦感度百分数（%）、冲击波感度的隔板试验值 G_{50}（mm）。12 种含能物质能量及感度性能指标（特性指标评判矩阵）见表 12-8。

表 12-8　12 种含能物质能量及感度性能指标（特性指标评判矩阵）

炸药	D/(m/s)	Q/(kJ/kg)	p/GPa	E_G/(km/s)	f/(kJ/kg)	H_{50}/cm	E_{ES}/J	T/℃	M_d/g	摩擦感度百分数(%)	G_{50}/mm
HMX	9110	5673	39.3	2.96	1328	32	2.89	327	0.30	100	70.7
RDX	8712	5619	32.6	2.87	1354	26	2.49	260	0.05	76	61.1
PETN	8600	6317	33.5	2.92	1338	12	2.79	225	0.03	100	66.0
TATB	7619	5020	27.5	2.34	1010	350	17.75	397	0.30	0	21.9
DATB	7451	4100	25.1	2.68	1150	320	10.79	260	0.20	0	41.7
NQ	8170	3050	33.5	1.90	951	350	10.6	275	0.20	0	5.0
NTO	7955	4370	27.8	1.81	942	293	8.98	260	0.30	6	30.0
TNT	6970	4146	19.1	1.60	838	154	6.85	475	0.09	5	46.4
Tetryl	7642	3820	26.8	2.5	1069	33	5.49	257	0.025	16	60.6
DINGU	7813	2990	27.2	2.32	1003	78	15.19	293	0.27	46	23.8
DINA	7708	5046	22.6	2.89	1275	21	5.85	230	0.26	0	40.0
HNS	7083	2644	20	2.36	1023	54	5.32	360	0.30	36	60.0

注：E_G：由 Gurney 模型得出的炸药特征能量（Gurney Energy），用来反映炸药的爆速和有用能量输出，可供预测高能炸药性能判据之一。E_G 越大，炸药的爆轰性能越好。

f：炸药的比能，是指每千克炸药的做功能力，是比炸药的猛度和威力更能衡量炸药做功能力的特征量。

E_{ES}：在 50%发火概率下的静电火花能量的试验值。

M_d：选用叠氮化铅的最小起爆药量 M_d 来表示炸药对爆轰冲击波的敏感程度。

G_{50}：用来表征炸药冲击波感度的最常用的一种方法。在作为冲击波源的主发装药和需要测定其冲击波感度的被发装药之间，放上惰性隔板金属板或塑料片，并通过改变隔板厚度以测定使被发装药产生 50%爆发率时的隔板厚度来评价被测炸药的冲击波感度。

12.4.3　化工事故统计

1. 按事故发生年份进行统计分析

依据国家安全生产监督管理总局公布的 2001—2008 年我国（除港、澳、台地区）安全生产事故中筛选出发生在化工企业中的事故，根据《生产安全事故报告和调查处理条例》对事故级别的划分标准，考虑到一般事故的统计数据可靠性相比于较大事故或重特大事故较差，而且影响范围不如较大或重特大事故广泛，故选取较大事故与重特大化工事故统计数据进行预测，从而较为准确地反映该时期我国化工行业的安全生产现状。

2001—2008 年化工企业共发生较大及以上级别事故 119 起，其中，死亡 510 人，重伤 105 人，轻伤 377 人，如图 12-2 所示，2001—2008 年化工企业较大及以上级别事故数目总趋势为波动上升，尤其是从 2004 年开始，化工企业较大及以上级别事故的发生居高不下。

2. 按事故发生类型进行统计

根据 2001—2008 年我国化工企业发生的较大及以上级别事故，参考《企业职工伤亡事故分类》，将工矿商贸中可能发生的事故划分成 20 类，但就化工行业，其中有 9 种是常见类型，其他类型基本没有发生的条件或极少发生，所以在统计中着重依照这 9 种类别将已收集到的事故案例进行分类：其他爆炸 34.45%，中毒与窒息 22.69%，容器爆炸 21.01%，火灾 8.40%，高处坠落 5.04%，坍塌 4.20%，灼烫 2.52%，火药爆炸 0.84%，触电 0.84%。

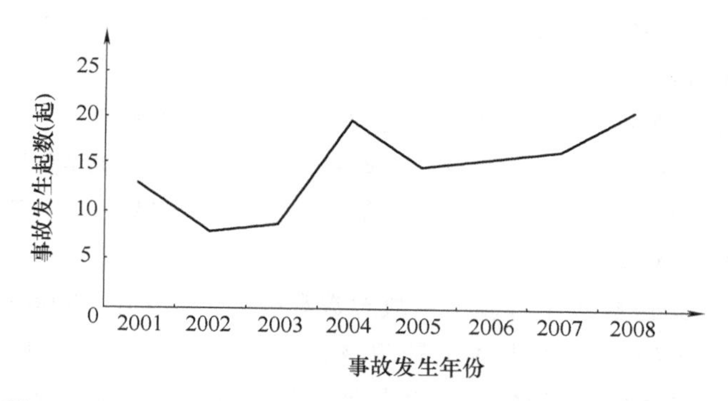

图 12-2　2001—2008 年化工企业较大及以上级别事故数目统计

从统计可以看出，该时段我国化工企业发生较大及以上级别事故次数较多的类型依次是：其他爆炸，中毒与窒息，容器爆炸，火灾和高处坠落。按死亡人数多少排序，依次是：其他爆炸，容器爆炸，中毒与窒息，火灾。显然，其他爆炸、中毒与窒息和容器爆炸事故无论是事故发生次数还是死亡人数都占据较高比例，三者比例之和分别占到事故发生总次数与死亡总人数的 80%左右：其他爆炸 37.20%，容器爆炸 21.36%，中毒与窒息 19.52%，火灾 6.45%，高处坠落 5.71%，坍塌 4.60%，灼烫 2.21%，火药爆炸 2.21%。

3. 按事故发生生产环节进行统计

针对化工企业生产特点，将化工企业生产划分为若干环节，对 2001—2008 年事故进行分类。按事故发生次数分：工艺 34.45%，施工作业 18.49%，检修 12.61%，储存 8.40%，清理 7.56%，试生产或调试 4.20%，运输装卸 1.68%，气体充装 1.68%，未知 10.92%。按死亡人数：工艺 35.69%，施工作业 17.25%，检修 10.59%，储存 8.63%，清理 5.49%，试生产或调试 5.10%，气体充装 3.14%，运输装卸 1.57%，未知 12.55%。统计显示，在生产环节中，生产工艺中发生事故的概率较高，并且死亡人数约占到生产环节死亡总人数的 36%。从统计中发现，施工作业、检修与清理这三项非生产性操作发生事故的概率仅次于生产工艺，三者发生事故的比重之和同样约占 36%。

12.5 建筑事故统计

建筑领域安全事故频发，其中坍塌事故居多。调查显示，抢工期、非法建设、违章操作等这些三令五申强调的“安全禁忌”仍然是引发建筑事故发生的主要原因。对建筑事故的统计由于数据缺失量很大，下面以 2007 年的建筑事故为例进行统计，并与 2006 年的事故进行了比较。

12.5.1 建筑工程施工事故统计事例

以 2007 年为例，我国共发生房屋建筑和市政工程建筑施工事故 859 起、死亡 1012 人（以下统计数据不含港澳台地区），与上年相比，事故起数下降了 3.27%，死亡人数下降了 3.44%；其中，共发生建筑施工较大及以上事故（一次死亡 3 人及 3 人以上事故）35 起、死亡 144 人（其中，重大事故 2 起，死亡 21 人），与上一年相比，事故起数下降了 10.26%，死亡人数下降了 1.37%。

2007 年，我国有 13 个地区建筑工程施工事故死亡人数比 2006 年有所下降，下降幅度超过我国平均值（平均值下降 3.44%）的有 11 个地区。其中，下降幅度超过 15%的有 8 个地区：西藏（100%）、四川（55.77%）、陕西（44%）、山西（41.67%）、新疆（34.78%）、辽宁（32.2%）、北京（30.77%）、河北（15.15%）。

2007 年，有 13 个地区建筑工程施工事故起数和死亡人数都比 2006 年同期上升。其中，天津事故起数上升 66.67%，死亡人数上升 70%；宁夏事故起数上升 60%，死亡人数上升 45.45%；广西事故起数上升 10.53%，死亡人数上升 45%；河南事故起数上升 10.53%，死亡人数上升 37.04%；江苏事故起数上升 28.13%，死亡人数上升 22.62%；安徽事故起数上升 10.81%，死亡人数上升 21.62%；内蒙古事故起数上升 52.94%，死亡人数上升 17.39%；吉林事故起数上升 3.85%，死亡人数上升 15.38%；浙江事故起数上升 12.5%，死亡人数上升 10%；贵州事故起数上升 13.79%，死亡人数上升 5.41%；云南事故起数上升 18.18%，死亡人数上升 5%；山东事故起数上升 18.18%，死亡人数上升 2.86%；黑龙江事故起数上升 6.06%，死亡人数上升 2.27%。

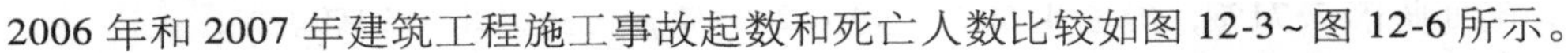
2006 年和 2007 年建筑工程施工事故起数和死亡人数比较如图 12-3~图 12-6 所示。

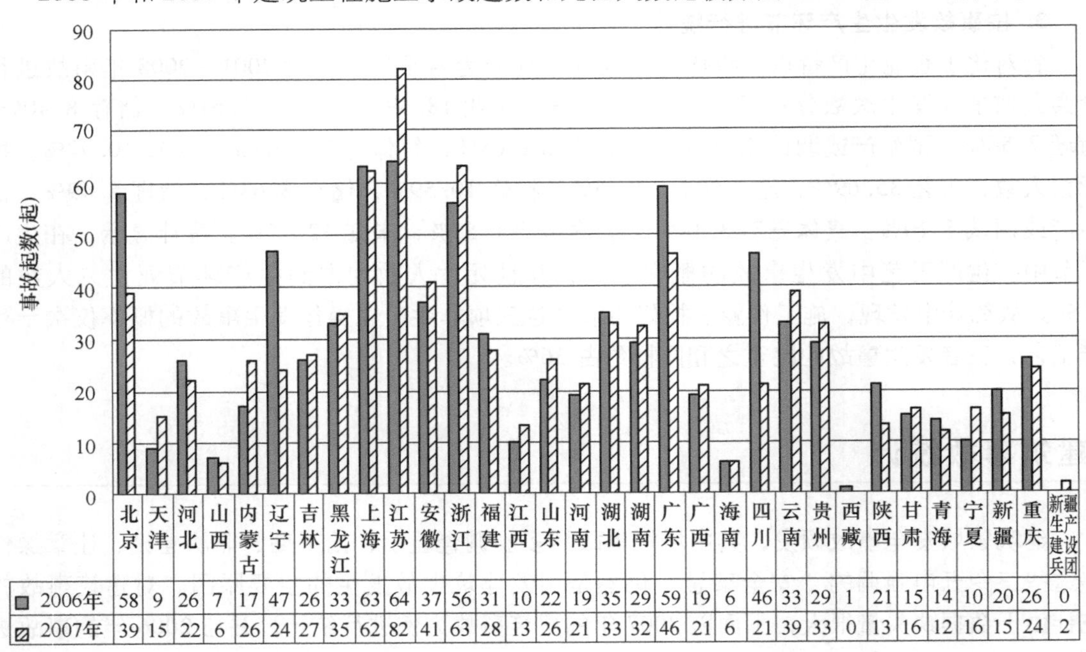

	北京	天津	河北	山西	内蒙古	辽宁	吉林	黑龙江	上海	江苏	安徽	浙江	福建	江西	山东	河南
2006年	58	9	26	7	17	47	26	33	63	64	37	56	31	10	22	19
2007年	39	15	22	6	26	24	27	35	62	82	41	63	28	13	26	21

	湖北	湖南	广东	广西	海南	四川	云南	贵州	西藏	陕西	甘肃	青海	宁夏	新疆	重庆	新疆生产建设兵团
2006年	35	29	59	19	6	46	33	29	1	21	15	14	10	20	26	0
2007年	33	32	46	21	6	21	39	33	0	13	16	12	16	15	24	2

图 12-3　2006 年和 2007 年建筑工程施工事故起数比较 1

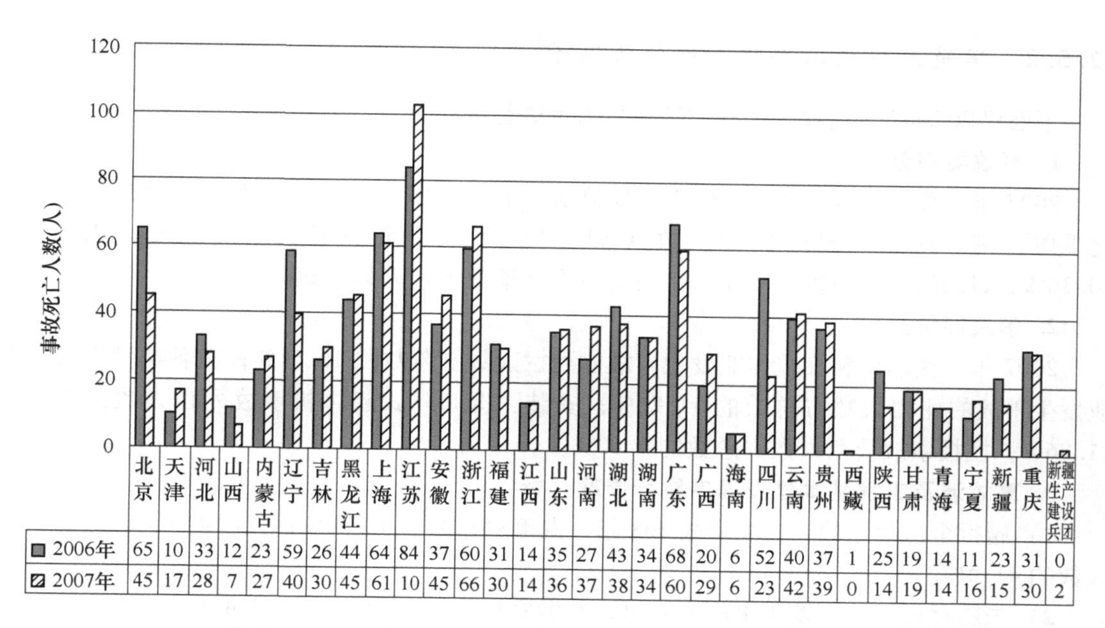

	北京	天津	河北	山西	内蒙古	辽宁	吉林	黑龙江	上海	江苏	安徽	浙江	福建	江西	山东	河南
2006年	65	10	33	12	23	59	26	44	64	84	37	60	31	14	35	27
2007年	45	17	28	7	27	40	30	45	61	10	45	66	30	14	36	37

	湖北	湖南	广东	广西	海南	四川	云南	贵州	西藏	陕西	甘肃	青海	宁夏	新疆	重庆	新疆生产建设兵团
2006年	43	34	68	20	6	52	40	37	1	25	19	14	11	23	31	0
2007年	38	34	60	29	6	23	42	39	0	14	19	14	16	15	30	2

图 12-4　2006 年和 2007 年建筑工程施工事故死亡人数比较 1

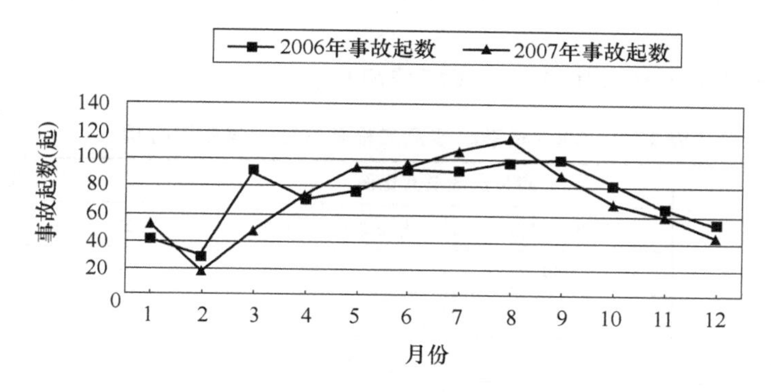

图 12-5　2006 年和 2007 年建筑工程施工事故起数比较 2

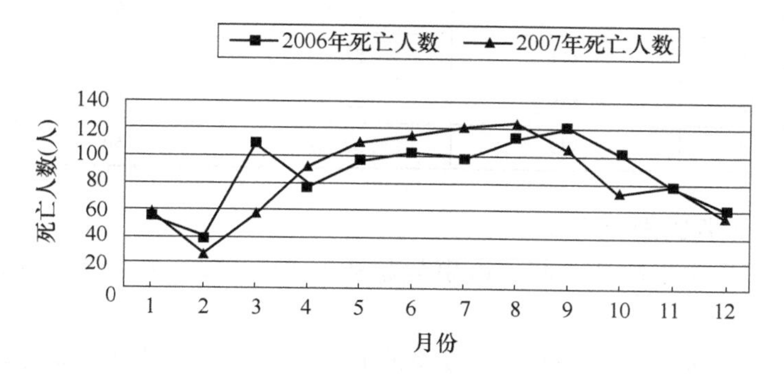

图 12-6　2006 年和 2007 年建筑工程施工事故死亡人数比较 2

12.5.2 建筑工程施工事故专项分析例子

下面仍以2007年的建筑工程施工事故为例进行统计。

1. 事故类别分析

2007年，我国建筑工程施工伤亡事故类别仍主要是高处坠落、坍塌、物体打击、触电、起重伤害等。这些事故的死亡人数共915人，分别占全部事故死亡人数的45.45%、20.36%、11.56%、6.62%、6.42%，总计占全部事故死亡人数的90.42%。

2. 事故部位分析

2007年，在洞口和临边作业发生事故的死亡人数占总数的15.51%；在各类脚手架上作业发生事故的死亡人数占总数的11.86%；安装、拆卸塔式起重机事故死亡人数占总数的11.86%；模板事故死亡人数占总数的6.82%。

3. 事故涉及工程基本建设程序履行情况分析

1）履行全部程序的：发生事故368起，占事故起数的42.84%；死亡419人，占死亡总人数的41.4%。

2）未履行程序的：发生事故334起，占事故起数的38.88%；死亡416人，占死亡总人数的41.11%。

3）部分履行程序的：发生事故157起，占事故起数的18.28%；死亡177人，占死亡总人数的17.49%。

2007年事故涉及工程基本建设程序履行情况见表12-9。

表12-9 2007年事故涉及工程基本建设程序履行情况

履行情况	事故起数及其比例		死亡人数及其比例	
	数量（起）	占总数比例（%）	死亡（人）	占总数比例（%）
总计	859	100	1012	100
办理了立项手续	495	57.63	564	55.73
办理了用地许可证手续	478	55.65	543	53.66
办理了规划许可证手续	481	56	549	54.25
办理了招标投标手续	452	52.62	516	50.99
办理了施工图审查手续	452	52.62	510	50.40
办理了施工许可证手续	444	51.69	506	50
办理了质量监督手续	455	52.97	517	51.09
办理了安全监督手续	449	52.27	507	50.10

4. 发生事故的工程类别分析

1）新建工程：发生事故785起，占事故起数的91.39%；死亡911人，占死亡总人数的90.02%。

2）改扩建工程：发生事故56起，占事故起数的6.52%；死亡72人，占死亡总人数的7.11%。

3）拆除工程：发生事故18起，占事故起数的2.1%；死亡29人，占死亡总人数的2.87%。

5. 发生事故的工程形象进度分析

1）施工准备：发生事故20起，占事故起数的2.33%；死亡26人，占死亡总人数的2.57%。

2）基础施工：发生事故137起，占事故起数的15.95%；死亡161人，占死亡总人数的15.91%。

3）主体结构：发生事故414起，占事故起数的48.2%；死亡505人，占死亡总人数的49.9%。

4）装饰装修：发生事故264起，占事故起数的30.73%；死亡283人，占死亡总人数的27.96%。

5）拆除阶段：发生事故24起，占事故起数的2.79%；死亡37人，占死亡总人数的3.66%。

6. 发生事故的投资主体分析

1）政府投资：发生事故112起，占事故起数的13.04%；死亡126人，占死亡总人数的12.45%。

2）企业投资：发生事故443起，占事故起数的51.57%；死亡515人，占死亡总人数的50.89%。

3）个人投资：发生事故35起，占事故起数的4.07%；死亡40人，占死亡总人数的3.95%。

4）其他：发生事故269起，占事故起数的31.32%；死亡331人，占死亡总人数的32.71%。

7. 发生事故的工程结构类型分析

1）砖混结构：发生事故213起，占事故起数的24.8%；死亡234人，占死亡总人数的23.12%。

2）混凝土结构：发生事故442起，占事故起数的51.46%；死亡522人，占死亡总人数的51.58%。

3）钢结构：发生事故38起，占事故起数的4.42%；死亡50人，占死亡总人数的4.94%。

4）砖木结构：发生事故1起，占事故起数的0.12%；死亡1人，占死亡总人数的0.1%。

5）钢混结构：发生事故45起，占事故起数的5.24%；死亡51人，占死亡总人数的5.04%。

6）其他：发生事故120起，占事故起数的13.97%；死亡154人，占死亡总人数的15.22%。

8. 发生事故的工程性质分析

1）住宅：发生事故432起，占事故起数的56.77%；死亡496人，占死亡总人数的57.34%。

2）公共建筑：发生事故184起，占事故起数的24.18%；死亡215人，占死亡总人数的 24.86%。

3）厂房：发生事故 104 起，占事故起数的 13.67%；死亡 110 人，占死亡总人数的 12.72%。

4）其他：发生事故 41 起，占事故起数的 5.39%；死亡 44 人，占死亡总人数的 5.09%。

9. 发生事故的地域分析

1）省会及直辖市（计划单列市）：发生事故 342 起，占事故起数的 39.81%；死亡 396 人，占死亡总人数的 39.13%。

2）地级城市：发生事故 258 起，占事故起数的 30.03%；死亡 320 人，占死亡总人数的 31.62%。

3）县级城市（含县城关镇）：发生事故 215 起，占事故起数的 25.03%；死亡 237 人，占死亡总人数的 23.42%。

4）村镇（是指村庄和集镇）：发生事故 44 起，占事故起数的 5.12%；死亡 59 人，占死亡总人数的 5.83%。

10. 发生事故的区域分析

1）高校园区：发生事故 26 起，占事故起数的 3.03%；死亡 33 人，占死亡总人数的 3.26%。

2）工业科技园区：发生事故 39 起，占事故起数的 4.54%；死亡 49 人，占死亡总人数的 4.84%。

3）经济开发区：发生事故 90 起，占事故起数的 10.48%；死亡 105 人，占死亡总人数的 10.38%。

4）非园区：发生事故 704 起，占事故起数的 81.96%；死亡 825 人，占死亡总人数的 81.52%。

11. 发生事故的天气情况分析

1）晴天：发生事故 669 起，占事故起数的 77.88%；死亡 791 人，占死亡总人数的 78.16%。

2）阴天：发生事故 132 起，占事故起数的 15.37%；死亡 157 人，占死亡总人数的 15.51%。

3）雨天：发生事故 51 起，占事故起数的 5.94%；死亡 58 人，占死亡总人数的 5.73%。

4）雾天：发生事故 3 起，占事故起数的 0.35%；死亡 3 人，占死亡总人数的 0.3%。

5）风天：发生事故 4 起，占事故起数的 0.47%；死亡 3 人，占死亡总人数的 0.3%。

12.5.3 建筑工程施工较大及以上事故情况分析举例

下面仍以 2007 年的建筑工程施工事故为例进行统计。

1. 事故类型分析

施工坍塌：19 起，死亡 86 人，分别占事故起数与死亡人数的 54.29%和 59.72%。

起重伤害：6 起，死亡 18 人，分别占事故起数与死亡人数的 17.14%和 12.5%。

高处坠落：3 起，死亡 18 人，分别占事故起数与死亡人数的 8.57%和 12.5%。

中毒和窒息：3 起，死亡 9 人，分别占事故起数与死亡人数的 8.57%和 6.25%。

其他伤害：2 起，死亡 7 人，分别占事故起数与死亡人数的 5.71% 和 4.86%。

机具伤害：1 起，死亡 3 人，分别占事故起数与死亡人数的 2.86% 和 2.08%。

火灾和爆炸：1 起，死亡 3 人，分别占事故起数与死亡人数的 2.86% 和 2.08%。

2. 事故发生地区分析

1）发生在直辖市及省会城市的事故 14 起，死亡 53 人，分别占事故起数及死亡人数的 40% 和 36.81%。

2）发生在地级城市的事故 12 起，死亡 56 人，分别占事故起数及死亡人数的 34.29% 和 38.89%。

3）发生在县级城市的事故 6 起，死亡 18 人，分别占事故起数及死亡人数的 17.14% 和 12.5%。

4）发生在乡镇的事故 3 起，死亡 17 人，分别占事故起数和死亡人数的 8.57% 和 11.81%。

本章小结

本章概要介绍了行业生产事故和我国一些高危行业生产事故的特点，同时介绍了交通、矿业、化工、建筑四个典型行业的事故统计分析指标和统计方法及 21 世纪初工业化高速发展时期我国这些行业的生产事故的一些统计实例。

思考与练习

1. 我国工业化高速发展时期在安全生产领域指的高危行业都有哪些？为什么高危行业是相对的和可以变化的？

2. 试从应急管理部等网站获取以往我国一些主要行业的事故统计数据，然后对其进行归类统计和回归统计。

第 13 章 职业健康统计

本章学习目标

了解职业危害的严重程度及其预防的意义，掌握职业健康危害因素识别与调查方法，熟悉职业健康危害因素的分类和职业病统计工作与要求。

本章学习方法

需要深入现场调查和理论联系实际，学习过程可以参考预防医学知识和流行病调查方法，并与职业危害与预防等专业知识相联系。

世界职业病危害形势依然严峻。据国际劳工组织（ILO）统计，全球每年有近 300 万人因职业意外或工作有关的疾病死亡，另有 3.74 亿人在与职业相关的事故中受伤。据保守估计，全球职业病的病例数为 1.6 亿例。其中，全球职业病造成了每年 170 万人丧生，是工作场所的第一杀手。

随着我国的工业化进程不断发展，在经济快速发展的同时，个别地区和行业，职业健康危害形势依然十分严峻。据统计，全国涉及有毒有害的企业超过 1600 万家，国家卫健委发布，约有 2 亿劳动者接触职业病危害。其中，大多数是农民工，接触职业健康危害因素人群居世界首位。

职业病危害行业范围广，流动性大，危害转移严重。报告职业病病例数名列前三位的行业依次为煤炭、有色金属和建材行业。从煤炭、冶金、化工、建筑等传统工业，到汽车制造、医药、计算机、生物工程等新兴产业都不同程度地存在职业病危害。许多中小企业工作场所劳动条件恶劣，劳动者缺乏必要的职业病防护。此外，职业病危害流动性大，危害转移严重。转移的主要方向是境外投资向境内转移，境内的从城市和工业区向农村转移、从经济发达地区向欠发达地区转移，从大中型企业向中小型企业转移。

随着各种新材料、新工艺、新技术的不断出现，产生职业危害因素的种类越来越多，出现了一些过去未曾见过或者很少发生的职业病。当前我国传统的职业病危害尚未得到完全控制，但新的、未知的职业病危害不断发生。鉴于目前情况，如果不采取有效防治措施，因职业病危害导致劳动者死亡、致残、部分丧失劳动能力的人数将不断增加，它的危害程度远远高于生产安全事故。

13.1 职业健康危害因素识别与调查方法

1. 职业健康危害因素识别的基本概念

在建设项目职业病危害评价工作中，通过文献检索、职业卫生学调查、类比调查、经验法、工程分析、工作场所职业病危害因素监测、健康监护、职业流行病学调查及试验研究等方法，把建设项目工作场所中存在或产生的职业病危害因素辨识出来，称为职业病危害因素识别。

职业病危害因素识别的目的在于识别建设项目工作场所中存在或产生的职业病危害因素的种类、来源、分布及危害程度，为职业病危害评价及采取相应的职业卫生防护措施等提供重要依据。

2. 职业健康危害因素识别的要求

职业健康危害因素识别是建设项目职业病危害评价的重要环节之一，在识别过程中要做到全面分析、重点突出、定性与定量相结合、明确职业健康危害的分布及危险度等。

（1）全面分析

在识别过程中，首先要对整个项目进行全面的分析，然后对每一个评价单元存在或产生的职业健康危害因素进行识别。例如，在建设项目方面，应从工程项目组成、工艺流程、原辅材料的使用、化学反应原理等方面做全面的调查和分析，不仅要识别正常生产和操作过程中可能存在或产生的职业健康危害因素，还应分析在特殊生产和操作过程中如停电、检修或事故等可能存在或产生的职业病危害因素，逐一识别，避免遗漏。

（2）重点突出

每一个项目都有可能存在或产生许多种职业健康危害因素，以化学物最为常见。各种职业健康危害因素因其理化特性、毒性、浓度（强度）及接触机会等差异而对作业人员的危害程度都不同。因此，在辨识过程中应做到重点突出，把《职业病危害因素分类目录》所列的职业病危害因素或有职业卫生标准的职业病危害因素作为重点。

（3）定性与定量相结合

除了对职业健康危害因素进行定性识别外，通常还需对主要职业健康危害因素进行定量识别。通过现场监测，进一步判断其是否符合国家职业卫生标准的规定，以此确定其危害程度。

（4）明确职业健康危害的分布及危险度

在上述工作基础上，明确各种职业健康危害因素的分布及人群接触情况，根据定性和定量分析结果，确定其危险度。

3. 职业健康危害因素识别方法

职业健康危害因素识别常用的方法包括文献检索法、职业卫生学调查、类比调查、经验法、工程分析法、工作场所职业健康危害因素监测和健康监护。

（1）文献检索法

文献检索法就是通过查阅国内外预防医学、卫生学类等期刊中相关工作场所、工种和生产工艺有关职业健康危害因素资料及对作业人群健康影响的报道，对职业健康危害因素进行识别的方法。同时，也可以查阅已完成评价的建设项目或同类建设项目职业健康危害因素资料，以此进行类比分析、定性和定量识别。该方法具有简便和快捷的优点，但可靠性和准确性难以控制。

（2）职业卫生学调查

通过对项目单位各车间、工段、工种或生产装置、设备及生产环境和劳动过程中所产生的职业健康危害因素进行系统调查，以确定职业健康危害因素种类和来源。同时，也可采用流行病学的方法，调查研究职业健康危害因素及对其健康影响在人群、时间及空间的分布，通过对健康损害的病因及职业接触浓度与职业性损害之间的剂量-反应关系的分析，对职业健康危害因素进行识别。该方法适用于对传统行业或传统工艺项目的职业健康危害因素识别，但对一些新的生产工艺项目可能受到知识或工作经验的限制。

（3）类比调查

通过对与拟评价项目相同或相似的工程项目进行职业卫生调查、工作场所职业健康危害因素浓度监测，类推拟评价项目的职业健康危害因素的种类和危害程度。采用此法时，应重点关注识别对象与类比对象之间的相似性，包括工程一般特征、职业卫生防护设施、环境特征等的相似性。

类比调查法是建设项目职业健康危害评价工作中最常用的识别方法。它的优点是通过对类比企业进行现场职业卫生调查、工作场所职业健康危害浓度监测，从而对职业健康危害因素进行直观定性和定量描述。但在实际工作中，完全相同的类比企业是难以找到的，因此拟评价项目与类比企业之间有可能因生产规模、工艺流程、生产设备等差别而导致职业健康危害因素的种类和危害程度的差异，在操作中应根据实际情况做出综合判断。

（4）经验法

经验法是依据专业人员所掌握的专业知识和工作经验，以此判断工作场所可能存在或产生的职业健康危害因素的一种识别方法。该方法主要适用于传统的工艺行业项目，它的优点是简便易行，缺点是识别的精确程度受到评价人员知识面、经验和资料的限制，在识别过程中易出现遗漏和偏差。

（5）工程分析法

工程分析法是对识别对象的工程概况、项目规模、项目组成及主要工程内容、生产工艺流程、生产设备布局、化学反应原理、生产原辅料和产品等进行分析，推测可能存在或产生的职业健康危害因素。在评价新技术、新工艺的建设项目时，如果找不到类比对象与类比资料，则一般利用工程分析法来识别职业健康危害因素。

（6）工作场所职业健康危害因素监测

该法是通过对工作场所可能存在或产生的职业健康危害因素进行分析和检测，包括定性和定量的检测，所得结果客观直接，可为建设项目职业健康危害评鉴提供重要的依据。缺点是测定项目不全或检测结果出现偏差时易导致识别结论的错误或遗漏。

（7）健康监护

健康监护是指通过医学检查及对职业健康检查档案的分析，了解职业健康危害因素对接触者健康的影响情况，研究职业健康危害因素的接触-反应（效应）关系，这是判断与验证职业健康危害因素识别结果的重要指标。

13.2 职业健康危害因素的分类

职业健康危害因素是指存在于工作场所或者与特定职业相伴随，对从事该职业活动的劳动者可能造成健康损害或者产生健康影响的各种有害的化学、物理、放射、生物因素，以及在作业过程中产生的其他职业有害因素。

1. 职业健康危害因素的分类

（1）按照导致职业病危害的直接原因分类

《职业病危害因素分类目录》将职业健康危害因素按照导致职业病危害的直接原因分为：粉尘类、化学物质类、物理因素类、放射性因素、生物因素、其他因素等六大类。

（2）按照职业健康危害因素性质分类

1）化学因素包括：①外源性化学物质：如铅、汞、苯、一氧化碳等；②生产性粉尘：如二氧化硅粉尘、硅酸盐粉尘、金属粉尘、碳系粉尘、有机粉尘、混合粉尘等。

2）物理危害因素包括：①异常气象条件如高温（中暑）、高湿、低温、高气压、低气压等；②电离辐射有 X、α、β、γ 射线和中子流等；③非电离辐射，如紫外线、红外线、高频电磁场、微波、激光等；④噪声；⑤振动。

3）生物危害因素包括皮毛的炭疽杆菌、蔗渣上的霉菌、布鲁杆菌、森林脑炎病毒、有机粉尘中的真菌、真菌孢子、细菌等。

2. 职业病的种类

根据《职业病分类和目录》（2025 年 8 月 1 日起实施），职业病包括尘肺、职业性放射性疾病、职业中毒、物理因素所致职业病、生物因素所致职业病、职业性皮肤病、职业性眼病、职业性耳鼻喉口腔疾病、职业性肿瘤等共 12 类 135 种疾病。其中，尘肺 13 种、其他呼吸系统疾病 6 种、职业性放射性疾病 13 种、职业性化学中毒 59 种、物理因素所致职业病 7 种、生物因素所致职业病 4 种、职业性皮肤病 9 种、职业性眼病 3 种、职业性耳鼻喉口腔疾病 4 种、职业性肿瘤 11 种、职业性肌肉骨骼疾病 2 种、职业性精神有行为障碍 1 种、其他职业病 2 种。

随着经济的发展和科技进步，各种新材料、新工艺、新技术的不断出现，产生的职业危害因素的种类越来越多，出现了一些过去未曾见过或者很少发生的职业病。同时考虑我国的社会经济发展状况，对法定职业病的范围不断地进行修订。

（1）尘肺

尘肺是不少国家目前最重要（严重）的一种职业病，特别在发展中国家更是如此。在矿山、水电等工程建设过程中，可能发生尘肺的主要工种有：开挖各工种、风钻工、爆破工、水泥搬运与拆包工、破碎工、拌和楼各工种、筛分工、电焊工、喷砂除锈及其他生产过程中接触各种粉尘的工人。

按尘肺发病时间可分为速发型、慢型、晚发型；按病理改变分为胶原纤维化型、结节型、不规则型、弥散型、团块型；按粉尘来源分为矿物性与非矿物性等。在我国按病因将尘肺分为五类：

1）硅肺：长期吸入含有游离二氧化硅粉尘引起。

2）硅酸盐肺：长期吸入含有结合二氧化硅粉尘如石棉、滑石、云母等粉尘引起。

3）炭尘肺：长期吸入煤、石墨、炭墨、活性炭等粉尘引起。

4）混合尘肺：长期吸入含游离二氧化硅和其他粉尘（如煤矽尘、铁矽尘、电焊烟尘）引起。

5）金属尘肺：长期吸入某些金属粉尘（如铁、锰、铝尘等）引起。

（2）尘肺病因和发病机理

尘肺的病因是吸入致尘肺的粉尘，但吸入这类粉尘并不一定会导致尘肺的发生。人体呼吸器官本身就有很强的防御粉尘进入和沉积体内的功能，吸入空气中的粉尘首先经过鼻毛的阻滤，继而受到鼻咽腔解剖结构的影响，气流方向和速度改变，在鼻腔及咽部形成涡流，尘粒受惯性作用，大于 10μm 的易撞击而附着于上呼吸道壁上，这样一般可阻滤吸入空气中 30%～50%的粉尘。

气流进入下部呼吸道，随气管、支气管的逐级分支，气流速度更加减慢，气流方向改变，气流中的尘粒沉降附着于管壁的黏液膜上，黏液膜下纤毛细胞的摆动将黏液推向喉部，随痰排出体外，此部分阻留的粉尘多在 2～10μm 大小。

能进入肺泡的尘粒，多数小于 2μm，大部分被肺内吞噬细胞所吞噬，通过覆盖在肺泡表面的一层表面活性物质和肺泡的张弛活动，移送到具有毛细胞的支气管黏膜表面，再被移送出去。进入肺泡的尘粒只有很小一部分被细胞（吞噬有粉尘的吞噬细胞）带入肺泡间隔，经淋巴或血液循环而到达肺及人体的其他组织，引起生理病理作用。

（3）尘肺的临床表现

尘肺病变的发生和发展是一个渐进过程，只有当病变发展到一定程度时，才会被人们发现。因粉尘的致病性及其浓度不同，从开始接尘到发现临床尘肺，一般要十几年或更长的时间。但近年来也有速发尘肺病的报道，由于长期接触高浓度和高游离二氧化硅粉尘，致使接触半年左右就发生硅肺病。

初期尘肺常在进行 X 射线胸片检查时才被发现，此时患者可无明显临床症状。病程进展或有合并症时，可出现气短、胸闷、胸痛、呼吸困难、咳嗽及咯痰等症状及心肺功能、化验指标等的改变。

3. 职业中毒

任何化学品都是有毒的，所不同的是引起生物损害的剂量不同。通常把较小剂量就能引起生物体损害的那些化学品称为毒物。

例如，2010 年我国共报告各类急性职业中毒事故 301 起，中毒 617 例，死亡 28 例，病死率为 4.54%。其中，重大职业中毒事故 19 起，中毒 215 例，死亡 28 例，病死率 13.02%。报告急性职业中毒起数最多的为化工行业，占 21.59%；急性职业中毒人数最多的为煤炭行业；引起急性职业中毒的化学物质涉及 30 余种，居首位的为一氧化碳，共发生 78 起，175 人中毒；病死率最高的为硫化氢中毒，47 人中毒，死亡 8 人。

又如，2010 年我国共报告慢性职业中毒 1417 例。引起慢性职业中毒人数排在前三位的化学物质分别是铅及其化合物、苯、砷及其化合物，分别为 499 例（占 35.22%）、272 例（占 19.20%）和 157 例（占 11.08%）。主要分布在轻工、冶金和电子等行业。

以下介绍常见金属及类金属毒物的危害。

（1）锰中毒

接触锰机会较多者主要是电焊工、金属结构制作安装工、钢筋加工及机修工等。锰中毒分为急性锰中毒和慢性锰中毒。急性锰中毒可因口服高锰酸钾或吸入高浓度氧化锰烟雾引起急性腐蚀性肠胃炎或刺激性支气管炎、肺炎等。慢性锰中毒主要见于长期吸入锰的烟尘的工人，临床表现以锥体外系神经系统症状为主，且有神经行为功能障碍和精神失常。

（2）铅中毒

铅为灰色重金属。长期接触铅粉尘、铅烟或食入被铅污染的食物、水等都会引起铅中毒，能导致恶心、呕吐、便秘、腹绞痛和触痛、贫血、肢体麻木、头痛、关节痛、神经衰弱、精神抑郁、精神错乱、肝炎、夜尿、血尿、孕妇流产、怀死胎、畸胎等症状。

（3）汞中毒

汞俗称水银，银白色液体。急性汞中毒主要表现为腐蚀性胃炎、气管炎、汞毒物肾炎、急性口腔炎等。慢性汞中毒主要表现在神经-精神症状、自主神经功能紊乱震颤。一次吸入2.5g 汞蒸气可以致人死亡。

（4）铬中毒

铬为银白色有光泽金属，铬的六价化合物毒性最大，三价铬化合物次之，二价铬及金属铬为最小。经误食、皮肤吸收后，会引起鼻炎、鼻出血、鼻中隔穿孔、接触性皮炎、湿疹、溃疡、喉炎、支气管炎、肺炎、恶心、厌食、十二指肠溃疡、结肠炎、肺癌等。

（5）钡中毒

钡为银白色金属。它的可溶性盐（如氯化钡）被误食或吸入后有高毒，会刺激眼或呼吸道，引起瞳孔散大、呼吸麻痹、尘肺、皮炎、脱发、呕吐、腹绞痛、肌震颤、高血压、头昏、心律不齐、中毒性出血性脑炎、呼吸衰竭等，碳酸钡被误食后可被胃酸分解为可溶性钡而发生中毒。

4. 噪声的危害

噪声由不同频率和强度的许多声音杂乱混合而成。从生理学讲，噪声就是一切不需要的，使人烦恼的声音。

噪声在人类生存的空间里随时随地都存在。环境噪声、交通噪声、机械噪声、空气动力和电磁噪声组成的生产噪声等的污染已成为世界性公害。

噪声对人类的危害是多方面的，尤其是对听觉器官的影响。一次高强度脉冲噪声的瞬时暴露所引起的听觉损害称为急性声损伤，因多见于爆震事故，故它又称为爆震性耳聋。由长期持续性强噪声刺激引起的慢性声损伤为噪声性耳聋。

噪声大于 90dB 时严重危害听力损伤，噪声大于 70dB 时影响正常工作，噪声大于 50dB 时影响人的正常睡眠。

噪声危害主要症状为进行性听力减退及耳鸣。早期听力损失在 4000Hz 处，因此，对普通说话声无明显影响，仅在听力计检查中发现，以后听力损害逐渐向高低频发展，此时感到听力障碍，严重者可全聋。耳鸣与耳聋可同时发生，也可单独发生，常为高音性耳鸣，日夜烦扰不安。

初次接触噪声有以下不适感受者，表示易遭受噪声损伤：①暴露噪声数小时即感头晕、头痛、耳痛、耳鸣和耳聋者；②出现周身不适，如疲倦、心情抑郁、失眠、心血管刺激反应（如心律不规则）、血压高、血糖及胆固醇增高、肠胃蠕动加快、消化道溃疡等。

5. 高温中暑

夏季露天作业和通风不良环境中作业容易发生中暑现象，特别是在中午气温高、湿度大、太阳直射强的环境作业更容易发生中暑，发病病情与个体健康状况和适应能力有关。

在下丘脑体温调节中枢的控制下，正常人的体温处于动态平衡，维持在37℃左右。人体基础代谢、各种活动、体力劳动及运动，均由糖及脂肪分解代谢供能，热量借助皮肤血管扩张、血流加速、排汗、呼吸、排泄等功能，通过辐射、传导、对流、蒸发方式散发。人在气温高、湿度大的环境中，尤其是体弱或重体力劳动时，若散热障碍、导致热蓄积，则容易发生中暑。

1）中暑先兆：在高温环境下作业一段时间后，出现乏力、大量出汗、口渴、头痛、头晕、眼花、耳鸣、恶心、胸闷、体温正常或略高。

2）轻度中暑：除以上症状外，有面色潮红、皮肤灼热、体温升高至38℃以上，也可伴有恶心、呕吐、面色苍白、脉率增快、血压下降、皮肤湿冷等早期周围循环衰竭表现。

3）重症中暑：除轻度中暑表现外，还有热痉挛、腹痛、高热昏厥、昏迷、虚脱或休克表现。

中暑是指因处于高温高热的环境而引起的疾病，一般有以下三类：

（1）热射病

它是人体在高温或伴随高温的环境下，体温调节机能失调，体温、脑温上升引起的一种中枢神经障碍。它的症状除了头晕、恶心、剧烈头疼、耳鸣等前期症状外，还表现为发汗停止、皮肤干热、体温上升、直肠温度可达41～43℃，患者多处于昏睡、意识不清的状态。

（2）日射病

主要是强烈的太阳辐射或高温辐射直接作用于人的头部引发的。由于颅内积热、温度过高，脑神经系统出现急性的功能失调，从而使人产生剧烈的头痛、头晕、眼花、耳鸣、恶心、呕吐等症状。

（3）热痉挛

它是因大量出汗后，人体内电解质丧失过多，不能及时得到补充而引起的，常常发生在高温高热的作业现场，最典型的症状是肌肉痉挛和疼痛，从而引起呕吐。发病时，体温并不怎么上升。

职业危害和职业病的内容繁多。有关职业病的主要法律依据可参考《职业病防治法》，有关职业危害的预防与控制可参考《职业危害防治》等方面的著作。

13.3 职业病统计

职业健康是指消除和控制职业病，它是企业安全生产的重要目标之一。职业病统计是掌握和分析职业健康指标，对职业健康状况进行定量的科学分析，对职业健康管理和决策具有实现的意义。职业病统计则是把统计理论、方法应用于职业病发病状况、职业病的预防和治疗、职业健康监护的一门应用学科。

13.3.1　职业病统计现状

在我国，关于就业问题一直是国策中的重中之重，对于就业无论是国家还是个人都存在着许多问题，而个人问题占其中的大多数。首先，许多在职人员都或多或少地存在着一些职业病，例如：生物因素所致职业病、职业性哮喘、职业性肿瘤、职业性耳鼻喉口腔疾病、职业性眼病、物理因素所致职业病等，这一系列的病状都显示了我国劳动人民面临着巨大的生理和心理的问题，然而许多人对自己的工作的危险性并不了解，这也更导致了职业病在我国多发。对于现如今的我国再就业问题，不仅要保证就业率，还应该保证劳动者的生命健康问题，这也使得我国就业压力更加扩大了。

例如，根据 30 个省、自治区、直辖市（不包括港、澳、台、西藏）和新疆生产建设兵团职业病报告，2016 年新发职业病 31693 例。从行业分布看，煤炭、开采辅助活动和有色金属行业报告职业病病例数分别为 13070 例、3829 例和 4110 例，共占全国报告职业病例数的 66.09%。

长期以来，我国统计职业病的数据非常不完整，许多职业病患者没有被登记报告。例如，在国家职业病防治规划中对重点行业的用人单位职业病危害项目申报率仅达到 85%以上，工作场所职业病危害因素定期检测率仅达到 80%以上。据有登记的数据，20 世纪 50 年代以来，我国（不含港、澳、台地区）累计报告职业病 749970 例，其中，累计报告尘肺病 676541 例，死亡 149110 例，现患病 527431 例；累计报告职业中毒 47079，其中，急性职业中毒 24011，慢性职业中毒 23068 例。表 13-1 列出了 2010—2018 年我国有登记的职业病发病情况。

表 13-1　2010—2018 年我国有登记的职业病发病情况

年份	新发职业病例数	职业病		慢性职业病中毒		急性职业病中毒		其他因素职业病	
		例数	构成比（%）	例数	构成比（%）	例数	构成比（%）	例数	构成比（%）
2010	27240	23812	87.42	1417	5.20	617	2.27	1394	5.12
2011	29879	26401	88.36	1541	5.16	590	1.97	1347	4.51
2012	27420	24206	88.28	1040	3.79	601	2.19	1573	5.74
2013	26393	23152	87.72	904	3.43	637	2.41	1700	6.44
2014	29930	26873	89.79	795	2.66	486	1.62	1776	5.93
2015	29091	26081	89.65	548	1.88	383	1.32	2079	7.15
2016	31693	27992	88.32	812	2.56	400	1.26	2489	7.85
2017	26667	22701	85.13	726	2.72	295	1.11	2945	11.04
2018	23441	19468	83.05	缺失		缺失		2640	11.26
合计	251754	220686	87.66	7783	3.39	4009	1.59	17942	7.13

职业病现状让人揪心，职业病诊断难、鉴定难、监管难、获赔难、维权难等问题一直备受社会关注。例如，古浪县是甘肃省中部的一个国家级贫困县，该县很多农村青壮年都选择去邻近矿藏丰富的肃北县务工。据报道，在几年间在肃北县务工的古浪农民工中，就暴发了

大规模的尘肺病。

在职业病患者中，尘肺病患者最为普遍。卫生部《2020年全国职业病报告情况》显示，截至2020年年底，全国共有职业健康检查机构4520个、职业病诊断机构589个，全国共报告各类职业病新病例17064例，其中，尘肺病14367例，每年因尘肺病给国家造成的直接经济损失达80亿元。被调查企业中，存在一种及以上职业病危害因素的企业有263723家，占总数的93.46%。存在职业病危害因素的企业中，存在粉尘危害的企业有195618家，占74.18%；被调查企业的从业人员中，接触职业病危害因素劳动者有870.38万人，这其中接触粉尘的劳动者有412.57万人，占47.40%。

一些地方正在为职业病防治法的修改积极探索积累经验。例如，2021年底重庆市人力资源和社会保障局考虑到职业病的巨大危害，提出职工因工依法被诊断、鉴定为职业病的人员可享受工伤待遇；广东省佛山市卫生局于2010年底对该市722家企业进行职业病监督检查，发现违法企业199家，对其中101家企业处以警告或罚款处罚，并采取措施加大科技力度控制职业病发生。

13.3.2 职业病统计报告工作

存在职业病危害因素的用人单位，依法承担职业卫生技术服务、职业健康检查、职业病诊断的机构和救治急性农药中毒的首诊医疗卫生机构，均为职业病相关信息的责任填卡报送单位（以下简称填报单位）。填报单位要建立职业病及相关信息的填报制度，确定责任部门和责任填报人，配置必要设备，保证填报工作顺利进行。

1. 填报

填报单位必须认真填写报告卡，在规定的时限内向劳动者用人单位所在的县（区）级疾病预防控制机构报送，报送及时、准确、数据完整。

2. 职责分工

职业病统计报告工作实行“依法报告、属地管理（按用人单位所在地）、逐级审核、规范统一、及时准确”的原则。

各级疾病预防控制机构具体负责本行政区域内的职业病网络直报工作，应安排固定的职业病网络直报人员，经培训合格后上岗。

省职业病与化学中毒预防控制中心具体负责全省职业病统计报告工作的组织实施和日常管理、业务指导和技术培训、质量控制、督导和审核工作，并负责全省职业病统计报告汇总、分析。各设区市疾病预防控制机构负责落实职业病统计报告实施方案，开展职业病统计报告工作，组织相应的技术培训工作，督促县（区）级疾病预防控制机构及时上报并对报告内容进行审核，开展漏报调查和质量控制，并完成上级交付的报告任务。

各县（区）级疾病预防控制机构负责本辖区内职业病统计报告的网络直报任务，收集、整理、归档保存本辖区的职业病报告卡及相关信息，并按时完成网上填报、审核和修正工作。

3. 报告内容

报告卡内容包括用人单位的信息、职业病患者的基本信息、专业工龄、职业病种类、具体病名、中毒事故编码、同时中毒人数、发生日期、诊断日期、死亡日期、诊断单位、报告

单位、报告人及报告日期等。

（1）应报告的职业病 《职业病报告办法》中所指的职业病是国家现行职业病范围内所列病种。根据公布的法定职业病目录，属于报告范围内的职业病统计共 10 大类 132 种。

（2）职业病报告内容 根据引发职业病的有害物质类别不同，分别编制尘肺病报告卡、农药中毒报告卡和职业病报告卡，按规定上报。

1）尘肺病报告卡：适用于我国境内一切有粉尘作业的用人单位，在统计年度内有首次被诊断为尘肺病的劳动者，或尘肺温润期调出（入）本省的尘肺病患者和尘肺死亡者均应填卡报告。在岗的非编制职工患有尘肺病时也应填报。

报告卡内容包括用人单位的信息、尘肺病患者的基本信息、开始接尘日期、实际接尘工龄、尘肺病种类、胸片编号、诊数结论、报告类别、死亡信息、诊断单位、报告单位、报告人及报告日期等。

2）农药中毒报告卡：适用于在农林业等生产活动中使用农药或生活中误用各类农药而发生中毒者。因农业生产而发生中毒者归入职业病报告卡，不统计在此报告卡内。

报告卡内容包括用人单位的信息、农药中毒患者的基本信息、中毒农药名称、中毒农药类别、中毒类型、诊断日期、死亡日期、诊断单位、报告单位、报告人及报告日期等。

3）职业病报告卡：适用于我国境内一切有职业危害作业的用人单位，除尘肺病、农林业生产活动中使用农药或生活中误用各类农药而发生中毒以外的一切职业病的报告。该报告卡适用于新病例和死亡病例的报告。

4. 报告程序与时限

职业病统计报告工作依托“中国疾病预防控制信息系统”的子系统“职业病危害因素监测系统”进行网络直报。由各填报单位填写有关的职业病报告卡报送给劳动者用人单位所在地的县（区）级疾病预防控制机构；各县（区）级疾病预防控制机构对其所在地用人单位或劳动者的有关职业病报告卡进行接收和网上填报；各设区市疾病预防控制机构和省职业病与化学中毒预防控制中心负责逐级审核。每年各级疾病预防控制机构要将本辖区的职业病统计报告汇总数据报送同级卫生行政部门。

职业病统计报告实行自然年统计汇总，即本年的 1 月 1 日起至 12 月 31 日止。急性职业病病例（包括重大、特大事故的个案病例）实行月汇总报告制度；其他职业病统计报告实行半年和全年汇总报告制度。

填报和网络直报时限：重大、特大职业病危害事故除按照有关规定报告外，事件终止后 10d 内填写职业卫生重大公共卫生事件报告卡并报送，14d 内完成网络上报；各类职业病病例应在诊断后 10d 内填卡和报送，15d 内进行网上直报。农药中毒应在确诊后的 24h 内由首诊的医疗卫生机构填写农药中毒报告卡并报送，所在地的县（区）疾病预防控制机构应在当天网络直报。

审核时限：省级机构完成数据审核的时限是：月报在下个月 10 日前，半年报在本年 7 月20 日前，年报在下一年 1 月 20 日前；市、县（区）级疾病预防控制机构完成数据审核的时限是：月报在下个月 5 日前，半年报在本年 7 月 10 日前，年报在下一年 1 月 10 日前。

5. 报告形式

对职业卫生来讲，仍然是保持相关规定的三种报告方式：

（1）重大、特大职业病危害事故实行紧急报告　根据《职业病危害事故调查处理办法》的规定，一次职业病危害事故所造成的危害程度分为三类：

1）一般事故（发生急性职业病10人以下）。

2）重大事故（10人以上50人以下或者死亡5人以下，或者发生职业性炭疽5人以下的）。

3）特大事故（50人以上或者死亡5人以上，或者发生职业性炭疽5人以上的）。

发生职业病危害事故时，用人单位应当立即向所在地县级卫生行政部门和有关部门报告，接到职业病危害事故报告的县级卫生行政部门应当实施紧急报告。三类事故的具体报告程序和时限有不同。重大、特大事故应当立即向同级人民政府、省级卫生行政部门和卫生部报告，一般事故应当于6h内向同级人民政府和上级卫生行政部门报告。

《卫生监督信息报告管理规定》中所规定的紧急报告（或称应急报告）范围，是指应当立即向卫生部报告的重大、特大事故。为此，原执行紧急报告的范围重新界定为一次事故同时发生10人以上或者死亡1人以上，或者发生职业性炭疽1人以上的重大、特大事故。除立即报告外，需填报职业卫生重大事件报告卡。根据职业病报告责任主体，除用人单位报告外，接诊急性职业病的综合医疗机构等同样负有紧急报告的法律责任。

（2）急性职业病进行季度报告和零报告　急性职业病主要是急性职业中毒仍然实行季度统计报告制度（包括需统计报告紧急报告事故的个案病例），无论该季度内有无急性职业病发生，均应报告。

（3）职业卫生监督报卡、职业病和农药中毒报告卡为年度报告　包括职业卫生经常性监督报告卡、职业卫生被监督单位报告卡、预防性卫生监督报告卡、职业病报告卡（除急性职业病）、尘肺病报告卡、农药中毒报告卡。

6. 职业病报告体系问题

1）报告体系的稳定性差。近些年来，由于机构变动，关系未协调好，报告人员频繁更换，职能、职责划分不清，出现报告体系稳定性危机，加重了收集基础数据的难度，造成数据源残缺，直接影响了信息的完整性、系统性、准确性、时效性和可比性。

2）监督管理不力。投入不足是普遍情况，除极个别省有专项经费外，一般都无专项经费支持，更谈不上改进技术装备。通过修订，全部报表都改为个案报告，要维持系统的正常运转，没有常规维持费的投入和分层次的技术装备，实行个案化管理是一句空话。监督管理不力是长期存在的弊病，报告责任到人、如何运作、有何难度、资料档案管理如何、如何考核，过问得少。

3）急性职业病（包括农药中毒）的高漏报局面没有根本转变。根本原因是接诊急性职业病的综合医疗机构不能按要求进行报告。《职业病防治法》公布实施和由于人们对公共卫生突发事件报告的重视，急性职业病危害事故的不报、漏报现象有改善，但按规定时限进行实时报告尚有差距，尤其是急性农药中毒，不论是紧急报告或常规统计报告，漏报仍然严重。这需要不断宣传报告责任主体应负的职责，加强报告责任主体对报告工作的监管。

7. 职业卫生监督统计报告

职业卫生监督统计报告按照卫生部印发的《卫生监督信息报告管理规定》执行。根据属地化管理原则，施行属地化网络直报、逐级审核、确认的分级管理制度。

职业卫生监督统计报告工作由省监督所纳入卫生监督信息报告体系统一管理（包括下

达任务、培训通知及其汇总上报)；省职业病与化学中毒预防控制中心、各设区市、县（区）级卫生监督单位为具体业务执行单位。所有监督机构在执行监督任务时都应当填写相应的卫生监督信息卡（职业卫生和放射卫生部分），并且在规定网络填报的时限内将监督信息卡送达被监督单位所在地的县（区）级卫生监督所，由各县（区）级卫生监督所负责对本辖区内被监督单位的监督信息卡进行网上填报及核对工作。省职业病与化学中毒预防控制中心、各设区市卫生监督所负责所辖区职业卫生监督统计报告的日常管理和质量审核工作，以及技术培训和指导。

上报内容为卫生监督信息卡中有关职业卫生（含放射）的部分。上报方式为网络直报，采取适时上报和按自然年统计。

加强监督检查和信息共享。职业卫生（包括职业病和监督）统计报告工作，是国家统计工作的一部分，各承担工作单位应当认真对待。各级卫生监督机构要加强对本辖区内的填报单位和网络直报单位的职业卫生统计报告工作的日常监督检查，发现未报、漏报、错报、迟报等问题，应及时要求纠正。各设区市、县（区）级卫生监督机构和疾病预防控制机构要建立定期交换职业卫生统计报告及其监督管理相关信息的制度。

13.3.3　职业病统计工作的步骤、指标及资料来源

1. 职业病统计工作的步骤

1）设计：设计内容包括资料收集、整理和分析全过程总的设想和安排。设计是整个研究中最关键的一环，是今后工作应遵循的依据。

2）收集资料：应采取措施使能取得准确可靠的原始数据。

3）整理资料：简化数据，使其系统化、条理化，便于进一步分析计算。

4）分析资料：计算有关指标，反映事物的综合特征，阐明事物的内在联系和规律。分析资料包括统计描述和统计推断。

2. 职业病常用统计指标

（1）职业病例数

在进行职业病规模的统计时，一般都使用病例作为统计单位。所谓病例是指一个人的每次或每种患病，即一个人每患一次或一种职业病时就是一个病例，一个病人可能因同时患两种以上职业病而作为两个以上的病例出现。

（2）发生职业病例数

它是指一定时期内新发生的职业病的病例数。它是反映该时期新发生的职业病规模的指标。

（3）患有职业病例数

它是指一定时点上或一定时期内职业病的总病例数，不仅包括新发生的病例，还包括已有的旧病例。它反映了该时期职工患有职业病的总规模。

常用的职业病统计分析指标如下：

（1）职业病受检率

职业病受检率是指在职业病普查时实际受检人数占应受检人数的比例。作为职业病统计的一个重要指标，受检率直接关系着职业病例数，即职业病患者规模的可信程度。计算公式

如下：

$$职业病受检率=\frac{实际受检人数}{应受检人数}\times 1000‰$$

（2）某种职业病发病率

它表示在每千名从事某种作业的职工中新发现的某种职业病例数的指标。计算公式如下：

$$某种职业病发病率=\frac{观察期内新发生某职业病的例数}{同期平均人口数}\times 1000‰$$

（3）某种职业病患病率

它是指每百名（或千名）职工中患有某种职业病的总病例数。该项计算应在受检率达到90%以上的基础上进行，否则就不足以保证统计的可靠性。计算公式如下：

$$某种职业病患病率=\frac{观察期患某种职业病的人数}{同期职业病患者数}\times 1000‰$$

（4）某种职业病受检人患病率

它是指在一次检查中，受检人中被确认患某种职业病的人数占此次检查的受检人总数的比率。它反映了某一时点上从事某种作业的职工患有某种职业病的程度。计算公式如下：

$$某种职业病受检人患病率=\frac{受检人中被确认患某种职业病的人数}{受检人总数}\times 1000‰$$

（5）某种职业病死亡率

它是指某一时期内，每百名某种职业病患者中，因该种职业病而死亡的人数。它反映了各种职业病对职工生命安全的危害程度，即对劳动力的损害程度。计算公式如下：

$$某种职业病死亡率=\frac{观察期患某种职业病的死亡人数}{同期职业病患者数}\times 1000‰$$

3. 职业病统计资料来源

职业病统计是居民健康统计的重要内容之一，它的任务是研究职业病在人群中发生、发展及其流行的规律，为病因学研究、职业病防治和评价职业病防治效果提供科学依据。资料主要来源于以下三个方面：职业病报告和报表资料、医疗卫生工作记录、职业病调查资料。

本章小结

本章从职业健康危害、职业病、职业病统计三个方面进行分析，围绕职业病的概述、职业病的种类、职业病统计报告工作、职业卫生监督统计报告等方面对职业病统计进行介绍。

思考与练习

1. 我国职业健康危害的现状主要表现在哪几个方面？
2. 职业病统计的步骤有哪些？
3. 职业病统计的资料来源有哪些？
4. 职业病统计报告卡的内容有哪些？
5. 常用的职业病统计分析指标有哪些？

第14章 安全经济统计

本章学习目标

要求熟悉安全经济统计指标的定义、安全经济统计指标体系、安全投入统计指标体系、安全经济效益指标体系、安全经济综合评估指标体系、事故经济损失的统计指标和事故经济损失统计指标体系，能够运用事故经济损失统计估算方法开展实际计算，掌握安全投资统计和安全效益评价统计的方法。

本章学习方法

要理论结合实际工作并参考一些安全经济学的著作，深入理解安全经济系统运行可以从安全投入（输入）、安全效果（输出）和安全效益三个方面描述；以及安全经济指标体系内容可由三个部分来构成：安全投入指标体系、安全后果指标体系和安全效益指标体系，它们共同反映各个要素在安全经济系统运行中的主要功能。

14.1 安全经济统计指标及体系

安全经济统计的核心是设计安全经济的指标及其数量模型，安全经济统计指标是用数字的形式真实、客观地反映安全经济统计中各研究对象的状态或属性的特征参数，是安全状况和水平的客观定量描述。

14.1.1 安全经济统计指标的定义及意义

安全经济统计指标是反映构成安全经济现象总体的各个单位所具有的某些数量特征或品质属性的经济范畴。这些经济范畴往往是大量、反复存在和出现的具体安全经济现象的某种共同特征概括形成的基本概念。每项统计指标都是在质与量的结合中客观、定量地反映特定的安全经济现象。

在人们生产活动中时时刻刻都需要安全经济统计指标来认识安全经济现象。安全经济统计指标分为定性指标和定量指标两种，定性指标可以判断统计研究对象的基本性质和趋势、内在结构和构成要素、发展过程和顺序，分析研究安全对象的规律和联系。定量指标的研究是安全经济统计分析主要依赖的一类指标，它从量方面描述安全经济总体状况、趋势及相互关系，揭示安全经济总体在一定条件下的数量特征和数量关系，科学地对事故进行统计和分析研究，把握安全经济损失的实质，合理分析安全投资决策。

对一个或多个指标体系进行分析，可以对某一特定的安全经济现象的本质、内在联系及其规律有更深入的认识。所以，安全经济统计的中心任务就是制定科学的统计指标和指标体系，并能够通过指标体系获得数量信息，通过进一步的分析和探讨，运用相关理论和分析方法，分析研究安全现象的内在规律和联系。

14.1.2 安全经济统计指标的分类

安全经济指标体系是由各种与安全因素相关的经济特征指标构成的，它必须是能够全面、科学地反映安全的任务、安全的状态、安全的效果等许多安全经济质量和数量特征的指标总和；它对安全活动既应有质的规定，又要有量的规定，并且要包含反映安全活动与经济活动相结合的综合性指标。

安全经济统计指标包括安全预防性指标和事故指标两类。

1）安全预防性指标又称为安全投入指标，在收集安全投入数据信息的基础上，全面、系统、多方面地对安全投入的投向、投入力度、合理性等进行研究分析，真实反映安全投入中的问题，正确认识安全投入和安全经济效益的规律，从而更好地引导企业等进行安全投入。

2）事故指标可以客观、准确地反映企业、行业、地区及国家的事故发生情况，反映事故伤亡和损伤程度，为管理决策部门真实了解安全状况、把握事故、灾害发展趋势及制定决策提供依据。

安全经济统计指标体系是能够全面反映安全生产状况，描述安全经济现象规律，揭示安全经济发展方向的客观参量。因此，为满足安全经济统计分析的目的，安全经济统计指标的结构体系应包括以下方面：

1）统计调查指标体系，即简洁适用的统计指标体系，主要包括绝对指标和简单相对指标，以满足基础统计工作需要。

2）层次领域指标体系，即考虑宏观综合指标和微观测评指标，进行政府、行业和企业间对比及微观指标与宏观指标的关联分析。

3）行业分析指标体系，即考虑行业差别的指标，反映不同部门和领域的安全经济指标体系。

14.1.3 生产安全事故统计指标

据国际劳工组织统计，每年因各类事故导致的经济损失高达国内生产总值的2%～5%。如果算上间接经济损失，数额更加巨大。生产安全事故对经济发展造成严重影响。事故造成的危害多种多样，大体可归纳为对人的危害、对经济的危害、对社会的危害和对政治的危害等。因此，事故损失可以划分为人员伤害损失、经济损失、社会损失和政治损失。这些损失有的是可以直接用货币进行量化的，有些为无法进行准确量化的非价值损失，且间接损失要比直接损失严重得多。

安全生产事故导致的直接后果就是造成损失，由它导致的经济后果的表现形式主要有两个方面，一是人员伤亡造成损失；二是设备、厂房、产品等资源遭破坏而造成损失。目前，我国伤亡事故统计制度中有事故起数、死亡人数、重伤人数、轻伤人数、直接经济损失等五项指标。生产安全事故统计指标见表 14-1。

表 14-1 生产安全事故统计指标

	绝对指标		相对指标	
	人员损失	经济损失	相对人员	相对产品（产量）
生产安全事故经济统计指标	事故总起数 重特大事故起数 死亡人数 重伤人数 轻伤人数 工作日总损失数 ……	直接经济损失 间接经济损失 经济损失严重等级 ……	10 万人死亡率 伤害频率 伤害严重率 重特大事故率 百万工时死亡率 人均工日损失 ……	亿元 GDP 死亡率 百万吨死亡率 道路交通万车死亡率 百万人火灾死亡率 特种设备万台死亡率 损失直间比 ……

我国目前实行伤亡事故处理报告制度，根据地区和行业特点，制定工矿企业和各行业的生产安全事故经济统计指标。

1. 工矿企业生产安全事故统计指标

我国《企业职工伤亡事故统计报表制度》中规定工矿企业统计指标即反映煤矿企业、金属与非金属矿企业、工商企业伤亡事故情况的指标共有 14 项，即伤亡事故起数、死亡事故起数、死亡人数、重伤人数、轻伤人数、直接经济损失、损失工作日、重大事故起数、重大事故死亡人数、特大事故起数、特大事故死亡人数、特别重大事故起数、特别重大事故死亡人数、百万吨死亡率，以及 5 个相对指标，即千人死亡率、千人重伤率、百万工时死亡率、亿元 GDP 死亡率、重特大事故率，以对不同类型和地区企业进行比较，消除绝对指标可比性差的问题。

2. 行业生产安全事故统计指标

行业类指标根据我国国民经济行业分类标志分别制定各行业事故统计指标体系。行业指标体系主要反映煤矿、非煤矿山、建筑、交通运输（公路、铁路、水上、航空）、消防火灾、农机、渔业和其他船舶事故指标。行业指标一般包括 10 项绝对指标，事故起数、死亡人数、受伤人数、直接经济损失、重大事故起数、重大事故死亡人数、特大事故起数、特大事故死亡人数、特别重大事故起数、特别重大事故死亡人数。在此基础上，根据统计分析需要，设计适应行业特点的相对指标。

3. 地区安全水平评估指标

地区安全评估指标主要反映地区生产安全状况，表述不同地区安全生产水平，考虑社会、经济、生产等发展水平对安全生产的影响，建立包含以下指标的评估指标体系，即事故起数、死亡人数、直接经济损失、重特大事故起数、重特大事故死亡人数、重特大事故率、10 万人死亡率、亿元 GDP 死亡率、亿元工业产值死亡率。地区安全评价指标是各地区生产死亡人数与经济发展水平、工业结构、人口等的比率，可以综合评价不同地区间安全生产状况。

14.1.4 安全投入统计指标

1. 安全投入基本概念

以企业为例，企业的安全生产投入是指企业在其生产经营活动的全过程中，为控制危险因素，消除事故隐患或危险源，提高作业安全系数所投入的人力、物力、财力和时间等各种资源的总和。企业安全生产投入的最终目的是保障生产经营活动的正常开展和员工及相关人员的生命安全，为企业创造正常的安全生产秩序和良好的运营作业环境，更好地实现企业的经营战略和目标。

企业实践中最为重要的安全生产投入分类方法之一是按照时间序列，划分为事前投入、事中投入和事后投入。

1）事前投入是指在事故发生前所进行的安全生产投入。

2）事中投入是指在事故发生过程中的安全生产投入，如事故或灾害抢险、伤亡营救等事故发生中的投入费用。

3）事后投入是指在事故发生后的处理、赔偿、治疗、修复等费用。

事中、事后的投入属于被动投入，实际上是安全生产事故产生的损失。一般而言，事前投入和事中、事后投入存在此长彼消的关系，事前投入充足且结构合理，发生安全事故的可能性就减少，事中、事后的安全投入就会较少；反之，事前安全生产投入不足或结构不合理，事中、事后的安全生产投入就会增加。

2. 安全投入统计指标分析

科学地进行安全投资和进行安全投资技术的研究，是提高社会和企业安全投入效益的重要方面，对于高效地进行安全经济活动，提高安全经济决策水平和管理水平，实现社会和企业最小安全投入，获得最大安全效果的现代安全管理目标，具有理论和实践的现实意义。安全投入按照绝对量和相对量来划分，并以此建立统计分析指标体系。

（1）安全投资的绝对量分析

安全投资的绝对量是指在生产过程中，国家、企业或行业为满足一定的安全生产目的而进行的资金投入，按照资金投入的功能可以从实物、人力、技术和组织几个方面来实现其价值。

具体来讲，为满足人、物、环境、管理要求而投入的货币总量就是安全投资的绝对量。

1）人力资源方面的投资是为了使员工能够安全地完成工作任务，避免人为失误和管理缺陷等进行的必要安全投入，即通过安全专业人员的活劳动保证安全生产，主要包括专业安全人员人数、安全员工资、津贴和办公支出、安全专家的工资和咨询费、应急救援人员的训练演练费用等。

2）人的个体防护和保健投入是指为了保障生产过程中职工的安全和健康而投入的防护用品和保健费用，如劳动防护用品费用、职业病预防费用、职工体检费用、保险费用等。

3）物和环境的投入是为了保证生产的本质安全化而进行的各项投资，包括各种安全辅助设备、设施等安全工程项目和安全技术改造的投入，如危险源监控、职业卫生工程资金、潜在危险工业改造、作业环境改善等。

4）管理投入在安全投资中占有重要地位，安全管理投入是指有效配置人力和物力资源的职能机构，是确保各项安全生产制度、规范得以实施的执行和监督部门，主要包括了日常安全管理的投入，如安全职能部门的设置、职业安全健康管理体系的建立及运行费用，安全规章制度、安全文化的宣传费用，对职工进行安全教育培训费用、安全生产例会和各种安全活动费用，应急救援组织办公费用等。

安全投资费用是一定时期内为改善安全生产条件而投入的资金费用，包括与安全生产相关的各种实物性投入和劳动投入，是可以用货币形式表现的已完成的安全投资项目的工作总量。在实际生产经营活动中，安全费用通常是由专门基金性质的固定资产更新改造费用支付，包括新建、改建项目过程中列入固定资产投资的安全投入资金，它实行专款专用的原则。安全生产资金的来源主要由固定资产折旧基金、企业固定资产的变价收入、主管部门调拨的其他专项资金等。

（2）安全投资的相对量

相对指标能够比较深刻地反映安全经济现象的本质及其现象之间的联系，安全投资的相对量指标采用绝对量相对于人员、产值、产量、利税等来反映，根据核算范围的不同，可满足不同层次的要求。

14.1.5 安全经济效益指标

安全成本是实现安全所消耗的人力、物力和财力的总和，它是衡量安全活动消耗的重要尺度。安全的收益等同于安全的产出，安全的实现不但能减少或避免伤亡和损失，而且能通过维护和保护生产力，实现促进经济生产增值的功能。安全效益是指安全条件的实现，对社会、国家、企业及个人所产生的效果和利益，是安全收益与安全投入的比较，即“投入-产出”的关系，是产出量大于投入量所带来的效果或利益，它反映安全产出与安全投入的关系，是安全经济决策所依据的重要指标之一。

1. 安全效益的分类

1）安全效益可以分为直接效益和间接效益，直接效益是减轻生命和财产损失，间接效益是维护和保障系统功能；从层次上来说，安全效益可分为宏观效益和微观效益，对国家、社会的安全作用和效果是安全的宏观效益；对企业和个人的安全作用和效果是微观的效益。

2）从性质上来说，安全效益又可分为经济效益和非经济效益。无益损耗和安全损失的减轻，以及对经济生产的增值作用属于安全的经济效益；生命与健康、自然环境和社会环境的安全与安定，是安全非经济效益的方面，而如何评估非经济效益是安全经济评估中一个难点，也是非常重要而有实践意义的一个课题。

2. 安全经济效益和安全的非经济效益

安全经济效益是安全效益的重要组成部分。安全经济效益是指通过安全投资实现的安全条件，在生产和生活中保障技术、环境及人员的能力和功能，并提高其潜能，为社会经济发展所带来的利益。

1）从安全投资的效果来看，安全经济效益可分为直接经济效益和间接经济效益。安全的直接经济效益是指企业等社会组织采取安全措施所获得的经济利益，主要表现为事故经济损失的降低；安全的间接经济收益是指通过安全投资，使技术的功能或生产能力得以保障和减轻危害，从而使生产总值或利润达到应有量增加的部分。安全的间接效益是安全经济效益的重要组成部分，但较难考查，难以与生产价值分开。

2）安全的非经济效益也可称为安全的社会效益，是指安全条件的实现对国家和社会发展、企业或集体生产的稳定、家庭或个人的幸福所起到的积极作用。安全的非经济效益是指通过减少人员伤害、环境污染和危害来实现的。

安全效益表现在多个方面（表14-2），其中有些可以用量的关系来反映，如事故直接损失下降等。但更多的安全效益是很难用数量表示的，即使能用数字表示也不一定能用货币量来表示，如劳动条件的改善、劳动强度的降低、生产系统安全性和操作者安全意识的提高等。从某种意义上说，这些难以量化的指标更能反映安全效益的本质属性。

表14-2　安全效益的表现形式

直接经济效益	间接经济效益	潜在经济效益
事故经济损失下降	生活环境改善	职工安全意识增强
劳动生产率提高	劳动强度降低	安全技能提高
直接避免事故	保护环境和生态平衡	事故概率下降
企业经济效益提高		社会经济效益调高
促进安全技术的提高	促进安全管理	促进安全教育

为了反映安全经济效益的指标，需要建立反映安全经济不同侧面和角度的指标和指标体系。安全经济效益指标的设置，从根本上来说要以安全经济学和经济统计学原理为基础，考虑安全、经济的交叉性和复合型，综合反映安全投资在改善安全条件中的作用力，体现安全投资的经济效果。

3. 安全效益宏观指标

1）安全劳动生产率。它是指安全生产过程中投入的活劳动的消耗程度，反映一定时期内活劳动消耗在安全产出率中的作用，通常可以用一定时期内安全产出量除以活劳动总量得到。活劳动消耗指标可以采用安全技术和管理人员总数或者安全劳动总工日来表示。安全劳动生产率越高，表明安全的经济效益越好。

2）安全投资合格率。它是指安全投资符合国家有关标准和规范规定的企业所占的比例，反映物化劳动消耗的合理水平，用于考查地区或行业的宏观状况。

3）安全投资效果系数。它是指安全投资与安全产出效果增加值之间的比值，即平均单位安全投资提供的安全收入增加额。

4）危险源整改率。它是指通过安全投入已得到整改和已消除的危险源数量所占的比例。

5）生产设备更新改造率。它是指通过安全投入后使原有设备得到更新改造达到安全生产要求的比例。

6）伤亡（损失）达标率。它是指生产安全事故伤亡（损失）水平符合有关规定的单位、行业或地区的比例。

7）工伤保险覆盖率。它是指参加工伤保险的人数占从业人数的比例，反映安全投入在社会保障方面的效果。

8）环境污染达标率。它是指通过安全投入使环境污染水平符合有关规定的单位、行业或地区的比例，从环境污染方面反映安全投资效果。

9）应急资源投入合格率。应急资源设置符合要求的工程建设项目占所有企业的比例。

4. 安全效益微观指标

安全效益微观指标有：百万产值损失率（伤亡率）、单位产值损失率（伤亡率）、百万利税损失率（伤亡率）、事故伤亡减少率、事故损失降低率、安全成本下降率、安全负担下降率、安全项目投资回收期、安全项目投资收益率、安全项目经济效果系数等。这些指标的详细解释在本书 3.3.4 节已经做了说明，这里不再重复。

在安全经济效益宏观指标中，投资效果系数从安全经济的宏观特性出发，综合反映了行业、地区和企业投资效果水平的高低，投资方向和投资项目布局结构是否合理等多因素的影响。因此，这一指标是研究安全经济效果的综合性指标，通过计算该指标，有利于了解安全投资的效益情况，能够为安全投资决策提供参考。由于安全投入的滞后性，在计算安全投资的效果指数时，可以考虑计算具有不同时滞的情况，这样能够更准确地了解安全经济的产出效益。计算公式如下：

$$\text{安全投资效果系数}=\frac{\text{安全产出}}{\text{安全投入}}$$

安全投资的最终效果是减少生产安全事故率，提高安全投资效果就是要用较少的投资额取得更大的安全产出，投资效果系数反映了投资额与安全产出增加量的对比关系，体现了安全投资规模和安全产出的内在联系。安全投资、投资效果与产出之间的关系用公式表示如下：

$$\Delta Y=I\frac{\Delta Y}{I} \tag{14-1}$$

式中　ΔY——安全产出增加额；

I——安全投资总量；

$\frac{\Delta Y}{I}$——安全投资效果系数。

从式（14-1）可以看出，安全产出的增长既与安全投资量有关，又与安全投资效果系数有关。这两个因素中，投资量在一定条件下是有限的，而提高效果系数的潜力却要大得多。因此，要提高安全产出率关键是要提高投资效果系数。

安全投资效果系数一般适用于全国或地区、行业按中长期计算，各生产部门或企业也可用企业的安全产出与投入来计算本企业的安全投资效果系数。

14.1.6　安全经济综合评估指标体系

安全经济评估及安全经济评价指标选取等方面的研究多是针对区域或行业安全生产状况而言的，对于安全经济的系统深入研究较少。目前，还没有形成完整的安全经济评价指标体系，也没有明确的定量化的综合指标及相应的评价模型。安全生产问题不仅影响企业生产经营活动的正常开展，也严重制约社会经济的可持续发展。因此，对安全经济综合评估的研究具有重要的理论意义与实践意义。

针对评估任务的要求，指标体系应能够支撑更高层次的评估准则，为评估结构的判定提供依据。建立指标体系的出发点和根本点是满足目的性原则。在确定评估体系时，首先应将指标体系划分为评价单元，使每一个部分和侧面都可以用具体的统计指标来描述和实现，基本过程如下：

1）对评价问题的内涵与外延做出合理解释，划分概念的侧面结构，明确评价的总目标和子目标。

2）对每一子目标或概念侧面进行分解，直到每一个侧面或子目标都可以直接用第一个或几个明确的目标来反映。

3）设计每一子层次的指标。需要指出的是，这里的“指标”是广义的，并不仅限于统计学意义上的可量化指标，还包括一些“定性指标”。

从安全经济内涵看，安全经济综合评估体系涵盖了生产事故指标、安全保障指标和社会经济指标等方面；从指标体系结构和层次上看，要以安全状态指标为纲，结合安全生产保障体系和社会经济发展主要指标，建立安全经济综合指数，每个子系统的指标体系应根据不同研究要求和特点划分成满足分析要求、满足决策者和管理需要的指标体系。

表 14-3 为安全经济综合评估指标体系，目标层是得到安全经济综合评估指数，按照安全经济系统特征分别从三个方面来反映安全经济状态，其中，安全保障指标为正指标，即该指标数值越大，说明它对安全经济的贡献越大，而事故后果为负指标，该指标值越大，说明安全生产状况越恶劣。社会经济发展指标是安全经济的背景指标，反映了安全生产所处的宏观条件。实际应用中可以对一个项目进行单独评估，也可以计算各项目的综合评估指数。因素层和指标层的选取根据研究对象和目的不同可以选取不同的指标，在选取具体指标时要考虑指标的通用性和可比性及数据的稳定性。

表 14-3　安全经济综合评估指标体系

目标层	项目层	因素层	指标层例子
安全经济综合评估	安全保障	安全投资合格率	如安全投资总量、项目“三同时”比例、安技人员配备合格率等
		安全投资指数	如安全投资占更新改造比例、国民总收入值安全投资指数、人均安全生产率等
		安全投资强度	如安全投资增长率、人均安措费、安技人员配备率等
		安全项目投资效率	如投资回收期、投资收益率等
	事故后果	事故后果	如事故起数、死亡人数、重伤人数、直接经济损失、工作日总损失等
		事故严重度	如 10 万人死亡率、亿元 GDP 死亡率、百万元产值损失率等
	社会经济发展指标	经济水平	如人均国民生产总值、产业结构比例、全员劳动生产率、更新改造费等
		社会发展水平	如城镇人口比例、非农业就业人数占就业总人数比重、科研投入占 GDP 比重、专业技术人员比例、中学生入学率等

以上指标大多可以从相关部门获得数据，采用层次分析法、专家调查法等确定其各项指标所占的权重，然后运用指数综合法、总分评定法、功效系数等均可得到安全经济水平，可以为安全经济管理部门的管理工作提供理论依据。

建立安全经济评价指标体系是对一个地区进行安全经济研究的基础性工作，评价指标体系的建立为后续工作的开展提供了理论基础。由于安全经济理论和安全统计工作的不足，安全经济指标体系是一个通用性的框架。评价指标体系在实际应用中有待结合评估地区的实际情况进一步完善，指标分级合理性有待更深入补充完善。安全经济评估不仅要对安全生产状况有一个评价结论，同时要实现安全经济的预测和监督，表明安全经济系统发展趋势和存在的薄弱环节，提出改善安全生产水平的建议和措施。

14.2 安全经济损失统计

准确计算事故的经济损失，进而全面考核企业安全生产状况，正确反映事故对经济发展的影响，是事故损失统计分析的主要目的。对事故安全经济损失的深入研究，就是要通过系统分析事故的经济成本，找到引导和有效干预安全生产决策的方法，对安全生产的经济意义进行科学的评价和认识，对促进社会、政府和企业的安全生产科学决策及有效预防事故有现实的指导意义。

14.2.1 事故经济损失的统计指标

事故损失就是事故造成的生命与健康的损失、物资和财产的毁坏、时间的损失和环境的破坏。从大的层面上考虑，可以把事故损失划分为人员伤害、经济损失、社会损失和政治损失，而社会损失和政治损失在很大程度上难以直接用货币进行度量。因此，通常可以将这类损失归为事故非经济损失。事故的经济损失就是事故对经济造成危害的量化，通常用货币单位计量。事故经济损失是事故危害的最一般、最直接、通常也是最重要的表现形式。

事故经济损失分类的目的在于明确经济损失的类型，使经济损失的界定明了，评估和计算全面、准确和方便。事故直接经济损失是指与事故事件当时的、直接联系的、能用货币直接评估的损失，很容易通过事故处理直接统计出来；事故间接经济损失是指与事故事件间相联系的、能用货币直接估价的损失，事故的间接经济损失比较隐蔽，不容易直接由财务账面上查到。

我国采用的经济损失统计国家标准是《企业职工伤亡事故分类》和《企业职工伤亡事故经济损失统计标准》。经济损失为企业职工在劳动生产过程中发生伤亡事故所引起的一切经济损失，按与事故的关系划分为直接经济损失和间接经济损失。事故造成人身伤亡后的善后处理支出费用和毁坏的财产价值是直接经济损失；受事故影响导致产值减少、资源破坏等而造成的其他经济损失为间接经济损失。事故经济损失的统计范围如图 14-1 所示。

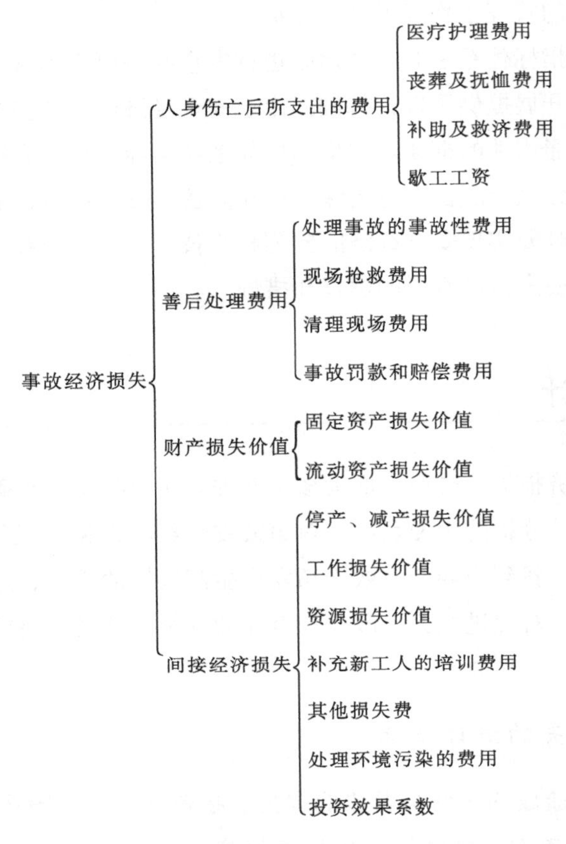

图 14-1　事故经济损失的统计范围

14.2.2　生产安全事故经济损失统计指标体系

国际上对事故经济损失的统计分类有很多方法。根据《工伤保险条例》中对工伤事故赔偿的各项规定及当前事故损失统计工作的要求，按照《企业职工伤亡事故经济损失统计标准》中经济损失统计的原则，可以将事故直接导致的损失作为直接经济损失，包括事故直接导致的、事故遏制企业已形成的经济损失及为防止事故损失扩大而产生的经济损失，即如果事故不发生则可以避免支出的这部分费用，其中既包括保险基金支付的各种保险费用，也包括政府和企业直接支付的伤亡补偿、善后处理及财物损失等费用；而企业因事故导致的各种时间和资源等隐性损失则为间接经济损失，即与事故有关的费用的增加和税收的减少，这部分损失为非保险费用，这些损失不仅包括企业遭受的货币损失，还包括企业生产率、劳动价值、企业声誉等非价值因素的损失。生产安全事故经济损失统计指标体系如图 14-2 所示。

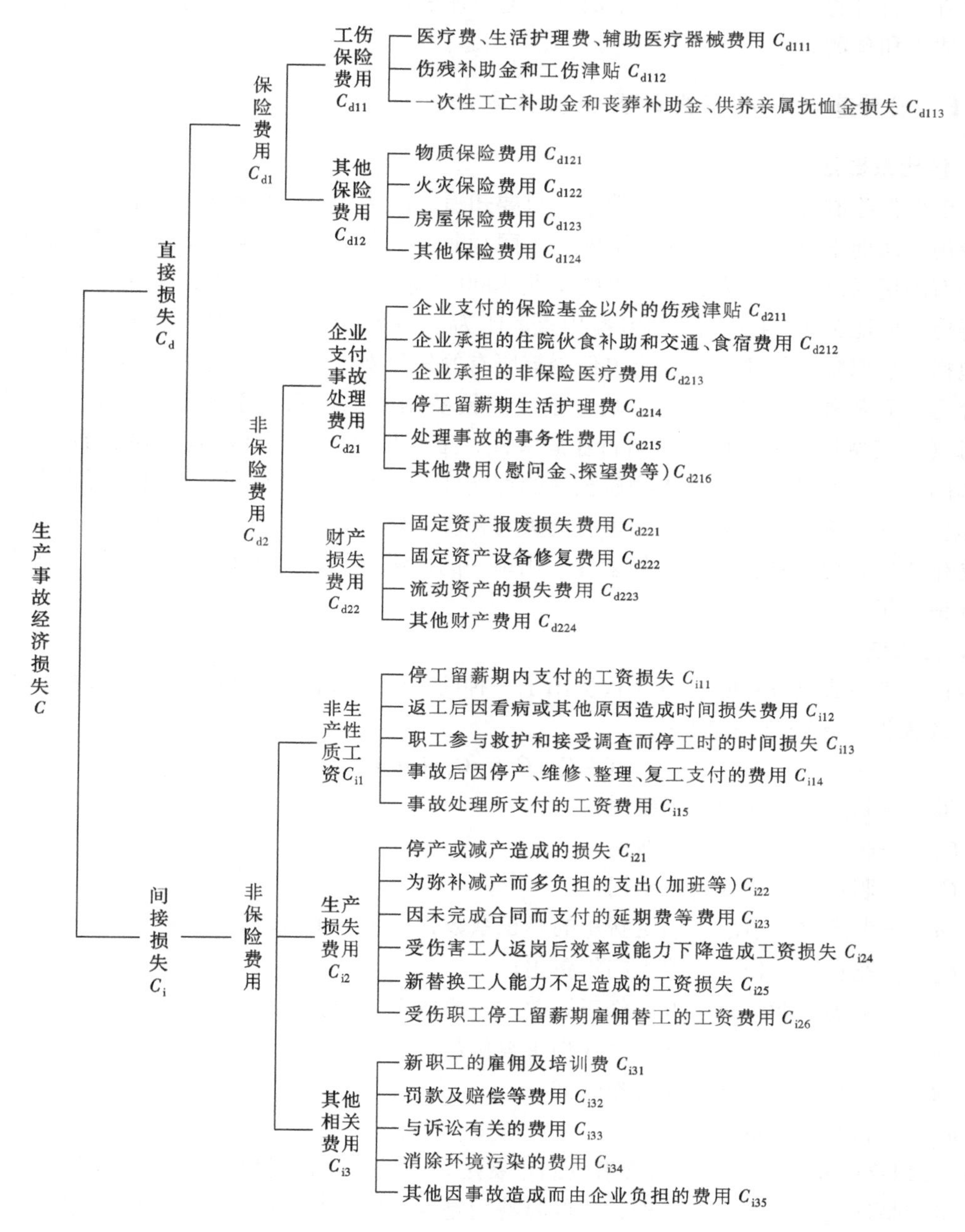

图 14-2 生产安全事故经济损失统计指标体系

4.3 事故经济损失统计估算方法

一种简单实用的事故经济损失统计核算理论，对于指导事故统计调查具有重要意义。伤亡事故经济损失计算方法必须建立在实际统计资料的基础上，且由于事故损失的复杂性、多样性及统计资料的局限性，在很多情况下，全面评估事故损失需要借助于一定的统计分析方法进行估算和预测。

14.3.1 国外事故经济损失的典型估算方法

1. 倍比系数法

在工伤保险制度较为完善的条件下，只要知道了间接费用与直接费用的比值，就可求得间接费用，从而求得总费用。不同国家、不同行业、不同时期、不同方法得到不同的倍比系数，如海因里希对在某私人公司保险的企业5000个事故案例的考查及对有关企业的研究和访谈得出直间比为1：4，英国HSE提出直间比为1：(8～16)，其中比值因行业而异，保险费用包括工伤保险、物质保险、火灾保险等所有的保险费用。直间比的不确定性是因为其分子、分母受到各种因素的影响。影响分子（直接费用）的因素，主要是工伤保险费用。影响分母（间接费用）的影响因素有行业危险性、工作程序的合理性和预防措施的完善程度、失业率的大小、经济状况、发生物质损失的可能性。同时，影响分子、分母的因素有事故的严重程度、安全管理水平和对受伤害者的关切程度。然后，由于事故的多样性、企业结构和企业文化的差异性及社会因素的复杂性，用单一的倍乘法不能得到对于企业事故经济损失的可靠评估结果。

2. 公式法

英国工业联盟在20世纪70年代提出了一种简单的公式，用于测定企业因事故和疾病引起的财政损失。该法公式如下：

$$C=C_p+C_v=aC_a+bndW_q \tag{14-2}$$

式中 C——职业伤害的全部年费用；

C_p——职业伤害的固定年费用；

C_v——职业伤害的变动年费用；

a——考虑预防事故的固定费用的修正系数，一般取1～1.5；

C_a——花在职业伤害保险上的年费用；

b——考虑企业具体情况的修正系数，一般取1.2～3；

n——保险予以补偿的年度执业伤害案例数；

d——以日计的平均不能工作时间；

W_q——日平均工资。

式（14-2）表明企业职工伤害事故的年费用，通过保险费用和保险补偿的案例数及工资（保险费用是通过工资的一个比例，非保险费用是通过案例数×平均缺工日数×企业支付给受伤害者的平均日工资）表达出来的。

系数a，b要根据不同的国家、行业和企业情况进行调整，适应不同条件的约束。

从式（14-2）的含义可以得到其应用条件应包括以下几点：

1）工伤保险补偿制度较为完善。

2）企业在生产、运行机制、设备、管理等方面在较长时期内稳定。

3）为确定系数的值和平均每个补偿案例的缺工日数，需要通过试验研究或依靠有关的统计数据。

3. 西蒙兹算法

西蒙兹把死亡事故和永久性全失能伤害事故的经济损失单独计算。然后，把其他的事故划分为 4 级：

1）暂时性全失能和永久性部分失能伤害事故。

2）暂时性部分失能和需要到企业外就医的伤害事故。

3）在企业内治疗的、损失工作时间在 8h 之内的伤害事故。

4）相当于损失工作时间 8h 以上价值的物质损失事故。

该方法将职业伤害事故按程度分为不同的几级（通常分为 4 级），无伤害事故单列一级，通过小规模试验研究求出每级事故的平均间接费用，乘以每级事故的发生次数，然后把各级费用相加，求出总间接费用，再加上直接费用和未予分级的死亡事故、永久性全部丧失劳动能力的间接费用，就是企业事故经济损失总费用，即：

$$C = C_{\mathrm{d}} + \sum_{i=1}^{4} N_i C_i \tag{14-3}$$

式中　N_i——第 i 级事故发生的次数；

C_i——第 i 级事故的平均间接损失。

分级计算的好处在于能得出有利于预防工作的有用信息。西蒙兹算法能得到接近总费用的近似值，因为某一级平均费用的不精确性和误差对其他级的费用没有影响。

4. 缜密研究基础上的分类估算法

这种方法与式（14-2）的方法类似，不同之处在于：对事故案例费用的研究非常细致，首先确定涉及的各种可能的事故要素，然后确定每种要素的计算方法，并要求大多数人对所确定的计算方法不会产生异议，接着设计出事故费用调查表，最后收集事故案例并进行费用计算。

5. 现场跟踪基础上的放大样法

在一个不太长的能代表企业各生产阶段的连续或离散的期间内，通过在现场跟踪记录所有的事故，求出该期间内企业事故的经济损失的总费用，然后按考查期间与总期间的比例放大到总期间的总费用。这何种方法的可靠性是最高的，相应地，为此进行的投入是各种方法中最多的，因为涉及大量的人力和时间。

14.3.2　国内事故经济损失的典型估算方法

我国采用的事故经济损失核算方法的思路是：首先计算出事故的直接经济损失和间接经济损失，然后应用事故的非经济损失估算理论估算出事故非经济损失，可用下式表示：

$$事故经济损失 = \sum C_{1i} + \sum C_{2i}$$

$$事故非经济损失 = 比例系数 \times 事故经济损失$$

$$事故总损失 = 事故经济损失 + 事故非经济损失$$

式中　C_{1i}——第 i 类事故的直接经济损失；

C_{2i}——第 i 类事故的间接经济损失。

人员伤亡事故的价值估算方法可分为伤害分级比例系数法和伤害分类比例系数法两种。

1. 伤害分级比例系数法

该方法第一步需要把人员伤亡分级，并研究分析其严重度关系，从而确定分级伤害程度比例关系系数。根据国外和我国按休工日数对事故伤害分级的方法，采用“休工日规模权重法”作为伤害级别的经济损失系数确定依据。损失工作日是国际上普遍采用度量伤害严重程度的指标，我国《事故伤害损失工作日标准》（GB/T 15499—1995）对各种伤害的损失工作日做出了明确的规定，便于实际工作中统计汇总，通过损失工作日可以方便地计算出其经济损失量。

该方法把伤害类型分为 14 级，以死亡作为最严重级，取系数为 1，再根据休工日规模比例，确定各级的经济损失比例系数，其中考虑了伤害的休工日数与经济损失程度并非线性关系，因此，比例系数的确定按非线性关系处理（表 14-4）。

表 14-4　各类伤亡情况直接经济损失系数

级别	1	2	3	4	5	6	7	8	9	10	11	12	13	14
休工日	死亡	7500	5500	4000	3000	2200	1500	1000	600	400	200	100	50	<50
系数	1	1	0. 9	0. 75	0. 55	0. 40	0. 25	0. 14	0. 10	0. 08	0. 05	0. 03	0. 02	0. 01

在得到各类事故的比例系数之后，估算一起事故由于人员伤亡造成的实际损失，可用下式计算：

$$伤亡损失 = V_m \sum_{i=1}^{14} K_i N_i \tag{14-4}$$

式中　K_i——第 i 级别伤亡类型的系数；

N_i——第 i 级别伤亡类型的人数；

V_m——死亡伤害的基本损失，即人生命的经济价值，按我国工业领域目前的有关数据取定。

如果是对一年或一段时期的事故伤亡损失进行估计，则可把 N_i 的数值用全年或整个时期的伤害人数代替。

例 14-1　某企业某年共发生事故 12 起，造成 1 人死亡，1 人重伤致残（休工总工日估计为 7800 日），3 人重伤（估计休工日分别为 4500、3000、3000 日），8 人轻伤住院（休工日 200 日 2 人、140 日 4 人、50 日 2 人），15 人轻伤未住院（休工日在 10 日左右），假设当年死亡伤害的基本损失为 50 万元，采用式（14-4）计算可得：

伤亡损失 = 50×(1×2+0. 75×1+0. 55×2+0. 05×2+0. 03×4+0. 02×2+0. 01×15) 万元 = 213 万元

2. 伤害分类比例系数法

如果不知道各类伤害人员的休工日，难以确定其伤害级别，而只知道其伤害类型时，可采用“伤害分类型比例系数法”进行估算。此方法的分级思想与“伤害分级比例系数法”是一致的，计算步骤如下：

第一步，根据表 14-5 中的计算倍数，用下式计算伤亡的直接损失：

$$伤亡直接损失 = V_1 \sum_{i=1}^{5} K_i N_i \tag{14-5a}$$

式中 K_i——第 i 级别伤亡类型的系数；

N_i——第 i 级别伤亡类型的人数；

V_1——死亡伤害的基本损失，即人生命的经济价值，按我国工业领域目前的有关数据取定。

表 14-5 各类伤亡直接损失情况统计计算倍数

伤害类型	1	2	3	4	5
	死亡	重伤已残	重伤未残	轻伤住院	轻伤未住院
计算倍数	40~50	20~25	10~14	3~4	1

第二步，根据直接损失与间接损失的计算倍数求出间接损失，即根据表 14-6 中计算倍数，按下式求伤亡间接损失：

$$\text{伤亡间接损失} = V_1 \sum_{i=1}^{5} n_i K_i N_i \tag{14-5b}$$

式中 n_i——第 i 类伤亡类型的直间计算倍数。

表 14-6 各类伤亡间接损失情况统计计算倍数

伤害类型	1	2	3	4	5
	死亡	重伤已残	重伤未残	轻伤住院	轻伤未住院
计算倍数	10	8	6	4	2

3. 职业病经济损失计算

职业病患者劳动期间的工资、治疗费、抚恤费、丧葬费及由于对健康的影响所造成的劳动能力下降，使其少为国家、企业创造的财富等，是职业病给国家、企业带来的经济损失的主要内容。目前对职业病经济损失的计算还缺乏统一的标准。根据专家的调查分析，职业病经济损失可用下式计算：

$$L_{\text{职}} = \sum M_i (L_{\text{直}} + L_{\text{间}}) = Px + Ej + (F + y)t + G(t + j) \tag{14-6}$$

式中 $L_{\text{职}}$——总经济损失（元）；

M_i——总患职业病人数（人）；

$L_{\text{直}}$——直接经济损失（元）；

$L_{\text{间}}$——间接经济损失（元）；

P——平均每年的抚恤费用（元）；

x——抚恤时间（年）；

E——发现职业病到死亡时间内平均每年费用（元）；

j——发现职业病到死亡的时间（年）；

y——患者丧失劳动期间平均医药费（元）；

F——患者损失劳动时间平均工资（元）；

t——患者实际损失劳动时间（年）；

G——年均劳动效益（元）。

14.4 安全投入统计

安全投入是指投入安全活动的一切人力、物力和财力的总和，也成为安全资源的重要来源。安全投入主要包括安全人员的配备，安全与卫生技术措施的投入，安全设施维护、保养、改造的投入，安全教育和培训的花费，个体劳动防护及保健费用，事故救援及预防，事故伤亡人员的救治花费等。安全投入决策是在可接受的安全水平的基础上，用有限的安全资源使安全效益最大化。由于安全投入是一个完整的经济系统，“人力、物力和财力总和”只是静态地反映安全投入，没有反映出安全投入的动态过程，也没有体现出安全投入的目的性。因此，从系统的角度看，安全投入就是企业为达到保障生产经营活动的正常开展，更好地实现企业经营目的而将一定资源投放到安全领域的一系列经济活动和资源的总称。

安全投入的效益包括经济效益和社会效益。安全的社会效益是指对人的安全与健康的保障，对社会安定、环境污染和危害控制的功能等。安全的经济效益的实现在于“减损”和“增值”，为达到这两个目的，首先要保证事故或灾害得以有效地控制和减少，实现“安全高效”的目标；同时要进行安全过程的优化，实现“高效的安全”。安全社会效益具有间接性、长期性、隐蔽性的特点，导致了安全社会效益的量化和计算非常复杂。从微观上把一个经济组织的安全投入产出分析清楚，得到的结论对组织的后期安全投入决策及其他经济组织都有一定的参考价值和指导意义。

安全投入具有两大功能，一是直接减轻或免除事故或危害，实现保护人类财富、减少无益消耗和损失的功能，这部分可用损失函数 $L(S)$ 表示；二是保障劳动条件和维持经济增值过程，实现其间接为社会增值的功能，这部分可用增值函数 $I(S)$ 表示。显然 $L(S)$ 随着安全性 S 的增加而减少，在安全性趋近于100%时，$L(S)$ 趋近于0；$I(S)$ 随着安全 S 的增加而增加，在安全性趋近于100%时，$I(S)$ 趋近于定值。$L(S)$ 和 $I(S)$ 的函数形式如下：

$$L(S)=L\exp(l/S)+L_0(l>0,L>0,L_0<0) \tag{14-7}$$

$$I(S)=I\exp(-i/S)(I>0,i>0) \tag{14-8}$$

式中　L，l，L_0，I，i，S——安全水平等级。

安全的功能函数可表示为增值函数与损失函数之和，即：

$$F(S)=I(S)+[-L(S)]=I(S)-L(S) \tag{14-9}$$

安全功能和安全成本函数如图14-3所示。

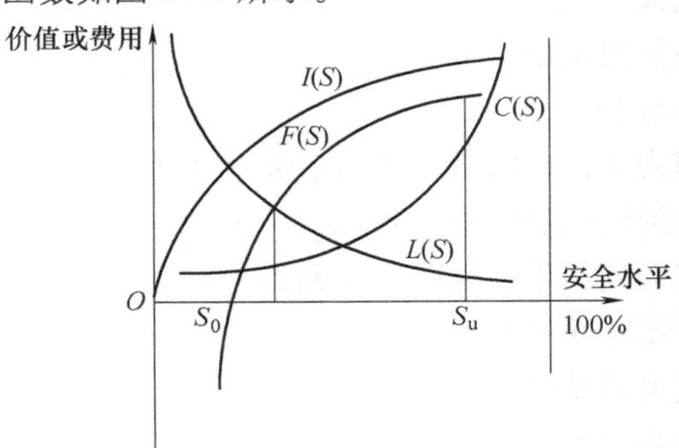

图14-3　安全功能和安全成本函数

根据图 14-3 可知，当安全水平小于 S_0 时，安全功能函数值为负值，说明安全系统毫无安全保障，系统没有效益，甚至出现负效益；当安全水平等于 S_0 时，说明正负功能抵消，系统的安全功能为零，这是安全水平的下限；当安全水平大于 S_0 后，安全功能为正且逐渐增大。当安全水平增加到接近 100%时，安全功能函数的增加速度逐渐降低，且函数趋近于定值 S_u，这个定值就是目前安全科技水平所能达到的极限。一个企业应该保持安全水平比 S_0 大，并努力使其增加。

安全的功能函数表示的是安全的产出，而安全成本是指实现一定安全水平所要支付的代价，即安全投入，通常是指事前的预防性安全投入费用。安全成本函数具有如下性质：

1）成本是安全水平的增函数，且随着安全水平的增加，安全成本的递增率越来越大。

2）当安全水平趋近于 100%时，成本函数趋近于无穷大。

据此，安全成本函数可以表示为

$$C(S)=C\exp[e/(1-S)]+C_0(C>0,e>0,C_0<0) \tag{14-10}$$

式中 C，e，C_0——统计常数；

S——安全水平。

当安全水平较低时，安全成本函数增加得比较慢，到达一定的安全水平后就急剧增加，说明企业基本的安全投入不会花费太多的资金，只有在安全到达一定的水平后要继续提高安全水平时，安全投入才会急剧增加。因此，确定合理的安全度是保证安全投入效益实现的必要条件。

在得到安全产出函数、损失函数和安全成本函数后，就可以度量安全的效益了。安全效益函数如下：

$$E(S)=F(S)-C(S) \tag{14-11}$$

安全效益函数 $E(S)$ 与其他相关函数的图形如图 14-4 所示。从图 14-4 中可以看出，在 $S<S'$ 的一段区间内，$E(S)$ 增加；在 $1>S>S'$ 的一段区间内，$E(S)$ 减少；当 $S=S'$ 时，$E(S)$ 达到最大值 E_{max}。当 $F(S)=C(S)$ 时，$E(S)=0$；当 $I(S)=C(S)$ 时，$F(S)=-L(S)$。

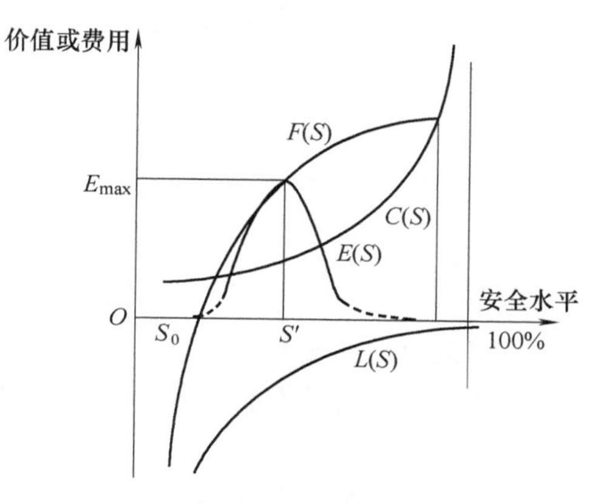

图 14-4 安全效益函数 $E(S)$ 与其他相关函数的图形

从实际出发，在安全水平未达到 S' 前应该加大安全投入力度，使安全效益接近于最大值 E_{max}。当安全水平达到 S' 后，从经济学的角度考虑，在可能的情况下应该继续增加安全投入，防止因安全水平不够高而造成人员伤亡。

企业的安全投入构成了固定的安全成本，是企业成本的一部分。广义的安全成本还包括企业生产安全事故造成的被动安全投入。因此，建立企业安全成本统计核算体系，把所有发生的安全费用在财务材料中反映出来，是企业进行安全成本控制及应用的数据基础，也是企业进行安全投入决策的主要依据。

目前我国还没有形成安全方面独立核算的统计体制，只有很少企业对安全投入和事故损失情况进行了一定的统计，这种统计有利于企业在事故发生后充分认识和处理安全事故，减少安全成本的增加，但是统计核算体系并不完善，无法分析事故的真正原因和进行事故预防。在当前的经济形势下，有必要建立统一的安全成本核算体系，特别是对安全预防性成本内部结构及相互关系的分析，能够反映企业在一定时期内安全成本投入的情况及各成本之间的相互比例关系，为确定合理安全投入结构、确定安全成本最佳状态提供依据。

安全投入统计包括实物量投入统计和安全劳动统计等。为便于统计核算，可以划分为宏观安全投入统计和微观安全投入统计。前者包括国家、地区、行业或企业为实现安全生产而采取的安全投入总量，包括安全专项基金、风险抵押金等；后者是指为解决某项安全问题而需要采取的资金投入，如安全措施、劳保用品、安全教育培训等。

安全投入的投入方向分别从不同角度制约着安全投入的总体收益，形成了一个安全效益系统。在这个系统中，各个安全投入方向与总体效益之间的关系十分复杂，安全投入在各个方向分配的比例不同，其总体效益差异就比较大。安全预防性投入是防止事故、减少损失的关键，而事故处理费用是被动的投入。研究结果显示，安全保障措施的预防性投入效果与事后整改效果的比是 1∶5。而在工业实践中，还可以得到一个安全效益的“金字塔法则”，即设计时考虑 1 分的安全性相当于加工和制造时的 10 分的安全性效果，而能达到运行或投产时的 1000 分的安全效果。因此，在讨论安全投入时主要从预防性安全投入角度确定安全投入决策，以最佳的安全投入结构保证安全生产水平。

安全经济投入的优化准则有两种，一是安全经济消耗最低；二是安全经济效益最大。即企业在进行安全投入时要追求最低消耗而获得最大效益。

14.5 安全效益统计

14.5.1 安全投资项目效益评估

安全经济效益是衡量安全经济运行的主要指标，在实际生产过程中，总要根据安全经济活动中诸方面的投入及产出情况进行综合计量和比较，从而对整个安全生产经济效益水平及动态做出综合评价。

对经济效益进行综合统计分析，充分发挥经济效益在经济管理中的作用，需要研究安全经济比例结构、发展速度、分配关系等方面对经济效益的影响，要将结构、速度、分配关系与经济效益结合起来，开展综合分析。通过对经济效益进行综合分析，发现规律和问题，促进经济的发展。

1. 安全投资项目的基本特点

安全投资项目的经济效益评价的主要要素是安全投入与事故损失的联系，这种联系不是正比例关系，而是辩证关系，而且不是安全投入越多越好，安全经济活动有其自身的最佳投入点。因此，有必要研究评价安全投资项目的技术经济指标的理论和方法，为企业安全投入决策服务。安全投资项目的基本特点如下：

1）安全投入效益的表现形式主要是“隐性”的。安全的产出，一是直接的增长产出，即安全投入实现的安全条件，使系统的功能得以充分发挥，从而实现效益、效率的增资；二是减损，即安全实现减轻生命与财产损失的功能。通过安全投入，消除了事故隐患，也就是减少了事故经济损失，这就显示了安全投入的效益。这一种效益不同于生产投入产生利润的增加，这不是显而易见的，而是一种隐性的效益。

2）安全投入效果的不确定性。一般地，一定数额的安全投入不可能完全消除事故，只能在某种程度上使事故次数减少和事故损失程度下降。

3）安全投入效果的滞后性。预防性的安全投入对事故的发生和事故损失的影响有滞后性，即安全投入在转换成预期的安全效益时，有一个滞后期。

4）安全投资项目的存在形式通常是“混合”体。企业实施投入额较大的改善安全状况的项目，通常是包含有其他技术改造投入内容的安全投资项目，它既能提高安全水平，又能提高劳动生产率、降低成本或增加销售收入，最终表现为增加净收益。在投入效益中，既包括“隐性”效益——事故经济损失减少，也包括“显性”效益——净收益增加。

2. 综合评价经济效益的方法

经济效益统计的科学讨论主要集中在两个问题上：一个是关于建立和健全经济效益指标体系；另一个就是关于经济效益的综合评价方法。综合评价经济效益的方法，可归纳为两大类：

（1）多指标综合评价方法

多指标综合评价方法包括计分法、综合经济效益指标、改进功效系数法等。综合经济效益指数通常以选定的某几项效益指标的平均水平作为标准，计算出各项指标的指数。每个指标按其在指标体系中的重要程度给定不同的权数。有了标准值和权数，计算出各项经济效益的个体指数，然后用加权平均法进行加权平均，得出综合经济效益指数，再进行比较。

（2）综合指标法

综合指标综合反映安全生产的经济效益，等于总投入与总产出之比。对于安全经济效益的评估，一方面应考查安全投入在生产经营系统中是否变负效应为正效应，即提高本质安全化水平，降低设备事故率，改善劳动作业环境，保证企业安全系统获得相对的收益；另一方面应考查系统在采取安全管理活动后，是否使安全与利益挂钩，形成安全生产激励机制，提高劳动生产率，从而扩大安全生产效益。

安全效益的量值一般要选取前面某个时期内的事故损失，该时期的时间跨度可选前五年的事故损失平均值。根据调查和统计资料，计算出某类事故的损失费用和其他费用，如财产损失、保险费用、利润减少、医疗费支出、赔偿费用等，预测下一年度的事故损失规律，确定下一年度安全效益的量值，并在此基础上规定一个事故损失界线。这样就可以提出下一年度的安全工作目标、计划及方案和措施。

14.5.2 安全效益评价方法

安全投入是保障安全生产的必要条件，在安全投入决策过程中，总是追求效益的最大化，而安全效益就是资源投入与安全产出的相对值。因此，在进行安全投入决策时，需要从这两个方面综合考虑，以使最低的安全投入获得最佳的安全效果，实现最大的安全效益。因此，可以建立安全投入效益分析层次结构，如图 14-5 所示。

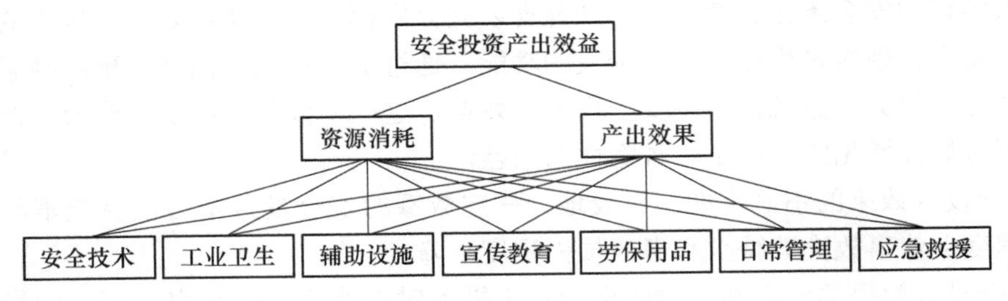

图 14-5 安全投入效益分析层次结构

层次分析法将定性与定量的决策结合起来，按照逻辑思维和事物结构的规律把决策过程层次化、数量化，实现定量化决策问题，为多目标、多准则或无结构特性的复杂决策问题提供简便的决策方法，尤其适合于对决策结果难于直接准确计量的场合。为了克服层次过程中个人主观因素的影响，采用专家群体判断的方法进行综合评判。

采用层次分析法评估安全投资项目投入产出比主要有以下步骤：

1）采用专家调查表，对每个投资项目进行比较。安全投资项目之间的对比分别从两个方面来进行，一是各投资项目对资金的需求量，二是各投资项目对于改善安全生产水平的效果作用大小。专家调查表中对于对比关系的描述采用定性的相对重要程度，而不是采用具体的数字，即相同、稍重要、明显重要、非常重要和极端重要，可以满足主观上对相对重要程度的认识范围。

2）分析每对投资项目的相对优先度。这个过程可以应用于不同层次的安全投入产出分析，在宏观和微观安全经济决策中都能发挥其效能，分析结果比传统安全成本效益分析方法适用性更广。优先度是用来计算投资项目相对于其他项目在一定准则下的相对程度。通过专家调查取得的安全投资项目在资金消耗准则下的优先度并划分等级。

有关安全投资效益涉及安全经济统计学、安全经济学、最优化决策、工程设计等学科，具体的案例及其分析读者可以结合自己熟悉的领域和遇到的实际问题开展分析研究。

本章小结

（1）安全经济问题往往是多目标、多变量的复杂系统，在解决安全经济问题时，既要考虑安全因素，又要考虑经济因素；既要分析安全系统自身的因素，又要研究与其相关的各种因素。

（2）安全经济统计由三层内容组成，一是安全经济统计的对象、性质、任务和其内容体系；二是统计指标体系，包括生产安全事故统计、安全投入统计及安全效益统计；三是安全经济统计分析，运用科学的方法预测经济发展趋势及对安全生产的影响。

（3）从安全经济指标体系、安全经济损失核算及安全投入统计三个方面对安全经济统计进行了概述，以安全经济分析的方法论体系为主线，讨论了安全经济统计指标体系、安全经济统计指数及安全投入统计决策和事故经济损失统计等内容。

思考与练习

1. 简述安全经济统计指标设计的基本要求。
2. 简述安全投入统计指标体系。
3. 简述事故经济损失的统计范围。
4. 如何计算事故的工作损失价值？

第 15 章 安全管理信息技术与软件平台

本章学习目标

安全统计离不开安全信息的获取，安全统计结果为安全管理提供重要依据。本章要求了解信息技术在安全管理中的一些典型应用情况和国内外一些典型的安全管理软件的内容和功能，初步了解安全管理软件的一般架构及其在安全统计中的作用。

本章学习方法

可以找机会亲自运行一些安全管理软件并体会其功能，以便深入理解前面各章知识的支撑作用及它们与本章的关联。

15.1 信息技术在安全管理中的应用概述

信息技术能够在安全管理中得到应用，其中很大程度得益于安全统计计算核心技术。信息技术在安全管理领域的应用主要集中在安全监测、事故调查、职业卫生管理、安全教育培训和事故应急等方面，并已取得显著成效。

20 世纪 80 年代以来，信息技术对经济和社会发展产生了巨大影响，信息技术也给安全管理领域的研究与实践带来了诸多机遇与挑战。国内外已经开展大量信息技术在安全管理领域的应用研究，并催生大量安全信息技术成果和取得显著的应用成效。

15.1.1 在安全监测中的应用

安全监测借助技术手段获取危险源的状态信息，准确了解危险因素、危害程度、范围及动态变化，以便做出安全评价。研究发现，物联网技术、人工智能、计算机技术等信息技术已逐渐应用至安全监测领域。信息技术在安全监测中的典型应用例子有工程建设安全、煤矿安全、公共安全、环境与灾害监测（表 15-1）。

表 15-1 信息技术在安全监测中的应用

应用领域	所涉及的主要信息技术	应用目的	应用举例
工程建设安全	地理信息技术、RFID、GPS、计算机技术、数据处理技术、决策支持技术、传感器技术、仿真技术	制定合理的施工方案，对工程实施过程动态化监测，保证施工安全	大坝安全监测自动化系统、边坡工程安全监测、与建筑工程安全相关信息的中央数据库等

（续）

应用领域	所涉及的主要信息技术	应用目的	应用举例
煤矿安全	数据挖掘、传感器技术、网络技术、云计算、人工智能技术、GIS、数据库技术、虚拟现实技术	实时掌握煤矿生产的安全状况，及时发现安全隐患信息	基于云理论的煤矿安全监测数据关联挖掘模型、基于数据挖掘的煤矿瓦斯联动监测、基于 GIS 的地下矿井安全监测系统、基于无线传感器的煤矿安全监测、基于仿真平台的煤矿井下预警等
公共安全	定位系统、探测技术、智能云技术、网络系统集成技术、GIS、Internet、无线数据传输、无线通信	通过获取公共安全信息，对公共安全事件进行及时预防和控制	智能云电视公共安全服务平台、国家生物安全监测网络、重大危险源监测预警、公共安全网络等
环境与灾害监测	地理信息技术、传感器技术、物联网、移动通信、云计算、数据库技术、GPS、通信技术、监控系统技术、无人机技术	掌握生态环境质量状况和灾害发生趋势	多光谱图像用于生态环境研究、地质灾害监测预警系统、污染源自动监测数据分析、环境监测信息管理系统等

15.1.2 在事故调查中的应用

事故调查是掌握事故发生的基本事实、事故原因确定、责任分析和事故预防的重要措施。信息技术在事故调查分析中的应用主要集中在四个方面，即事故现场勘查记录、事故再现、事故原因与责任认定和事故档案信息管理（表 15-2）。

表 15-2 信息技术在事故调查中的应用

应用领域	所涉及的主要信息技术	应用目的	应用举例
事故现场勘查记录	照相、录像、录音、GPS、无人机摄影测量、VRS 技术	采集事故现场的各种信息，为事故调查提供依据	差分 GPS 应用于交通事故现场勘察、基于小型无人机摄影测量的交通事故现场勘察等
事故再现	数字摄影测量技术、计算机仿真技术、虚拟现实技术、神经网络技术、摄影技术	重现事故发生的全过程，寻找事故发生原理，制定预防事故的对策	数字摄影测量模型、飞行事故虚拟再现系统、事故仿真平台等
事故原因与责任认定	计算机仿真技术、计算机图像处理技术、影像测量技术、建模技术	确定事故原因，鉴定事故责任人的责任	影像流动站系统、三维数学模型用于事故等
事故档案信息管理	数据库技术、数据挖掘、计算机建模技术	总结事故经验，预测、预报、预防事故	煤矿事故管理系统、通航安全数据库、使用网络数据库事故调查处理信息的储存、验证事故报告的技术假设等

15.1.3 在职业卫生管理中的应用

职业卫生管理是指立足于人的健康，在一切职业活动中尽可能控制和消除职业病危害因素的产生，使工作场所符合国家卫生标准和要求，确保劳动者健康安全。依靠信息技术的职业卫生管理模式是提升职业卫生工作水平的重要手段，在职业卫生管理中逐步发挥重要的作用。信息技术在安全职业卫生管理中的应用主要集中在以下四个方面：职业病信息登录管理、职业病危害因素检测与评价、职业病诊断与治疗和职业病监测与预防（表 15-3）。

表 15-3　信息技术在安全职业卫生管理中的应用

应用领域	所涉及的主要信息技术	应用目的	应用举例
职业病信息登录管理	数据库技术、网络技术、计算机技术、通信技术	全面登记与职业病相关的信息，掌握职业病情况的现状	职业病报告录入、作业场所职业卫生信息录入系统等
职业病危害因素检测与评价	网络技术、数据库技术	确定职业病危害因素对象，使检测与评价趋于智能化	职业病危害因素数据库、职业病危害因素评价数据库、企业职业危害综合评价等
职业病诊断与治疗	数据库技术、神经网络、数据挖掘、智能决策技术、全息影像技术、通信技术、多媒体技术	及时发现职业病患者，分析发病原因、发现发病规律，制定有效的治疗措施	高危作业监测预警系统、人工智能用于职业病诊断、基于云的医疗影像诊断用于医疗欠发达地区等
职业病监测与预防	计算机技术、网络技术、通信技术、神经网络	对职业病实施动态监控，采取有效措施预防职业病	职业病监测预警系统、职业病监测数据调查等

15.1.4　在安全教育培训中的应用

安全教育培训是安全管理工作的重要部分，是提高各级负责人的安全意识和员工安全素质，遏止事故的发生的有效手段。安全教育培训与信息技术相结合，使安全教育培训模式由单一化向多样化转变，极大地提升安全教育培训的效果。信息技术在安全教育培训中的应用主要集中在四个方面，即安全专业人才培养、企业安全培训、社会安全科普和安全文化建设（表 15-4）。

表 15-4　信息技术在安全教育培训中的应用

应用领域	所涉及的主要信息技术	应用目的	应用举例
安全专业人才培养	多媒体技术、视频、动画、计算机模拟、网络技术、仿真技术	实现教学内容可视化，教学方式多样化，从而提高教学效率	3D 教育仿真，提供“安全网站”等媒体平台，促进学生自主学习等
企业安全培训	多媒体技术、数据库技术、Internet 技术、虚拟现实技术、智能组卷技术、仿真技术、计算机网络技术	培训资源形式多样化，提高受训人员的培训质量和效果，通过挖掘安全教育培训信息数据调整更新培训主题	企业安全法规在线培训系统、起重人员培训仿真系统、基于 X3D 技术的化学灾害事故处置在线培训系统、3D 仿真游戏应用于建筑安全培训等
社会安全科普	仿真技术、网络技术、Web Service 技术、动画视频、虚拟现实技术、多媒体技术	整合安全科普资源，实现受众互动参与、自由分享、多人协作，扩大社会科普受众范围	计算机网络考试系统在煤矿安全培训中的应用、儿童安全教育的事故现场三维仿真等

（续）

应用领域	所涉及的主要信息技术	应用目的	应用举例
安全文化建设	网络技术、通信技术、大数据技术、3D 技术、Flash 动画技术	创建安全文化传播的网络渠道，实现多形式安全传播途径，扩大安全文化传播范围，提高影响力	安全文化网络平台、安全文化服务平台等

15.1.5 在事故应急中的应用

事故应急是指对即将出现或已经出现的事故采取的措施。事故应急包括事前预防、事发应对、事中处置、事后恢复等一系列措施，涉及领域广、时间长、信息多，需要依靠信息技术科学应对。将信息技术应用于事故应急，可有效提高事故应急工作的科学性、效率性、有序性。事故应急与信息技术结合的产物是事故应急管理信息系统。事故应急管理信息系统包含应急救援系统、应急指挥系统、应急决策系统等，集合了地理信息系统、定位系统、数据库技术、事故演化动态过程模拟等信息技术。现代事故应急管理系统集物联网、大数据和数据库技术等现代信息技术于一体，实现危险源的全面感知、事故应急管理平台统一与信息共享、信息传输网络的多样化、应急决策与联动的智能化。信息技术在事故应急中的应用主要集中在四个方面，即预测预警、应急决策、应急指挥和应急救援（表 15-5）。

表 15-5 信息技术在事故应急中的应用

应用领域	所涉及的主要信息技术	应用目的	应用举例
预测预警	射频识别技术、GPS、激光扫描技术、红外感应技术、无线传感器技术、遥感技术、监控技术、传感器技术、仿真技术、RS、数据挖掘技术	尽早发现灾害发生趋势并及时采取措施应对，主动规避甚至消除潜在的灾害风险	南水北调工程预警、电力应急管理综合预测预警、地质灾害调查预测等
应急决策	GIS、无线通信、无线数据传输、Internet、信息库与数据处理技术、数据库技术、可视化技术	通过获得的应急信息，迅速、有效地做出与实际情况相符的正确决策	应急决策支持系统、城市灾害应急、地铁应急决策等
应急指挥	RFID 技术、GPS、GIS、数据库技术、网络技术、通信技术、监控技术	提高应急信息共享能力，从而提高各部门间的应急联动能力，使应急指挥正确	环境应急指挥平台、基于网络城市群的应急指挥协作、煤矿应急指挥调度等
应急救援	云计算技术、网络技术、通信技术、GPS、GIS、RFID、可视化技术、数据库技术、监控技术	根据及时获取的应急救援信息，有利于及时调整应急救援工作方案，优化应急资源配置	救援过程中应急数据的实时收集、省域安全管理应急救援指挥平台、城市救援态势感知系统等

15.1.6 分析与讨论

目前，信息技术在安全管理统计的应用涉及领域较广，所应用的信息技术较成熟，应用成效显著。但是，具体到安全管理领域各个方面的具体应用研究，仍存在诸多问题。特别是信息技术的不断革新及新的信息技术的大量涌现，预示着信息技术在安全管理领域的应用研究与实践仍具有巨大发展空间。表 15-6 从应用领域、主要信息技术、应用现状、所存在的问题与发展趋势五个方面，对目前信息技术在安全管理领域应用现状及展望进行了总结。

表 15-6　信息技术在安全管理领域应用现状及展望

应用领域	主要信息技术	应用现状	所存在的问题	发展趋势
安全监测	GIS、GPS、传感器技术、网络技术、通信技术	成熟的传统信息技术居多，基于信息技术相结合的决策支持技术的应用少见	1）信息系统侧重于数据采集与存储，缺乏对已获取数据的分析，大部分还依赖于人工统计分析 2）监测数据采集因成本原因难以全覆盖，或监测设施布置不当使数据不完整 3）安全监测监控设施常需维护，有的工程项目未能及时保养，致使数据缺失或产生较大偏差	1）运用数据挖掘技术完善信息系统的分析能力，实现对已获取数据深度分析的自动化、智能化，挖掘数据的深层价值 2）引进采集效果更好的采集设备，运用无线传感网络、大容量数据远程无线传输实现数据实时、有效传输 3）定期对安全监控监测设施设备维护，提高对数据完整性的采集，利用大数据技术的智能分析弥补数据的缺失
事故调查	计算机仿真技术、虚拟现实技术、影像测量技术	应用在事故现场取证和还原已较成熟，但数据传输、存储及分析技术有待加强	1）部分单位在事故调查工作趋于信息化管理过程中，忽略以前传统事故进行档案电子化 2）事故调查过程存在掺杂主观因素、信息采集不全面等情况而造成与事故真实原因的偏差较大 3）部分事故数据存储过程中缺失，安全科学理论与信息技术结合分析的运用较少	1）利用现代计算机技术使传统事故档案向电子档案方向发展，为火灾事故调查现代化提供技术支撑 2）降低事故调查过程中参与者主观性带来的偏差，采用数据自动采集技术，使事故信息采集趋于自动化、智能化 3）利用信息技术完善事故案例数据库建设，将事故致因理论、相似安全学等安全科学理论分析原理引入系统分析模型构建中
职业卫生管理	数据库技术、网络技术、计算机技术、通信技术	逐步运用多种信息技术，但新技术的涌现较快，系统更新速度较慢	1）从业人员健康档案跟踪技术运用较少，未能实时掌握从业人员健康状况 2）有的地区存在职业卫生领域医疗资源未得到有效配置的情况，地区间医疗资源分配有较大的差距 3）职业卫生健康信息的传播途径较单一，传播延时，以及传播过程中造成信息缺失 4）不同企业、地区的职业卫生信息数据库的融合性较差，数据共享度较低	1）运用传感器技术、GPS 技术，实现职业卫生的动态管理，通过监测尽早发现职工的职业病，完善职业病应对机制 2）应用“云计算”“大数据”等先进技术，实现数据动态扩展与资源分配，加快建立职业医疗数据平台，实现远程医疗 3）使用职业卫生健康信息 App，企业职工能随时了解个人健康状况，政府和企业可通过平台传播职业卫生的知识、信息 4）开发共享性高的数据库，完善职业健康数据库建设，建立网络化的职业卫生管理系统，实现数据联通共享

（续）

应用领域	主要信息技术	应用现状	所存在的问题	发展趋势
安全教育培训	多媒体技术、计算机网络技术、动画技术、虚拟现实技术	以多媒体形式的安全教育培训居多，动画技术和虚拟现实技术发展空间较大	1）教育培训的考核方式存在试卷笔答和人工阅卷等传统模式，有侧重记忆力而不够重视安全实际技能的情况 2）实际培训内容及模式与职工在风险防控方面的需求有差距，缺乏现代安全信息资料支持 3）已经出现一些体验式教学的安全培训模式，但在多数企业还未能普及 4）缺乏对培训效果的跟踪评估机制，有的单位还未将安全教育培训纳入绩效考核范围	1）建立安全教育培训网上学习平台，提供在线自主学习，也可登录手机、平板计算机客户端学习，实现随时随地学习；建立定期学习考核制度，基于 GPRS 技术的短信功能提醒职工学习任务 2）针对安全管理风险防控需求，应用适合不同需求员工的教育主题培训软件 3）动画技术与虚拟现实技术运用到安全教育培训中，加强受训人员对危险现实场景的真实感受，更利于提升人员的安全意识 4）建立职工安全培训教育信息数据库，及时更新培训记录，将培训信息与员工在职表现状况关联分析，完善员工考核机制
事故应急	物联网技术、网络技术、监控技术、可视化技术、数据库技术、人工智能技术	传统信息技术与现代信息技术的有效结合，使应急管理趋于自动化、智能化	1）多数据源融合性较差，不利于信息的共享、整合、分析、发布 2）事故应急信息的部分缺失易造成应急过程中分析偏差和决策失误 3）基于大数据技术的基础设施有待完善、技术支撑不够成熟 4）事故应急问题日趋复杂、多样，信息技术水平应用未能及时跟上当前安全管理领域形势的快速变化	1）利用先进的信息技术手段解决不同问题背景下的多数据源的融合问题，实现数据“一数一源，一源多用” 2）大数据技术应用到事故应急管理中，提高数据的完整性，增强数据分析能力 3）完善基础设施建设，云计算、移动信息化等创新技术为大数据技术提供技术支撑 4）人工智能和专家系统与传统的决策支持系统相结合，为事故应急处理处置提供更加正确、科学的决策方案，提高应急能力

除表 15-6 中 5 个应用领域外，信息技术在安全管理领域的其他方面（如安全科学研究等）也已得到广泛应用。就目前信息技术在安全管理领域中的应用研究而言，它们主要集中在将相关信息技术应用至具体的安全管理领域，但尚未与安全管理领域的具体业务发展与需求进行紧密关联。因此，今后的信息技术与安全管理融合研究，应从安全管理领域的业务发展和需求入手，进一步分析相关技术的适应性及解决问题的技术路线，以期弥补当前该方面的研究缺陷。

15.2 安全管理典型软件概述

安全管理软件（Safety Management Software）是以企业安全生产管理需求为基础，以移动端、PC 端、互联网、数据库、通信技术等为支撑，为企业提供安全数据信息整理、分析、预测、服务等综合管理服务。随着信息技术的发展，有越来越多的安全管理软件出现，这些软件的安全功能也愈发强大。但由于每个行业生产工艺、流程、企业文化、管理制度、技术水平等发展状况不一，现有安全管理软件不一定适用于所有企业情境，因此，安全管理软件开发应与企业的思想、制度、文化、组织、管理等相衔接，才能落实安全管理软件在企业安全生产中的功能需求。

下面主要介绍 3 款国外安全管理软件（ZeraWare、Myosh 与 IndustrySafe）及 1 款国内安全管理软件（安泰信息安全管理软件），概述这些安全管理软件的设计模块及作用，让读者了解这些企业安全管理软件并有助于开展安全统计和安全管理工作。

15.2.1 ZeraWare 软件概述

ZeraWare 是一个管理员工安全（Managing Employee Safety）的安全管理软件，给安全管理人员提供一个用户友好的安全管理结构和框架，能够管理、追踪及提醒人员操作行为。软件主要的安全程序功能是创建（Create）—监视（Monitor）—跟踪（Track），以控制事故原因、预防人员伤害、使之符合《职业健康安全法》（OSHA）中的标准。

ZeraWare 软件主要分为事故报告（Incident Reports）、事故调查（Accident Investigations）、安全检查（Safety Inspections）、安全培训（Safety Training）与 OSHA 损伤记录（OSHA Injury Recordkeeping）等 5 个大模块，每个大模块分成相应的小模块，ZeraWare 软件模块内容及其作用见表 15-7。

表 15-7 ZeraWare 软件模块内容及其作用

模块	子模块	作用
事故报告	① 创建表格标题（自定义报告格式标题，打印黑白表格） ② 事故报告表格（事件信息计算机自动处理） ③ 搜索和排序（为数据分析整理事件报告，搜索报告） ④ 汇集数据（事件报告中获得统计数据） ⑤ 近期报告	①简单、快速记录重要事件细节；②事件报告数据库排序，以揭示典型与周期性问题；③编辑安全数据以监测事件的趋势、变化或问题；④挖掘过去事件细节信息，以预防未来事件；⑤快速生成安全绩效报告；⑥搜索和排序，快速查找报告或过去事件细节信息
事故调查	① 模板：标题（自定义每个表格标题，打印黑白表格） ② 调查类型：表格（调查信息计算机自动处理） 事故根源分析（事故或损伤深度调查） 简明的事故报告（事故或损伤简洁调查） 火灾（火灾或爆炸事故） 车辆事故（厂外车辆事故） 其他事故（天气、洪水、入侵者、暴力行为、能量） ③ 整改措施记录（记录整改措施的文件） ④ 搜索和排序（为数据分析整理事件报告，搜索报告） ⑤ 最近调查	①辨识引起事故的不安全行为与状态；②记录防止其他事故的改进措施；③采取 4 类事故、4 种表单的形式提供详细细节；④深入分析事故根本原因；⑤照片与视频附在调查表上，以阐述细节信息；⑥改进措施布置给响应人员；⑦改进措施，跟踪系统，确保措施执行

（续）

<table>
<tr><th>模块</th><th colspan="2">子模块</th><th>作用</th></tr>
<tr><td rowspan="5">安全检查</td><td colspan="2">① 创建表格（自定义报告表格、创建和编辑模板、打印黑白表格）</td><td rowspan="5">①辨识及消除危险源，监测符合 OSHA 要求；②定制检查表以满足实践要求；③定制 OSHA 要求审核，监测企业合理性；④照片与视频附在检查表上，以阐述存在的问题；⑤改进措施布置给响应人员；⑥改进措施跟踪系统确保措施执行</td></tr>
<tr><td colspan="2">② 进入检查数据（检查结果计算机自动处理）</td></tr>
<tr><td colspan="2">③ 搜索和排序（搜索调查报告，整理数据）</td></tr>
<tr><td colspan="2">④ 整改措施记录（更新、查看、打印先前检查整改措施状态）</td></tr>
<tr><td colspan="2">⑤ 最近检查</td></tr>
<tr><td rowspan="10">安全培训</td><td colspan="2">① 培训主题（培训主题详细列表）</td><td rowspan="10">①定制员工安全培训需求；②实时自动更新收集安全培训数据；③提醒员工安全培训时间；④多种方式监测安全主题及培训完成情况；⑤培训班附有出勤记录和培训材料；⑥当 OSHA 检查时，ZeraWare 确定培训符合要求；⑦监控安全培训当前状况</td></tr>
<tr><td colspan="2">② 培训期日历（培训期安排，确认完成培训，考勤记录，查看预定或完成培训期内容）</td></tr>
<tr><td colspan="2">③ 员工培训记录（每位员工培训完成记录）</td></tr>
<tr><td colspan="2">④ 以姓名为名称列出的培训表（以姓名排序列出的培训完成进度记录）</td></tr>
<tr><td colspan="2">⑤ 以主题为名称列出的培训表（以主题排序列出的培训完成进度记录）</td></tr>
<tr><td colspan="2">⑥ 以职位名称为名称列出的培训表（以职位名称排序列出的培训完成进度记录）</td></tr>
<tr><td colspan="2">⑦ 以姓名为名称列出的培训完成进度（每个人完成培训进度记录）</td></tr>
<tr><td colspan="2">⑧ 以职位名称为名称列出的培训完成进度（每类职位完成培训进度记录）</td></tr>
<tr><td colspan="2">⑨ 所需培训期限（员工所需培训截止日期）</td></tr>
<tr><td colspan="2">⑩ 最近培训安排、最近完成培训</td></tr>
<tr><td rowspan="10">OSHA 损伤记录</td><td rowspan="3">① 人员身份</td><td>案例序号</td><td rowspan="10">①表格包含 4 种损伤形式；②OSHA 劳动损伤与疾病调查格式；③一个表格修改时自动在所有表格更正；④检查表格是否填写正确，无错误或遗漏；⑤查找过去和现在表格；⑥根据应用需求修改补充</td></tr>
<tr><td>员工姓名</td></tr>
<tr><td>职位名称</td></tr>
<tr><td rowspan="3">② 案例描述</td><td>损伤或发病日期</td></tr>
<tr><td>事件发生地点</td></tr>
<tr><td>描述损伤或疾病，身体影响部位，直接造成人损伤或疾病的对象或物质，例如右前臂因接触乙炔火焰造成三级烧伤</td></tr>
<tr><td rowspan="4">③ 案例分类</td><td>死亡</td></tr>
<tr><td>损失工作日</td></tr>
<tr><td>工作转移或限制</td></tr>
<tr><td>其他可记录案例</td></tr>
</table>

15.2.2 Myosh 软件概述

Myosh 软件主要分为二维码、设备登记、在线学习、健康管理、移动端、化学品登记、警报、作业风险分析、仪表板、其他登记、文件、作业安全观察、行动管理、承包商管理、档案、非一致性、报表管理、损伤处理、安全会议、安全工作方法说明（SWMS）、事件报告、关键绩效指标、检查和审计、风险危害管理、风险评估、日志、培训管理等模块，每个模块有各自的功能。Myosh 软件模块内容及其作用见表 15-8。

表 15-8 Myosh 软件模块内容及其作用

模块	作用
二维码	① 访问个人数据：确保承包商或雇员拥有正确凭证，检查员工的照片、完成培训状况，查看证书（附件）、培训截止日期、优秀培训、紧急联络详情等
	② 访问登记设备：立即检查设备设施保养状况，查看详情，查看服务信息等
设备登记	登记电气设备、急救设备、呼吸装置、洗眼站、灭火器、消防设备、气瓶存放、梯子、起重设备、移动设备设施、个人防护设备、救援、车辆、废物处理情况
在线学习	① 量身定制在线学习计划以满足企业要求
	② 自动发布与运行培训课程
	③ 通过问题测试员工掌握情况
	④ 培训结束后网上生成合格证书
健康管理	① 入职体检
	② 定期体检以评估健康状况
	③ 职业健康与安全评估
	④ 员工赔偿要求
	⑤ 退休体检
	⑥ 伤残鉴定
	⑦ 查询特定行业法律法规要求
移动端	① 查看和记录操作、事件、危险源
	② 随时随地记录操作、添加图片
	③ 现场、在线、离线检查
	④ 每个项目记录操作状况、添加图片
	⑤ 安全观察
	⑥ 观察、记录及添加图片
	⑦ 联机或脱机访问关键文档
	⑧ 急救程序访问
	⑨ 制作并导出表格
	⑩ 操作指南查询
	⑪ 进行设备评估
	⑫ 政策查询、解读
	⑬ 安全工作方法说明
	⑭ 安全工作程序访问
	⑮ 查看用户的所有活动

（续）

模块	作用
化学品登记	① 上传与存储安全数据表
	② 记录安全数据表截止日期
	③ 安全数据表使用 Myosh 行为模块链接更新时创造一个行为
	④ 使用 GAS 登记号记录化学分类
	⑤ 评估登记册所列化学品风险
	⑥ 说明在哪里使用及使用数量
	⑦ 说明处理化学品时穿戴 PPE 材质或其他安全措施等卫生监督要求
	⑧ 复制化学记录
	⑨ 归档化学信息
	⑩ 搜索功能快速查找特定化学品信息
警报	便于沟通，能迅速传递重要信息，以引起相关人员的警惕
作业风险分析	① 描述工作如何进行
	② 确定安全活动存在的安全风险，并辨识相关风险
	③ 描述将执行的控制措施，以确保安全完成任务
	④ 描述控制措施如何在需要的地方执行、监控与检验
	⑤ 确定应遵守的法规、标准与准则，描述设备使用方法，员工完成任务的资格及其所需培训，以安全方式执行任务
仪表板	① 将 HSEQ 数据转变成可视化图形、地图与表格，进行组织分析
	② 立即访问重要数据，辨识趋势、筛选、分析并快速生产报告，在安全习惯、安全生产、安全绩效方面做出更好的决定，以实现真正改变
其他登记	登记石棉、有限空间、疏散演习、洗眼站、适宜工作、义务法律、绞车简报情况
文件	① 为文档提供一种存储和链接的方法
	② 中心源可以查看位于各个地点的文档
	③ 在文档更改时通知相关人员
	④ 将内部网络链接到网站或直接链接到模块
	⑤ 确认人员通知和咨询重要信息
	⑥ 用户使用最新文档版本
	⑦ 签人与签出历史记录
作业安全观察	① 观察执行正常操作活动的员工
	② 理解决策和行动的基本原理
	③ 纠正不安全行为与状态
	④ 指出积极行为和情景，并识别出改进的空间

（续）

模块	作用
行动管理	① 对 Myosh 目录中的人创建和分配行动
	② 通知已指派行动的负责人
	③ 行动过期时使用邮件提醒
	④ 自动发送邮件，提醒行动截止日期
	⑤ 保存更改审核日志
	⑥ 自动安排重复性行动
	⑦ 实施问责制
承包商管理	① 创建首选供应商清单，获得特定承包商详细资料
	② 获得职工与分包商的资料
	③ 上传承包商所有文件，例如保险、JSA 协议和许可证
	④ 承包商执行的检查表
	⑤ 承包商员工资质与培训记录
	⑥ 接收培训与更新信息的通知
	⑦ 上传承包商设备测试记录和校准证，接收合同到期提醒通知
	⑧ 监督承包商 SHEQ 绩效记录
	⑨ 访问任务和设备检查清单与登记
档案	① 提供一种存储和链接记录的方式
	② 中心源查看可能位于多个地方的存储记录
	③ 保存新版本替换的通知记录
	④ 将内部网络链接到网站或直接链接到模块
	⑤ 确保人们了解和咨询重要信息
	⑥ 确保控制使用最新记录
	⑦ 签入、签出、更改历史记录
非一致性	① 记录用户细节并根据非一致性进行分类
	② 调查提名人是否一致
	③ 非一致性被记录和分类自动发送
	④ 提供结构化调查过程
	⑤ 电子邮件签署和授权过程
	⑥ 帮助辨识根本原因
	⑦ 下达纠正措施
报表管理	① 生成报告（可以是全局、特定站点、分区、部门的，可以是组织中任何级别的），监视管理系统状态，并判断资源分配是否足够
	② 频率报告（图形与表格）
	③ 管理报告概述辨识出的危险，在制定时间内所需统计事件和完成或未完成的后续行动，检查或审计结果和状态不合格，需进行培训
	④ 生成阶段性报告，例如逾期行动事件 2~4 周、4~6 周等

（续）

模块	作用
报表管理	⑤ 通过事件分类、身体部位、损伤性质等创建报告
	⑥ 生成交叉表报告，分析组织中任何部分事件发展趋势
	⑦ 选择报告表格或图形是否导出
	⑧ 监控公众与员工感知状况，例如接收投诉图表
损伤处理	① 将伤害事故与伤害管理文件联系起来
	② 创建开始→开始/最终→进度→最终证书
	③ 返回工作程序创建和跟踪
	④ 时间表信息记录
	⑤ 案例记录
	⑥ 成本记录和跟踪
	⑦ 地址簿记录业务提供者信息
	⑧ 电子邮件发送提醒通知
安全会议	① 记录会议详细信息，例如工作组、类型、参会者、角色等
	② 记录会议日程
	③ 发送电子邮件通知会议
	④ 保存会议记录附件
	⑤ 创建行动
安全工作方法说明	① 操作过程分解成步骤
	② 说明每一步的潜在危险、初始风险等级和剩余风险等级、控制措施和产生的危险源
	③ 记录关于安全工作方法声明的其他信息
事件报告	① 用户可以记录不同事故类型，损伤、环境、设备、未遂事故等
	② 任命人可以分类和调查事件
	③ 事件发生时发送通知
	④ 提供系统性调查程序
	⑤ 电子邮件签署和授权
	⑥ 帮助辨识根本原因
	⑦ 识别调查过程中存在的风险
	⑧ 关联或创造事故风险
	⑨ 将事故报告融入 KPI 报告
	⑩ 从事件中提取纠正措施
	⑪ 提醒用户哪些事件需要注意
关键绩效指标	① 自定义与业务相关的 KPI
	② 设置 KPI 目标与限度
	③ 将绩效表现与 KPI 相比较
	④ 生产有价值的 KPI 报告，揭示是否满足 KPI 要求
	⑤ 举例说明检测限度并解释绩效表现是好的、平庸的或糟糕的

（续）

模块	作用
检查和审计	① 检查和审查通知、记录和清单
	② 配置任何类型的检查或审计以测试对相应标准的适宜性
	③ 基于设备类型自动生成检查
	④ 基于项目阶段自动生成检查
风险危害管理	① 用户记录危险隐患
	② 确定防控策略
	③ 明确风险控制措施
	④ 确定风险等级和剩余风险等级
	⑤ 危险被登记时通知相应人员
	⑥ 通知报告人员采取措施控制危险
	⑦ 检查通告以确保危险实时监控
	⑧ 监测剩余风险与初始风险
风险评估	① 评估风险等级及跟踪提醒
	② 评估工具建立与评估相关的常见危害库
	③ 工厂评估调试、生产交接或现有工厂情况
日志	① 记录不同事件和天气类型
	② 记录事件和人员涉及位置
	③ 记录事件的完整描述
	④ 上传相关文件或照片
培训管理	① 培训记录和证书
	② 培训需求分析
	③ 轻松访问基于培训完成状况和附加证书的中心云
	④ 培训能力受限或培训到期之前定义和安排警示
	⑤ 使用二维码（QR）技术查看现场人员记录和培训情况
	⑥ 从事件报告中检查人员培训状况
	⑦ 自定义构建筛选器选择所需记录，然后选择要显示的领域
	⑧ 电子邮件提醒培训即将到期
	⑨ 自动归档人员冗余记录
	⑩ 定义需要培训人员通知名单
	⑪ 定制报告
	⑫自动生成包含培训模型的报告

15.2.3 IndustrySafe 软件概述

IndustrySafe 软件主要分为事件、仪表板、行为安全、检查、索赔、纠正措施、职业卫生、培训、首页、危险源、手机 App 与工作安全分析等模块，每个模块有各自的功能，IndustrySafe软件具体模块内容及其作用见表 15-9。

表 15-9 IndustrySafe 软件模块内容及其作用

模块	作用
事件	① 遵守 OHSA 保存记录——301，300，300A 目录，并提交电子记录数据
	② 计算总案例事件发生率和每天无限制转移传输速率
	③ 生成车辆事故登记册
	④ 确定复杂事故类型（未遂事故、车辆伤害、雇员伤害、非雇员伤害、环境）
	⑤ 易于使用的事件表
	⑥ 公共 Web 表单获取利益相关者报告
	⑦ 自动填写员工、处理和设施信息
	⑧ 查找员工事件历史、培训历史和所需培训
	⑨ 事件调查和分析根本原因
	⑩ 自动提醒事件当事人
仪表板	① 仪表板实时更新数据以输入其他模块
	② 多重过滤机制，包括位置、期限、管理者等
	③ 挖掘观察到的原始数据
	④ 设计个体标签仪表板
	⑤ 选项标签中选择查看的内容
	⑥ 配置关键仪表板信息
	⑦ 编辑仪表板标题
	⑧ 打印或输出仪表板信息
行为安全	① 易于使用观察表
	② 使用能上网的移动和平板设备
	③ 使用多个观察清单
	④ 配置类别和子类别
	⑤ 自动填写观察者的日期、时间和位置
	⑥ 安排员工观察
	⑦ 自动提醒员工注意观察安排表
	⑧ 标准整合安全获取信息
	⑨ 公共 Web 表单获取利益相关者报告
检查	① 符合 OSHA 规划和 VPP 要求
	② 使用能上网的手机和便携式计算机
	③ 离线移动检查 App 也能使用
	④ 表格自动填充功能
	⑤ 使用 OSHA 1926 或 OSHA 1910 法规预检查清单或上传定制的内容
	⑥ 定期检查进度
	⑦ 进行日期检查，自动电子邮件提醒

（续）

模块	作用
索赔	① 遵守国家明确第一报告为伤害报告的要求
	② 确定多种索赔类型：工人赔偿金、个体伤害、财产损失和一般责任
	③ 生成易使用的索赔表格
	④ 自动填充事件表格信息
	⑤ 查找员工事件和索赔历史
	⑥ 索赔注意事项记录
	⑦ 提交电子版给第三方管理机构和保险公司
	⑧ 显示详细赔偿信息
	⑨ 自动提醒用户索赔
纠正措施	① 便于使用数据录入
	② 自动填充员工、位置和描述信息
	③ 链接和未链接的纠正措施
	④ 调度功能
	⑤ 自动发送电子邮件提醒（到期、逾期、分配）
职业卫生	① OSHA 1910 条：危险有害物质暴露评估
	② OSHA 1910 条与 1020 条说明：允许暴露限值与员工接触限值
	③ 便于使用的职业卫生表格
	④ 表明数据库代理仅限于多个源，如美国国立职业安全与健康研究所（NIOSH）、职业安全与健康管理局（OSHA）等
	⑤ 区域监测与个体采样
	⑥ 建立和采用相似发展趋势暴露组
	⑦ 暴露评估创建风险概况
	⑧ 监测区域通风设备、呼吸器和个体防护装备管理
	⑨ 便于查看个人监测与定性风险评估
	⑩ 通知员工监测结果
培训	① 追踪 OSHA 要求培训状况
	② 提供完整在线安全培训课程
	③ 批量更新员工培训记录
	④ 编制培训档案目录
	⑤ 按照职位、地点、部门等确定培训资料和工具
	⑥ 查找员工事件历史、培训历史及所需培训
	⑦ 按照地点、职称和截止日期安排培训班级
	⑧ 预定、即将到来、截止日期培训自动提醒
	⑨ 人力资源系统和员工数据进行简单的集成

（续）

模块	作用
首页	① 与 Microsoft Outlook 软件相结合
	② 显示商标
	③ 易于使用的任务和事件表单
	④ 自动填写员工和设备设施信息
	⑤ 上传、显示和修改文件库
	⑥ 将任务和事件分解给多个用户
	⑦ 自动提醒用户的任务与事件
危险源	① 通过 VPP 渠道匿名报告危险源
	② 便于使用的危险源表格
	③ 自动填写员工和设备设施信息
	④ 生成公共 Web 表单访问维修保养人员报告
	⑤ 辨识链接和未链接的危险源
	⑥ 使用严重度和概率论矩阵评估危险源等级
	⑦ 自动提醒危险源用户
手机 App	① App 从手机设备的应用商店下载
	② 有网或无网访问
	③ 为移动用户提供专门的设计
	④ 使用 IndustrySafe 预构清单或自定义清单
	⑤ 与 IndustrySafe 网页实时交互
	⑥ 轻松上传图片
	⑦ GPS 定位
工作安全分析	① 将每个任务分解成若干步骤及辨识步骤蕴含风险
	② 控制评估、风险评估、剩余风险评估
	③ 轻松传播工作安全分析的评论、意见与通告
	④ 自动填充，方便数据录入
	⑤ 查找员工工作安全分析历史
	⑥ 自动提醒员工工作安全分析
	⑦ 工作安全分析审查周期提醒

15.2.4 安泰信息安全管理软件

安泰信息有限公司是国内较早专业从事企业安全、健康、环保等信息化管理软件开发企业之一，该公司的 ESH 管理信息系统、e 安宝移动安全管理与 e 安云安全生产云服务软件的模块内容见表 15-10。

表 15-10 安泰信息软件的模块内容

软件	模块内容
ESH 管理信息系统	① 安全管理、风险分析、隐患整改、行动跟踪、工艺安全、职业健康、预警系统、体系文件
	② 首页、变更管理、法规制度、教育培训、运行控制、隐患治理、应急救援、事故管理、持续改进、我的工作、安全预警
	③ 安全检查系数、整改隐患次数、教育培训次数、人员档案数量
	④ 待阅任务处理、事故起数、过期证书数、进行中作业票、法律法规、规则制度
e 安宝移动安全管理	领导带班、隐患提交、隐患列表 检查列表、隐患预警、巡查统计、验收列表、通知下达、信息处理、工人管理、班前教育管理、考勤系统
e 安云安全生产云服务	① SaaS 模式的标准化管理工具：危险源辨识管控、隐患排查治理、风险诊断评估、风险管控解决方案、职业安全健康管理
	② 专业知识及服务资源：专家在线、教育在线、知识分享、法规解读、交流互助
	③ 保险服务：保前评估、风险排查、风险告知、保险产品
	④ 企业及员工安全指数成长计划

15.3 国内企业安全管理平台综述

安全信息是企业安全与应急管理的基础。从信息角度考虑，安全科学研究、安全与应急管理工作实质上都是安全信息管理的问题。因此，基于信息的安全与应急管理系统构建对于系统的安全运行十分重要。根据安全信息管理的发展过程，安全信息管理的模式可分为传统的安全信息管理模式和现代的安全信息管理系统。

（1）传统的安全信息管理模式

安全信息非常重要，但是在计算机得到广泛应用之前相当长的一段时期，人们对安全信息的管理主要借助于手工劳动，在管理的过程中不可避免地存在许多问题。主要表现为：生产安全事故信息收集和发送的手段比较落后，完全依靠管理人员手工完成事故信息的收集、分类、归档及发送工作，效率非常低；信息资料的格式、内容及统计标准等都比较混乱，严重缺乏准确性和可比性；安全信息内容多，信息类型复杂，信息冗余量大，手工检索非常不便且效率极低，传统的检索方法非常困难。因此，传统的基于手工劳动的安全信息管理模式远不能适应企业推广应用现代化安全管理技术的要求，由此便推出了安全信息管理系统。

（2）现代的安全信息管理系统

随着计算机软硬件技术的迅速发展，计算机在各行各业中都得到了广泛的应用。传统的安全信息管理模式逐渐被基于计算机的安全信息管理系统所取代。国外从 20 世纪 70 年代就开始了关于安全信息管理系统的研究，国内在 20 世纪 80 年代末期开始将计算机应用到安全信息管理领域，并研制了一些工伤事故管理软件和安全评价等软件，但这些软件无论在功能上还是在可操作性等方面都未能满足广大企业的需求。上面介绍的是安全与应急管理系统软件的架构，该架构集整体性、实用性、灵活性于一身，从使用者的角度出发，以方便用户使用为基准，无论从界面还是功能上都比以往的软件有了一定的改进。

现代化的安全信息管理系统主要包括以下内容：对安全信息的录入、修改、查询和输出等。对安全信息的录入可以完全替代传统的对信息进行分类、归档工作；通过安全信息管理系统软件可以方便、快捷地检索到需要的安全信息，这比起传统的手工方式要快得多；软件的输出主要包括自动生成报表和统计图等，在这方面也比传统的手工填写报表、画统计图要智能得多。

15.3.1 国内企业安全管理典型综合平台综述

为了使读者了解更多国内安全与应急管理信息系统相关软件开发情况，表 5-11 选取 18 个典型系统分别从系统名称、开发依据（核心理论）、总体框架和主要功能模块进行综述分析。

表 15-11 典型国内企业安全管理综合平台综述分析

系统名称	开发依据（核心理论）	总体框架	主要功能模块
安家岭露天矿安全风险预控管理信息系统	戴明理论，以及各项操作规程、安全规程和各项安全管理制度	数据层、系统功能层和用户操作层	考核管理、检查治理和评价审核
安全风险管理信息系统在佛山地铁建设期中的应用	工程风险管理理论、一体化思想、人工监测预警理论、安全风险评估与管理预警理论	数据层、技术组件层、共享组件层、核心业务组件层、业务系统层	综合信息模块、风险管理模块、应急管理模块、监控量测模块、信息可视化模块、管理考核模块、巡查客户端模块
安全生产风险管控信息系统研究及设计	事前-事中-事后全过程的风险管理理论	基础设施层、信息资源层、应用集成层、应用于服务层	风险管理、重大隐患管理、事故管理、应急救援管理、质量标准化、“三违”管理、监督检查、安全培训
安全生产管理信息系统	安全管理理论、应急管理理论、隐患管理理论、安全生产法律法规	用户层、应用层、应用支撑层、数据层、保障层	安全执法信息管理、人员信息管理、应急资源信息管理、中介机构信息管理、生产安全事故信息管理、应急预案管理、企业信息管理、危险源信息管理、隐患信息管理、安全专家信息管理、法律法规管理
安全生产标准化管理信息系统	安全生产标准化体系	数据层、系统功能层和用户操作层	实现安全标准化创建、运行、检查、评估、反馈与优化的系统化和信息化
金属非金属矿山安全标准化信息管理平台	金属非金属矿山安全标准化规范	数据层、功能层、用户层	将安全标准化管理的信息平台划分为 13 个子系统的 13 个功能

（续）

系统名称	开发依据（核心理论）	总体框架	主要功能模块
城市公共安全应急管理信息系统	城市公共安全应急管理理论、应急资源整合理论	数据库层、平台层、用户层	应急综合信息平台、基础信息管理系统、地理信息管理系统、应急决策信息系统、应急救援信息系统
广州地铁工程建设安全风险管理信息系统	依据安全风险识别、风险估计和风险评价、风险控制的逻辑主线	数据层、支持层、应用层、表现层、用户层	监测数据分析、现场巡查、风险评估、安全预警、预警处置、地理信息系统（GIS）、工程文档管理、地区施工技术库
基于GIS的城市轨道交通建设安全风险管理信息系统	安全风险闭环管理、安全风险预警理论模型	数据层、支持层、应用层、表示层	对静动态安全信息管理、生产安全事故的预警预防和安全信息多维可视化展现
基于GIS的煤矿安全隐患排查治理综合信息管理平台	隐患管理理论	数据库层、平台层、用户层	隐患排查治理
基于数字化矿山的全息化应急管理系统	数字矿山理论与技术、应急救援理论与技术、事故趋势推演模拟理论与技术	数据库层、平台层、应用层	可视化预案管理、应急救援支持、模拟应急演练、辅助决策
建筑施工企业安全生产风险管理及预警信息系统	风险管理理论、预警理论、企业安全标准化体系和安全管理制度	数据库层、平台层、用户层	系统管理、信息交换、法律法规、内业资料、施工现场安全管理、企业总部安全管理、风险评价及预警、安全教育培训
空管安全风险管理信息系统	风险管理理论	数据库层、平台层、用户层	风险管控功能、指示预警功能
煤矿安全风险预控管理信息化云平台	云计算技术、煤矿安全风险管理体系理论	展示层、多级应用层、平台层、基础层	危险源管理、危险源监测、隐患管理、不安全行为管理、事故管理、体系运行审核及管理评审
煤矿安全风险预控与隐患闭环管理信息系统设计	事故风险管理理论、隐患治理理论	数据库层、平台层、用户层	危险源辨识、评价、管理，风险预控管理，隐患治理中的反馈式闭环管理，员工“三违”的流程管理
生产事故隐患排查治理及预警管理信息系统	“一企一标准、一岗一清单”的安全生产管理思路	用户层、信息共享层、安全预警层、业务应用层、数据层和基础层	隐患管控平台、知识信息平台（信息库）、安全运营平台、安全教育文化平台
张家港港务集团安全信息管理平台	安全生产标准化和职业健康安全管理体系	数据库层、平台层、用户层	基础管理、安全教育培训、隐患排查治理、专项安全管理、应急管理、事故管理
重大危险源动态智能监测监控大数据平台	重大危险源辨识、评价与控制理论	数据采集层、数据资源层、数据与分析、应用层	重大危险源的基础信息管理、重大危险源安全参数远程实时监测与预警、重大危险源远程音频及视频实时监控、重大危险源动态管理、重大危险源风险评价的大数据分析

从表15-11可以归纳出以下特点：

（1）系统名称、应用范围

不同的应用范围和应用目的决定了不同的系统名称，但其中都包含“信息”或“数据”，这是由两个方面决定的：①现代安全管理的本质就是安全信息、安全数据的收集、处理与利用；②上述系统都是基于信息技术和数据技术开发的。这证明了基于信息设计与开发的安全管理综合平台的科学性。

（2）开发依据或核心理论

各个系统都有特定的理论依据，理论依据决定了所开发系统的逻辑架构和功能设定，也决定了系统的科学性与可操作性。综合分析可知，现有安全管理信息系统的核心理论可概括为：上游的通用安全管理基础理论，中游的专项安全管理基础理论和下游的行业领域专业安全基础理论。例如，广州地铁工程建设安全风险管理信息系统的上游理论基础是安全与风险管理理论，中游理论基础是风险识别与隐患排查方法，下游理论基础是地铁施工安全工程技术。

（3）总体框架

不同的系统具有不同的框架设计，但基本都是围绕数据层、系统功能层和用户操作层展开的。

1）数据层实现对信息系统所有信息与数据的集中、有序管理，包括基础文档数据、监测数据及管理过程产生的信息等。

2）系统功能层是平台具体功能模块的实现，如“权限管理”“安全管理”“日志管理”等通用模块，还包括查询引擎、数据交换、隐患治理、报表服务、短信接口、移动终端App应用等模块，系统功能层为用户操作层提供支撑服务，根据不同功能需求设计不同的功能模块。

3）用户操作层是直接面向终端应用用户，包括数据上报、查询检索、信息展示、数据分析和智能提醒，可以通过个人计算机和移动手机终端交互访问，也可以在指挥调度中心大屏进行展示，满足用户在办公场所、生产现场和差旅过程等不同场合的使用需要。

（4）主要功能层

所有系统的开发都是功能导向的，而功能又是根据用户不同的应用目的和需求确定的，换言之，系统开发也可说是问题导向的。因此，根据不同的应用范围和应用目的，提取核心安全问题将是系统设计与开发的核心。

15.3.2 安全管理信息系统的逻辑主线

即使安全管理信息系统得到了广发应用，但目前开发的系统对安全管理信息的利用大多还停留在微观的数据管理层面，还没有实现安全风险全局管理、安全数据的深层次利用与综合性展示。因此，为实现对建设项目安全风险的全局化、系统化、标准化的管理，实现对施工过程中安全态势的分析、预测、防范和控制，有必要明确安全管理信息系统的逻辑主线。

基于时间视角，安全管理信息系统的主要功能可以分为三个模块：①面向过去，分析导致目前安全现象的原因，进行事故致因调查与分析；②面向现在，对目前的安全现象做出评价，进行安全管理；③面向未来，预测未来的安全现象并做出决策，进行系统安全预测、决策与执行。这三个模块都是基于安全现象做出的。更重要的是，安全数据是安全现象的直接体现。因此，以安全现象作为系统安全理论建模的逻辑起点具有科学性。根据不同的建模目的和不同的系统粒度，系统安全现象又可分为微系统安全现象、中系统安全现象和宏系统安全现象。可将上述过程的逻辑主线概括为“安全现象→安全数据”。

根据数据研究“数据-信息-知识-智慧”模型，以及有关文献对大数据应用于安全科学领域和事故调查的相关研究，可将明确安全管理信息系统的逻辑主线这一过程概括为“安全数据→安全信息→安全知识→安全智慧（安全科学理论）”（图 15-1）。其中，安全数据是指用来记录与描述系统安全状态与安全现象的符号集合，它是系统安全状态的最原始表述，可存在于任何形式（有用或无用，本身无价值）。安全信息是对原始安全数据的过滤和提取，是通过关联形成的具有安全价值的数据集，这种“价值”是有用的，但不是必需的。通过语境化和层次化安全信息形成安全知识，安全知识的形成是一个确定化过程，即从以前掌握的知识中获取知识和综合新知识的过程。安全智慧是在知识转化为具有精确语义的可操作元素时获得的知识体系，此处可理解为用于指导安全管理实践的安全科学基础理论。其中，从安全数据到安全科学理论的过程属于归纳路径，从安全科学理论到安全数据的过程属于演绎路径，从安全数据到安全科学理论是一个价值、适用性、可转化性和内涵逐步增强的过程。

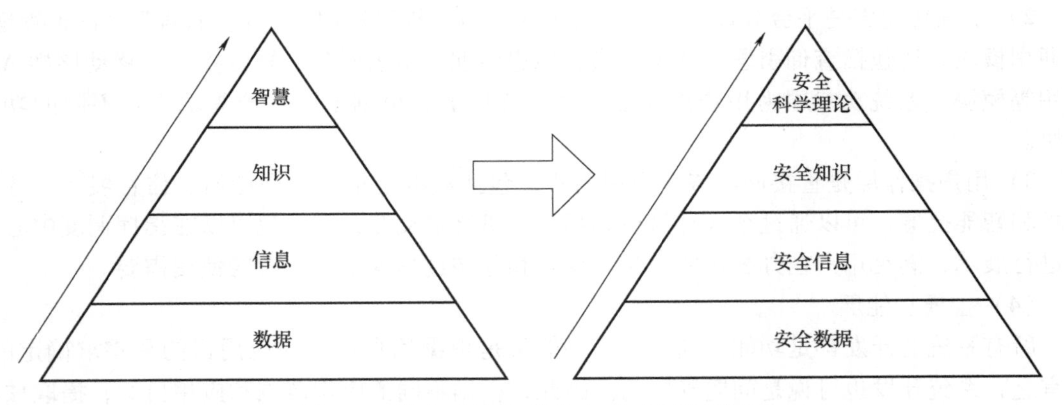

图 15-1　安全“数据-信息-知识-智慧”模型

“安全数据→安全信息”过程主要是从海量安全数据中提取有用安全信息（现状信息、解释信息、预测信息、决策信息和执行信息）。“安全信息→安全知识→安全智慧（安全科学理论）”过程是指从获取的安全信息中提炼安全知识和安全智慧，作为安全管理实践的理论基础。又根据安全管理信息系统的主要功能可以将“安全知识→安全智慧”分为三个模块，可将安全管理信息系统的逻辑主线归纳为“安全描述→安全解释→安全预测→安全决策→安全执行”。综上，可将安全管理信息系统的逻辑主线概括为“安全现象→安全数据→安全信息→安全知识→安全智慧→安全描述→安全解释→安全预测→安全决策→安全执行”（图 15-2）。

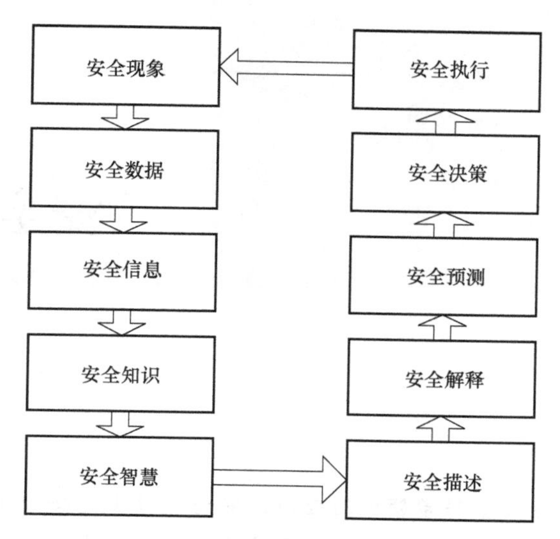

图 15-2 安全管理信息系统的逻辑主线

本 章 小 结

本章概述了信息技术在安全监测、事故调查、职业卫生管理、安全教育培训、事故应急等工作中的应用，这些应用都离不开安全统计计算和安全统计学的指导。近一二十年来，安全统计软件得到非常普遍的应用，特别是安全管理典型软件，本章介绍了 ZeraWare、Myosh、IndustrySafe 三款国外的软件和国内的安泰信息安全管理软件。在此基础上归纳了国内外安全管理软件平台开发的架构和技术特征及应用。

思考与练习

1. 信息技术在安全管理中有哪些主要应用？
2. 为什么安全管理软件离不开安全统计计算？
3. ZeraWare 软件有什么特点？
4. Myosh 软件有什么特点？
5. IndustrySafe 软件有什么特点？
6. 安泰信息安全管理软件有什么特点？
7. 安全管理软件平台开发的架构和模块一般包括哪些内容？

第16章 安全大数据方法

本章学习目标

本章介绍大数据在安全科学领域的应用，安全大数据与安全小数据的比较分析及局限性；阐述安全大数据的新内涵和规律及其方法论；给出大数据应用于安全科学领域的基础原理和内涵及其结构体系；介绍安全生产大数据的“5W2H”采集法及其模式和使用方法；展望安全大数据的前景。

本章学习方法

本章主要是拓展阅读的内容，有兴趣的读者可以专门选择一些相关的安全大数据书籍阅读。

16.1 大数据与安全概述

虽然安全大数据并不属于安全统计的范畴，但当谈到安全大数据，人们往往会联想到传统的安全统计方法。因此，本书用一章的篇幅加以介绍。

安全大数据与安全统计有本质的区别，例如，数据分析时不再进行抽样，而是采用全样本；分析方法侧重所有变量之间的相关性，而不再根据背景学科理论筛选变量，进行假设检验。

大数据的应用解决了一般统计方法的主要误差来源：抽取样本及假设检验中使用的前提假设。

首先，一般统计方法中依据的中值定理和大数定律阐明，可以通过增大样本容量，且多次抽取样本使得结果更加精确，这一假设在现实中很难满足，样本的选择很难做到完全随机。大数据直接采用全样本来进行分析可以消除这一部分造成的误差。其次，传统分析方法是对需要回答的问题做出一定的假设，而检验假设这一方法就充满着现实数据不满足的前提假设，如最著名的正态分布。正态分布是一个很好的假设，因为它能简化计算，而且在数据经过各种变形后，基本上也可以在一定置信区间内算为正态分布。再次，假设检验的结果只能不否认原假设，并不能得出完全支持的结论。但大数据的情况就不一样。对大数据进行分析时，人们并不需要对问题提出假设，而是通过算法找出变量之间的相关度。大数据的应用可以说减少了人类处理数据时带入的主观假设的影响，而完全依靠数据间的相关性来阐述。而由于消除人为因素带入的误差，大数据能更充分地发掘数据的全部真实含义。

16.1.1 大数据应用于安全领域概述

大数据已经从单一的技术概念逐渐转化为新要素、新战略、新思维。计算机技术和互联网技术使数据实现数字化和网络化，并赋予大数据新含义，更多地体现在质和量的共同变化上。近年来，大数据已引起学术界重新评估科学研究的方法论，并在科学思维和方法上引起了一场科学革命。*Nature* 和 *Science* 等著名杂志也先后探讨大数据带来的机遇与挑战。尽管现在还存在大数据的出现是否推动了科学研究的第四范式（即数据密集型科学研究）的产生的质疑，但不可否认的是，大数据作为人类认识世界的一种新方法与新工具，在改变人们的生活、工作和思维方式的同时，也对科研思维和科研方法产生深远影响，产生了数据密集型和驱动型科研方法。可以说，大数据将有取之不尽的潜在应用，在安全科学领域也是如此。大数据的特有优势能解决传统方式诸多无法解决的困难，因此需将大数据的理论、方法、技术和思维纳入安全生产活动中。

在大数据的研究及应用中，工业需求和对大量数据价值挖掘的要求促使工业应用领域先于学术研究领域。毋庸置疑，大数据应用广泛，在安全科学领域，也有着不可忽视的应用前景，如大数据在石化行业、职业卫生与医疗、交通安全等领域的应用。大数据在安全领域应用的同时，也会产生“数据噪声”积累及虚假关联等消极影响，在计算可行性和算法稳定性方面带来不确定因素。

综上，安全科学具有综合属性，涉及人类生产生活的方方面面，与每个人息息相关。目前，大数据在安全科学领域的应用尚处于初期，但在大数据战略发展形势下，促进大数据在安全科学领域应用的推广与实践，从安全科学理论高度探讨如何实现大数据在安全科学领域的有效应用具有非常重要的现实意义。

国内外关于大数据在安全科学领域的研究视角集中在以下几方面：

1）在大数据技术的兴起给传统安全科学思维和安全理论建模方法带来了挑战和变革的背景下，优化或提出新的系统安全理论模型，扭转传统安全理论建模缺陷，促使安全理论建模适应新时代、新技术背景下的复杂系统安全需求，如利用大数据的全数据模式特性，在统计分析大量典型事故的基础上，提出新的事故致因理论模型。基于大数据的系统安全理论建模新范式：①在技术路径方面，将大数据分析技术分为“一次分析技术”（文本数据分析技术、音频数据分析技术、视频数据分析技术、社会媒介数据分析技术等）和“二次分析技术”（描述性分析技术、调查性分析技术、预测性分析技术、决策性分析技术、执行性分析技术）；②在逻辑主线概括为：安全现象→安全数据→安全信息→安全描述→安全解释→安全预测→安全决策→安全执行。

2）在具体行业中的应用，如大数据在交通安全中的运用，大数据在煤矿安全（石化安全）行业的应用，大数据在职业卫生、智慧医疗等方面的应用，给安全生产企业和监管带来了全新的视角和思维方式。虽然目前安全生产大数据还存在不少问题，但随着数据的逐渐丰富、应用的逐渐增加、智能化程度的逐渐提升，势必改变安全生产和监管模式，为“零死亡”目标的实现提供可靠的技术和管理手段。在大数据应用思路上，应与物联网和云计算相结合，进行智能安监体系建设、安监大数据标准和系统建设、面向社会的安全生产大数据开放机制建设；从大数据技术手段上，采用端到端的分层大数据架构与分布式内存计算技术，能够有效支撑安全生产大数据的实时访问，大大缩短安全隐患的发现时间，有效提高安生产大数据的应用效果。

3）通过大数据平台研发出风险管理、应急管理等软件，建立起管控一体化系统和企业HSE管控平台，同时研发出安全物联网设备、事故应急救援设备等服务产品。

4）优化或提出新的数据处理流程与技术，如在数据采集方面，开展对安全大数据采集的影响因素分析与对策研究、安全大数据采集系统或平台的设计与改进研究、大数据采集技术在安全生产中的应用研究，都是很急需解决的。

5）从安全科学高度出发，讨论大数据在安全科学领域的应用前景及其挑战，运用安全大数据深入分析事故类型、评估失效模式和风险等具有重要意义，此外，在安全生产、典型事故致因机理、安全经济学、安全人机学、安全系统学、安全社会学、安全信息学、安全统计学等领域均可以运用安全大数据方法。

目前，安全大数据研究多集中在实际应用层面，多集中于某个领域或某个行业，侧重于通过间接依托于计算机科学、信息科学等学科实现“信息安全”，或是局限于某一安全行业或部门间实现安全，缺乏对安全大数据内涵、原理、方法、应用影响因素、作用机理等具有广泛适用性、指导性和实践性的研究。大数据在安全科学领域应用的实践研究先于理论研究，它的理论基础部分存在空白，亟待填补。

16.1.2 大数据应用于安全生产领域展望

1）安全科学工作内涵丰富，既包括日常事务管理，又包含及时性的风险识别与预警。安全数据是进行安全决策的基础，是创建安全渐进发展认知模型的前提，在大数据发展战略下安全大数据的概念及其内涵不断丰富。通过哪些途径和方法可实现安全数据的有效收集，是大数据应用于安全生产领域中亟待解决的问题。

2）安全重大事件具有破坏性大、持续性久和影响范围广等特性，具体表现为事件原因难确定、演化扩散机理难预测、对特定区域内造成重大危害等。安全学科具有综合属性，安全大数据需在不同计算机、不同国家、不同领域之间进行交流与共享。目前安全数据分布于多行业、多部门、多地域，形成资源分散，缺少工具对信息资源进行整合，导致出现信息不对称现象，同时符合市场规律的共享机制尚未建立，重复建设、信息封闭现象依然存在。在大数据时代，安全信息共享能力建设已成为发展战略亟待解决的问题。

3）目前国内针对大数据在安全科学领域的理论研究和应用研究还不成体系，处于初级阶段。因此，有必要结合现有的安全统计学方法论和结构体系，用比较安全学的理论、方法等，对比分析大数据与安全小数据，进一步揭示安全问题的本质，发现安全科学中隐藏的规律和原理，以期为大数据在安全科学领域的后续研究和应用发展提供理论依据。大数据极大地丰富了安全科学理论研究的内涵，并为安全科学的研究提供了新思维、方法论和技术支持。

4）要最大限度实现大数据的安全价值，使大数据在安全科学领域的应用更加广泛、科学，需先总结和提炼在现阶段下安全大数据和安全小数据的新内涵，在此基础上探求大数据和小数据挖掘安全规律的模式及其互为利用的方法，以形成安全科学原理，指导安全工作顺利运行。

5）安全数据的采集、存储、共享等活动均是一项复杂的安全系统工程，属于安全系统范畴。通过采集与存储安全数据，可形成巨大的安全数据场，此后需使用安全大数据技术与思维对安全大数据集进行分析与降维处理。安全数据集之间并非简单的串、并联关系，它们复杂的多维关联关系犹如黑箱，导致寻求安全系统的薄弱环节存在模糊性。从数据场视角出发，通过分析数据场在不同层面产生的作用效应，引入自组织和他组织概念，简化安全大数据的存储机制，为安全大数据降容、降变、降维理论提供理论论据。

6）大数据思维使得人们开始从整体性研究安全科学领域的相关问题，研究范围涵盖自然、社会、人造系统等大范畴领域。研究方法越来越注重模糊理论、大数据挖掘等现代科学技术和方法。大数据强大的数据收集、整合、分析能力和以大数据为支撑平台的建立，在对大量典型事故统计分析的基础上，将会产生大量新的事故致因理论模型。

7）事故预防与控制方面，将大数据存储、挖掘、整合等技术运用到安全科学领域，通过对安全科学领域的数据进行存储和分析，找出事故发生的规律和特征，能够发现被忽略的数据和事故间的联系，捕捉潜在的危险信息，及时掌控事态，提前预测预警，为安全决策提供参考意见；通过模拟和仿真事故发生、发展的全过程，并将各措施数据结果可视化，为事故决策提供有力保障；通过在海量的数据中探究数据背后的模式和规律，从而发现安全问题的本质和规律，为事故预测和安全决策提供数据支持，对事故隐患制定应急救援预案时达到降低事故后果的目的。大数据技术在事故调查、损失评估、工艺数据收集、灾后重建计划和决策，尤其在事后受灾群众的心理干预方面发挥重大作用。

8）安全经济效益方面，大数据的应用必将创新安全监管监察的方式方法，为“零死亡”目标的实现提供可靠的技术和管理手段，极大降低事故的发生率，减少事故带来的经济损失。大数据已成为国家的基础性战略资产，它本身潜在的价值若被挖掘或重复使用，所带来的经济效益将是不可估量的。

9）安全管理方面。大数据技术将实现个人自我管理、政府精细化安全监管、公共事物智能安全管理；大数据能改变安全教育的教学模式、管理模式和学习模式、评估模式等，实现异地同步教学，全球安全教育信息共享，数据资源方便存储、管理、共享等，如基于SCORM的远程教育管理系统。此外，其他的安全管理方面的应用还有通过大数据平台研发风险管理、工业过程安全、本质安全、应急救援处置和指挥等技术；开发风险管理、应急管理等软件，建立起管控一体化系统和企业 HSE 管控平台，生产安全物联网设备、事故应急救援设备等服务产品。

6.2 安全大数据与安全小数据

大数据面向社会各界，参与度高，大数据几乎成为一个家喻户晓的词汇。从安全科学和统计科学的性质及属性出发，可以这样理解大数据：它是指人类在安全生产、生活过程中，预防和控制各种危害或危险时，通过借助主流软件工具和技术，分析、整合而产生的复杂安全数据的集合，是一种不同于传统数据统计的数据计算理论、方法、技术和应用的综合体。大数据时代下，安全科学领域的数据量大，来源也多种多样，有安全监管机构、企业、中介机构和个人等；安全数据内容多而杂，包括事故信息、安全管理信息、视频动态信息、各种报告等；安全数据类型和格式繁多，且以非结构化数据为主。大数据时代下的安全数据特征决定了基于小样本的传统安全数据统计方法已不能很好地解决安全科学领域的相关问题，它要求人们用发展、辩证的眼光看待大数据未来研究趋势。

目前，大数据已在安全科学领域有相关应用，如利用大数据全数据模式特性，在对大量典型事故统计分析的基础上，提出新的事故致因理论模型；开展公共交通安全智能化管理；利用大数据技术构建了地理信息系统并应用于灾害应急救援；通过大数据平台研发风险管理、应急管理等软件，建立起管控一体化系统和企业 HSE 管控平台；形成安全物联网设备、事故应急救援设备等服务产品。

16.2.1 安全大数据与安全小数据的比较分析

安全大数据与安全小数据在理论、研究方法、具体分析方法和处理模式的主要区别如下。

1. 理论的比较

基于样本（即总体）的安全大数据与基于小样本的安全小数据不同，表 16-1 从 15 个不同的角度进行了安全大数据与安全小数据理论的比较。必须明确的是，大数据不是万能的，它不排斥安全小数据，也不能替代安全小数据所具有的安全功能和安全价值。

表 16-1 安全大数据与安全小数据理论的比较

区别	安全小数据	安全大数据
哲学基础	同质性	异质性
数据运行模式	人力为主，机器为辅	机器为主，人力为辅
主要数据类型	结构化数据	半结构化和结构化数据
数据状态	静态性	动态性
数据维数	单维	多维
数据收集重点	非场景化数据	场景化数据
研究工具产生基础	规模性	长尾性
数据关系模型	因果关系	相关关系
数据使用方式	描述性	预测性
数据组织和存储方式	关系型数据库	非关系型数据库
数据结构	面向对象	面向主题
数据存储管理方法	SQL 数据库技术	NoSQL 数据库技术
数据生命周期	随研究过程的结束而终结	不随研究过程的结束而终结
数据样本容量	部分样本	所有样本
数据整合与研究过程关系	密切联系	脱离，关系不大

2. 研究方法的比较

安全大数据与安全小数据在理论方面有所不同，必然决定了各自的研究方式方法存在显著差异。表 16-2 为安全大数据与安全小数据研究方法的比较，它包括几种典型的研究方法及其特性、适用范围及优缺点。结果显示，应根据安全问题的具体条件，理性选择相应的一种或者几种研究方法，得到的结果才会更加科学、合理。

表 16-2　安全大数据与安全小数据研究方法的比较

方法		特性	适用范围	优缺点
安全小数据典型研究方法	大量观察法	大量性、变异性	对同类安全现象调查和综合分析	样本数量足够多，接近整体情况；需耗费大量人力、物力，数据少结论没有代表性
	统计分组法	相似性、差异性	统计总体有变异性	组内同质、组间差异，从不同角度分析和研究问题；分组不同结果存在差异，易忽视组间相邻 2 个数关联性
	统计判断法	推断性、可控性	安全现象间存在普遍的因果关系	一种样本资料可用于安全统计研究的多个领域；错误的数据易导致错误的推断结论
	试验法	随机性	判断样本信息与原假设是否一致	在减少试验次数的基础上提高精度；随机性易忽略个别因素
安全大数据典型研究方法	系统模拟法	可视化、实感性	对真实安全系统有一定了解，可通过相似原理建立模型	界面友好，便于复杂系统安全问题的解决；要求建模可信度和精确度高，模拟结果须进一步检测
	数量分析法	全面性、完整性	有关安全现象的数据量大且价值密度相对较高	可定性和定量分析相结合，通过数学模型能得到很好的预测结果；须借助计算机强大的计算和整合技术
	综合分析法	整体性、客观性	已知安全现象各种属性特性的基础上	能对现象间的相互联系进行定性和定量分析；易忽视个别特殊的数据；不易观察现象的偶然性
	动态测定法	动态性、变异性	安全数据须具有延时性	可反映数据时间顺序及单位数据内各个时间标志值的变化情况；指标范围、内容及其各时期数列长短对结果影响较大

3. 具体分析方法的比较

安全小数数据（传统安全数据）统计一般是先根据统计目的来确定控制变量，统计重点是对安全数据的收集；大数据分析的样本为全体数据，统计重点是对安全数据的处理。不同的背景下两者的分析方法也会有所不同，表 16-3 是安全大数据与安全小数据具体分析方法的比较。结果表明，两者的数据分析方法都有其应用价值和局限性，在现阶段大数据分析方法还不能解决安全领域的所有问题，两者的分析方法在各自的适用范围内仍占据着举足轻重的地位。

表 16-3　安全大数据与安全小数据具体分析方法的比较

常用方法		用途	优缺点
安全小数据（传统安全数据）统计分析常用方法	聚类分析法	用于安全统计数据或样本的分类，可定量阐述安全问题间的关联性	可对没有先验知识的多变量间分类，客观、科学；要求数据量多，不能确定各要素在事故中的贡献度和组合规律
	灰色统计法	鉴别安全系统内各因素间发展趋势的相关程度，寻求安全系统变动规律	适用小样本、贫信息、不确定性的安全数据；可判断安全统计指标所属灰类；操作性强，分辨率高；需进行灰化和灰色统计，只针对小样本数据
	空间自相关法	可分析出安全问题的扩散效应、发生概率、普遍程度、易发环境	可用一些量化指标，揭示事故发生的空间格局；要求 2 个变量且必须是随机的，变量间存在不确定的依存关系
	回归分析法	主要用来确定两种或两种以上安全现象之间相互依赖的定量关系	可准确计量各安全因素间相关程度与回归拟合程度高低；要有“先验”知识知道安全数据间的影响机制；适用于确实存在一个对因变量影响作用明显高于其他因素的变量
	A/B 测试	主要用于比较和评价针对安全问题的两种方案的优劣程度	可执行多次有关安全现象的测试，分析大量安全数据；技术成本和资源成本高；通常针对多个变量的复杂环境
安全大数据分析常用方法	布隆过滤器	主要用于查询和检索某个安全数据是否在全体样本数据中	可以表示安全数据全体，查询速率高；有一定的误识别率，删除困难；适用于允许低误识别率大数据场合
	散列法	主要用于安全数据的快速搜索和数据的加密、解密过程	具有快速的读写和查询速度；只能进行单项操作；适用于可以容易找到良好 Hash 函数时
	索引法	主要用于对安全数据的增、删、改、查	可提高增删改查速率、减少磁盘读写开销，但需要额外的开销以存储索引文件，需要根据数据的更新而动态维护；适用于结构化数据的传统关系数据库，也适用于半结构化和非结构化数据库
	字典树	主要用于对安全数据的查找、插入和删除，根据需求进行排序	是 Hash 树的变种形式，查询效率更高；多被用于快速检索和词频统计，同时在信息检索和匹配上有广泛的应用
	并行计算	随时并及时地执行多个程序指令，节省大型和复杂问题的解决时间	将多任务分解到不同计算资源中，耗时少于单个计算资源下的耗时，要求同时使用多个计算资源完成运算，并由若干个独立的处理器协同处理

4. 处理模式的比较

基于大数据的安全数据统计是区别于传统安全数据统计的一种新处理模式，最突出的标志是数据挖掘和人工智能。表 16-4 为安全大数据与安全小数据处理模式的比较。尽管处理模式上存在不同，但它们的目的都是揭示安全问题的本质和一般规律，对安全生产、生活规律进行预测和决策时提供理性而准确的参考意见。

表 16-4 安全大数据与安全小数据处理模式的比较

比较对象	传统安全数据统计	基于大数据的安全数据统计
统计重心	收集安全统计数据（加法）	处理安全统计数据（减法）
统计难点	如何获取安全数据	如何选择有用的安全数据
统计特点	以小见大	由繁入简
统计主要途径	因果分析（“为什么”）	相关分析（“是什么”）
统计模型	预测分析	非预测分析、模糊预测分析
统计对象	与安全问题有关的样本数据	与安全问题有关的全体数据
统计场景	随机现象一般规律性	全样本特征
统计方法基础	概率论和数理统计方法	信息统计方法
统计研究工作过程	设计-收集-整理分析-开发与应用（4 个环节）	整理分析-积累、开发与应用（2 个环节）
统计分析思路	先假设后关系	先关系后假设
统计质量管控机制	事后检验	事先预测
统计结果要求	精确求解	近似求解
统计数据来源	人工录入为主	机器实时记录
统计数据类型	结构性数据为主	非结构性数据为主
统计结果表现形式	结果数据多，过程数据较少	结果数据多，过程数据多
统计作用	发现安全问题	发现并解决安全问题
统计成本	较高	低

为更加形象地说明安全大数据和安全小数据的具体区别，基于表 16-1 ~ 表 16-4 将安全大数据和安全小数据在理论、研究方法、具体分析方法、处理模式等方面的主要区别图形化，如图 16-1 所示。

需明确的是，安全大数据与安全小数据之间并没有明确的划分标准，“大”、“小” 只是一个相对的概念，安全大数据并不一定比安全小数据的数量体大。尽管两者存在很大不同，但都是通过对安全数据分析，科学总结与发现其中蕴含的模式，以揭示安全问题的一般联系和发展规律，以此来还原安全问题的本来面目，探求安全问题的本质。

安全大数据区别于安全小数据必须具备三个特性：

1）“全体” 特性。它是指在一定条件下与安全有关的全体数据，即具有 “规模” 指标。

2）“可扩充” 特性。安全数据容量可扩充，换言之，任何数据一旦发生就可以被记录、吸收、储存。

3）“可挖掘” 特性。以往有意收集有限的样本数据过程就是数据价值的利用过程，大数据时代下，安全数据只有在被挖掘以后才可能发现其中潜在的巨大价值。同样，安全小数据并不是说数据量小，而是有针对性的，可用于进行安全分析、安全决策、安全控制的高质量数据，算法简单、计算可行，但当数据达到一定程度时一般的计算机方法和技术处理不了的安全数据。

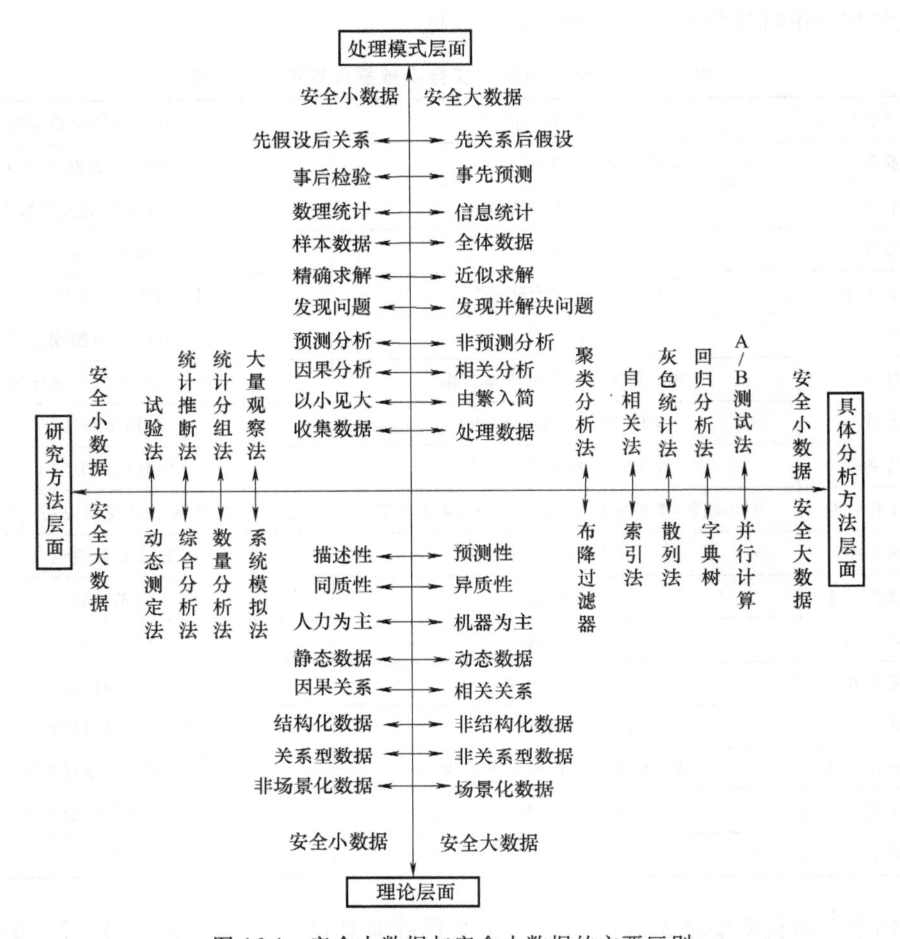

图 16-1　安全大数据与安全小数据的主要区别

16.2.2　安全大数据和安全小数据的优缺点

通过比较分析可以发现，安全大数据有传统安全小数据所没有的优势：

1）安全大数据具有数量体大、数据多样性等特性，安全大数据可以体现小样本不足以呈现的某些规律。

2）安全大数据可以覆盖样本不足以捕捉的某些弱小信息。

3）安全大数据可以认可样本中被认为是异常的值。

然而安全大数据在数据分析上也有局限性。安全大数据仍有很多无法忽视的问题，并不是在大数据时代就可以完全摒弃基于小样本的安全小数据，安全大数据不排斥安全小数据，不替代安全小数据所具有的安全功能和安全价值，可从以下视角分析：

1）安全大数据更多地来源于计算机平台，有时只能收集到反映特定群体的特征，所参考的“全数据”具有相对性，而有时通过随机抽样所获得的安全小数据更能反映全貌。

2）安全大数据所呈现的某种规律或者结果只是动态的、具有阶段性数据特征的重复结果，是机械性电子化的记录，加上大量虚假信息的干扰，价值密度低，并不会自动产生好的分析结果，只是对现象的一种描述，仍需依靠人脑来判断、分析和使用。

3）安全大数据中仍有很多安全小数据无法解决的问题，并不会随安全数据量的增加而消失，相反有时会更加严重。此外，安全大数据本身具有复杂性、不确定性和涌现性等特性，要想快捷有效地解决复杂安全问题并不简单。

由上可知，安全大数据并不是万能的，基于以下原因安全小数据在大数据时代仍将发挥其作用：

1）安全小数据是针对安全问题特性和用户需求，以最少数据获得最多信息为原则，通过设计合理的统计方案，运用随机抽样方法所统计而来的安全数据。安全小数据面向用户需求，有选择控制性地针对安全问题进行分析，在不可能获得全量数据的现实条件下，随机抽样调查是洞察全体最有效的选择，往往不需要高额的费用。

2）安全大数据价值密度低，是小概率；安全小数据具有针对性，是大概率。

3）安全大数据强调寻求相关关系，但是在安全科学领域仅仅知道安全因素间相关关系是不够的，还需要从以往的经验教训数据信息中探求原因，以进一步为类似安全现象提供预防手段和控制措施，事故致因理论还将继续是安全科学领域研究的热点，以因果关系为统计手段的安全小数据仍在事故调查中占主导地位。

4）安全大数据注重对群体行为描述和挖掘，安全小数据则更加注重个体行为的记录和描述，将对重大工程的监测和防灾减灾、个人安全信息管理等发挥重要作用。

16.3 安全大数据的内涵及应用方法

计算机技术和互联网技术赋予大数据新含义，更多地体现在质和量的共同变化上。我国于 2014 年提出要建立安全生产统一数据库，强调大力提升安全生产大数据的利用能力，以便形成跨部门数据资源共享共用格局。在大数据发展战略下，探讨如何从大数据中挖掘安全规律从而实现其安全价值具有重要意义。

16.3.1 安全大数据的新内涵

1. 安全数据

与安全相关的数据简称为安全数据，将传统基于小样本的安全数据简称为安全小数据，将大数据时代下基于“样本即总体”的安全数据简称为安全大数据。从统计科学和安全科学的属性出发，可以这样理解安全大数据：它是指在人类安全生产、生存、生活过程中，为预防和控制各种危害或威胁，需要借助主流软件工具及技术进行分析整合而产生的复杂安全数据的集合。

对应地，安全小数据可以理解为：在人类安全生产、生存、生活过程中，基于人工设计、借助传统统计方法而获得的有限、固定、不连续、不可扩充的结构型数据。从统计学的角度来看，安全小数据方法是一种基于概率论和数理统计的传统统计方法，而安全大数据方法是一种基于大数据的信息统计方法。

以往普遍认为安全数据是与安全生产密切相关的数字化的信息记录，范围多局限于安全生产活动中，更多体现在安全数据体量上；如今，安全数据是指企业安全生产、政府安全监管、社会个人参与及与此关联的全过程所形成的文本、音频、视频、图片等所有存储在计算机里的各类信息的集合，范围扩展到安全生产、生活、生存等领域，属于大安全观下的思想范畴，它越来越关注量和质相结合的变化。安全数据的来源对象包括监管机构、安委会成员单位、个人、企业、中介机构、互联网等；安全数据内容涵盖范围广，有事故信息、安全管理静态信息、安全管理动态信息、视频动态信息、生产图样信息、调查报告等（图 16-2）。

安全数据根据不同的分类指标可以分为不同的类别，如按安全状态可以将安全数据分为静态安全数据和动态安全数据，静态安全数据可以是已发事故的数据、已有职业病数据、安全管理静态数据等，安全动态数据可以是视频动态数据、安全监管监测动态数据等；按数据系统来源可以分为自系统数据（安全系统内部数据）和它系统数据（非安全系统内部数据）；按研究对象可以分为人本相关数据、物本相关数据、事本相关数据等。可以看出随着信息化进程推进，安全数据研究范畴更广泛、更具体、更全面。

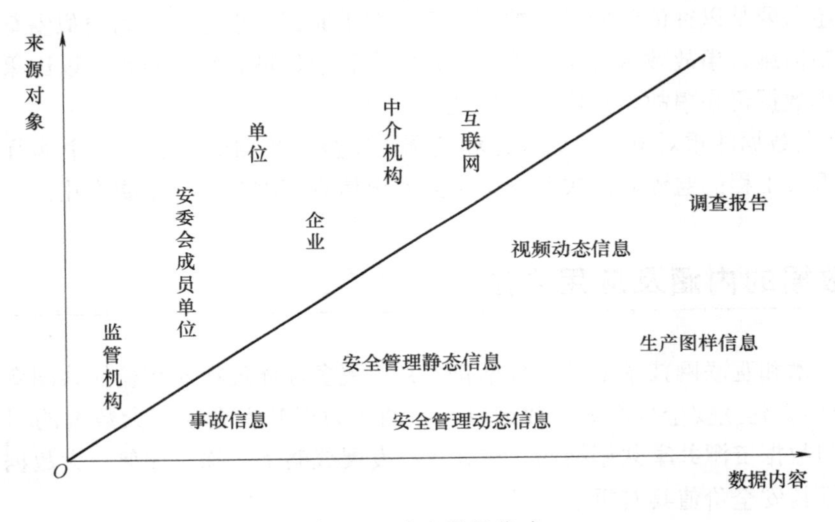

图 16-2　安全数据范畴

2. 安全大数据内涵辨析

（1）安全大数据不等于海量安全数据

一般认为，大数据具有“4V”特征，它涉及体量、类型、速度、价值四个维度，这四个基本特征共同确定大数据的概念。安全科学具有广阔的时空属性，它的应用涉及社会文化、公共管理、建筑、矿业、交通、食品等人类生存、生活、生产的各个领域，具有丰富的学科内涵，绝非仅体现在数量上。

造成安全大数据就是海量安全数据这样的误解的原因，可从以下两个方面进行解释：①从体量层面计算并可视化数据的字节数更直观、更易获取，而其他三个特征至今未有广泛接受的计算和评价方法，通常需经历冗长的标准检查程序或计算机测试进行验证；②安全大数据的基础理论研究滞后于应用实践活动，科学的安全大数据思维还未得到广泛的宣传与教育，导致人们片面地理解安全大数据的内涵，误认为收集与安全相关的海量数据集即可解决所有安全问题。

安全大数据方法包含三个基本要素，既安全大数据集、安全大数据技术及安全大数据思维，三个要素相辅相成，互为基础。而海量安全数据即安全大数据集，仅是安全大数据三个要素之一。因此，安全大数据不只是指海量安全数据集，二者是包含的关系。

（2）安全大数据不等同于安全信息

从安全数据价值流来看(图 16-3)，安全数据是安全信息的基本单位。原本无意义的安全数据通过数据处理、信息认知后获得有一定意义和内涵的安全信息，安全信息经过信息加工生成安全规律，安全规律是安全现象的抽象化和升华，安全知识是经过安全规律在实践中通过安全现象不断检验和提炼的精华，是指导安全科学工程实践的基础。因此，安全数据不等同于安全信息。由此，这里表达的安全大数据也不等同于安全信息。

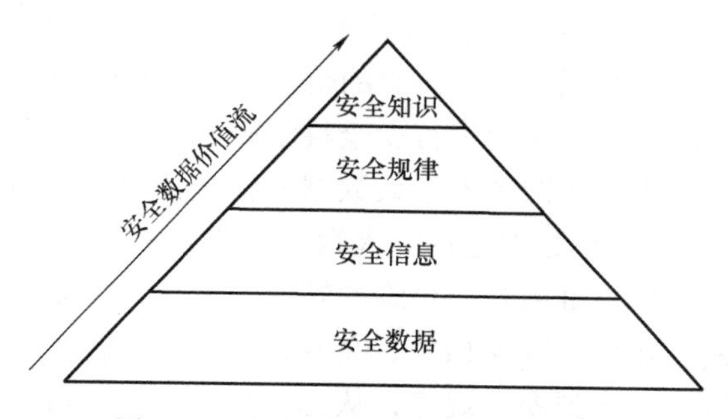

图 16-3 安全数据和安全信息的关系

（3）安全大数据不替代安全统计学

如果将此处的安全统计学理解为传统意义上狭义的安全统计学，安全大数据则是在信息化时代全民参与的安全统计学。由此可知，安全统计学和安全大数据方法都是基于数理统计或提炼或发展而来的，它们的本质和最终的目的是一致的。换言之，安全大数据方法和传统安全统计学是不同时代特点下发展起来的用于表征安全现象的本质特征（包括位置、大小、速度、位移、密度、影响因子等），以实现最终解决安全问题的目的。

在现阶段，大数据时代下的安全统计学依然发挥着不可或缺的作用，安全大数据不替代、不排斥安全统计学的特性、功能。

（4）安全大数据属于安全系统范畴

如前文所述，安全大数据方法包含三个要素，即安全大数据集、安全大数据技术、安全大数据思维。同样，可由安全大数据的三个要素出发论述安全大数据属于安全系统范畴。

从安全大数据集来看，海量安全数据集以爆炸式方式增长，未来安全大数据集的量将不可估量。如此庞大的数据集，需要运用系统思维看待未来安全大数据集的发展，而如何对海量数据进行有序分类存储、如何将非结构化或半结构化数据进行数据转换成结构化数据是大数据时代必须考虑的话题，而最基本的方法就是系统方法。

从安全大数据技术来看，如何从海量安全数据集挖掘有价值的安全信息，如何进行安全大数据集的采集工作，如何将采集后的安全数据集进行清洗、分类、转化、存储，如何实现安全大数据的共享能力建设等均依赖于安全大数据技术的提高和功能扩展。安全大数据若要实现“来源可知”“去向可追”“价值可循”，首要任务既是进行系统管理。

从安全大数据思维来看，安全大数据囊括了安全科学思维和大数据思维，是两种思维相互摩擦、相互碰撞的结晶。安全科学思维是解决安全问题的根本法宝，安全科学思维中核心的思维就是系统思维。

由以上分析可知，安全大数据属于安全系统范围。若要实现大数据在安全科学领域的广泛应用，还依赖于系统管理、系统工程技术和系统思维。

16.3.2 大数据应用于安全的规律与方法

1. 安全大数据与安全小数据运用的一般规律

安全工作最基础的研究就是对事故进行分析，找到事故发生的本质原因与发展演化规律，并提出有效预防和控制措施。理性对待大数据浪潮带来的转变，在进行安全数据分析时，需要明确安全科学领域是否和大数据有关系，要思考哪些数据可支撑达到安全科学目标、是否已先从现有的安全小数据中获得最大的价值、通过何种方式可以再从安全大数据中获取更大的价值等问题，理性、科学地进行安全科学研究。基于安全科学学科的特性及现阶段安全技术的现状，可归纳出以下四条安全大数据和安全小数据运用的一般规律：

1）安全大数据思维，安全小数据运用。大数据带来了总体思维、容错思维、相关思维和智能思维等，尤其是从自然思维到智能思维的转变，使得数据处理模式自动化、智能化和信息化。但事故具有普遍、随机、因果相关、突变、潜伏、危害大和可预防等特性，安全科学研究就是要从这种偶然性中找到安全规律，从必然性中挖掘隐藏的偶然现象，关注事故发生的“万一”小概率事件，必须重视和运用好安全小数据。

2）从大数据中得到安全规律，用小数据去匹配和检验安全现象。大数据方法能收集海量数据，通过分析归纳出一般性、普适性的安全规律；之后代入具体安全现象去检验，若得到的安全规律不适用，则将其作为安全大数据的补充。如人体测量收集到的数据标准是通过大数据面向一般普通健全人收集所得的，关于残疾人、少数民族、小孩等特殊人群的数据却是空白，对人机匹配设计带来不便，则针对个人或是小群体建立小数据库是对参数标准的补充和完善。

3）从大数据中挖掘预测群体行为，从小数据中跟踪分析个体行为。研究表明，大数据具有安全预测功能。通过找出事故发生的规律和特征，能够发现被忽略的数据和事故间的联系，捕捉潜在的危险信息，及时掌控事态，提前预测预警。如“12.31”上海踩踏事件发生后，百度研究院大数据实验室基于大数据智能分析技术从不同的角度对该踩踏事件的情况进行了数据化描述，研究发现，相关地点的地图搜索请求峰值会早于人群密度高峰几十分钟出现，至少可能提前几十分钟预测出人流量峰值的到来。安全小数据是个体化的安全数据，尤其对重大工程的防灾减灾及安全评价、个体化自我管理及诊断治疗等均发挥重要作用。

4）把安全大数据作为探索性分析资料，把安全小数据作为安全大数据分析的对照基础和验证依据。大数据的相关分析能从混杂的数据中探索出关联性规律；而安全科学领域是通过抽样调查方式来获取安全数据，因而需要适当拓展数据收集方法的功能，将探索、验证、对照程序化，实现安全小数据大利用。

2. 安全大数据与安全小数据互为利用的一般方法

在安全数据中寻求一般安全规律，需要运用安全统计学的理论和方法。安全统计学主要研究人们在生产、生活中与安全问题相关的信息的数量表现和关系，揭示安全问题的本质与一般规律，它具有客观描述安全现象数量特征的功能，以形成“数据-信息-知识”统计关系链，从而发现安全现象各因素间的规律和关联关系。

传统安全小数据的量化处理已经有一整套较为完整的方式与过程，然而，传统的安全小数据理论、方法和技术不能很好地解决巨型复杂安全系统的问题。在安全大数据的理论、方法体系和技术还未完全建立之前，安全科学的发展需要紧跟时代步伐，与时俱进，需要将安全大数据的思想、理论、方法和技术运用到安全科学研究中，安全大数据自身局限性需要与安全小数据相互补充与融合。基于安全科学领域本身的学科特性，需要寻求安全大数据和安全小数据互为借鉴、互为利用的思维方式和一般方法。

（1）归纳推断法和演绎推断法并用

归纳推断法是一种从个别安全现象中概括推断出一般安全规律的思维方法，它能从大量以往事故等数据中找出普遍特征；演绎推断法是通过运用一般安全科学原理对个别或特殊的安全现象进行深入、具体分析、推断，从而发现更深层次的关联关系的思维方法。利用安全大数据快速收集数据的特性，用归纳推断法概括出一般安全规律，再运用演绎推断法用安全小数据进行修正，并对该安全规律进行检验判断。综合运用归纳推断法和演绎推断法，可从安全大数据的偶然性（价值密度低，概率小）中发现安全小数据的必然性（有针对性，概率大）并归纳成一般安全规律，又可以利用该安全规律去观察和认识新的安全现象。

（2）相关分析法和因果分析法并重

大数据时代相关关系将取代因果关系，即“是什么”将取代对“为什么”的探索。在安全科学领域，事故致因理论始终是安全科学研究的基础和热点，要对事故原因进行溯源分析就必须运用因果分析方法。若只探求相关关系而放弃因果关系，则一旦发生事故就无从下手，而因果关系的研究需以相关关系为基础，利用安全大数据找出各安全因素间的不易察觉的关联模式，再利用安全小数据对该关联模式深层次分析。相关分析法和因果分析法不是相互对立、相互取代，而是相互补充。

（3）安全系统思想和整体统计分析相结合

随着安全数量体增多，以及安全数据的涌现性、复杂性和多样性，需要对安全数据进行分布式存储、并行计算等碎片化处理。首先根据统计目的按照安全系统思想和整体统计分析的要求，科学、合理地对收集到的安全数据进行子系统划分，通过并行计算等方法挖掘各子系统中所隐藏的信息，再利用系统思想整体归纳出一般的安全规律。

（4）研究方法和具体分析方法互用

每种研究方法和具体分析方法都有其优越性和局限性，只运用某一种方法而忽视其他方法往往不能科学、有效地解决安全问题，因此在对安全问题进行研究时应根据实际情况综合选择运用某一种或几种方法。各研究方法间的思维模式可以相互借鉴、利用，以不断拓展其应用空间，不断完善和创新统计方法体系。

（5）传统统计技术和现代计算机技术融合

目前，我国对安全数据的应用还存在很多问题，如安全数据采集的基础支撑环境较弱、缺乏统一的数据交互标准规范、企业信息化能力弱、数据分析工具缺乏等，还需要考虑成本、效率等因素。现阶段对安全科学进行研究时，要继续坚持“科技兴安”战略，继续采用传统统计方式方法去收集需要的数据，统计部门要以提高安全数据质量为重心，在不断创新和发展统计技术的同时，善于利用现代网络信息技术和各种数据源去收集一切相关的数据，以达到优势互补的效果。

16.4 大数据应用于安全科学的基础原理

大数据已成为各国重要的战略资源。目前大数据在安全科学领域应用过程中还存在诸多问题，如安全数据采集支撑环境较弱、存储分散或冗余、管理格式标准不一致，安全监管部门部分信息未有效关联分析、缺乏实用的安全数据分析工具，安全部门信息化能力较差、协调能力待提高等。在大数据发展战略下，从安全科学理论高度探讨如何实现大数据在安全科学领域的有效应用具有非常重要的现实意义。

为推广大数据在安全科学领域的应用，下面首先分析安全大数据应用原理的内涵；其次，基于安全大数据应用的三个价值来源，给出安全数据全样本、安全数据核心、安全数据隐含、安全科学导向、安全价值转化、安全关联交叉、安全资源整合、安全超前预测、安全容量维度等九条安全大数据应用的基础原理；最后建立安全大数据应用原理的理论体系，以及基于安全大数据处理流程的作用框架，这九条基础原理及其理论体系和作用框架对大数据在安全科学领域的应用提供了理论指导，丰富了安全科学理论的内容。

16.4.1 安全大数据应用的基础原理和内涵

安全大数据方法可理解为：在进行与安全有关的活动过程中，通过一定方式获取到的可反映安全问题本质、特性、规律的数据集，以及对安全数据集进行加工所使用的大数据思维和大数据技术。

借鉴系统科学、信息科学、计算机网络等理论与技术，研究大数据在安全科学领域应用的行为特性和行为表现，进而提炼出普适性规律，即为安全大数据的应用原理。安全大数据的应用原理可实现以下四种价值：

1）透过安全现象挖掘并提炼出安全规律，以形成安全科学理论。

2）通过关联分析、趋势分析，开展安全决策、安全预测、安全控制等活动，及时预警或控制风险，以减少事故发生。

3）将安全数据变成安全信息，进而提炼出具有普适性的安全知识。

4）分析小群体（或个体）特征，以加强组织（或个体）管理，提供个性化服务。

安全大数据应用价值有三个不同来源，即安全大数据、安全大数据技术和安全大数据思维，其中，安全大数据是安全大数据应用的基础和前提，安全大数据技术是安全大数据应用的支撑和保障，安全大数据思维是安全大数据应用的导向。

基于安全大数据应用的价值来源，可归纳出安全大数据应用的九条基础原理，即从安全大数据视角提炼出安全数据全样本原理、安全数据核心原理和安全数据隐含原理，从安全大数据思维视角提炼出安全科学导向原理、安全价值转化原理及安全关联交叉原理，从安全大数据技术视角提炼出安全容量维度原理、安全超前预测原理及安全资源整合原理，其相互关系如图 16-4 所示。

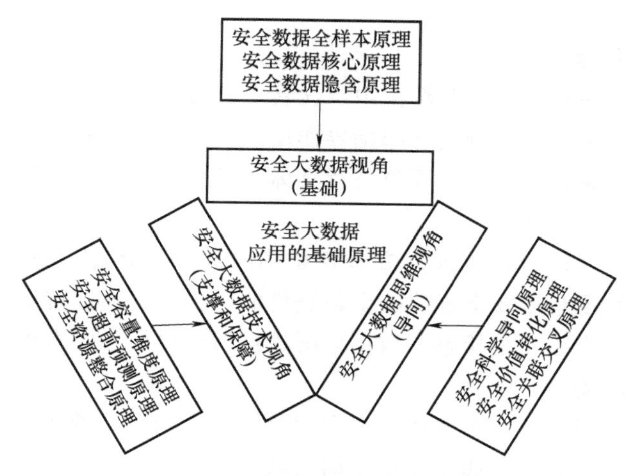

图 16-4 安全大数据应用的基础原理的相互关系

1. 安全数据全样本原理

研究表明，大数据基础上的简单算法比小数据基础上的复杂算法更有效。安全大数据的特征之一是处理方式由以往的抽样统计模式转变为“全样本”模式。统计数据表明，海量安全数据间存在混杂，安全数据增加错误率也随之增加，但当数据体足够大时，可弥补因安全数据量增加所带来的错误。

安全数据全样本原理强调从精确性转变为模糊性的思维模式。安全大数据体量大且杂，若要提高安全问题的解决效率，则需调整对安全数据的容错标准，通过海量安全数据仅能快速获得安全问题的大概轮廓和发展脉络，但可能不够精确。例如，在进行人机工程设计时，现有人体测量收集到的数据是由大数据面向一般普通健全人通过特定途径收集所得，统计对象的范围被精确限定，容错范围较小，使得那些不属于该统计范畴里的数据全部剔除，导致关于残疾人、少数民族、小孩等特殊人群的数据空白，给人机匹配设计带来不便。

因此，针对个人或是小群体建立小数据库是对人体测量参数标准的补充和完善。通过哪些途径和方法可实现安全数据全样本的有效收集，是安全大数据应用研究过程中亟待解决的问题。

2. 安全数据核心原理

开展安全大数据应用研究的任务之一是探究那些可以反映安全大数据应用行为特性和表现的安全数据间的数量表现和数量关系。安全数据既是安全现象的记录与描述，也是挖掘安全规律的基础，是进行整个安全活动的基石和核心，只有获得了安全数据，才能获得确定的判断，从而创建渐进发展的认知模型，以达到量变到质变的目的。

此外，海量安全数据中的“噪声”导致安全数据质量存在差异，需对安全数据进行清洗和质量控制等预处理操作，以保证安全数据的质量。此外，采用何种工具和技术对安全数据进行存储和管理也是安全大数据应用研究的重点之一。

运用安全数据核心原理，要以海量安全数据为研究对象，探究安全数据间的表现特征及其关联关系，并合理选择安全大数据技术挖掘安全现象中隐含的安全规律，达到实现安全大数据价值的目的。

3. 安全数据隐含原理

安全数据隐含原理是指所有一般数据中隐含着安全数据、旧的安全数据中又隐含着新的安全数据，它对安全数据采集和预处理起指导作用。安全现象是安全规律的外在表现，要想获知安全规律的内在联系，需对安全现象进行具体分析，概括出一系列的安全数据特征，再抽象归纳出一系列的安全原理。

运用安全数据隐含原理，可实现从安全现象中收集安全数据、进一步解释形成安全信息、安全信息整合和呈现获得安全规律的全数据价值。例如，通过传感器实时监控所获得的海量安全数据不仅可以描绘安全状态，数据分析挖掘后还可用于安全评价、安全决策、超前预测、个性化管理等活动。

从安全数据隐含原理出发，可提炼出安全大数据应用的相关课题，如从安全现象提取安全规律的途径及其方法设计、从典型城市生活大数据中挖掘安全规律的途径及其方法设计、小事故引发灾难性事故的实证研究及其规律性分析等。

4. 安全科学导向原理

进行安全活动离不开安全科学理论、技术和思维，安全大数据应用也离不开安全科学的指导，应根据具体安全问题的特征进行分析。安全学科具有综合属性，安全活动涉及人类生产、生活和生存的各个领域。安全科学原理涵盖安全生命科学、安全自然科学、安全技术科学、安全社会科学及安全系统科学五大范畴，是安全科学研究的指导方针。

运用安全科学导向原理，要求以安全科学理论为导向，坚持“以人为本”原则，以安全系统思想为核心思想，以安全科学方法论、系统工程方法论为方法论基础，以比较法、相似法、关联法、统计法等为主要途径，综合运用安全科学技术、大数据技术、统计学技术、网络信息技术及系统工程技术等手段，全面认识安全问题特征、结构、功能、属性及规律。

5. 安全价值转化原理

安全数据本身价值密度低，只有对其存储、分析、挖掘及应用后才能将其隐藏价值显现出来。安全大数据价值遵循“飞轮效应”规律，即在安全数据规模小时价值密度低，当安全数据积累到一定程度时可实现质变，从而体现安全规律。

安全价值转换原理要求有“大数据-大资源-大安全”观念。安全数据价值的衡量标准不仅强调最基本的功能用途，还关注未来潜在的数据用途。安全数据潜在价值可通过以下三种最为常见的方式释出：

1）再利用，即安全数据不局限于用于特定目的，还可选择性地不断被用于其他目的，实现数据的资源化。

2）再重组，通过将多个安全数据集重组，实现安全数据总和的价值大于部分价值。

3）再扩展，即所收集的安全数据集及处理数据集时所运用的安全大数据技术既需要满足用户要求，又需要充分考虑技术可升级的需求。

6. 安全关联交叉原理

安全大数据强调事物之间的相关关系，通过一系列特征挖掘得到本质安全特征。安全关联交叉原理体现了解决安全问题的两种思维途径，即正向思维和逆向思维。

从理论研究出发通过因果关系推演出逻辑框架，并在此基础上得出结论，属于正向思维途径；从安全大数据出发通过相关关系得出目标的若干特征，再总结提炼出一般安全规律，属于逆向思维途径。

从关联性角度看，通过从目标表象中找出一个与之最相关的事物作为关联物，从该关联物出发探寻目标的一系列特征，属于逆向思维；从交叉性角度看，通过安全数据之间相关特性交叉和组合来探寻目标的新价值，属于正向思维。

7. 安全容量维度原理

大数据的应用价值很大程度上取决于将非结构化数据或半结构化数据转化为结构化数据或知识的能力。根据降维理论和降容理论，可从价值维度和容量维度来理解大数据概念。安全大数据的安全容量维度主要表现在对安全现象的一种大记录和描述，它的表现形式以非结构化数据为主，将非结构化数据转化为结构化数据（即安全小数据）是最大限度实现安全大数据应用价值的处理方法（图 16-5）。

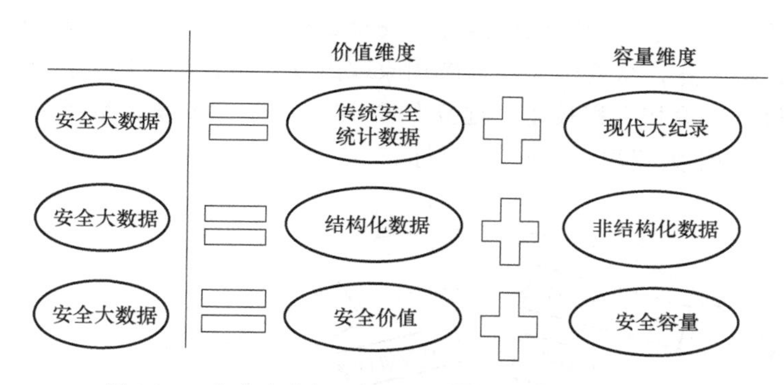

图 16-5 安全大数据包含的价值维度和变量价值特点

8. 安全超前预测原理

传统安全抽样统计主要用于解决实际安全问题，预测性功能较弱，而安全大数据可实现超前预测。例如，从事故发展过程（事前预测、事中应急、事后恢复）角度看，通过实时监控、趋势分析后可对事故隐患进行风险规避，超前预测危险源的动态发展趋势以提前预警；通过模拟事故发生全过程并将各措施结果可视化，提供科学的安全决策，以防止事故后果恶化。

此外，安全超前预测原理还可对人们的生产与生活行为发挥指导作用。

安全降维原理主要体现在安全数据的存储、分类、管理等方面，安全容量决定了安全数据存储和处理方法的选择，体现安全大数据的深度。安全维度可指导安全大数据的分类与管理。

9. 安全资源整合原理

安全资源包括安全数据、安全技术、安全思维及相关的人员、设备、资金等各资源要素。安全资源整合是指对各资源要素进行优化重组，以使各部门数据关联、信息交互和资源共享，是各部门实现业务系统化、技术信息化、途径多样化的有效手段之一。

安全资源整合原理以大数据技术为依托，结合云计算、物联网等新一代信息技术实现各资源要素间有效互联，形成和谐安全系统。例如，利用云计算使得设备硬件和信息数据有效整合，再利用仿真、可视化等技术呈现安全数据的表现及关系，逼真、形象、多维度地反映各类安全生产、生活规律，从而为政府决策、企业发展、公共服务提供更好的平台，有利于智慧城市、智能公共管理等建设，为安全活动的开展提供便利。

16.4.2 安全大数据应用原理的结构体系及作用过程

1. 由安全大数据应用原理拓展的理论体系结构

安全大数据应用原理相互影响，相互支撑，形成“倒三角”结构（图 16-4）。安全大数据的应用旨在描述过去的安全状态、分析现在的安全现象及预测未来的安全趋势，要始终以安全科学导向原理为指导思想，安全数据全样本原理是安全大数据应用的基础，安全数据核心原理体现安全研究方法的转变，安全数据隐含原理、安全价值转化原理及安全超前预测原理体现进行安全大数据挖掘的必要性，安全资源整合原理、安全容量维度原理及安全关联交叉原理是安全大数据应用的技术保障。

安全大数据在安全科学领域的应用需综合安全目标、学科理论、工程技术和安全大数据应用原理于一体，基于此，从安全大数据应用原理出发，由各个原理外推综合得出实现原理功能所需使用的科学理论和工程技术，建立如图 16-6 所示的安全大数据应用原理的理论体系，共同实现“大数据-大资源-大安全”目标。

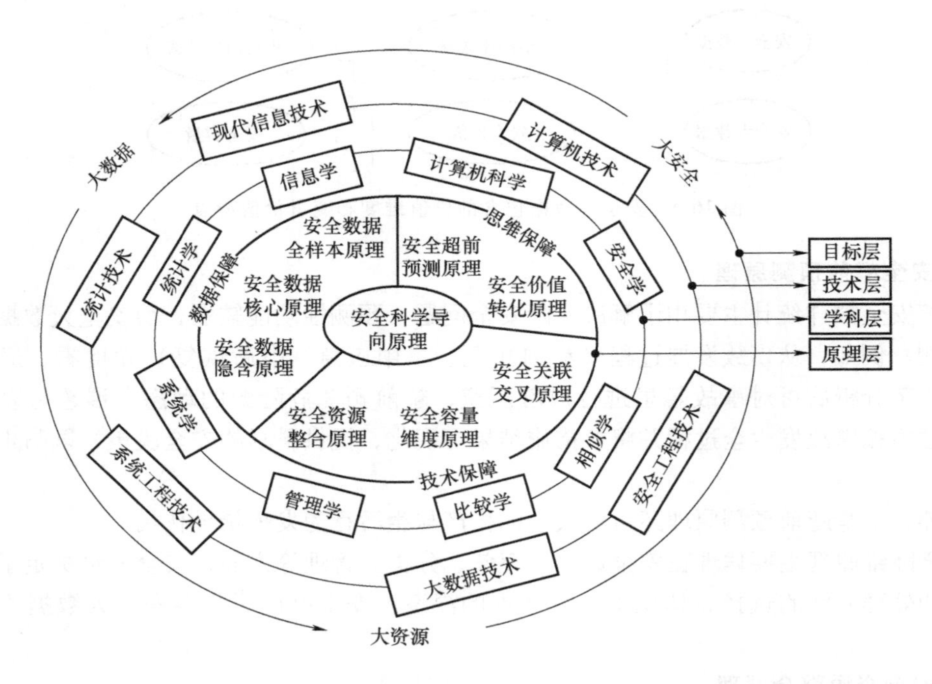

图 16-6 由安全大数据应用原理拓展的理论体系

2. 安全大数据应用的基础原理在数据处理中的作用框架

横向维和纵向维是研究过程中认识事物的两种基本路径。安全大数据应用离不开安全数据的处理与分析，借鉴大数据处理一般流程，基于安全大数据应用的 9 条基础原理，以安全大数据流程为主线，以安全问题需求和安全大数据思维为导向，以安全大数据技术为支撑及以安全大数据手段和内容为研究重点，共同构成安全大数据应用的基础原理在数据处理中的作用框架，如图 16-7 所示。

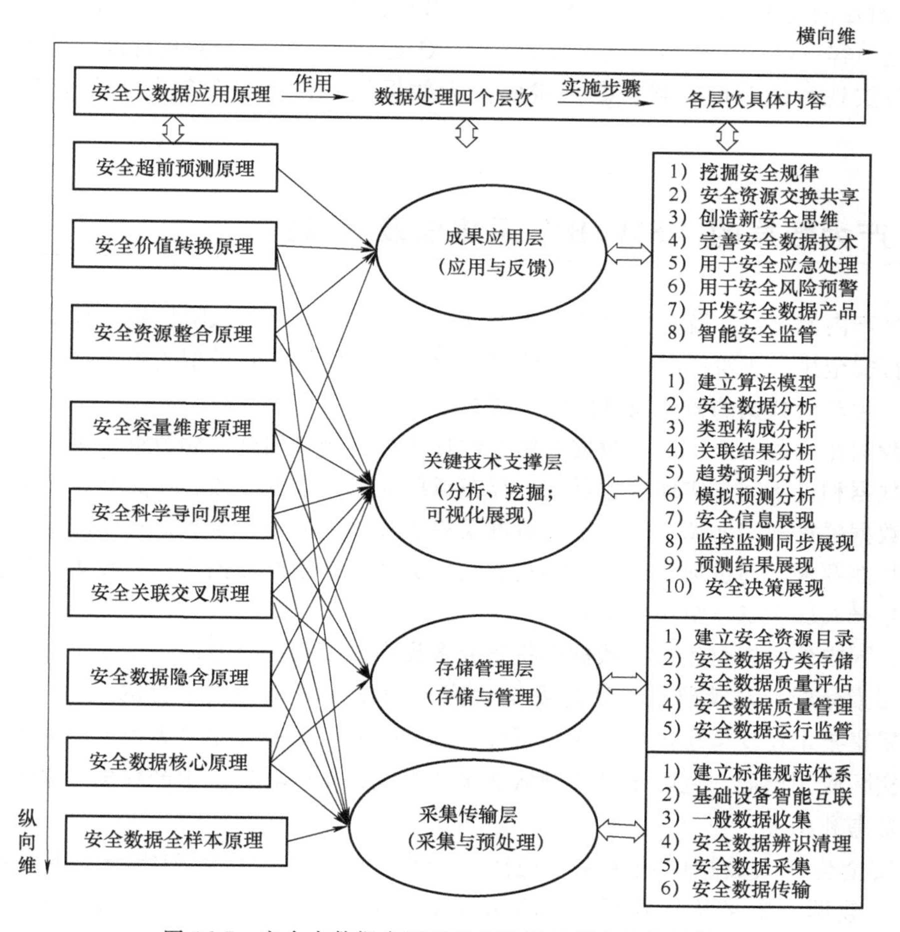

图 16-7 安全大数据应用原理在数据处理中的作用框架

1）从横向维看，基于安全大数据应用原理，可实现与数据处理及其具体实施步骤相关联，体现安全大数据应用原理作用于数据处理的整个过程，表明安全大数据应用原理的实用性。

2）从纵向维看，使用还原论的方法分别将安全大数据应用原理、数据处理层次及各层次实施的具体内容进行细化和深化，表明三者各自又有着丰富的内容，进一步体现安全大数据应用的基础原理作用在数据处理中的可行性。

3）图 16-7 还隐含了从安全现象中采集安全大数据、安全大数据经进一步处理和解释形成安全信息、从安全信息中挖掘安全规律的全过程，最终达到实现安全大数据的安全价值。

4）数据处理四个层次层层递进，相互依托，各层次间存在明显反馈。安全问题最终能否快速解决依赖于各阶段能否友好运行（如可视化展现依赖于计算分析模型的建立，而计算分析模型的建立又依赖于安全数据是否完整规范等）。

5）需要明确的是，图 16-7 中只标注出各阶段所应用的主要核心原理，各原理间也存在交叉互用，在解决安全问题时需要结合实际情况合理选择相应的一种或几种原理。

6）针对目前安全大数据应用现状，基于大数据应用的基础原理，在不同应用阶段提出的具体实施内容可进一步概括为以下四个方面：①建立或完善安全数据标准规范体系；②基础设施设备实现智能互联交换；③关键安全大数据技术借鉴和创新；④安全人才资源建设等。

16.5 安全生产大数据的“5W2H”采集法及其模式

安全生产内涵丰富，既包括日常事务管理，又包含及时性的风险识别与预警。安全生产数据是进行安全生产决策的基础，是创建安全生产渐进发展认知模型的前提，在大数据发展战略下安全生产大数据的概念及其内涵不断丰富。

目前我国在推进安全生产大数据采集工作时还存在诸多问题，如数据采集的基础支撑环境较弱，数据和设备间未实现有效互联，存在孤岛现象；数据零散、不完整、不准确、缺乏实时性；数据采集部门协调能力不足；数据采集手段仍以人力为主等，难以满足安全生产事务性和及时性要求。通过何种途径和哪些方法可实现安全生产数据的有效收集，是大数据应用于安全生产领域中亟待解决的问题。

目前，国内外对安全生产大数据采集研究多集中在以下三个方面：①安全生产大数据采集的影响因素分析与对策研究；②对安全生产大数据采集系统或平台的设计与改进研究；③大数据采集技术在安全生产中的应用研究。综上可知，对安全生产大数据的采集模式研究多集中在实际应用层面，局限于某个领域或某个行业，难以对安全生产数据的采集模式提供理论基础参考和指导。

为从安全生产大数据中挖掘安全规律并最终提炼安全生产基础原理，下面首先在对安全生产大数据的定义及其内涵进一步阐释基础上，给出安全生产大数据采集的定义，并将其分解为三个过程，然后介绍安全生产大数据的“5W2H”采集法，并对其内涵（采集原因、采集对象、采集数据类型、采集边界、采集时间、采集数据量及其采集方法）进行详细分析，最后以思维路径为主，以过程路径和技术路径为辅给出安全生产大数据采集的一般模式。结果表明，安全生产大数据采集模式可为安全生产大数据的存储、处理及应用提供基础。

16.5.1 安全生产大数据及其采集

1. 安全生产大数据

（1）概念分析

安全生产大数据是指在进行与安全生产相关的活动时，通过一定方式获取到的可反映安全生产本质规律、体现安全生产基础理论价值的安全生产数据集，以及对安全生产数据集进行处理所使用的大数据思维和大数据技术。

使用安全生产大数据的目的可概括为以下三个方面：

1）通过分析安全生产数据集间的数量表现、数量关系及数量界限，获取生产安全现象的位置、状态、规模、水平、结构、速度、趋势、比例关系及依存关系，进一步探寻生产力、生产关系等对安全生产的影响机制和作用原理。

2）运用大数据技术模拟事故动力学演化过程，总结生产安全事故的发生机理及控制理论。

3）在国家、行业、企业及个人之间实现信息对称，促进安全生产长效发展。

（2）属性分析

从安全生产大数据的概念和目的出发，可归纳出安全生产大数据的四条基本属性，见表 16-5。

表 16-5 安全生产大数据基本属性及其释义

基本属性	基本属性释义
多时空尺度	包括多时间尺度和多空间尺度：多时间尺度是指安全生产大数据随时间发展不断积累与挖掘，使生产安全现象呈现不同的形态特征，多空间尺度是指在采集安全生产大数据时无地域边界限制。因此，需将安全生产大数据从时空一体化进行统筹管理，尽可能将数据还原于安全生产场景
多专题类型	根据不同的目的将不同类型数据进行集中采集与整理，形成多种多样的安全生产专题，分别反映安全生产不同维度下的现状与发展趋势，因此在数据采集过程中应依据采集目的采用不同的标准进行多维度分类，以便数据存储与质量管理
多来源对象	采集原因与目的往往与多个相互关联的采集对象有关，使得安全生产大数据来源于多个采集对象，因此在采集过程中需灵活配置采集资源，采用恰当的采集方式与手段，同时可通过不同数据源获得的信息进行交叉验证，以分析结果是否准确、有效
价值折旧属性	是指安全生产大数据里的思维、数据、技术等均有生命周期，数据随时间推移会失去部分用途，某些大数据思维和技术也并不是在任何时空领域均适用，因此需合理选择与运用安全生产大数据来解决安全生产问题，不可盲目套用方法

（3）类型分析

安全生产大数据包含海量数据集，通过分类能方便安全生产状况的表达与管理。安全生产大数据按不同的分类指标分为不同的类别，见表 16-6。

表 16-6 安全生产大数据分类

分类指标	分类类别	说明
按状态	安全生产静态数据	已发生的、可用于建立数据库的生产事故数据、职业病数据等，或是安全生产现象在同一条件下的状态表征，反映安全现象本质与现象之间的固有关系
	安全生产动态数据	可表达生产现象的发展变化程度、强度、结构、普遍度或比率关系等，反映安全现象变化规律的安全生产数据
按来源	内部安全生产数据	如企业安全规章制度、隐患排查数据、应急管理数据、员工个人数据等
	外部安全生产数据	如相关方管理数据、政府监管数据等

（续）

分类指标	分类类别	说明
按形态	一次生产安全数据（原始数据）	生产运行过程中的实际运行状况的客观安全数据，如安全生产实时监控视频等
	二次生产安全数据（深加工数据）	对客观数据加工处理后所得出的适用于各级管理层需要的加工数据，以及对安全数据长期总结而制定出的安全法规、条例、政策、标准等
按运行时间	常规性安全生产数据	如安全生产政策法规文件等
	周期性安全生产数据	如安全生产年度数据报告、季度安全生产数据汇总
	动态性安全生产数据	如开展安全生产大检查实时发布的安全生产数据等
	突发性安全生产数据	发生安全生产事件生成的安全生产数据，如安全生产应急管理数据等
按用途	风险隐患排查治理数据	如危险源实时监控数据、安全生产检查报告、事故模拟视频等
	生产安全运行监控数据	如设备、设施可靠性评估报告、员工上岗操作数据
	生产安全预警应急数据	如应急救援数据、事故责任追究数据等
	生产安全日常管理数据	安全生产标准化数据、安全教育培训数据、安全生产技术标准数据
按数据流	人-人安全生产数据	包括人的行为表现是否符合制度规定
	人-机安全生产数据	如人机界面设计参数数据，人机匹配适应度数据
	人-环安全生产数据	如人对生产环境适应能力数据，生产环境标准制度
	机-环安全生产数据	如生产设备对生产环境隐患的自动预警和自动控制的数据
按采集时间	集中采集安全生产数据	如节假日前后安全生产检查数据等
	实时采集安全生产数据	如安全生产日常运行监控数据等

2. 安全生产大数据采集

数据采集是以使用者的需求为出发点，从系统外部获取数据并输入到系统内部接口的过程，因此，可将安全生产大数据采集理解为：以安全大数据原理为指导，以安全生产实践为目的，通过利用大数据技术和大数据思维获取并传输安全生产数据集的过程。

安全生产大数据采集一般可分为三个过程：

1）对采集对象植入采集工具（如各种传感器、信息阅读器、数据提取器等具有采集数据功能的设备）。

2）安全生产设备与采集装置联通、建立安全生产大数据采集规范及标准化体系等，发挥信息传递通道的作用，实现泛在化的深度互联。

3）将感知到的数据通过信息通道传递至存储器，并在存储器进行初步汇总与整合。

以采集某危险化学品实时状态参数进行日常监督管理为例，以传感器为采集工具，以储罐为采集对象，实施采集步骤为：①将传感器安装在储罐或是其管道周围；②将相关设置作为数据传递通道，使传感器与储罐互联，并可表达出储罐的实时监控数据；③将传感器获取到的储罐数据传输存储到该危险化学品数据库。需强调的是，安全生产大数据采集是时刻以采集目的为导向的活动。

16.5.2　安全生产大数据“5W2H”采集法及其内涵分析

安全生产大数据“5W2H”采集法主要包括采集原因（Why）、采集对象（Who）、采集数据类型（What）、采集边界（Where）、采集时间（When）、采集数据量（How much）以及采集方法（How）七个方面，该采集法的应用过程和内涵分析如下。

1. 采集原因（Why）

传统的安全生产数据采集存在诸多问题，主要表现为“堵”“独”“慢”“漏”，具体表现如下：

1）以人工采集为主，数据规模小，难以在采集的数据中捕捉有效的信息，表现为“堵”。

2）安全生产数据集分散在不同生产部门，未实现有效关联整合，表现为“独”。

3）重要的数据未实现及时采集与更新，表现为“慢”。

4）安全生产数据采集支撑环境较弱，缺乏实用的安全生产数据分析工具，表现为“漏”。

此外，传统的安全生产数据采集多依赖采集人员的经验，经验是对过去的度量，诸多经验信息的质量还有待考究和验证。

以上诸多现象均可概括为信息不对称的表现形式，在安全生产数据采集过程中可进一步概括为：

1）安全生产本质特性存在信息不对称。

2）使用主体和采集者存在信息不对称。

3）采集者与采集对象存在信息不对称。

4）信息流通过程中存在信息不对称。

2. 采集对象（Who）

安全生产大数据的采集对象包括使用主体、采集者、被采集对象三类。不同的采集对象的采集目的、范围等有所不同。

使用主体进行数据采集的出发点是为了解决安全生产问题，从信息不对称的四种表现形式出发，使用主体包含政府安全监管机构、质检机构、企业安全决策者、企业安全管理者、企业安全生产者、安全生产科研组织、个人等，采集目的可包括安全监管、安全决策、安全控制、安全预防和防护、安全评价、安全应急和事故后的安全心理干预等。

采集者是获取数据的主体，采集者的直接目的可分为两种：①为己所用，即根据自身要求采集自身及他人的数据后综合分析，以增加自身已有数据的精准度；②为他人所用，即将自身的数据共享给他人，以提高他人数据的精准度。

被采集对象包括安全行业、某领域的相关企业、普通群体、科研专家等。因此，在进行采集活动时需要明确数据使用主体，不同的使用主体依据不同的目的，使用不同的采集对象和采集方式。

综上，安全生产大数据采集活动始终根据使用主体的数据要求和目的来确定及合理分配采集对象，不能机械地套用方法与指标。需明确的是，安全生产大数据采集活动往往不局限于一个采集对象，通常针对多个相关联的对象进行采集、汇总与整合。

3. 采集数据类型（What）

安全生产大数据的价值折旧属性要求采集者要有自主思考和辨识能力，并不是有什么数据就收集什么数据。由表16-6可知，安全生产大数据有诸多类别，在明确了采集原因、采集目的和采集对象后，在采集数据前还需思考和明确采集数据类型。此外，安全生产大数据采集活动不局限于采集对象系统内部数据，还应利用数据之间的相关性多途径收集与采集对象紧密相关的数据。

同时，相对于静态描述数据，采集基于客观现实的动态场景数据更能多维度、准确反映安全生产的真实信息与需求。例如，在安全监管活动中通过云计算技术研发多点碰撞应用系统，形象记录检查时间、地点、检查结果、处理意见、再审查结果等数据信息，可为事故动力学演化模拟提供基础，有利于总结生产安全事故的发生机理及其控制理论。

4. 采集边界（Where）

安全生产大数据具备的多时空尺度、多来源对象和多专题等属性，使得安全生产数据来源广泛，它可来自采集对象的几何特性和空间关系，如国家监管机构、安全行业、安全企业或与安全相关的企业、个人等，也可来自多个采集对象的历史、现在和未来，如某安全企业生产过程中某区域重大危险源排查报告、实时监控、趋势预判分析及模拟预警分析；可源于事故调查报告、安全管理文本、动态视频和安全生产图片等专题，也可来自互联网、物联网、传感器、监控设备、移动终端等设备。

由此可知，安全生产大数据采集来源无边界，采集过程复杂。通过哪些途径和方法可实现从海量数据中采集、筛选并提取所需的安全生产数据集是安全生产大数据采集研究过程中亟待解决的问题。

安全生产大数据的价值体现在可还原于具有时空一体化的安全生产场景中，只有将具有某特性的孤立数据还原于安全生产场景中，才能真实反映安全生产问题的本质。因此，安全生产大数据采集活动应从安全生产场景出发，结合用户需求，从小应用着手搭建数据框架，再根据不同场景灵活采集数据。

5. 采集时间（When）

由安全生产大数据的折旧属性可知，安全生产数据是有生命周期的，从时间维度出发以数据价值为标准，可分为历史价值、实时价值和预测价值，即大数据不仅能够基于大量历史数据或实时监控采集场景数据进行生产状况的描述，还能基于历史数据或实时数据通过整合、挖掘与模拟等实现对未来生产状况、发展进程的预测，以开展科学的决策活动。

大数据虽然有强大的整合能力，但不可采取“先收集数据，需要数据再拿出来用”的模式。由表16-6可知，从采集时间维度看，安全生产大数据采集形式可分为两类：①集中采集安全生产数据，它一般适用于企业季节性、节假日等期间进行安全数据采集，或者在特定时间段以安全科研或安全决策为目的的采集活动；②实时采集安全生产数据，主要针对危险化学品、重大危险源等的日常管理监控与预警数据采集。

因此，在明确了采集原因、采集目的、使用主体和采集对象、采集数据类型及采集边界等因素后，开展安全生产大数据采集活动才更具有目的性和针对性。此外，安全生产大数据采集过程中存在反馈，某个因素变化可引起其他因素变化，导致采集步骤反复循环，应始终以采集目的为出发点，以实现采集目的为终止点。

6. 数据采集量（How much）

在海量数据面前，衡量收集多少数据才足够是大数据盲点之一。采集的安全生产数据并非越多越好，安全生产大数据采集的数据量应全面、细致。

从全面视角出发，目前所收集的大数据多以条数据形式出现，而块数据（一种基于条数据的关联与融合形成的数据）可打破传统信息不对称和信息流动的限制，这就要求在进行采集活动时，不仅要关注某领域或行业内纵深数据的集合，还需使用比较法和相似法采集横向交叉领域中的关联数据。

从细致视角出发，需评价和检验采集的安全生产数据集之间的关联度大小。采集程序可简化如下：将数据或数据串放于安全生产场景中，通过数据框架分析数据与安全生产决策间的关系，若放入数据框架的数据反映决策与行动可达到目标，则实现了安全生产大数据的采集目的，否则需检查数据是否足够、数据间关联性是否强、是否还有数据未考虑进去等问题。

综上可知，安全生产大数据量不在多，在于数据间的关联程度、串联价值及其在场景中的作用。

7. 采集方法（How）

在明确了“5W1H”后，还需要进一步分析在具体实施采集活动时可采用的方式、工具、方法、技术与思路，即 How 的内容。安全生产大数据采集是传统安全统计和大数据背景下数据采集在理论、技术、思维等方面的融合。

（1）采集方式

安全生产大数据的采集活动应充分利用大数据在思维、方法和技术等方面的特有优势，采集方式包括：①以机器为主、人工为辅的采集方式；②以自动为主、被动为辅的采集方式；③以直接为主、间接为辅的采集方式；④以无线为主，有线为辅的采集方式等。

（2）采集工具

包括数据采集卡、数据采集模块、数据采集器（如火车采集器，八爪鱼采集器）、第三方统计软件（如百度统计、网络神采）等。

（3）采集方法

安全生产大数据的采集不仅要利用以往传统意义上的采集方法，还要将大数据背景下衍生的典型常用方法纳入采集途径中，如：①基于传感器的数据采集；②基于穿戴设备的数据采集；③基于遥感技术采集；④基于倾斜摄影的三维数据采集；⑤基于网络的数据采集等。

（4）采集技术

包括 Web 信息采集技术、3S 技术、感知技术、物联网技术、传感器技术等。

（5）采集思路

首先在已对“5W1H”进行分析与明确的前提下，从关键问题出发，在复杂数据中抽象出能反映关键问题的核心点，以核心点为基础将紧密相关的数据串联，放入数据框架中进行数据处理与应用，直到达到解决问题的目的。

在上述过程中会产生新的、不同维度的数据，这些数据经过在整个循环中的适应过程，再被使用，并改变原有的生产结构和方式。一般将因解决生产安全问题而被动收集数据的方式称为“采集”，将主动收集数据的方式称为“养数据”，“采集”和“养数据”形成一个不断获取和反馈的自循环系统。

16.5.3 基于“5W2H”采集法的安全生产大数据采集模式

安全生产大数据采集需遵循全面、精细、相关联的原则，从多种数据源把场景的一系列维度信息尽可能多地记录下来，以反映生产安全现象的位置、状态、规模、水平、结构、速度、趋势、比例关系及其依存关系。

安全生产大数据采集模式以“5W2H”分析法为思维路径，以“物联化-互联化-智能化”为技术路径，以“感知-互联-存储”为过程路径，以“问题为导向被动采集数据以解决问题”为出发点、最终达到“主动收集（养数据）以实现数据完善与创新”目的为主线，构建的安全生产大数据采集的一般模式，如图 16-8 所示。

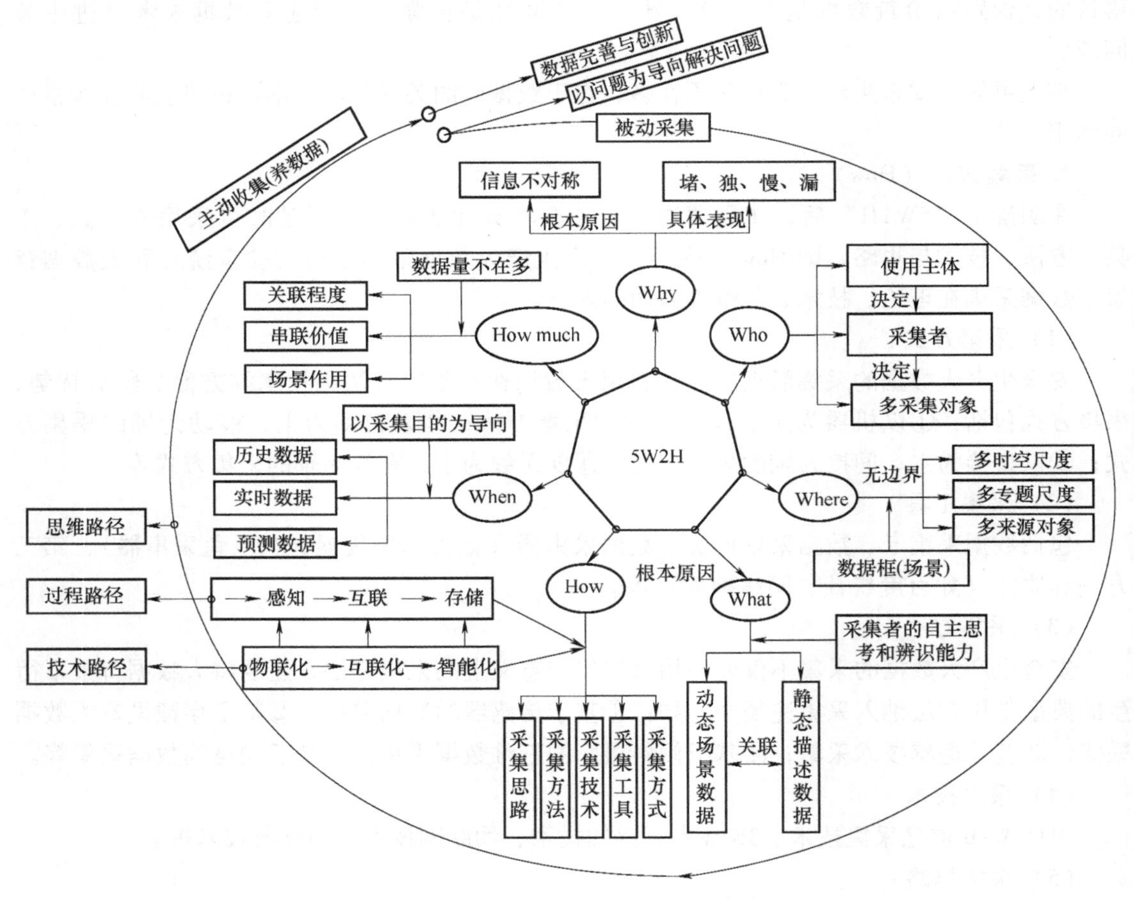

图 16-8 安全生产大数据采集的一般模式

图 16-8 中的采集模式的具体内涵可释义如下：

1）整个实现路径是一个自循环螺旋上升的过程，安全生产大数据采集模式需不断与外界进行信息交换以保证信息对称，使得出发点和终止点之间形成一个自循环的开环系统。

2）整个实现路径以思维路径为主，以过程路径和技术路径为辅，图 16-8 主要从方法论的高度阐述安全生产大数据采集的一般模式，不局限于某一行业领域，具有普适性；该模式主要在逻辑思维基础上阐述采集模式中的顶层设计（即大框架和程式等）。

3）该模式始终强调安全生产大数据间的关联关系，衡量安全生产大数据的价值需考虑数据之间的关联程度、串联价值及其在场景中的作用。

4）该模式在以问题为导向被动采集数据时，假定安全生产数据集是稳定、可靠的；在以数据完善和创新为目的的主动收集过程中，假定数据均是可获取的。

5）整个实现路径要求采集者不仅要有自主思考和辨识能力，还要有将大数据思维运用于安全生产领域的研判能力。

16.6 大数据在安全领域的应用前景

16.6.1 大数据在安全科学理论与实践方面的典型应用问题

大数据虽然是近十几年才逐渐被重视，但是大数据应用在安全科学领域并不少见。可按照不同的分类方式将大数据在安全科学领域的应用进行归类分析，如可按安全理论和应用、“3E 对策”、事故发展三过程（事前预测、事中应急、事后恢复）、不同的行业、安全系统工作过程（安全分析、安全评价、安全决策、安全措施等）等角度进行分类。

1. 在安全科学理论方面的应用

大数据极大地丰富了安全科学理论研究的内涵，并为安全科学的研究提供了新思维和新方法论。

（1）新思维

大数据思维使得人们开始从整体性研究安全科学领域的相关问题，研究范围涵盖自然、社会、人造系统等大范畴领域，研究方法越来越注重模糊理论、大数据挖掘等现代科学技术和方法，安全认识论由系统安全进入了安全系统阶段，大数据强大的数据收集、整合、分析能力和以大数据为支撑平台的建立，在对大量典型事故统计分析的基础上，可以产生大量新的事故致因理论模型。

（2）新方法论

大数据技术对传统科学方法论带来了挑战和革命，大数据方法论突出事物的关联性，使得非线性问题有了解决的捷径。大数据背景下的安全科学从大安全观出发，建立了安全科学原理和结构体系，为安全科学理论研究提供了指导；近年来，随着信息化技术发展，对安全的认识和研究不断深入，出现了许多新的事故致因理论模型。此外，我国在安全人性原理、安全心理学原理、安全多样性原理、安全容量原理、安全文化原理、安全和谐原理等研究领域有了很大发展。

2. 在安全科学实践方面的应用

（1）从“3E 对策”角度来看

在安全管理方面，大数据实现了个人自我管理、政府精细化安全监管、公共事务智能安全管理。在安全教育方面，大数据改变了安全教育的教学模式、管理模式和学习模式、评估模式等，实现了生动逼真、异地同步教学的环境，方便了全球安全教育数据资源存储、管理、共享等。在安全技术方面，通过大数据平台研发了风险管理、工业过程安全、本质安全、应急救援处置和指挥等技术；研发出风险管理、应急管理等软件；建立起管控一体化系统和企业 HSE 管控平台；研发出安全物联网设备、事故应急救援设备等服务产品。

（2）从事故预防和处置过程角度来看

在事前预测方面，通过将大数据存储、挖掘、整合等技术运用到安全科学领域，进而对安全科学领域数据进行存储和分析，找出事故发生的规律和特征，能够发现被忽略的数据和事故间的联系，捕捉潜在的危险信息，及时掌控事态，提前预测、预警，为安全决策提供参考意见。在事中应急方面，模拟和仿真事故发生、发展的全过程，并将各措施数据结果可视化，为事故研制决策提供有力保障；通过在海量的数据中探究数据背后的规律，发现安全问题的本质和规律，为事故预测和安全决策提供数据支持，为制定应急救援预案提供参考，达到降低事故后果的目的。在事后恢复方面，大数据技术在事故调查、损失评估、工艺数据收集、灾后重建计划和决策、事后受灾群众的心理干预等方面发挥重大作用。

（3）从人-机-环子系统角度来看

在人子系统方面，如可统计群体人性特性和行为规律，统计规章制度是否符合人的特性及是否被人接受。在机子系统方面，如从人体测量参数数据库、心理和生理过程模型参数数据库出发对机器部件设计提出要求；建立事故模型并计算不同情况下的事故概率，从而优化人机系统。在环境子系统方面，如全面掌握和理解噪声、振动、有毒气体等的理化性质，建立数据库，实现全球共享、实时更新；根据危险源特性分别建立数据库，实现安全智能管理。

16.6.2 大数据在安全科学应用方面的一些热点课题

由以上论述可知，大数据理论、方法、技术和应用深刻影响安全科学理论的内涵，并为安全科学研究提供新的思想和方法论。大数据在不断推广的过程中，总是伴随着挑战。本小节紧扣安全科学研究热点和重点，用辩证思维简述大数据应用于安全科学研究时的发展前景及所带来的挑战。

1. 大数据用于安全生产基础理论研究

安全生产基础理论研究的内容之一是要揭示安全生产的本质，要在现有基础上进一步通过大数据理论、方法和思维，总结出安全生产社会科学基础理论、生产事故发展过程理论、安全生产长效机制理论等，特别是分析生产力、生产关系、经济基础和上层建筑对安全生产的影响与作用。安全大数据不仅是安全决策的基础，也是创造渐进发展模型的前提。大数据更加侧重挖掘变量间的相关关系，可定性和定量地解释安全生产现象的特征参数，包括位置、规模、水平、结构、速度、发展趋势、比率及依存关系等，从而为安全生产基础理论研究提供思路、方法和技术支持。

同时，需要注意的是，大数据时代的安全生产过程中仍存在问题，如工业事故模型的理论基础是什么？能否找到普适的事故链模型及其长效控制机制？安全生产过程中生产力、生产关系、经济基础三者之间的逻辑关系及其相互影响机制是什么？基于安全大数据是否有更有效、更快捷的方法来综合评估企业安全生产水平？诸如以上这些问题不仅是未来安全生产基础研究的挑战，还是大数据时代安全研究工作者不得不面对和突破的研究方向。只有理清大数据时代下安全生产研究的基本问题，才能保证安全生产活动长效、久治、稳定。

2. 大数据用于典型事故发生机理、动力学演化过程及其控制理论研究

如何找出事故发生、发展演化过程及其影响机理和破坏强度，是事故调查阶段的重点和难点。结合目前比较完善的风险应急管理软件、管控一体化系统、安全服务产品（如安全物联网设备、事故应急救援设备等），加上大数据本身强大数据采集、数据预处理、数据混合计算、场景仿真模拟、结果可视化等特性，能深入分析事故的类型特征、演化规律和失效模式，从而探究出事故发生机理，还可以进一步发展、完善和创新基于实时监控信息的重大工程的安全评定和损伤控制理论，为发展防灾减灾理论和技术提供可能。

然而，对于那些不适合实时监测的重大工程项目，仍需要扩展安全大数据的应用范畴以满足需求。此外，一些非公共活动（如事故调查、损失评估、灾后重建、心理干预等，特别是外部心理创伤评估等）需要更强大的大数据技术作为支撑，尤其在数据采集和共享活动中应注意研究对象的隐私保密话题，在安全信息和信息安全之间找到平衡点。

3. 大数据用于安全经济理论研究

结合安全管理学、安全经济学、安全比较学、安全统计学等学科知识，大数据时代可采集不同企业、行业、各个国家乃至全世界不同层面下的安全数据。大数据时代下的安全经济理论研究取得了很大的进展，如大数据帮助控制和阻止病毒传播，并得出大数据对政府经济政策带来的间接影响等。

仍值得探索的是，大数据研究安全经济理论的新视角，将为政府、企业的安全决策提供数据支持。例如，在大数据时代，安全生产经济规律和宏观调控机制之间的相关关系和影响机制是否有转变？国家政策的制定和出台对安全生产的投入-产出的基本规律有何影响？新的影响机制是什么？大数据能否为构建完善的定量安全经济评估指标及相应的评估模型带来更大的可能性？这些课题都有待大数据帮助解决。

4. 大数据用于安全人机学研究

大数据可通过字典树法、检索法、并行计算法预处理后建立模型，应用相关系统平台进行模拟仿真分析；借鉴已有技术方法分别以人子系统、机子系统、环境子系统为研究对象，挖掘人与其他因素的相互影响和作用机制，可进一步完善安全人机学的理论和方法。例如，随着大数据进程的推进，人们开始探索利用自我管理系统来进行自我生理成长历程、行为、心理状态的及时记录，来了解和分析自我的健康状态，最终实现个人自我管理。

大数据时代下的安全人机学研究可从以下问题出发：①评估现有的安全规律是否适用于人机学参数特征；②从人体测量参数数据库出发，挖掘人的心理和生理过程，建立事故模型和计算事故率，通过优化人机界面降低事故发生率；③通过采集人的行为特征和机器运作效率，分析物理化学参数（如粉尘、噪声、振动、有毒气体及其他危险源等）的不同影响机制。

此外，大数据可作为一种人机学方法，如将人机学方法作为应对交通安全风险的策略。过去很少有干预措施侧重于运用人因特性和人机学方法设计干预措施来控制风险因素，随着大数据进程不断推进，实时记录促进人的自我管理系统不断加强对精神状态和心理过程的理解，人的因素将会越来越引起社会各界的关注。

5. 大数据用于安全系统学研究

结合软系统方法论、动态非线性系统理论、复杂网络理论及开放巨系统理论，大数据可帮助洞察和理解安全系统的复杂性、模糊性、不确定性和紧急程度，从而丰富安全系统理论及其分支学科。系统思想是安全系统理论的核心思想，比较和相似思维是认知安全系统的重要思想途径。

大数据以安全系统为处理对象，分析生产、生活过程中的人、机、环的客观安全性和事故后的现场信息，分析法律法规、条例、政策、安全规划、事故分析报告等全面的安全信息。大数据强大的计算处理模式、深度挖掘技术、可视化仿真技术将加快数据的获取、加工处理、存取、传送等全运作过程，丰富数学建模理论和方法，影响安全信息论、安全控制论、安全运筹学、安全系统动态学、安全仿真学等分支学科的发展，同时大数据思维使人们从整体观、系统观出发认识并研究安全科学领域的相关问题。

6. 大数据用于安全社会学研究

大数据时代的社会学理应获得更多关注。安全社会学侧重于个人或组织（群体）的安全行为，更集中于安全结构、教育学、伦理学等领域。从宏观层面看，通过分析内在的定量关系和预测可能的风险，大数据可缓解不同时期的安全问题；从微观层面看，大数据有益于创造社会学的分析模型，从而获得社会结构、社会特征、社会功能、社会指标等。

同样地，大数据时代下的安全社会学基础研究也存在一些重要并且紧急的话题，如：①社会结构的转变对未来安全可持续发展有何影响？②从安全社会学和社会安全视角出发，社会结构特征如何提炼与认知？③如何平衡安全结构、安全建设和安全发展之间的和谐关系？④如何有效解决大数据冲击下对安全社会结构和功能的影响？⑤除现有的社会网络分析法、模糊数学和灰色理论等常规研究方法，是否还有其他研究社会调查的定量方法？

7. 大数据用于安全信息学和信息安全基础研究

一方面，安全数据是安全信息的基础，安全决策依赖于安全信息。因此，在大数据时代，研究安全信息是不可忽视的研究方向，重要的课题如：①基于信息不对称理论的安全信息学学科构建及其复杂安全系统模型构建；②信息意外释放的内涵及其控制方法；③基于大数据的安全信息平台创建；④安全信息的资源共享模型。

另一方面，随着信息安全和个人隐私话题的持续升温，以下列举的议题也被学界热烈讨论：①对于相同信息和知识的传播途径和权限管控；②构建安全信息的共享模型以实现信息有效应用与信息滥用之间的平衡；③大数据技术带来的负面效应等。

8. 大数据用于安全统计学研究

在大数据的浪潮下，近年来统计学取得了很大的进展，它的内涵不断丰富。这从另一个角度论证了在大数据时代，大数据和传统安全统计方法都是安全研究中不可或缺的分析方法。统计学仍将在大数据时代发挥重要作用，统计学研究者需要优化和辩证看待大数据冲击下的统计学方法论。同样，安全统计学研究也存在有待解决的课题，如：①安全统计学和安全大数据的协同效应；②安全统计学和数据科学的关系；③安全统计学在社会结构、安全文化、公共安全与健康、安全成果、安全经济、外因心理创伤等方面的具体应用。

本章小结

安全大数据虽然不属于安全统计学，但在应用层面两者可以相互补充。本章介绍大数据在安全领域，特别是安全生产领域的应用；比较分析安全大数据与安全小数据的差异；阐述安全大数据的内涵及应用方法和基础原理；给出安全生产大数据的“5W2H”采集法及其模式；展望大数据在安全领域的应用前景。

思考与练习

1. 大数据在安全生产领域有什么主要应用？
2. 安全大数据与安全小数据有哪些异同点？
3. 安全大数据的内涵是什么？
4. 大数据应用于安全的基本思想是什么？
5. 大数据应用于安全科学领域有哪些基础原理？
6. 安全生产大数据的“5W2H”采集法的具体内涵是什么？

附　表

附表 A　正态分布概率表

$$\varphi(t)=\frac{1}{\sqrt{2\pi}}e^{-\frac{1}{2}t^2}$$

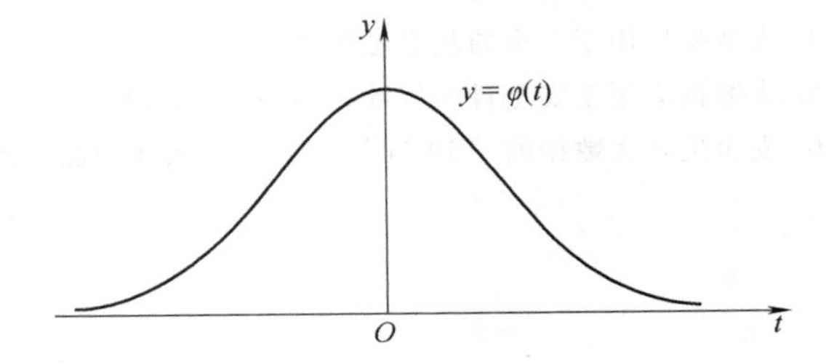

t	F(t)	t	F(t)	t	F(t)	t	F(t)
0.00	0.000 0	0.23	0.181 9	0.46	0.354 5	0.69	0.509 8
0.01	0.008 0	0.24	0.189 7	0.47	0.361 6	0.70	0.516 1
0.02	0.016 0	0.25	0.197 4	0.48	0.368 8	0.71	0.522 3
0.03	0.023 9	0.26	0.205 1	0.49	0.375 9	0.72	0.528 5
0.04	0.031 9	0.27	0.212 8	0.50	0.382 9	0.73	0.534 6
0.05	0.039 9	0.28	0.220 5	0.51	0.389 9	0.74	0.540 7
0.06	0.047 8	0.29	0.228 2	0.52	0.396 9	0.75	0.546 7
0.07	0.055 8	0.30	0.235 8	0.53	0.403 9	0.76	0.552 7
0.08	0.063 8	0.31	0.243 4	0.54	0.410 8	0.77	0.558 7
0.09	0.071 7	0.32	0.251 0	0.55	0.417 7	0.78	0.564 6
0.10	0.079 7	0.33	0.258 6	0.56	0.424 5	0.79	0.570 5
0.11	0.087 6	0.34	0.266 1	0.57	0.431 3	0.80	0.576 3
0.12	0.095 5	0.35	0.273 7	0.58	0.438 1	0.81	0.582 1
0.13	0.103 4	0.36	0.281 2	0.59	0.444 8	0.82	0.587 8
0.14	0.111 3	0.37	0.288 6	0.60	0.451 5	0.83	0.593 5
0.15	0.119 2	0.38	0.296 1	0.61	0.458 1	0.84	0.599 1
0.16	0.127 1	0.39	0.303 5	0.62	0.464 7	0.85	0.604 7
0.17	0.135 0	0.40	0.310 8	0.63	0.471 3	0.86	0.610 2
0.18	0.142 8	0.41	0.318 2	0.64	0.477 8	0.87	0.615 7
0.19	0.150 7	0.42	0.325 5	0.65	0.484 3	0.88	0.621 1
0.20	0.158 5	0.43	0.332 8	0.66	0.490 7	0.89	0.626 5
0.21	0.166 3	0.44	0.340 1	0.67	0.497 1	0.90	0.631 9
0.22	0.174 1	0.45	0.347 3	0.68	0.503 5	0.91	0.637 2

（续）

t	$F(t)$	t	$F(t)$	t	$F(t)$	t	$F(t)$
0.92	0.642 4	1.34	0.819 8	1.76	0.921 6	2.36	0.981 7
0.93	0.647 6	1.35	0.823 0	1.77	0.923 3	2.38	0.982 7
0.94	0.652 8	1.36	0.826 2	1.78	0.924 9	2.40	0.983 6
0.95	0.657 9	1.37	0.829 3	1.79	0.926 5	2.42	0.984 5
0.96	0.662 9	1.38	0.832 4	1.80	0.928 1	2.44	0.985 3
0.97	0.668 0	1.39	0.835 5	1.81	0.929 7	2.46	0.986 1
0.98	0.672 9	1.40	0.838 5	1.82	0.931 2	2.48	0.986 9
0.99	0.677 8	1.41	0.841 5	1.83	0.932 8	2.50	0.987 6
1.00	0.682 7	1.42	0.844 4	1.84	0.934 2	2.52	0.988 3
1.01	0.687 5	1.43	0.847 3	1.85	0.935 7	2.54	0.988 9
1.02	0.692 3	1.44	0.850 1	1.86	0.937 1	2.56	0.989 5
1.03	0.697 0	1.45	0.852 9	1.87	0.938 5	2.58	0.990 1
1.04	0.701 7	1.46	0.855 7	1.88	0.939 9	2.60	0.990 7
1.05	0.706 3	1.47	0.858 4	1.89	0.941 2	2.62	0.991 2
1.06	0.710 9	1.48	0.861 1	1.90	0.942 6	2.64	0.991 7
1.07	0.715 4	1.49	0.863 8	1.91	0.943 9	2.66	0.992 2
1.08	0.719 9	1.50	0.866 4	1.92	0.945 1	2.68	0.992 6
1.09	0.724 3	1.51	0.869 0	1.93	0.946 4	2.70	0.993 1
1.10	0.728 7	1.52	0.871 5	1.94	0.947 6	2.72	0.993 5
1.11	0.733 0	1.53	0.874 0	1.95	0.948 8	2.74	0.993 9
1.12	0.737 3	1.54	0.876 4	1.96	0.950 0	2.76	0.994 2
1.13	0.741 5	1.55	0.878 9	1.97	0.951 2	2.78	0.994 6
1.14	0.745 7	1.56	0.881 2	1.98	0.952 3	2.80	0.994 9
1.15	0.749 9	1.57	0.883 6	1.99	0.953 4	2.82	0.995 2
1.16	0.754 0	1.58	0.885 9	2.00	0.954 5	2.84	0.995 5
1.17	0.758 0	1.59	0.888 2	2.02	0.956 6	2.86	0.995 8
1.18	0.762 0	1.60	0.890 4	2.04	0.958 7	2.88	0.996 0
1.19	0.766 0	1.61	0.892 6	2.06	0.960 6	2.90	0.996 2
1.20	0.769 9	1.62	0.894 8	2.08	0.962 5	2.92	0.996 5
1.21	0.773 7	1.63	0.896 9	2.10	0.964 3	2.94	0.996 7
1.22	0.777 5	1.64	0.899 0	2.12	0.966 0	2.96	0.996 9
1.23	0.781 3	1.65	0.901 1	2.14	0.967 6	2.98	0.997 1
1.24	0.785 0	1.66	0.903 1	2.16	0.969 2	3.00	0.997 3
1.25	0.788 7	1.67	0.905 1	2.18	0.970 7	3.20	0.998 6
1.26	0.792 3	1.68	0.907 0	2.20	0.972 2	3.40	0.999 3
1.27	0.795 9	1.69	0.909 9	2.22	0.973 6	3.60	0.999 68
1.28	0.799 5	1.70	0.910 9	2.24	0.974 9	3.80	0.999 86
1.29	0.803 0	1.71	0.912 7	2.26	0.976 2	4.00	0.999 94
1.30	0.806 4	1.72	0.914 6	2.28	0.977 4	4.50	0.999 993
1.31	0.809 8	1.73	0.916 4	2.30	0.978 6	5.00	0.999 999
1.32	0.813 2	1.74	0.918 1	2.32	0.979 7		
1.33	0.816 5	1.75	0.919 9	2.34	0.980 7		

附表 B t 分布分位数表

$P\{t(n)>t_\alpha(n)\}=\alpha$

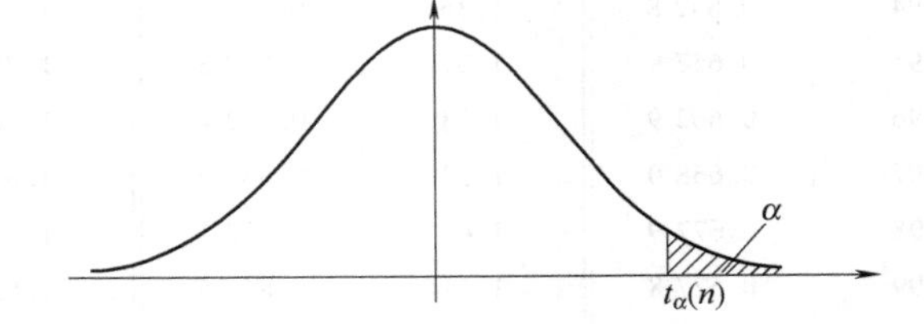

n	α						
	0.20	0.15	0.10	0.05	0.025	0.01	0.005
1	1.376	1.963	3.077 7	6.313 8	12.706 2	31.820 7	63.657 4
2	1.061	1.386	1.885 6	2.920 0	4.302 7	6.964 6	9.924 8
3	0.978	1.250	1.637 7	2.353 4	3.182 4	4.540 7	5.840 9
4	0.941	1.190	1.533 2	2.131 8	2.776 4	3.746 9	4.604 1
5	0.920	1.156	1.475 9	2.015 0	2.570 6	3.364 9	4.032 2
6	0.906	1.134	1.439 8	1.943 2	2.446 9	3.142 7	3.707 4
7	0.896	1.119	1.414 9	1.894 6	2.364 6	2.998 0	3.499 5
8	0.889	1.108	1.396 8	1.859 5	2.306 0	2.896 5	3.355 4
9	0.883	1.100	1.383 0	1.833 1	2.262 2	2.821 4	3.249 8
10	0.879	1.093	1.372 2	1.812 5	2.228 1	2.763 8	3.169 3
11	0.876	1.088	1.363 4	1.795 9	2.201 0	2.718 1	3.105 8
12	0.873	1.083	1.356 2	1.782 3	2.178 8	2.681 0	3.054 5
13	0.870	1.079	1.350 2	1.770 9	2.160 4	2.650 3	3.012 3
14	0.868	1.076	1.345 0	1.761 3	2.144 8	2.624 5	2.976 8
15	0.866	1.074	1.340 6	1.753 1	2.131 5	2.602 5	2.946 7
16	0.865	1.071	1.336 8	1.745 9	2.119 9	2.583 5	2.920 8
17	0.863	1.069	1.333 4	1.739 6	2.109 8	2.566 9	2.898 2
18	0.862	1.067	1.330 4	1.734 1	2.100 9	2.552 4	2.878 4
19	0.861	1.066	1.327 7	1.729 1	2.093 0	2.539 5	2.860 9
20	0.860	1.064	1.325 3	1.724 7	2.086 0	2.528 0	2.845 3
21	0.859	1.063	1.323 2	1.720 7	2.079 6	2.517 7	2.831 4
22	0.858	1.061	1.321 2	1.717 1	2.073 9	2.508 3	2.818 8
23	0.858	1.060	1.319 5	1.713 9	2.068 7	2.499 9	2.807 3
24	0.857	1.059	1.317 8	1.710 9	2.063 9	2.492 2	2.796 9
25	0.856	1.058	1.316 3	1.708 1	2.059 5	2.485 1	2.787 4
26	0.856	1.058	1.315 0	1.705 6	2.055 5	2.478 6	2.778 7
27	0.855	1.057	1.313 7	1.703 3	2.051 8	2.472 7	2.770 7
28	0.855	1.056	1.312 5	1.701 1	2.048 4	2.467 1	2.763 3
29	0.854	1.055	1.311 4	1.699 1	2.045 2	2.462 0	2.756 4
30	0.854	1.055	1.310 4	1.697 3	2.042 3	2.457 3	2.750 0

（续）

n	α						
	0. 20	0. 15	0. 10	0. 05	0. 025	0. 01	0. 005
31	0. 853 5	1. 054 1	1. 309 5	1. 695 5	2. 039 5	2. 452 8	2. 744 0
32	0. 853 1	1. 053 6	1. 308 6	1. 693 9	2. 036 9	2. 448 7	2. 738 5
33	0. 852 7	1. 053 1	1. 307 7	1. 692 4	2. 034 5	2. 444 8	2. 733 3
34	0. 852 4	1. 052 6	1. 307 0	1. 690 9	2. 032 2	2. 441 1	2. 728 4
35	0. 852 1	1. 052 1	1. 306 2	1. 689 6	2. 030 1	2. 437 7	2. 723 8
36	0. 851 8	1. 051 6	1. 305 5	1. 688 3	2. 028 1	2. 434 5	2. 719 5
37	0. 851 5	1. 051 2	1. 304 9	1. 687 1	2. 026 2	2. 431 4	2. 715 4
38	0. 851 2	1. 050 8	1. 304 2	1. 686 0	2. 024 4	2. 428 6	2. 711 6
39	0. 851 0	1. 050 4	1. 303 6	1. 684 9	2. 022 7	2. 425 8	2. 707 9
40	0. 850 7	1. 050 1	1. 303 1	1. 683 9	2. 021 1	2. 423 3	2. 704 5
41	0. 850 5	1. 049 8	1. 302 5	1. 682 9	2. 019 5	2. 420 8	2. 701 2
42	0. 850 3	1. 049 4	1. 302 0	1. 682 0	2. 018 1	2. 418 5	2. 698 1
43	0. 850 1	1. 049 1	1. 301 6	1. 681 1	2. 016 7	2. 416 3	2. 695 1
44	0. 849 9	1. 048 8	1. 301 1	1. 680 2	2. 015 4	2. 414 1	2. 692 3
45	0. 849 7	1. 048 5	1. 300 6	1. 679 4	2. 014 1	2. 412 1	2. 689 6

参考文献

[1] 唐敏珠，褚敏捷．2010—2018年我国职业病发病情况及防治现状［J］．解放军预防医学杂志，2020，38（2）：37-40．

[2] 窦雪霞．统计思想演变与融合发展探讨［D］．杭州：浙江工商大学，2008．

[3] 刘竹林，江永红．统计学：原理、方法与应用［M］．合肥：中国科技技术大学出版社，2008．

[4] 刘桂荣．统计学原理［M］．上海：华东理工大学出版社，2010．

[5] 中国标准化研究院．学科分类与代码：GB/T 13745—2009［S］．北京：中国标准出版社，2009．

[6] 阳富强，吴超，覃妤月．安全系统工程学的方法论研究［J］．中国安全科学学报，2009，19（8）：10-20．

[7]《安全科学技术百科全书》编委会．安全科学技术百科全书［M］．北京：中国劳动社会保障出版社，2003．

[8] 国家统计局．国民经济行业分类：GB/T 4754—2017［S］．北京：中国标准出版社，2017．

[9] 吴超，王婷．安全统计学的创建及其研究［J］．中国安全科学学报，2012，22（7）：3-11．

[10] 吴超，易灿南，胡鸿．比较安全学的创立及其框架的构建研究［J］．中国安全科学学报，2009，19（6）：17-28．

[11] 王续琨．安全科学：一个新兴的交叉学科门类［J］．科学学研究，2002（4）：367-372．

[12] 颜烨．安全社会学与社会学基本理论［J］．中国安全科学学报，2005（8）：43-47．

[13] 牛伟，蒋仲安，丁厚成，等．聚类分析法在行业事故风险分级中的应用［J］．中国安全科学学报，2008（4）：163-168．

[14] 陈明伟，袁晓华，潘敏，等．从道路交通事故统计分析对比谈预防措施［J］．中国安全科学学报，2004，14（8）：59-63．

[15] 冯长根，王亚军．2005年中国安全生产事故与自然灾害状况［J］．安全与环境学报，2007，7（5）：146-160．

[16] 冯长根，王亚军．2006年中国安全生产事故与自然灾害状况［J］．安全与环境学报，2007，7（6）：131-146．

[17] 吴起，刘彦伟，于宗立，等．基于BP神经网络的安全生产事故统计情况预测分析［J］．中国安全科学学报，2009，19（9）：47-52．

[18] 吕海燕．生产安全事故统计分析及预测理论方法研究［D］．北京：北京林业大学，2004．

[19] 马宗晋，高庆华．中国自然灾害综合研究60年的进展［J］．中国人口（资源与环境），2010，20（5）：1-5．

[20] 李永．巨灾给我国造成的经济损失与补偿机制研究［J］．华北地震科学，2007，25（1）：6-10．

[21] 张宏波．职业卫生统计原则与重点［J］．劳动保护，2009（7）：18-19．

[22] 姚姣娟，贾国斌，钱志洪．职业卫生统计报告工作现状分析［J］．实用医技杂志，2004，11（12）：

1093-1094.

[23] 廖海江，孙庆云. 芬兰、瑞典职业卫生监管与职业卫生统计体系分析 [J]. 中国安全生产科学技术，2008，4 (4)：111-114.

[24] 万木生，陈国华，张晖. 安全经济统计学 [M]. 广州：华南理工大学出版社，2008.

[25] 何俊，景国勋，孟中泽. 浅析安全经济统计的对象和方法 [J]. 中国安全科学学报，2003，13 (9)：38-40.

[26] 韩光胜，陈国华，陈清光，等. 试论统计学理论在安全经济分析中的应用 [J]. 中国安全生产科学技术，2008，4 (1)：74-77.

[27] 李红. 安全经济指标统计体系分析 [J]. 中国高新技术企业，2011 (7)：126-128.

[28] 黄盛初，周心权，张斌川. 安全生产与经济社会发展多元回归分析 [J]. 煤炭学报，2005，30 (5)：580-584.

[29] 刘功智，刘铁民，周建新，等. 生产安全事故直接经济损失抽样统计方法探讨 [J]. 中国安全生产科学技术，2008，4 (3)：42-45.

[30] LIU T M，ZHONG M H，XING J J. Industrial accidents：challenges for china's economic and social development [J]. Safety Science，2005，43 (8)：503-522.

[31] 陈万金，刘素霞，杨涛. 安全投入统计指标体系探讨 [J]. 中国安全科学学报，2004，14 (7)：38-42.

[32] 吴超. 安全科学方法学 [M]. 北京：中国劳动社会保障出版社，2011 .

[33] 吴汉炎. 统计分析的基本理论、方法与实例 [M]. 北京：经济科学出版社，1990.

[34] 张尧庭. 定性资料的统计分析 [M]. 桂林：广西师范大学出版社，1991.

[35] 王永，沈毅. 空间自相关方法及其主要应用现状 [J]. 中国卫生统计，2008，25 (4)：443-445.

[36] 余锦华，杨维权. 多元统计分析与应用 [M]. 广州：中山大学出版社，2005.

[37] 向东进. 实用多元统计分析 [M]. 武汉：中国地质大学出版社，2005.

[38] 邓玉辉，仇立军，潘文峰. 模糊信息多目标决策中统计方法的应用 [J]. 统计与决策，2008 (14)：153-154.

[39] 李生才，笑蕾. 2012 年 1—2 月国内生产安全事故统计分析 [J]. 安全与环境学报，2012，12 (2)：265-268.

[40] 李生才，笑蕾. 2012 年 3—4 月国内生产安全事故统计分析 [J]. 安全与环境学报，2012，12 (3)：269-272.

[41] 李生才，笑蕾. 2012 年 5—6 月国内生产安全事故统计分析 [J]. 安全与环境学报，2012，12 (4)：269-272.

[42] 王保国，王新泉，刘淑艳，等. 安全人机工程学 [M]. 2 版. 北京：机械工业出版社，2016.

[43] 秦建玉，李生才. 2011 年 11—12 月国内生产安全事故统计分析 [J]. 安全与环境学报，2012，12 (1)：269-272.

[44] 罗云. 注册安全工程师手册 [M]. 3 版. 北京：化学工业出版社，2020.

[45] 刘太平，胡皎. 统计指标和统计指标体系的设计 [J]. 价格月刊，2004 (12)：49-50.

[46] 罗云，裴晶晶，苏筠. 城市小康社会安全指标体系设计 [J]. 中国安全科学学报，2005，15 (1)：24-28.

[47] 王直民. 对安全生产统计指标体系的思考 [J]. 北方经贸，2009 (6)：114-115.

[48] 隋鹏程，陈宝智，隋旭. 安全原理 [M]. 北京：化学工业出版社，2005.

[49] 裴晶晶. 安全事故当量指数研究 [D]. 北京：中国地质大学 (北京)，2005.

[50] 支同祥. 生产安全事故统计指标体系改革思路 [J]. 劳动保护，2003 (10)：32-33.

[51] 中华人民共和国民政部. 民政部关于印发《自然灾害情况统计制度》的通知 [EB/OL]. (2020-09-27) [2023-05-16]. http://www.yw.gov.cn/art/2020/9/27/art_1229456547_1712012.html.
[52] 吕海燕，张宏元，王便文. 对生产安全事故统计指标体系改革的思考 [J]. 中国统计，2003 (11)：17-19.
[53] 袁艺，张磊. 中国自然灾害灾情统计现状及展望 [J]. 灾害学，2006，21 (4)：89-93.
[54] 国家减灾中心灾害信息部. 灾害评估的"利器"：ECLAC 评估方法评析 [J]. 中国减灾，2005 (12)：22-27.
[55] 傅贵，邓宁静，张树良，等. 美、英、澳职业安全健康业绩指标及对我国借鉴的研究 [J]. 中国安全科学学报，2010，20 (7)：103-109.
[56] 陈荣昌，刘敏燕，樊鸿涛，等. 英国职业卫生法规、监管及统计体系 [J]. 中国安全科学学报，2007，17 (4)：100-104.
[57] 陈荣昌，刘敏燕，黄兵. 美国职业卫生法规、监管及统计体系 [J]. 中国安全科学学报，2007，17 (3)：100-104.
[58] 汉拿根. 统计学 [M]. 陈宋生，朱丽，译. 北京：经济管理出版社，2008.
[59] 中华人民共和国国家统计局. 中国统计年鉴：2005 [M]. 北京：中国统计出版社，2005.
[60] 李洁明，祁新娥. 统计学原理 [M]. 3 版. 上海：复旦大学电子音像出版社，2004.
[61] 苏均和. 社会经济统计学原理 [M]. 2 版. 上海：立信会计出版社，2006.
[62] 孙淑英. 行为抽样法在家具企业不安全行为研究中的应用 [J]. 中国安全生产科学技术，2009，5 (1)：154-159.
[63] 周白霞. 对火灾综合评价体系中 4 项火灾指标合理性的探讨 [J]. 安全与环境学报，2006，6 (5)：116-119.
[64] 李黎丽. 论火灾损失的核定 [J]. 武警学院学报，2007，23 (6)：58-60.
[65] 李海宁，果春盛. 火灾损失统计方法探讨 [J]. 消防科学与技术，2010，29 (8)：727-729.
[66] 刘佩莉. 对抽样推断中总体参数估计优良标准的探讨 [J]. 甘肃科技纵横，2003，32 (4)：40.
[67] 范红敏，崔炜，袁聚祥，等. 煤炭企业粉尘控制现状调查研究 [J]. 中国安全生产科学技术，2011，7 (5)：47-51.
[68] 方国联. 我国的自然灾害与防灾减灾教育思考 [J]. 内江师范学院学报，2010，25 (10)：95-99.
[69] 中华人民共和国民政部. 自然灾害灾情统计：第 1 部分　基本指标：GB/T 24438.1—2009 [S]. 北京：中国标准出版社，2009.
[70] 袁艺，马玉玲. 近 30 年我国自然灾害灾情时间分布特征分析 [J]. 灾害学，2011，26 (3)：65-68.
[71] 谢雄刚，张江石，傅贵. 我国煤矿企业安全状况的统计回归分析 [J]. 矿业安全与环保，2006，33 (3)：75-77.
[72] 李石新，王文涛，肖石英. 中国煤炭企业安全现状及其影响因素分析 [J]. 长沙理工大学学报（社会科学版），2008，23 (4)：20-24.
[73] 罗传龙，扈天保，王修利. 我国煤矿死亡事故影响因素灰色关联分析 [J]. 煤矿安全，2010，41 (9)：144-147.
[74] 高建明，曾明荣. 我国危险化学品安全生产现状与对策 [J]. 中国安全生产科学技术，2005 (3)：52-55.
[75] 国家统计局. 新中国 60 年 [M]. 北京：中国统计出版社，2009.
[76] 冯伟. 聚类分析在数据金融分析中的应用研究 [D]. 大连：辽宁师范大学，2009.
[77] 陈贤芳. 模糊随机统计总体的判别分析方法研究 [D]. 重庆：重庆大学，2010.
[78] 崔克清. 危险化学品安全总论 [M]. 北京：化学工业出版社，2005.
[79] 缪建波，许开立. 聚类分析和判别分析在安全评价中的综合应用 [J]. 工业安全与环保，2007，

33（9）：16-18.

[80] 陆厚根．粉体技术导论［M］．2版．上海：同济大学出版社，1998.

[81] 贾俊平，谭英平．应用统计学［M］．北京：中国人民大学出版社，2008.

[82] 范金城，梅长林．数据分析［M］．2版．北京：科学出版社，2010.

[83] 史秀志，崔松，黄敏，等．基于Fisher判别分析理论的地下开采安全评价模型［J］．金属矿山，2010（8）：152-155.

[84] 王莎莎，倪晓阳，王洪，等．基于MATLAB的系统聚类法在我国安全生产事故分析中的应用［J］．工业安全与环保，2010，36（8）：52-54.

[85] 邓聚龙．灰色控制系统［J］．华中工学院学报，1982，10（3）：9-18.

[86] 徐志胜，姜学鹏．安全系统工程［M］．3版．北京：机械工业出版社，2016.

[87] 邓聚龙．灰色控制系统［M］．2版．武汉：华中理工大学出版社，1993.

[88] 霍志勤，罗帆．近十年中国民航事故及事故征候的统计分析［J］．中国安全科学学报，2006，16（12）：65-71.

[89] 李宜，张雄旗．灰色关联分析在民航事故征候管理中的应用［J］．交通科技与经济，2011，13（3）：68-71.

[90] 宋捷．灰色决策方法及应用研究［D］．南京：南京航空航天大学，2010.

[91] 龙腾芳．灰色局势决策算法及其应用［J］．微电子学与计算机，2005，22（7）：62-64.

[92] 徐凌，王志辉，温春齐．灰色系统理论在矿床经济评价中的应用［J］．地质找矿论丛，2003，18（4）：257-261.

[93] 邓聚龙．灰预测与灰决策［M］．武汉：华中科技大学出版社，2002.

[94] 张竟竟，王贵成．基于灰色层次决策方法的矿山企业大型投资项目的综合决策［J］．矿冶工程，2008，28（6）：112-115.

[95] 罗云．安全经济学导论［M］．北京：经济科学出版社，1993.

[96] 郭富．企业安全投资决策研究［D］．成都：西南交通大学，2010.

[97] 徐国祥．统计预测与决策［M］．4版．上海：上海财经出版社，2012.

[98] 张云龙，刘茂，李剑锋．基于WinQSB的多阶段应急决策研究［J］．安全与环境学报，2009，9（4）：116-119.

[99] 曲生．层次分析法的改进及在安全决策中应用的研究［J］．中国安全生产科学技术，2009，5（5）：111-114.

[100] 郭金玉，张忠彬，孙庆云．层次分析法的研究与应用［J］．中国安全科学学报，2008，18（5）：148-153.

[101] 铁永波，唐川，周春华．层次分析法在城市灾害应急能力评价中的应用［J］．地质灾害与环境保护，2005，16（4）：433-437.

[102] 王爽英，吴超．企业安全能力系统构建及层次分析［J］．中国安全生产科学技术，2009，5（3）：181-184.

[103] 杜红兵，周心权，张敬宗．高层建筑火灾风险的模糊综合评价［J］．中国矿业大学学报，2002，31（3）：242-245.

[104] 建设部．全国建筑施工安全生产形势分析报告：2007年度［J］．建筑安全，2008，23（4）：6-11.

[105] 荆全忠，姜秀慧，杨鉴淞，等．基于层次分析法（AHP）的煤矿安全生产能力指标体系研究［J］．中国安全科学学报，2006，16（9）：74-79.

[106] 国家统计局固定资产投资统计司．中国统计年鉴：1990—1995［M］．北京：中国统计出版社，1996.

[107] 财政部综合司．中国财政统计：1950—1991［M］．北京：科学出版社，1991.

[108] 国家统计局. 中国统计摘要：1996 [M]. 北京：中国统计出版社，1996.
[109] 郑功成. 中国灾情论 [M]. 长沙：湖南出版社，1994.
[110] 许飞琼，曾玉平. 统计学 [M]. 北京：中国统计出版社，1995.
[111] 邓聚龙. 灰色预测与决策 [M]. 武汉：华中工学院出版社，1986.
[112] 周上章. 统计物理学 [M]. 重庆：重庆大学出版社，1991.
[113] 王劲峰. 中国自然灾害影响评价方法研究 [M]. 合肥：中国科学技术出版社，1993.
[114] 许飞琼. 灾害统计学 [M]. 长沙：湖南人民出版社，1998.
[115] 马杰，宋建池. 近8年我国化工事故统计与分析 [J]. 工业安全与环保，2009，35 (9)：37-38.
[116] 陈娟，赵耀江. 近十年来我国煤矿事故统计分析及启示 [J]. 煤炭工程，2012 (3)：137-139.
[117] 俞秀宝，贺定超. 高危行业B类安全文化关键要素研究 [J]. 中国安全科学学报，2011，21 (12)：9-16.
[118] 何家禧. 职业病危害识别评价与工程控制技术 [M]. 贵阳：贵州科技出版社，2007.
[119] 李盛，魏学玲. 职业病防治知识指导手册 [M]. 兰州：甘肃科学技术出版社，2008.
[120] 陈沅江，吴超，吴桂香. 职业卫生与防护 [M]. 2版. 北京：机械工业出版社，2018.
[121] 罗云. 安全经济学 [M]. 2版. 北京：化学工业出版社，2010.
[122] 田水承. 现代安全经济理论与实务 [M]. 徐州：中国矿业大学出版社，2004.
[123] 宋大成. 企业安全经济学：损失篇 [M]. 北京：气象出版社，2000.
[124] 陈晓红，吴双芝. 安全投资项目技术经济指标的研究 [J]. 中国矿业，2006，15 (6)：18-21.
[125] 朱建军. 影响企业安全投入的因素与对策分析 [J]. 煤炭工程，2005 (10)：56-58.
[126] 王大承. 安全投资优化分配模型的建立及其应用 [J]. 五邑大学学报 (自然科学版)，2002，16 (1)：50-53.
[127] 冯建，罗仲伟. 企业安全生产投入的经济分析 [J]. 企业经济，2006 (8)：8-12.
[128] 陈全君. 企业安全投入及其指标体系的构建研究 [J]. 中国煤炭，2005，31 (9)：77-79.
[129] 张兰，陈敏，蔡文娟. 职业病危害现状及职业健康监护的发展 [J]. 职业与健康，2011，27 (16)：1900-1902.
[130] 吴红英. 简述我国职业病发病现状 [J]. 职业卫生与应急救援，2010，28 (5)：230-232.
[131] 吴桂香，吴超. 安全统计学的创建及其研究 [J]. 中国公共安全 (学术版)，2013 (2)：4-9.
[132] 王秉，吴超. 安全管理信息系统国际研究进展：基于Web of Science数据库的典型文献分析 [J]. 情报杂志，2018，37 (11)：131-136.
[133] 欧阳秋梅，吴超，黄浪. 大数据应用于安全科学领域的基础原理研究 [J]. 中国安全科学学报，2016，26 (11)：13-18.
[134] 欧阳秋梅，吴超. 安全生产大数据的5W2H采集法及其模式研究 [J]. 中国安全生产科学技术，2016，12 (12)：22-27.
[135] 欧阳秋梅，吴超. 从大数据和小数据中挖掘安全规律的方法比较 [J]. 中国安全科学学报，2016，26 (7)：1-6.
[136] 欧阳秋梅，吴超. 大数据与传统安全统计数据的比较及其应用展望 [J]. 中国安全科学学报，2016，26 (3)：1-7.
[137] 罗云. 安全生产与经济发展关系的研究 [J]. 天然气经济，2002 (Z1)：28-31.
[138] 应急管理部. 关于印发《生产安全事故统计调查制度》和《安全生产行政执法统计调查制度》的通知 [EB/OL]. (2020-11-25) [2023-05-16]. http://www.gov.cn/zhengce/zhengceku/2020-12/03/content_5566618.htm.
[139] 公安部消防局. 火灾损失统计方法：XF 185—2014 [S]. 北京：中国标准出版社，2014.
[140] 吴超，王婷，栗继祖，等. 安全统计学 [M]. 北京：机械工业出版社，2014.